教育部职业教育与成人教育司
全国职业教育与成人教育教学用书行业规划教材
"十二五"职业院校计算机应用互动教学系列教材

- **双模式教学**
  通过丰富的课本知识和高清影音演示范例制作流程双模式教学，迅速掌握软件知识
- **人机互动**
  直接在光盘中模拟练习，每一步操作正确与否，系统都会给出提示，巩固每个范例操作方法
- **实时评测**
  本书安排了大量课后评测习题，可以实时评测对知识的掌握程度

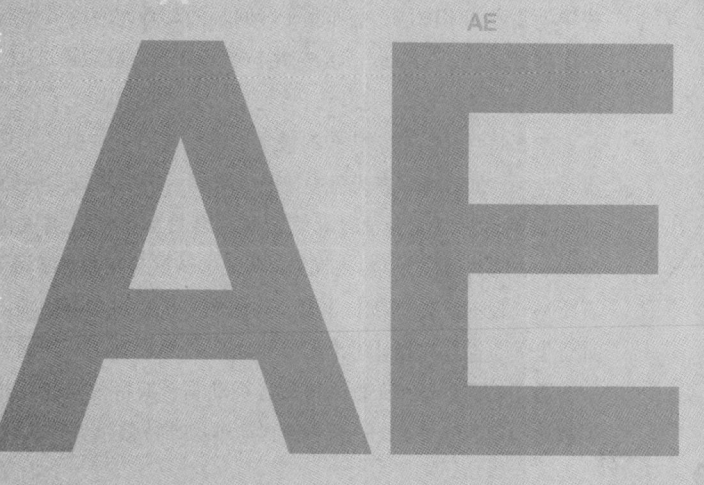

中文版
After Effects CC 2014

编著／黎文锋　吉珊珊

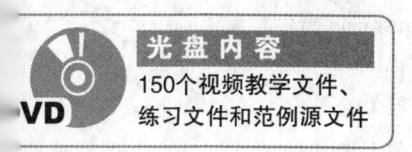

光盘内容
150个视频教学文件、练习文件和范例源文件

互动教程

☑ 双模式教学 ＋ ☑ 人机互动 ＋ ☑ 实时评测

海洋出版社
2016年·北京

内 容 简 介

本书是以互动教学模式介绍 After Effects CC 2014 的使用方法和技巧的教材。本书语言平实，内容丰富、专业，并采用了由浅入深、图文并茂的叙述方式，从最基本的技能和知识点开始，辅以大量的上机实例作为导引，帮助读者在较短时间内轻松掌握中文版 After Effects CC 的基本知识与操作技能，并做到活学活用。

本书内容：全书共分为 9 章，着重介绍了 After Effects CC 2014 入门基础；管理项目、合成和素材；在合成中创建和应用图层；制作基于时间轴的动画；应用效果与动画预设；管理颜色、绘画和蒙版；应用文本与输出项目；After Effects 高级应用技能等知识。最后通过 10 个综合范例介绍了使用 After Effects CC 制作影视动画后期特效的方法与技巧。

本书特点：1. 突破传统的教学思维，利用"双模式"交互教学光盘，学生既可以利用光盘中的视频文件进行学习，同时可以在光盘中按照步骤提示亲手完成实例的制作，真正实现人机互动，全面提升学习效率。2. 基础案例讲解与综合项目训练紧密结合贯穿全书，书中内容结合视频编辑软件应用职业资格认证标准和 Adobe 中国认证设计师（ACCD）认证考试量身定做，学习要求明确，知识点适用范围清楚明了，使学生能够真正举一反三。3. 有趣、丰富、实用的上机实习与基础知识相得益彰，摆脱传统计算机教学僵化的缺点，注重学生动手操作和设计思维的培养。4. 每章后都配有评测习题，利于巩固所学知识和创新。

适用范围：适用于职业院校影视动画后期特效设计专业课教材；社会培训机构影视动画后期特效设计培训教材；用 After Effects 从事影视动画后期特效设计等从业人员实用的自学指导书。

图书在版编目（CIP）数据

中文版 After Effects CC 2014 互动教程/黎文锋，吉珊珊编著. —北京：海洋出版社，2016.1
ISBN 978-7-5027-9321-0

Ⅰ.①中… Ⅱ.①黎…②吉… Ⅲ.①图象处理软件—教材 Ⅳ.①TP391.41

中国版本图书馆 CIP 数据核字（2015）第 297817 号

总 策 划：刘 斌	发 行 部：(010) 62174379（传真）(010) 62132549
责任编辑：刘 斌	(010) 68038093（邮购）(010) 62100077
责任校对：肖新民	网　　址：www.oceanpress.com.cn
责任印制：赵麟苏	承　　印：北京画中画印刷有限公司
排　　版：海洋计算机图书输出中心 晓阳	版　　次：2016 年 1 月第 1 版
出版发行：海洋出版社	2016 年 1 月第 1 次印刷
地　　址：北京市海淀区大慧寺路 8 号（716 房间）	开　　本：787mm×1092mm　1/16
100081	印　　张：19.75
经　　销：新华书店	字　　数：474 千字
技术支持：(010) 62100055	印　　数：1～4000 册
	定　　价：38.00 元（含 1DVD）

本书如有印、装质量问题可与发行部调换

前　言

Adobe After Effects 是 Adobe 公司推出的一款视频合成及特效制作软件，适用于从事视频特技制作的机构，包括电视台、动画制作公司、个人后期制作工作室以及多媒体工作室。

本书以 Adobe After Effects CC 2014 作为教学主体，通过由浅入深、由基础到应用的方式教会读者应用 After Effects 编辑视频和制作视频特效的方法。

本书采用成熟的教学模式，以入门到提高的教学方式，通过视频编辑入门知识、软件应用及案例作品的学习流程，详细介绍了 Adobe After Effects CC 2014 软件的操作基础、项目和合成管理、素材的导入和使用、图层管理和编辑、时间轴动画制作、效果和预设的应用、颜色管理和绘图、文本处理和渲染项目等方法和技巧，同时介绍了跟踪与稳定运动、应用时间重映射和抠像等技能，最后通过一个城市夜景的动感影册综合设计案例，详细介绍了 Adobe After Effects 在管理项目图层、应用效果、创建蒙版、制作动画、编辑时间轴、处理 3D 图层以及项目渲染等方面的应用。

本书是"十二五"职业院校计算机应用互动教学系列教程之一，具有该系列图书轻理论重训练的主要特点，并以"双模式"交互教学光盘为重要价值体现。本书的特点主要体现在以下方面：

- **高价值内容编排**　本书内容依据职业资格认证考试 Adobe After Effects 考纲的要求，有效针对 Adobe After Effects 认证考试量身定制。通过本书的学习，可以更有效地掌握针对职业资格认证考试的相关内容。
- **理论与实践结合**　本书从教学与自学出发，以"快速掌握软件的操作技能"为宗旨，书中不但系统、全面地讲解软件功能的概念、设置与使用，并提供大量的上机练习实例，让读者可以亲自动手操作，真正做到理论与实践相结合，活学活用。
- **交互多媒体教学**　本书附送多媒体交互教学光盘，光盘除了附带书中所有实例的练习素材外，还提供了一个包含实例演示、模拟训练、评测题目三部分内容的双模式互动教学系统，让读者可以跟随光盘学习和操作。
  - ➢ 实例演示：将书中各个实例进行全程演示并配合清晰语音的讲解，使读者体会到身临其境的课堂训练感受。
  - ➢ 模拟训练：以书中实例为基础，但使用了交互教学的方式，可以让读者根据书中讲解，直接在教学系统中操作，亲手制作出实例的结果，让读者真正动手去操作，深刻地掌握各种操作方法，达到上机操作无师自通的目的。
  - ➢ 评测题目：提供了考核评测题目，让读者除了从教学中轻松学习知识外，还能通过题目评测自己的学习成果。
- **丰富的课后评测**　本书在各章后精心设计了填充题、选择题、判断题和操作题等类型的考核评估习题，让读者测评出自己的学习成效。

本书总结了作者从事多年影视编辑的实践经验，目的是帮助想从事影视制作行业的广大读者迅速入门并提高学习和工作效率，同时对众多 DV 拍摄爱好者和家庭处理视频的读者也有很好的指导作用。

　　本书是广州施博资讯科技有限公司策划，由黎文锋、吉珊珊编著，参与本书编写与范例设计工作的还有李林、黄活瑜、梁颖思、吴颂志、梁锦明、林业星、黎彩英、周志苹、李剑明、黄俊杰、李敏虹、黎敏、谢敏锐、李素青、郑海平、麦华锦、龙昊等，在此一并表示感谢。在本书的编写过程中，我们力求精益求精，但难免存在一些不足之处，敬请广大读者批评指正。

编者

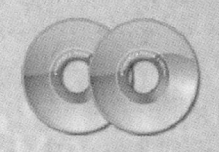

光盘使用说明

本书附送多媒体交互教学光盘，光盘除了附带书中所有实例的练习素材外，还提供了一个包含实例演示、模拟训练、评测题目三部分内容的双模式互动教学系统，读者可以跟随光盘学习和操作。

1. 启动光盘

从书中取出光盘并放进光驱，即可使系统自动打开光盘主界面，如图 1 所示。如果是将光盘复制到本地磁盘中，则可以进入光盘文件夹，并双击【Play.exe】文件打开主播放界面，如图 2 所示。

图1 图2

2. 使用帮助

在光盘主界面中单击【使用帮助】按钮，可以阅读光盘的帮助说明内容，如图 3 所示。单击【返回首页】按钮，可返回主界面。

3. 进入章界面

在光盘主界面中单击章名按钮，可以进入对应章界面。章界面中将本章提供的实例演示和实例模拟训练条列显示，如图 4 所示。

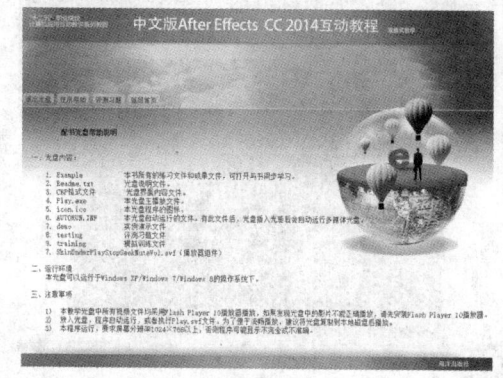

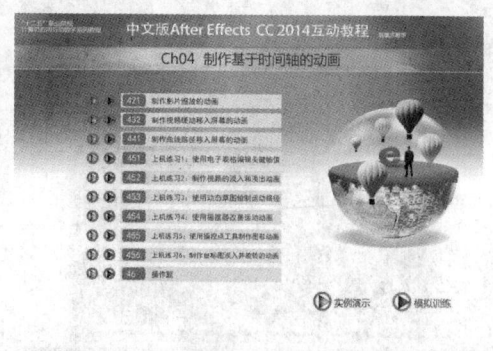

图3 图4

4. 双模式学习实例

(1) 实例演示：将书中各个实例进行全程演示并配合清晰语音的讲解，让读者体会到身临其境的课堂训练感受。要使用演示模式观看实例影片，可以在章界面中单击 ▶ 按钮，进入实例演示界面并观看实例演示影片。在观看实例演示过程中，可以通过播放条进行暂停、停止、快进／快退和调整音量的操作，如图5所示。观看完成后，单击【返回本章首页】按钮返回章界面。

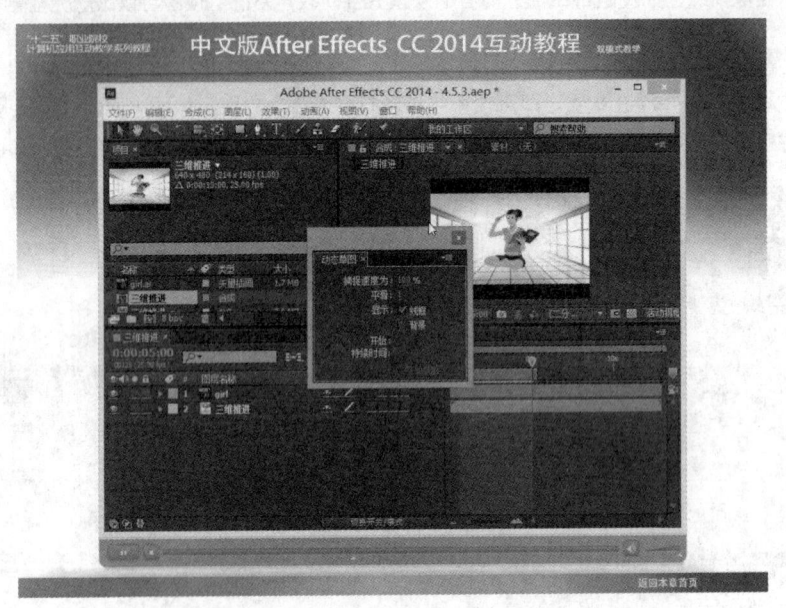

图5

(2) 模拟训练：以书中实例为基础，但使用了交互教学的方式，可以让读者根据书中讲解，直接在教学系统中操作，亲手制作出实例的结果。要使用模拟训练方式学习实例操作，可以在章界面中单击 ▶ 按钮。进入实例模拟训练界面后，即可根据实例的操作步骤在影片显示的模拟界面中进行操作。为了方便读者进行正确的操作，模拟训练界面以绿色矩形框作为操作点的提示，读者必须在提示点上正确操作，才会进入下一步操作，如图6所示。如果操作错误，模拟训练界面将出现提示信息，提示操作错误，如图7所示。

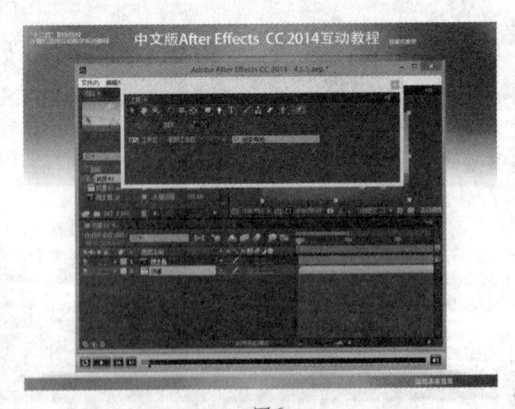

图6   图7

5. 使用评测习题系统

评测习题系统提供了考核评测题目，读者除了从教学中轻松学习知识之外，更可以通过题目评测自己的学习成果。要使用评测习题系统，可以在主界面中单击【评测习题】按钮，然后在评测习题界面中选择需要进行评测的章，并单击对应章按钮，如图8所示。进入对应章的评测习题界面后，等待5秒即可显示评测题目。每章的评测习题共10题，包含填空题、选择题和判断题。每章评测题满分为100分，达到80分极为及格，如图9所示。

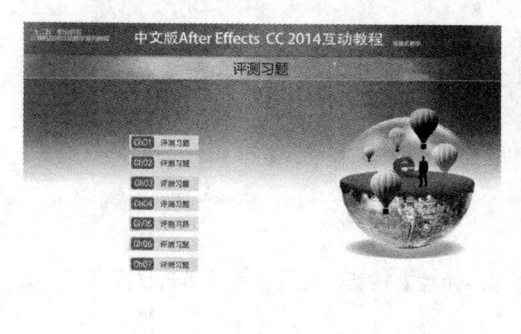

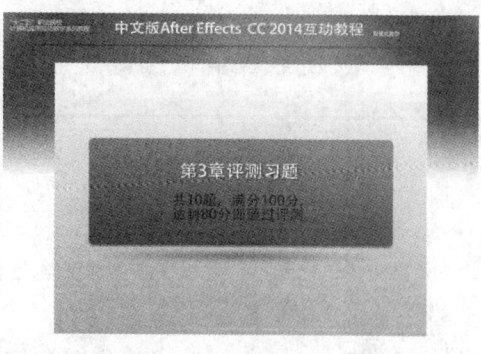

图8　　　　　　　　　　　　　　　图9

显示评测题目后，如果是填空题，则需要在【填写答案】后的文本框中输入题目的正确答案，然后单击【提交】按钮即完成当前题目操作，如图10所示。如果没有单击【提交】按钮而直接单击【下一个】按钮，则系统将该题认为被忽略的题目，将不计算本题的分数。另外，单击【清除】按钮，可以清除当前填写的答案；单击【返回】按钮返回前一界面。

如果是选择题或判断题，则可以单击选择答案前面的单选按钮，再单击【提交】按钮提交答案，如图11所示。

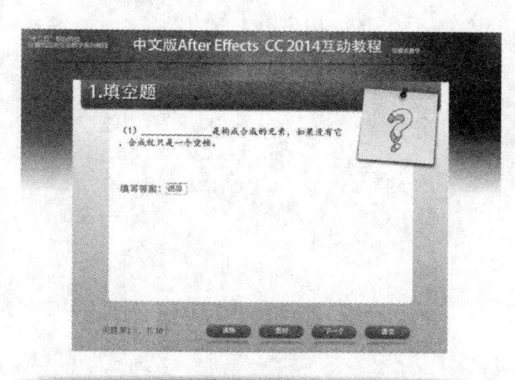

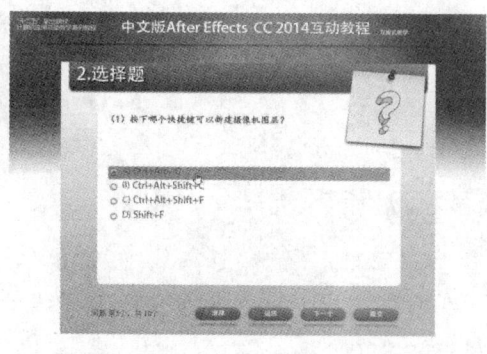

图10　　　　　　　　　　　　　　　图11

完成答题后，系统将显示测验结果，如图12所示。此时可以单击【预览测试】按钮，查看答题的正确与错误信息，如图13所示。

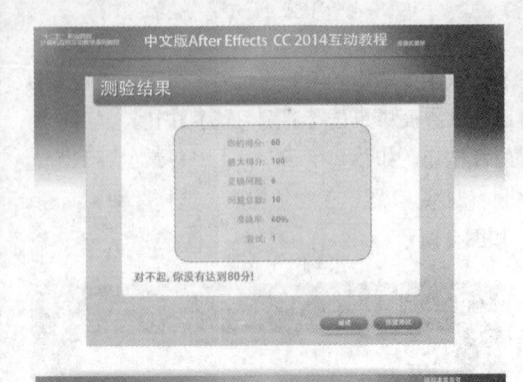

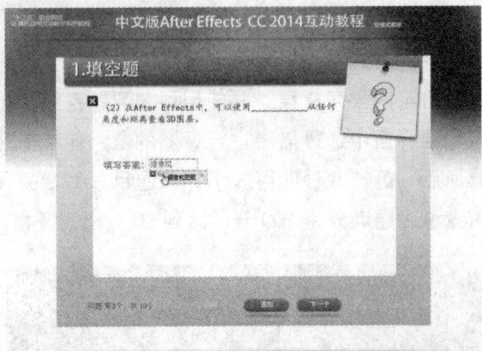

图12　　　　　　　　　　　　　　　图13

6. 退出光盘

　　如果需要退出光盘，可以在主界面中单击【退出光盘】按钮，也可以直接单击程序窗口的关闭按钮，关闭光盘程序。

目 录

第1章 After Effects CC 2014 应用入门 ... 1
1.1 认识与安装 After Effects 1
- 1.1.1 关于 After Effects CC 2014 1
- 1.1.2 After Effects CC 2014 安装要求 ... 1
- 1.1.3 安装与启动程序 3

1.2 了解用户界面 5
- 1.2.1 标题栏 5
- 1.2.2 菜单栏 6
- 1.2.3 欢迎屏幕 7
- 1.2.4 【项目】面板 7
- 1.2.5 【素材】面板 9
- 1.2.6 【合成】面板 10
- 1.2.7 【时间轴】面板 11
- 1.2.8 【工具】面板 12
- 1.2.9 更改用户界面外观 12

1.3 管理用户界面 13
- 1.3.1 工作区操作 13
- 1.3.2 面板的操作 14
- 1.3.3 查看器操作 17

1.4 After Effects 基本工作流程 17

1.5 技能训练 18
- 1.5.1 上机练习 1：自定义与创建专属的工作区 18
- 1.5.2 上机练习 2：同步设置到 Creative Cloud 21

1.6 评测习题 23

第2章 管理项目、合成与素材 25
2.1 项目管理基础 25
- 2.1.1 新建项目 25
- 2.1.2 保存项目 26
- 2.1.3 另存项目 27
- 2.1.4 打开项目 27
- 2.1.5 项目的设置 28

2.2 合成管理基础 28
- 2.2.1 关于合成 29
- 2.2.2 新建合成 29
- 2.2.3 合成的设置 31
- 2.2.4 设置合成缩览图 33

2.3 导入与解释素材 34
- 2.3.1 支持导入的格式 34
- 2.3.2 导入素材项目 35
- 2.3.3 解释素材项目 39
- 2.3.4 导入 Adobe 的项目 42

2.4 使用素材项目 44
- 2.4.1 重命名和排序项目 44
- 2.4.2 在原程序中编辑素材 45
- 2.4.3 从项目中移除素材项 46
- 2.4.4 在项目中使用占位符 47
- 2.4.5 在项目中使用代理 49

2.5 技能训练 51
- 2.5.1 上机练习 1：导入素材并管理素材 51
- 2.5.2 上机练习 2：根据多个素材项目创建合成 53
- 2.5.3 上机练习 3：将分层图像文件作为合成导入 55
- 2.5.4 上机练习 4：将文件收集到一个文件 57
- 2.5.5 上机练习 5：通过替换素材处理占位符 58

2.6 评测习题 60

第3章 在合成中创建和应用图层 62
3.1 创建图层 62
- 3.1.1 图层概述 62
- 3.1.2 基于素材创建图层 63
- 3.1.3 创建纯色图层和纯色素材 66
- 3.1.4 创建其他类型的图层 67

3.2 创建和操作 3D 图层 69
- 3.2.1 3D 图层概述 69
- 3.2.2 转换 3D 图层 69
- 3.2.3 3D 图层的操作 70
- 3.2.4 旋转或定位 3D 图层 71

3.3 应用摄像机和灯光图层 73
　　3.3.1 创建摄像机图层 73
　　3.3.2 更改摄像机设置 74
　　3.3.3 创建灯光图层 76
　　3.3.4 更改灯光的设置 77
　　3.3.5 调整摄像机、灯光或目标点 78
3.4 管理图层及其属性 80
　　3.4.1 时间轴的图层开关和列 80
　　3.4.2 管理图层的基本操作 81
　　3.4.3 设置图层的属性 84
3.5 应用混合模式和图层样式 85
　　3.5.1 关于混合模式和图层样式 85
　　3.5.2 使用图层混合模式 86
　　3.5.3 添加与设置图层样式 88
3.6 技能训练 91
　　3.6.1 上机练习1：基于波纹插入创建图层 91
　　3.6.2 上机练习2：制作3D视图的影视效果 92
　　3.6.3 上机练习3：利用灯光图层制作滤光效果 94
　　3.6.4 上机练习4：制作影片的黄昏画面效果 95
　　3.6.5 上机练习5：制作影片的浮雕标题效果 97
3.7 评测习题 98

第4章 制作基于时间轴的动画 101
4.1 动画的基础知识 101
　　4.1.1 关键帧和表达式 102
　　4.1.2 图表编辑器 103
4.2 添加和编辑关键帧 103
　　4.2.1 添加关键帧 103
　　4.2.2 选择关键帧 105
　　4.2.3 删除或禁用关键帧 106
　　4.2.4 查看或编辑关键帧值 107
　　4.2.5 复制和粘贴关键帧 108
4.3 使用图表编辑器制作动画 109
　　4.3.1 操作图表编辑器 109
　　4.3.2 应用关键帧插值 111

4.4 制作动画的高级应用技巧 116
　　4.4.1 编辑运动路径控制动画 116
　　4.4.2 控制关键帧之间的速度 121
　　4.4.3 使用平滑器平滑运动和速度 125
　　4.4.4 使用操控工具制作动画 126
4.5 技能训练 130
　　4.5.1 上机练习1：使用电子表格编辑关键帧值 130
　　4.5.2 上机练习2：制作视频的淡入和淡出动画 132
　　4.5.3 上机练习3：使用动态草图绘制运动路径 134
　　4.5.4 上机练习4：使用摇摆器改善运动动画 135
　　4.5.5 上机练习5：使用操控点工具制作图形动画 136
　　4.5.6 上机练习6：制作台标图淡入并旋转的动画 138
4.6 评测习题 139

第5章 应用效果与动画预设 141
5.1 效果和预设的基础 141
　　5.1.1 了解效果 141
　　5.1.2 了解动画预设 143
　　5.1.3 相关面板基本使用 144
5.2 应用效果和动画预设 145
　　5.2.1 应用效果和动画到图层 146
　　5.2.2 删除或禁用效果和动画预设 147
　　5.2.3 编辑效果控制点 148
　　5.2.4 制作效果或动画预设的动画 149
5.3 效果概述 151
　　5.3.1 3D通道类效果 151
　　5.3.2 扭曲类效果 151
　　5.3.3 生成类效果 154
　　5.3.4 模拟类效果 156
　　5.3.5 过渡类效果 157
　　5.3.6 透视类效果 159
　　5.3.7 风格化类效果 160
　　5.3.8 颜色校正类效果 162
　　5.3.9 其他类型的效果 165

5.4	技能训练	168
	5.4.1 上机练习1：制作影片溶解入场和摇动效果	168
	5.4.2 上机练习2：制作影片绿色晶体的片头动画	170
	5.4.3 上机练习3：为影片项目进行深度校色处理	172
	5.4.4 上机练习4：制作影片的自动翻页动画效果	174
	5.4.5 上机练习5：制作影片的径向缩放擦除过渡	177
	5.4.6 上机练习6：为影片调色并添加镜头光晕效果	179
5.5	评测习题	181

第6章 管理颜色、绘画和蒙版 ... 183

6.1	颜色管理和设置	183
	6.1.1 颜色深度	183
	6.1.2 高动态范围颜色	184
	6.1.3 选择颜色或编辑渐变	185
	6.1.4 颜色的校正和调整	188
	6.1.5 颜色模型和色彩空间	189
	6.1.6 色彩管理和颜色配置文件	190
6.2	在图层中绘画	191
	6.2.1 绘画基础知识	191
	6.2.2 使用相关面板	193
	6.2.3 使用仿制图章工具	195
	6.2.4 使用橡皮擦工具	196
6.3	形状、路径和蒙版	197
	6.3.1 矢量图形和栅格图像	197
	6.3.2 蒙版和路径	198
	6.3.3 形状与形状图层	200
	6.3.4 创建形状图层和形状	201
	6.3.5 创建蒙版	203
6.4	技能训练	205
	6.4.1 上机练习1：在指定帧范围中绘画	205
	6.4.2 上机练习2：通过自动追踪创建蒙版	207
	6.4.3 上机练习3：制作蒙版扩展开场效果	210

	6.4.4 上机练习4：绘制简易的台标Logo	211
6.5	评测习题	213

第7章 应用文本与输出项目 ... 215

7.1	创建和编辑文本图层	215
	7.1.1 关于文本图层	215
	7.1.2 输入和编辑文本	216
	7.1.3 设置字符格式和段落格式	220
7.2	为文本设置动画	220
	7.2.1 应用文本动画预设	220
	7.2.2 使用文本动画制作器	222
	7.2.3 添加与设置文本选择器	227
7.3	斜切和凸出文本	230
	7.3.1 光线追踪3D渲染器	230
	7.3.2 创建斜切和凸出的文本	231
	7.3.3 设置3D文本的材质	232
7.4	渲染与导出项目	233
	7.4.1 渲染和导出概述	233
	7.4.2 使用【渲染队列】面板	234
	7.4.3 在视频格式之间转换素材	237
	7.4.4 导出为Adobe Premiere Pro项目	238
	7.4.5 渲染和导出图像及图像序列	239
7.5	技能训练	240
	7.5.1 上机练习1：制作字符位移动画	240
	7.5.2 上机练习2：制作字符位置与颜色变化动画	242
	7.5.3 上机练习3：制作逐字书写的文本动画	244
	7.5.4 上机练习4：制作文本字符随机闪烁的动画	246
	7.5.5 上机练习5：制作逐字3D化的文本动画	247
	7.5.6 上机练习6：制作3D凸面文本反射变化动画	249
7.6	评测习题	251

第8章 After Effects高级应用技能 ... 253

8.1	跟踪与稳定运动	253

- 8.1.1 跟踪与稳定运动基础............253
- 8.1.2 上机练习1：制作文本跟踪运动效果............256
- 8.1.3 上机练习2：跟踪3D摄像机运动............259
- 8.2 应用时间重映射............262
  - 8.2.1 时间重映射基础............262
  - 8.2.2 上机练习3：制作视频回放再播放的效果............262
  - 8.2.3 上机练习4：制作视频快播与回放的效果............264
- 8.3 对图层内容进行抠像............266
  - 8.3.1 抠像的基础............266
  - 8.3.2 上机练习5：通过抠图合成人像到影片............268
  - 8.3.3 上机练习6：制作蒙太奇式的视频过渡............271

第9章 动感影册项目设计——城市之夜............274

- 9.1 上机练习1：制作影册视频框架合成............275
- 9.2 上机练习2：制作影册的标题合成............278
- 9.3 上机练习3：制作光线动画的合成............281
- 9.4 上机练习4：制作星光动画的合成............285
- 9.5 上机练习5：制作展示视频素材合成............286
- 9.6 上机练习6：制作影册主合成的光晕动画............289
- 9.7 上机练习7：制作影册地面3D变换动画............292
- 9.8 上机练习8：制作用于摄像机控制的图层............295
- 9.9 上机练习9：制作影册标题和星光动画............297
- 9.10 上机练习10：制作视频展示并渲染项目............299

参考答案............303

第1章 After Effects CC 2014 应用入门

学习目标

Adobe After Effects CC 2014 是 Adobe 公司开发的一款视频合成及特效制作软件，通过使用业界的动画和构图标准，可以呈现电影般的视觉效果和细腻的动态图形。为了更好地学习 After Effects 程序的应用，需要先掌握程序的安装方法，了解程序用户界面和基本操作流程。

学习重点

- ☑ 安装与启动 After Effects 程序
- ☑ 了解 After Effects CC 2014 的用户界面
- ☑ 管理 After Effects CC 2014 的用户界面
- ☑ 了解 After Effects 的基本工作流程

1.1 认识与安装 After Effects

下面先认识 Adobe After Effects CC 2014 软件，然后介绍安装程序的一些要求和安装方法。

1.1.1 关于 After Effects CC 2014

Adobe After Effects CC 2014 是 Adobe 公司开发的一个视频合成及特效制作软件。Adobe 借鉴了许多优秀软件的成功之处，将视频特效合成上升到了新的高度，用于高端视频特效系统的专业特效合成。例如，通过引入 Photoshop 中的图层概念，使 After Effects 可以对多图层的合成图像进行控制，可以制作出天衣无缝的合成效果；通过引入关键帧和路径，大幅提高了对高级二维动画的控制；而高效的视频处理系统，则确保了高质量视频的输出；令人眼花缭乱的特技系统可以使 After Effects 更容易实现使用者的创意。另外，After Effects 还保留了与 Adobe 软件的相互兼容性，如 Adobe Photoshop、Adobe Premiere Pro 等。

After Effects 适用于从事设计和视频特技制作的机构，包括电视台、动画制作公司、个人后期制作工作室以及多媒体工作室。新兴的用户群中，如网页设计师和图形设计师，也开始有越来越多的人在使用 After Effects。如图 1-1 所示为 Adobe After Effects CC 2014 中文版。

1.1.2 After Effects CC 2014 安装要求

Adobe After Effects CC 2014 是 Adobe After Effects 软件系列版本中功能最强大的版本，同时对计算机的要求也是最高的。

After Effects CC 2014 在 Windows 系统中的具体配置要求如下。

（1）Intel Core 2 Duo 或 AMD Phenom II 处理器，且需要支持 64 位。

（2）Microsoft Windows 7 Service（带有 Pack 1）或 Windows 8。

图 1-1　Adobe After Effects CC 2014 应用程序

（3）4GB RAM（建议 8GB）。

（4）3GB 可用硬盘空间，安装过程中需要额外的可用空间（不能安装在可移动闪存设备上）。

（5）预览文件及其他工作文件，需要额外的磁盘空间（建议 10GB）。

（6）1280×900 分辨率的显示器。

（7）支持 OpenGL 2.0 的系统。

（8）7200RPM 硬盘驱动器（建议采用多个快速磁盘驱动器，最好配置 RAID 0）。

（9）通过光盘安装程序的需要 DVD-ROM 驱动器。

（10）需要 QuickTime 7.6.6 软件实现 QuickTime 功能。

（11）可选：Adobe 认证 GPU 卡，用于实现 GPU 加速性能。

（12）该软件使用前需要激活，因此必须具备宽带互联网连接并完成注册，才能激活软件、验证订阅和访问在线服务（不提供电话激活方式）。

> 在上述的配置要求中，必须注意的是 After Effects CC 2014 要求在 64 位系统上才能安装和运行。大部分用户一般使用的是 32 位操作系统，如果想要使用 After Effects CC 2014，那么用户就需要安装 64 位的 Windows 7 或更高的操作系统。
>
> 用户如果想要查看本机的操作系统类型，可以通过【控制面板】窗口打开【系统】窗口，从窗口查看操作系统类型，如图 1-2 所示。

图 1-2　查看本机操作系统的类型

1.1.3　安装与启动程序

动手操作　安装 After Effects CC 2014 程序

1 将程序安装光盘放进光驱，等待光盘自动运行并弹出安装向导。如果已经将安装程序复制到磁盘分区上，可以进入程序目录，双击【Set-up.exe】程序，打开安装向导并进行初始化，如图 1-3 所示。

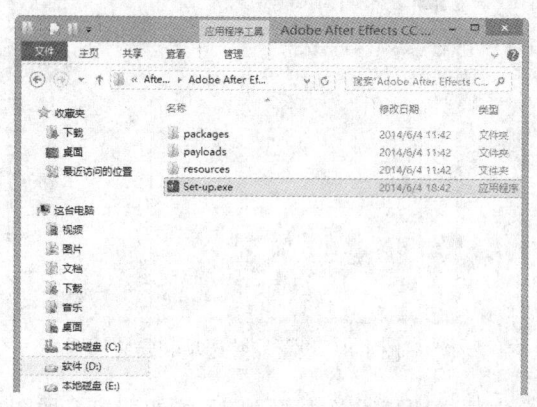

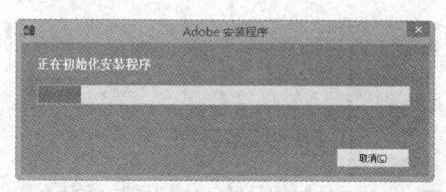

图 1-3　执行安装并进行初始化

2 安装向导显示欢迎页面，可以通过欢迎页面选择安装正式版或试用版。如果有正确的程序安装序列号，可以单击【安装】按钮，如果暂时没有安装序列号并想要试用程序，则可以单击【试用】按钮，如图 1-4 所示。

3 进入登录页面后，安装向导要求用户创建 Adobe ID，如果有 Adobe ID 则需要使用 ID 登录 Adobe 服务器以便于验证，如图 1-5 所示。

4 进入下一个页面后，会显示 Adobe 软件许可协议内容。此时可以查看许可协议并单击【接受】按钮，继续执行安装的过程，如图 1-6 所示。

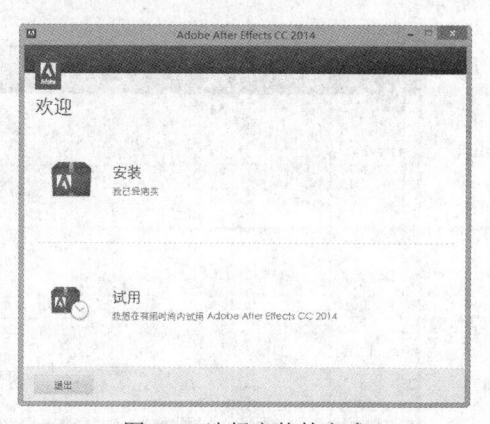

图 1-4　选择安装的方式

3

图 1-5　使用 Adobe ID 登录　　　　　　　　图 1-6　接受许可协议

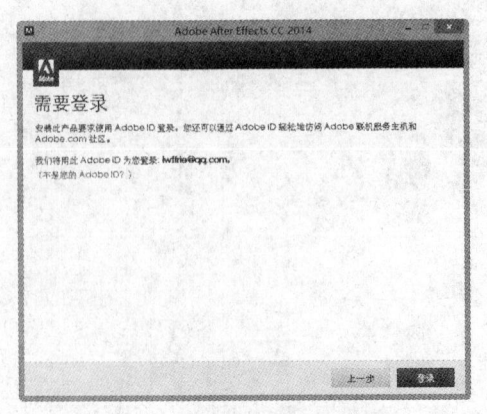

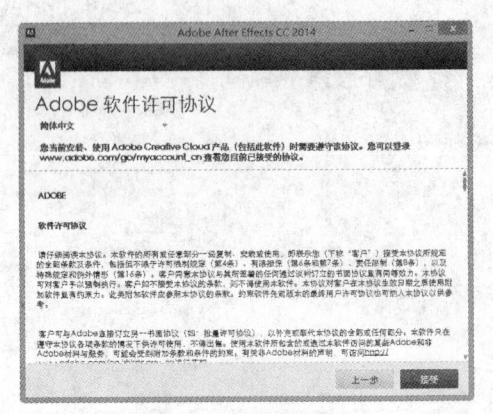

5 接受许可协议后，程序将要求输入安装序列号。此时可以从程序安装光盘的外包装或说明书中找到，或者通过互联网查找。如果没有序列号，则可以在步骤 2 中选择安装产品的试用版，试用 30 天。本例将输入序列号，接着单击【下一步】按钮，如图 1-7 所示。

6 进入下一界面后，会显示安装的程序项目。在此选择程序项目后，还可以指定程序安装的位置，最后单击【安装】按钮，执行安装，如图 1-8 所示。

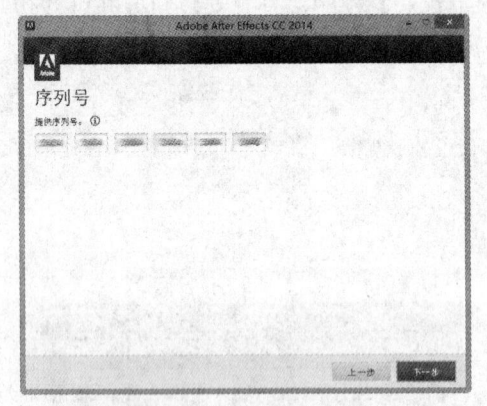

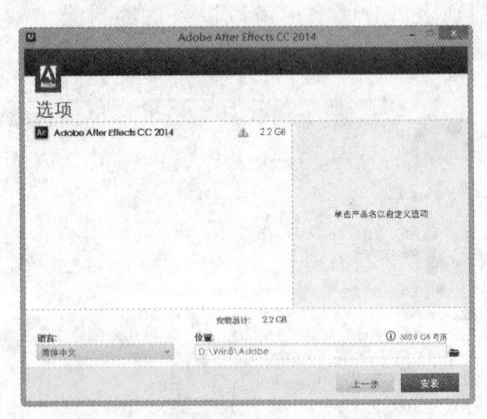

图 1-7　输入安装序列号　　　　　　　　图 1-8　设置安装选项和安装位置

7 此时安装向导将自动执行安装的处理，安装完成后，单击【关闭】按钮即可，如图 1-9 所示。

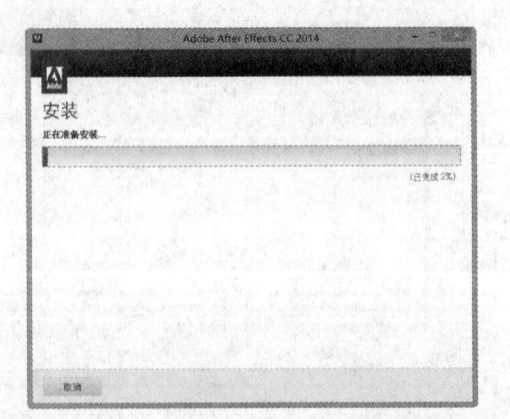

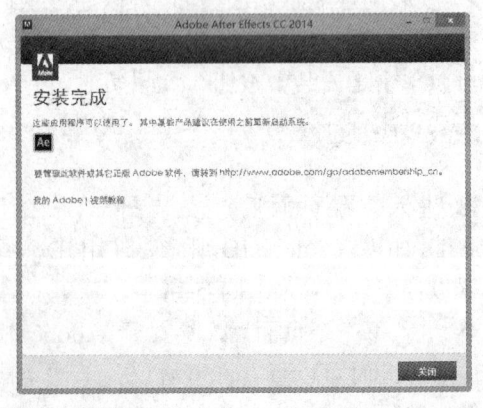

图 1-9　安装完成并关闭安装向导

安装好 After Effects CC 2014 程序后，可以启动该程序，创建项目文件来进行视频编辑的处理。如果是 Windows 7 的用户，要启动 After Effects CC 2014 程序，可以在操作系统【开始】菜单的【所有程序】列表中选择 After Effects CC 2014 程序项目来启动。如果是 Windows 8 的用户，则可以在【开始】应用界面中显示应用列表，再单击 After Effects CC 2014 程序项目图标来启动 After Effects CC 2014 程序，如图 1-10 所示。

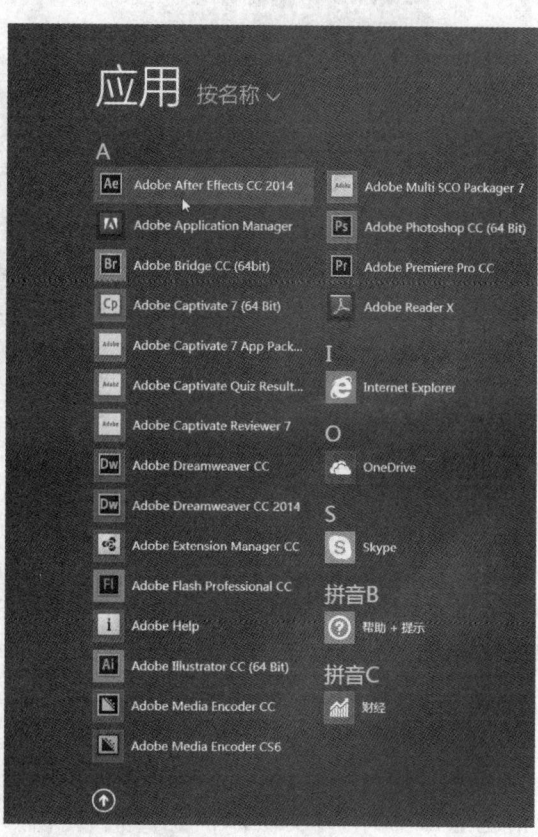

图 1-10　启动 After Effects CC 2014 程序

1.2　了解用户界面

After Effects CC 2014 程序的用户界面由标题栏、菜单栏和不同功能的窗口及面板组成。

1.2.1　标题栏

After Effects CC 2014 程序的标题栏包括应用程序名和当前项目文件的路径和名称，以及针对窗口操作的【最大化】、【向下还原】、【最小化】和【关闭】按钮。

当窗口处于还原状态时，可以在标题栏位置按住鼠标左键，拖动调整窗口位置。将鼠标移动到窗口边缘，此时指针变成双向箭头形状，按住左键拖动即可调整窗口大小，如图 1-11 所示。

图1-11 调整窗口大小

1.2.2 菜单栏

菜单栏位于 After Effects CC 2014 程序窗口的正上方,它包括【文件】、【编辑】、【合成】、【图层】、【效果】、【动画】、【视图】、【窗口】和【帮助】9个菜单项。

(1)菜单栏以级联的层次结构来组织各个命令,并以下拉菜单的形式逐级显示。各个菜单项下面分别有子菜单项,某些子菜单项还有下级选项,如图1-12所示。

(2)菜单栏各主菜单名称后面都会带有一个字母,按下 Alt 键和相应字母就可以激活这个字母所代表的命令,如按 Alt+F 键就可以打开【文件】菜单。

(3)某些子菜单名称后面也带有快捷键,按下相应快捷键可以执行相应菜单项功能,如按 Ctrl+S 键即可执行【文件】|【存储】菜单项功能。

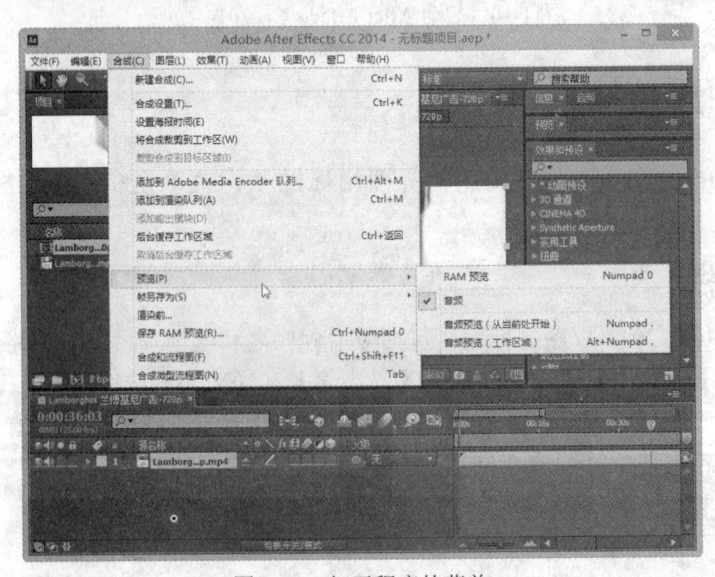

图1-12 打开程序的菜单

1.2.3 欢迎屏幕

默认情况下，启动 After Effects 程序会打开一个欢迎屏幕，通过它可以快速创建或打开项目文件，甚至可以将设置同步到 Adobe Creative Cloud 中，如图 1-13 所示。另外，可以通过欢迎屏幕打开 After Effects 的帮助页面，如图 1-14 所示。

图 1-13　欢迎屏幕

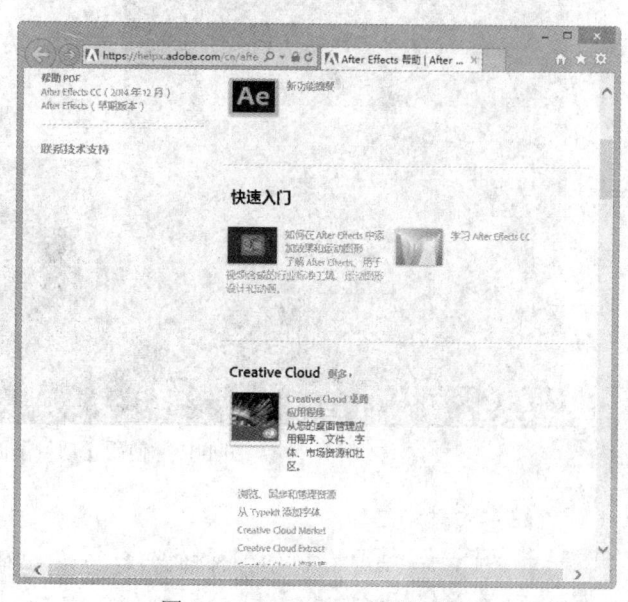

图 1-14　After Effects 帮助页面

1.2.4 【项目】面板

1．关于【项目】面板

【项目】面板主要用于导入、存放和管理素材。编辑项目所用的全部素材应事先存放于项目窗口里，然后再调出使用。【项目】面板上方是预览区，可以看到素材的缩略图、名称、格式、大小、速率等信息。另外，通过【项目】面板也可以为素材分类、重命名或新建一些合成素材，如图 1-15 和图 1-16 所示。

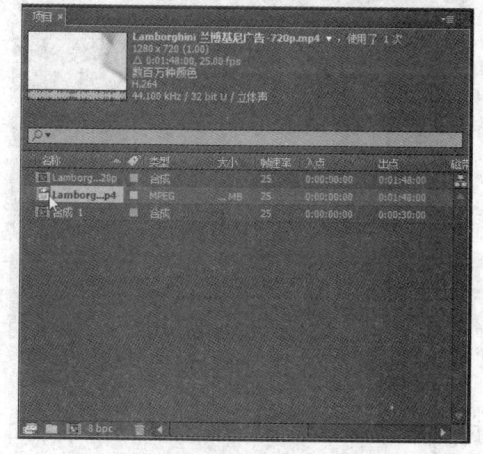

图 1-15　通过预览区查看素材

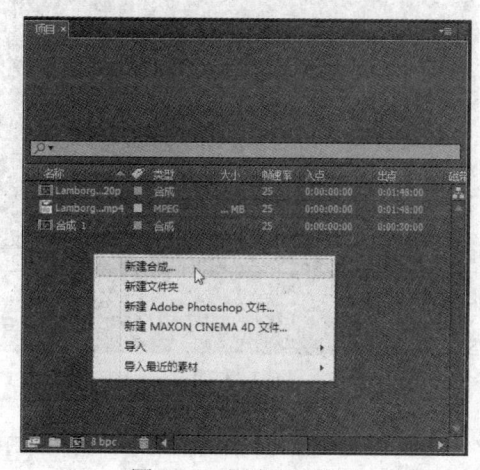

图 1-16　新建合成素材

2．【项目】面板菜单

如果需要对【项目】面板进行一些设置和编辑，则可以单击窗口右上角的 按钮，从打开的菜单中选择相关的命令，如打开【项目设置】对话框、设置列数的信息等，如图1-17所示。

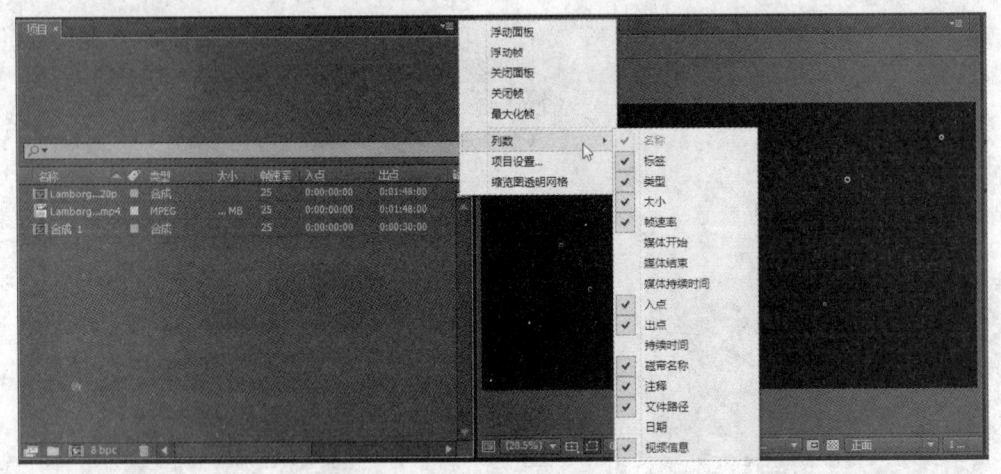

图1-17 使用【项目】面板菜单

3．搜索素材

在【项目】面板中，可以搜索各种素材，如已经使用的素材、未使用的素材或者缺失字体的素材等，如图1-18所示。

4．工具条

工具条位于【项目】面板最下方，它为用户提供了一些常用的功能按钮，包括【解释素材】按钮 、【新建文件夹】按钮 、【新建合成】按钮 、【颜色】按钮 8 bpc 和【删除】按钮 。如图1-19所示为新建文件夹。

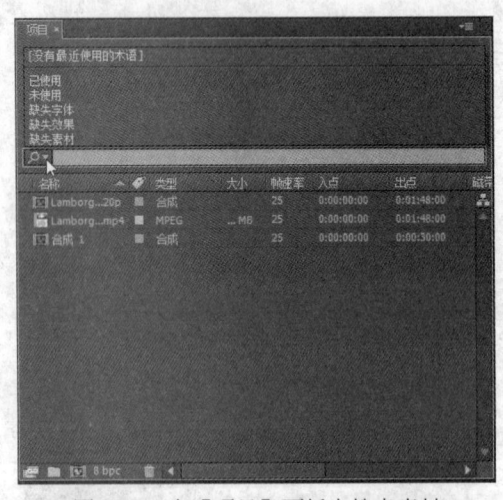

图1-18 在【项目】面板中搜索素材 　　　　图1-19 通过工具条新建文件夹

单击【解释素材】按钮 就会打开【解释素材】对话框，在此对话框中可以设置素材的详细选项，如帧速率、开始时间码、分离场选项以及设置素材的色彩配置，如图1-20所示。

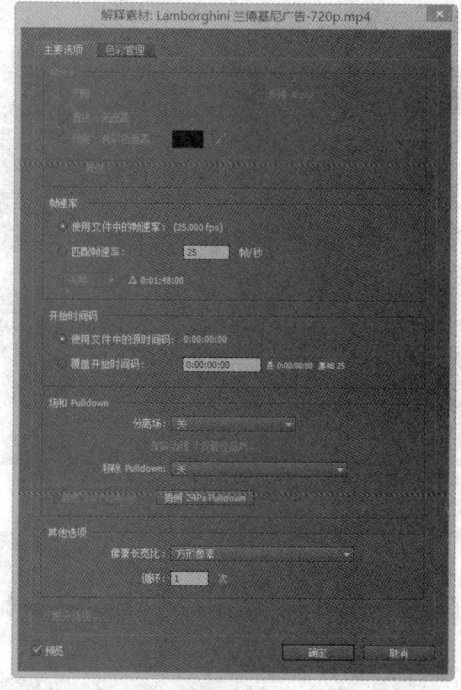

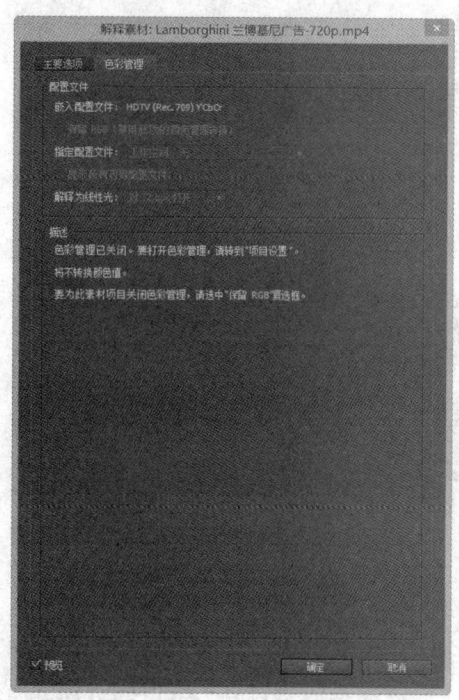

图 1-20　解释素材

1.2.5 【素材】面板

【素材】面板主要用来预览或剪裁项目窗口中选择的某一原始素材，面板左上方显示了素材名称。

1. 将素材加入素材查看器

【素材】面板中间部分是素材视图，可以在【项目】面板或【时间轴】面板中双击某个素材，也可以将【项目】面板中的某个素材直接拖至素材查看器中将它打开，如图 1-21 所示。

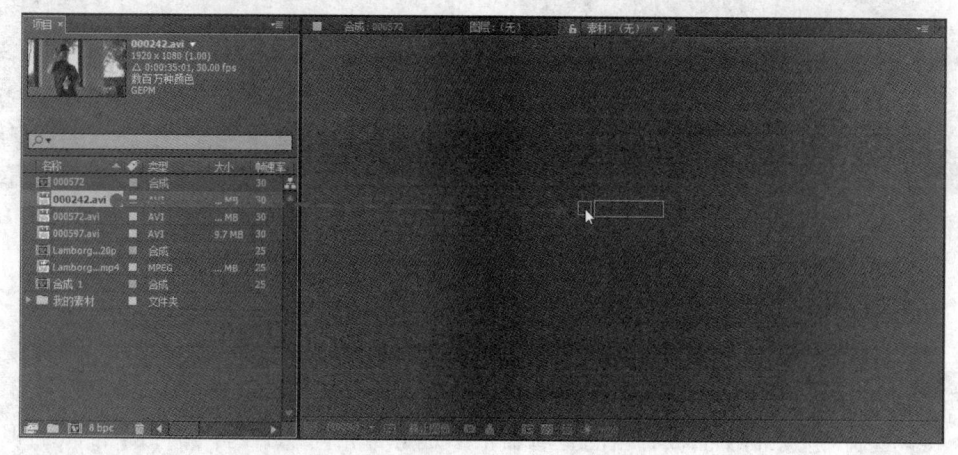

图 1-21　将素材加入【素材】面板

2. 切换素材视图

将多个素材加入到【素材】面板后，可以打开窗口【素材】下拉列表框，选择不同的素材

9

进行切换，如图1-22所示。

图1-22 切换素材视图

3．素材查看器的其他功能

【素材】面板下方分别是素材时间标记滑块、时间码、窗口比例选择、当前时间等相关功能项和多个按钮。

当需要快速预览素材时，可以通过拖动时间标记滑块来快进或快退播放素材，如图1-23所示。此外，还可以单击【当前时间】按钮，然后在【转到时间】对话框中设置目标时间，再单击【确定】按钮即可跳到指定的时间查看素材，如图1-24所示。

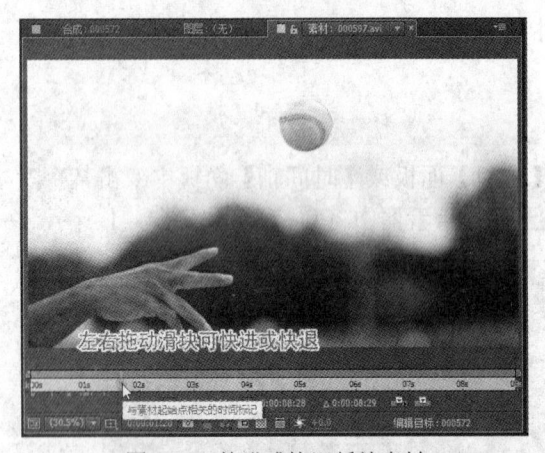

图1-23 快进或快退播放素材 　　　　图1-24 通过设置时间查看素材

1.2.6 【合成】面板

【合成】面板主要用来预览【时间轴】面板中的素材（视频、图片、声音），是最终输出项目效果的预览窗口。

【合成】面板与【素材】面板各自的查看器很多地方都相同或相近。【合成】面板的视图用来预览【时间轴】面板选中的合成素材。在一个项目中，可以在【时间轴】面板中打开多个合成，这些合成以按钮方式在【合成】面板左上方显示名称，用户可以通过单击【合成名称】按钮来切换合成，如图1-25所示。

图 1-25　通过【合成】面板切换合成

1.2.7　【时间轴】面板

【时间轴】面板在 After Effects 中起着至关重要的作用，如果没有【时间轴】面板，就无法制作动画。可以说，【时间轴】面板是使静态画面动起来的关键。【时间轴】面板可以改变图层的属性并设置图层的工作区域的开始点和工作区域的结束点。

【时间轴】面板的许多控件是按功能分栏组织的，默认情况下的【时间轴】面板，如图 1-26 所示。

图 1-26　【时间轴】面板

当合成素材无法在【时间轴】上完全显示时，可以通过【时间轴】面板下方的放大与缩小滑块，调整素材的显示。可以设置放大到帧级别或缩小到整个合成，如图 1-27 所示。

图 1-27　拖动鼠标来改变当前时间

1.2.8 【工具】面板

1．关于工具面板

【工具】面板位于【项目】面板上方，该面板中提供了多个方便用户进行项目编辑工作的工具（按 Ctrl+1 键可打开），包括选择工具、手形工具、缩放工具、旋转工具、统一摄像机工具、向后平移（锚点）工具、图形工具、钢笔工具、文字工具、画笔工具、仿制图章工具、橡皮擦工具、笔刷工具、操控点工具以及填色和描边工具，如图 1-28 所示。

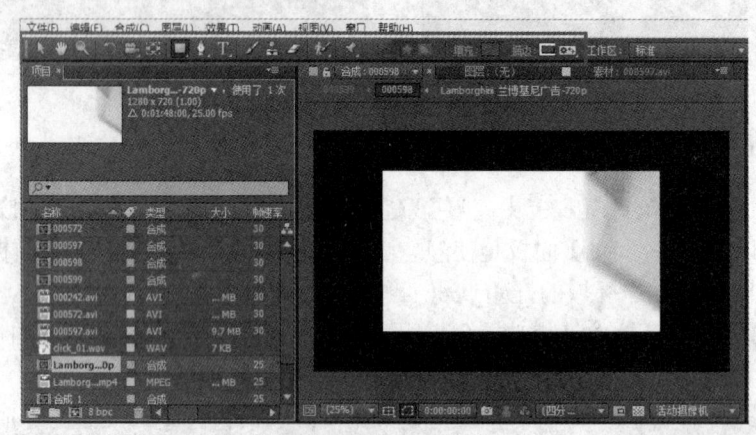

图 1-28 【工具】面板

2．选择工具方法

方法 1 单击【工具】按钮。如果按钮的右下角有一个小三角形，可以按住鼠标左键以查看隐藏的工具，然后单击要选择的工具，如图 1-29 所示。

方法 2 按【工具】的键盘快捷键。将指针置于【工具】按钮上方可显示包含工具名称和键盘快捷键的工具提示，如图 1-30 所示。

要循环切换工具类别中的隐藏工具，可以重复按下该工具类别的键盘快捷键。如重复按 G 可循环切换钢笔工具。要暂时选择某种工具，可以按住所需工具的相应键；释放该键可返回先前活动的工具（此技巧并不适用于所有工具）。要暂时选择手形工具，可以按住空格键、H 键或中间鼠标按钮。需要注意，中间鼠标按钮在一些情况下不会激活手形工具，如当【统一摄像机工具】处于活动状态时。

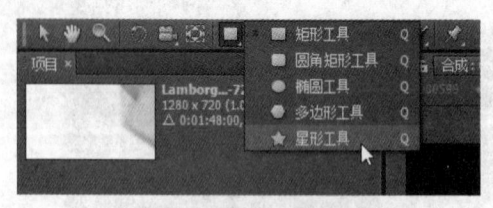

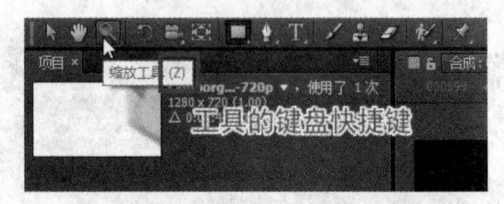

图 1-29 显示隐藏的工具　　图 1-30 使用快捷键选择工具

1.2.9 更改用户界面外观

在默认的状态下，After Effects 的用户界面采用暗色设计，给人一种炫酷的感觉。但是这种暗色界面设计并非限定的，用户可以根据自己的喜好更改界面外观的亮度。

方法：要更改用户界面亮度，可以选择【编辑】|【首选项】|【外观】命令，在打开的

【首选项】对话框的【外观】选项卡中拖动亮度滑块调整亮度，接着单击【确定】按钮即可，如图 1-31 所示。

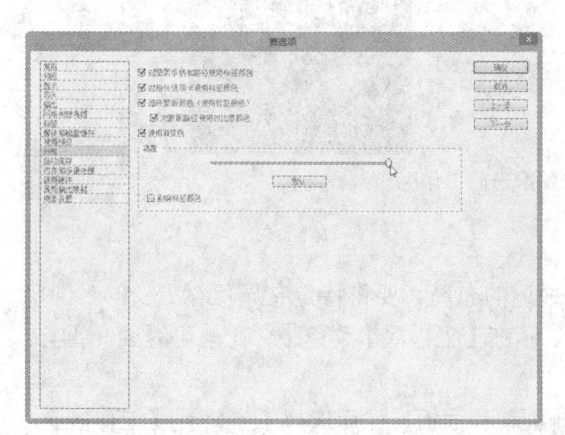

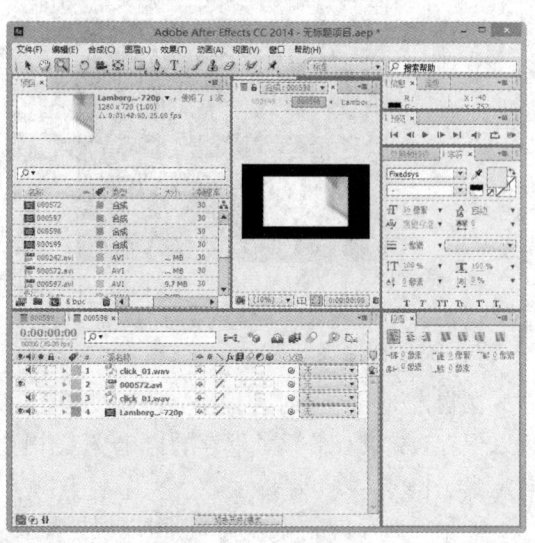

图 1-31　更改界面的颜色亮度

1.3　管理用户界面

在 After Effects 中可以自定义用户界面，用户可以通过移动面板以及对其进行分组，实现自定义用户界面的目的。

1.3.1　工作区操作

1．选择工作区

方法 1　选择【窗口】|【工作区】命令，然后在打开的子菜单中选择所需工作区，如图 1-32 所示。

方法 2　从【工具】面板的【工作区】菜单中选择工作区，如图 1-33 所示。

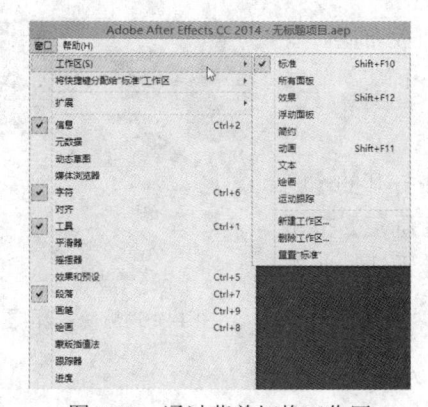

图 1-32　通过菜单切换工作区 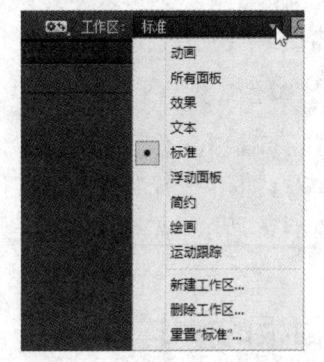　　　　图 1-33　通过【工具】面板切换工作区

如果工作区已分配键盘快捷键，可以按 Shift+F10、Shift+F11 或 Shift+F12 快捷键。要将键盘快捷键分配给当前工作区，可以选择【窗口】|【将快捷键分配给[工作区名称] 工作区】

命令，然后选择一个对应快捷键的命令即可，如图1-34所示。

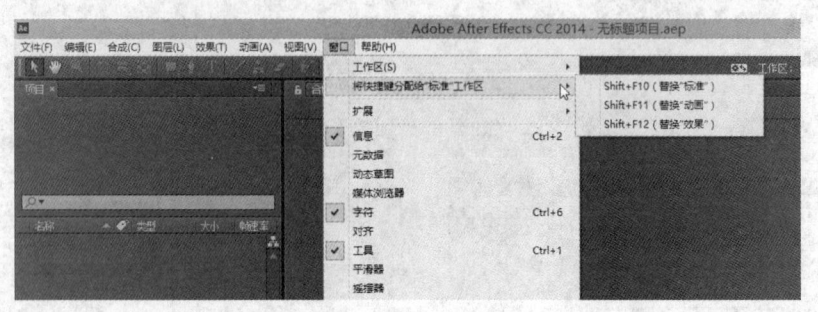

图1-34　将快捷键分配给当前工作区

2．保存自定义工作区

在自定义工作区时，程序会跟踪变更，存储最近的布局。要将特定布局保存更长的时间，可以保存自定义工作区。保存的自定义工作区会显示在【工作区】菜单中，在此可返回和重置自定义工作区。

如果要保存自定义工作区，可以根据需要安排框架和面板，然后选择【窗口】|【工作区】|【新建工作区】命令，在打开的对话框中输入工作区的名称并单击【确定】按钮即可，如图1-35所示。

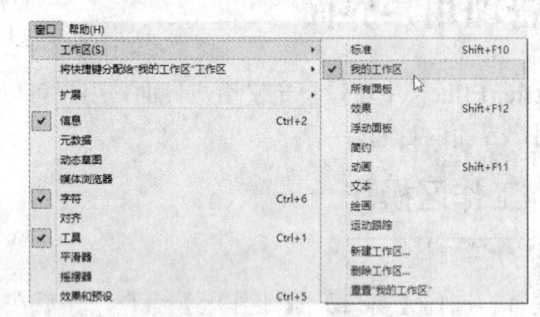

图1-35　新建当前自定义的工作区

3．重置工作区

重置当前的工作区，可以使其恢复为已保存的原面板布局。只需选择【窗口】|【工作区】|【重置[工作区名称]】命令即可。

4．删除工作区

选择【窗口】|【工作区】|【删除工作区】命令，在打开的【删除工作区】对话框中选择要删除的工作区，然后单击【确定】按钮即可，如图1-36所示。需要注意的是，无法删除当前处于活动状态的工作区。

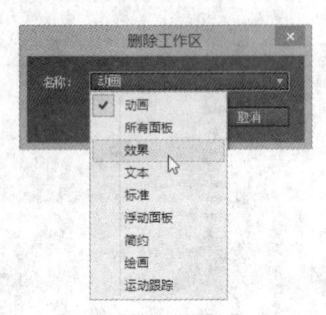

图1-36　删除工作区

1.3.2　面板的操作

在After Effects中，可以将面板停靠在一起，将它们移入或移出组，或取消停靠使其浮动在应用程序窗口的上方。在拖动面板时，放置区（可将面板移动至的区域）会变为高光状态。选择的放置区决定了面板插入的位置以及它是与其他面板停靠还是分组在一起。

1．停靠面板

将面板拖到停靠区中，可以将面板放置在该区域，从而实现调整面板位置的目的。

停靠区位于面板、组或窗口的边缘。停靠某个面板会将该面板置于邻近存在的组中，同时调整所有组的大小以容纳新面板。

使用鼠标按住面板名称，然后移动至停靠区，再放开鼠标即可停靠面板，如图1-37所示。

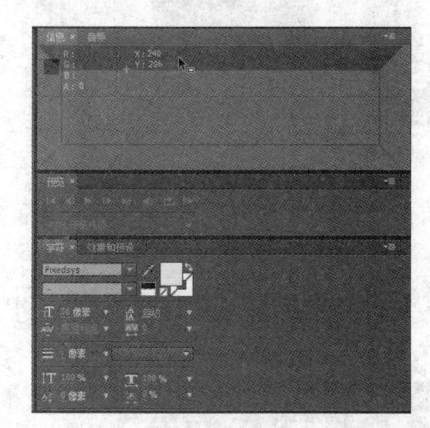

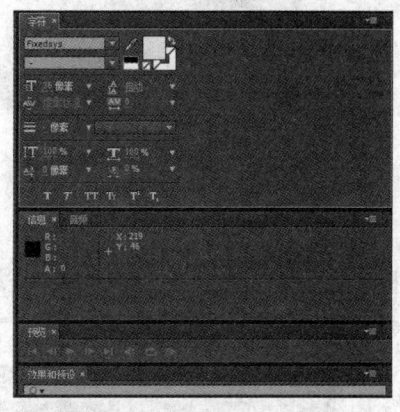

图1-37　停靠面板

2．组合面板

将面板拖到分组区中，可以将面板与该区域已有的面板组合在一起。

分组区位于面板或组的中心，沿面板选项卡区域延伸。将面板放置到分组区上，会将其与其他面板堆叠。

使用鼠标按住面板名称，然后移动至分组区再放开鼠标即可组合面板，如图1-38所示。

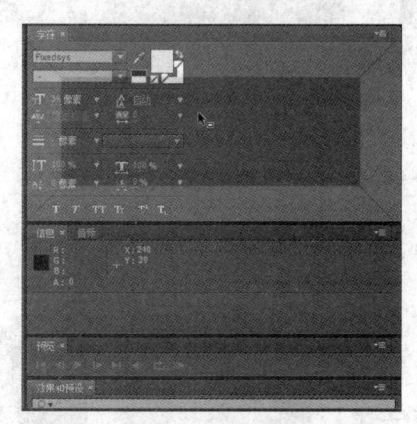

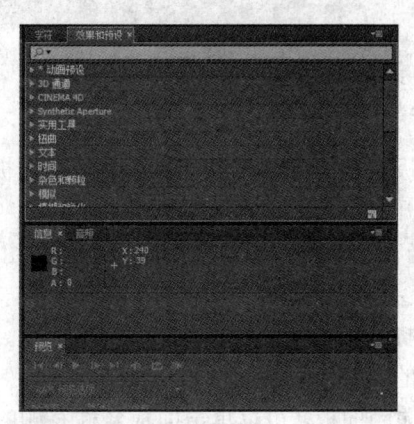

图1-38　组合面板

3．浮动面板和面板组

在After Effects中可以将某个面板或面板组从界面区域脱离出来变成浮动窗口，可以自由移动和缩放面板，便于一些操作。

动手操作　浮动面板和面板组

1 选择要浮动的面板，然后打开面板菜单，并选择【浮动面板】命令，如图1-39所示。如果是浮动面板组，则在面板菜单中选择【浮动帧】命令。

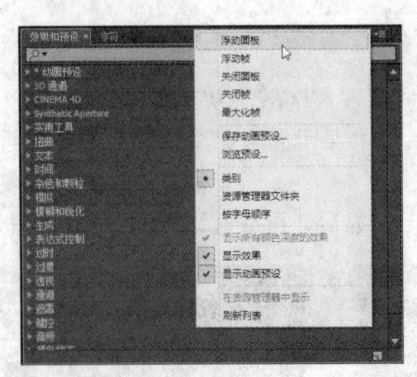

图 1-39 浮动面板

2 按住 Ctrl 键,并将面板或面板组从其当前位置拖离。松开鼠标按钮后,该面板或面板组会显示在新的浮动窗口中,如图 1-40 所示。

3 将面板或面板组拖放到应用程序窗口以外。如果应用程序窗口已最大化,可以将面板拖动到 Windows 任务栏。

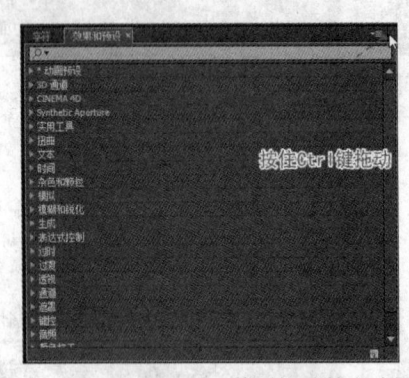

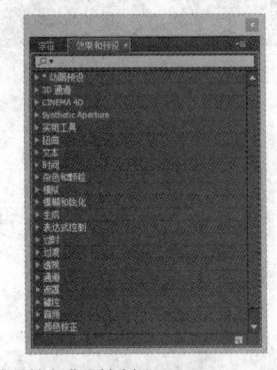

图 1-40 使用拖动的方式浮动面板或面板组

4. 打开、关闭和显示面板

即使面板是打开的,它也可能位于其他面板之下而无法看到。可以从【窗口】菜单中选择一个面板打开它并置于它所属的组的前面。

另外,当在应用程序窗口中关闭某个面板组时,其他组会调整大小以使用最新可用的空间。当关闭浮动窗口时,也会关闭其中的面板。

(1)要打开或关闭面板,可以从【窗口】菜单中选择面板对应的命令。

(2)要关闭面板,可以单击面板名称右侧的【关闭】按钮。

(3)要打开或关闭面板,可以使用其键盘快捷键。

(4)如果帧(即面板组)包含多个面板,可以将指针置于选项卡上方并向前或向后滚动鼠标滚轮以更改处于活动状态的面板。

(5)如果帧包含的分组面板多于可同时显示的面板,可以拖动显示在选项卡上方的滚动条,如图 1-41 所示。

图 1-41 拖动滚动条显示面板

1.3.3 查看器操作

查看器其实是一个面板,可以包含多个合成、图层或素材项目,或者一个此类项目的多个视图。【合成】、【图层】、【素材】、【流程图】以及【效果控件】面板都是查看器。

1. 锁定查看器

当打开或选择新项目时,锁定查看器可防止替换当前显示的项目。相反,当锁定查看器以及打开或选择新项目时,After Effects 会为该项目创建一个新的查看器面板。

要锁定或解锁查看器,可以从查看器菜单中选择【已锁定】命令或单击【切换查看器锁定】按钮,如图 1-42 所示。

2. 新建与关闭查看器

在编辑项目时,不必在单个查看器中承载多个项目以及使用查看器菜单在其之间切换,可以选择为每个打开的合成、图层或素材项目打开或新建独立的查看器。与任何其他面板一样,当打开多个查看器时,可以通过停靠或分组的方式来排列它们。

在查看器面板中打开查看器的菜单,然后选择【新建素材查看器】命令即可新建查看器,如图 1-43 所示。如果要关闭当前查看器,则打开查看器菜单并选择【关闭[名称]】命令即可。

图 1-42 切换查看器的锁定　　　　图 1-43 新建查看器

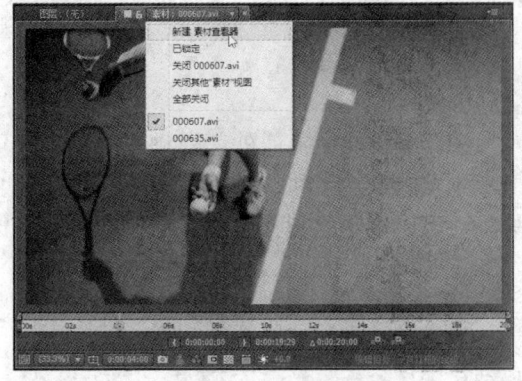

下面了解 After Effects 的应用基础知识。

1.4 After Effects 基本工作流程

无论使用 After Effects 为简单字幕制作动画、创建复杂运动图形,还是合成真实的视觉效果,通常都需遵循相同的基本工作流程,但可以重复或跳过一些步骤。例如,可以重复修改图层属性、制作动画和预览的周期,直到一切都符合要求为止。下面介绍使用 After Effects 的常规工作流程。

1. 导入和组织素材

在创建项目后,在【项目】面板中将素材导入到项目。After Effects 可自动解释许多常用媒体格式,但也可以指定希望 After Effects 解释帧频率和像素长宽比等属性的方式。

导入素材后,可以通过【素材】面板查看每个素材,并设置其开始和结束时间以符合合成的要求。

2．创建与组织合成

导入素材后，可以利用素材创建一个或多个合成。任何素材项目都可以是合成中一个或多个图层的源。可以使用【合成】面板在空间上排列图层，或使用【时间轴】面板在时间上排列图层。

另外，还可以在两个维度中堆叠图层，或在三个维度中排列图层。同时，可以使用蒙版、混合模式和抠像工具组合（合并）多个图层的图像。甚至可以使用形状图层、文本图层和绘画工具来创建自己的视觉元素。

3．编辑图层以制作动画

在设计项目过程中，可以修改图层的任何属性，如大小、位置和不透明度。还可以使用关键帧和表达式使图层属性的任意组合随着时间的推移而发生变化，甚至可使用运动跟踪稳定运动或为一个图层制作动画，以使其遵循另一个图层中的运动。

4．添加效果并修改效果属性

可以添加效果的任何组合，以改变图层的外观或声音，甚至重新开始生成视觉元素。在一个项目中，可以应用数百种效果、动画预设和图层样式中的任意一种。针对不同的效果设置，可以创建并保存自己的动画预设，也可以为效果属性制作动画，这些属性只是效果属性组内的图层属性。

5．预览

在计算机显示器或外部视频监视器上预览合成是最快最方便的方法。在预览前，可以通过指定预览的分辨率和帧频率以及限制预览的合成区域和持续时间，来更改预览的速度和品质。另外，可以使用色彩管理功能预览影片在其他输出设备上将呈现的外观。

6．渲染和导出

将一个或多个合成添加到渲染队列中即可以选定的品质设置渲染它们，以及以所指定的格式创建影片。

1.5 技能训练

下面通过两个上机练习实例，巩固所学习的技能。

1.5.1 上机练习1：自定义与创建专属的工作区

本例先将工作区切换到【动画】，然后通过停靠和组合面板自定义工作区，最后将定义好的工作区创建成一个新工作区。

操作步骤

1 启动 After Effects 程序，然后在【工具】面板中打开工作区菜单并选择【动画】命令，切换到【动画】面板，如图1-44所示。

2 将鼠标移到工作区右侧的边框中，然后向左拖动，扩大面板框架的宽度，如图1-45所示。

第 1 章　After Effects CC 2014 应用入门

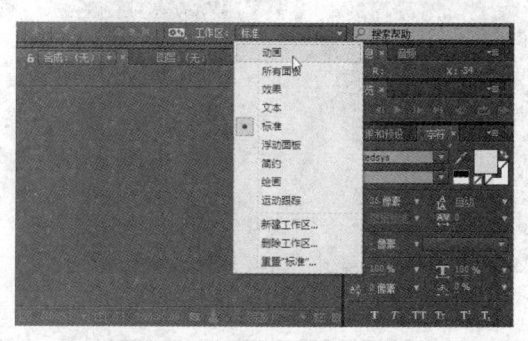

图 1-44　切换到【动画】工作区

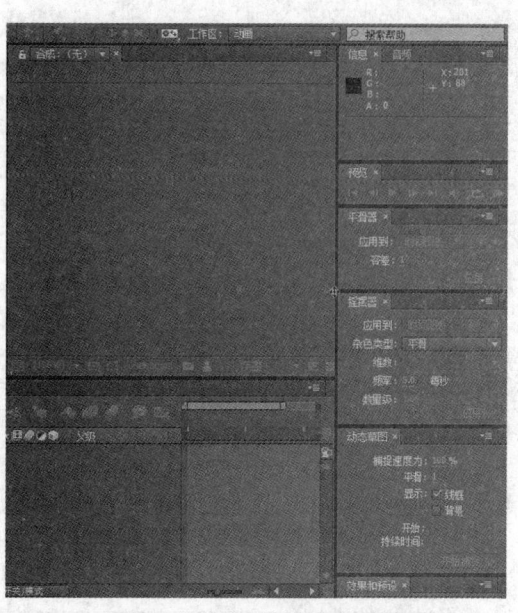

图 1-45　扩大面板框架的宽度

3 使用鼠标左键按住【预览】面板的名称，或者名称左侧的 控件，然后将面板拖到【信息】面板组的分组区中，接着使用相同的方法，将【平滑器】面板拖到【信息】面板组的分组区中，如图 1-46 所示。

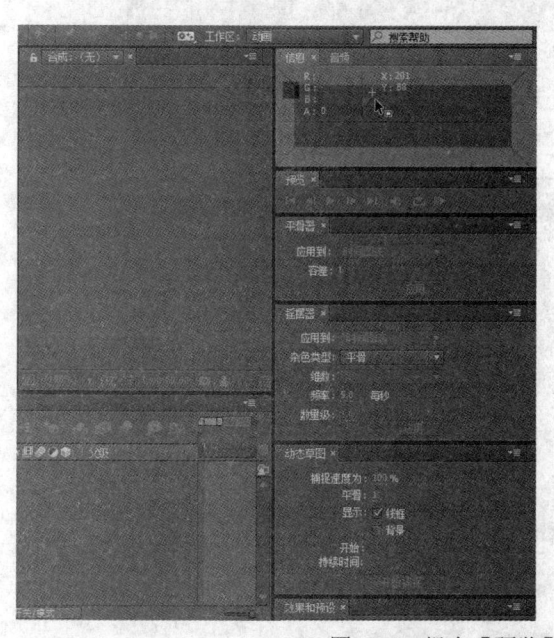

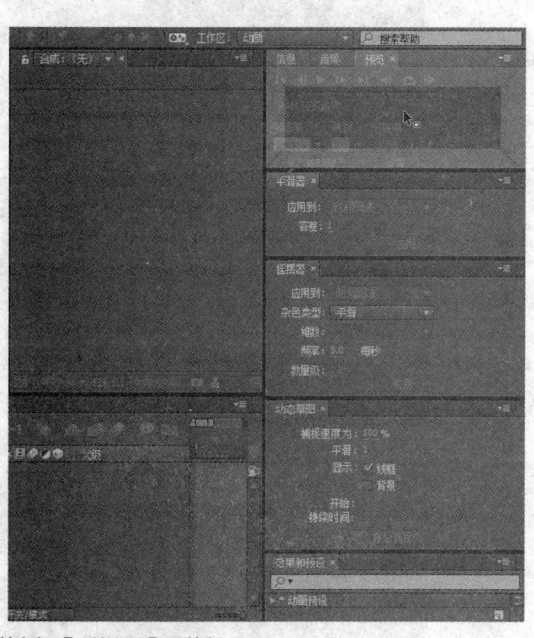

图 1-46　组合【预览】面板和【平滑器】面板

4 使用步骤 3 的方法，将【动态草图】面板拖到【摇摆器】面板组的分组区中，然后将【效果和预设】面板拖到【信息】面板组的停靠区中，如图 1-47 所示。

5 使用鼠标按住【时间轴】面板右上角的 控件，然后将面板拖到工作区下方的停靠区中，调整【时间轴】面板的位置，如图 1-48 所示。

19

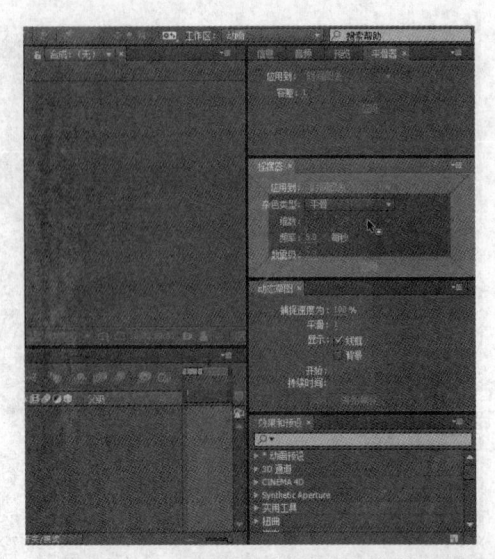

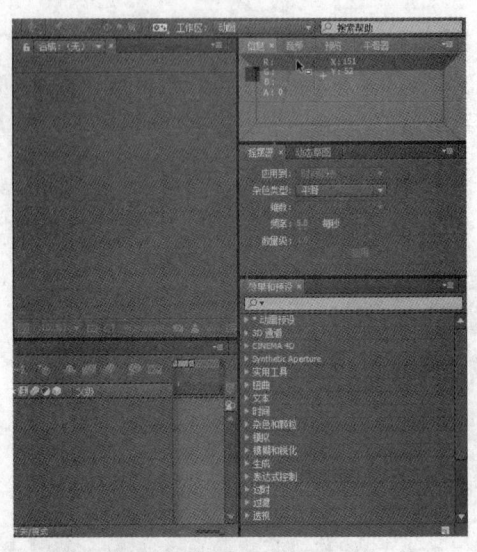

图1-47 组合【动态草图】面板和停靠【效果和预设】面板

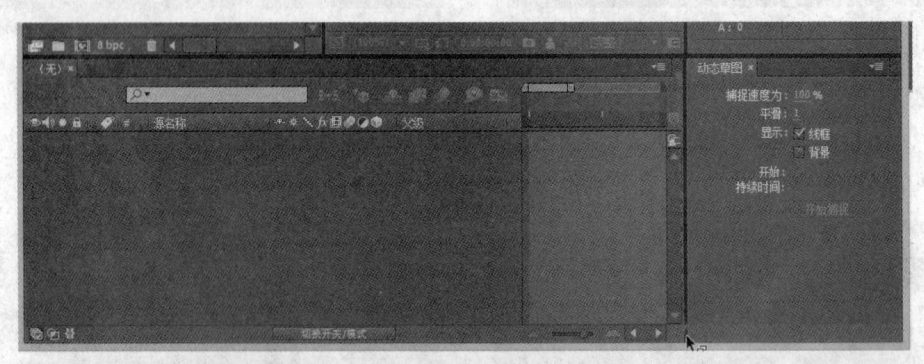

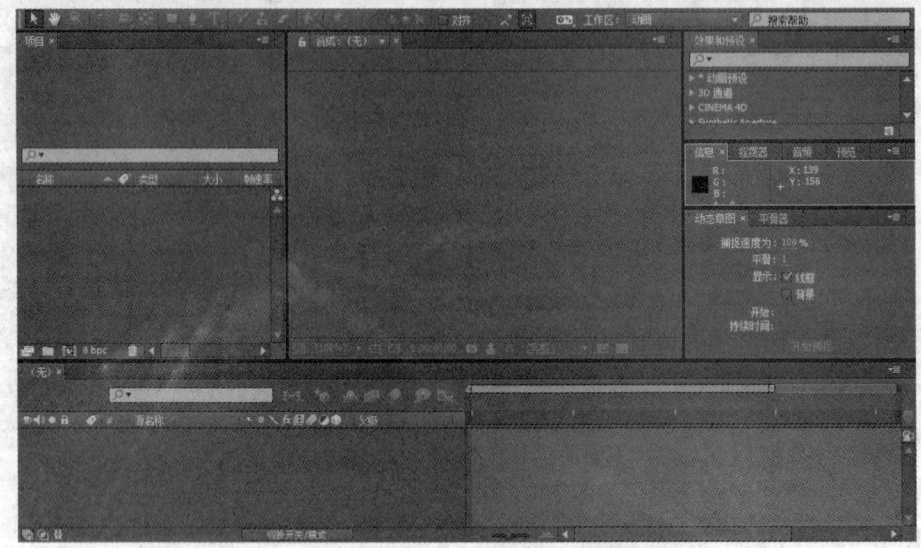

图1-48 调整【时间轴】面板停靠的位置

6 选择【窗口】|【工作区】|【新建工作区】命令，在打开的【新建工作区】命令中输入工作区名称，再单击【确定】按钮，如图1-49所示。

第 1 章　After Effects CC 2014 应用入门

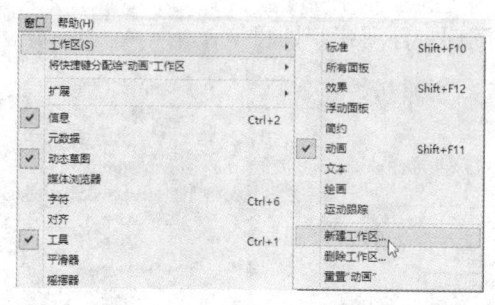

图 1-49　新建工作区

1.5.2　上机练习 2：同步设置到 Creative Cloud

本例先使用 Adobe ID 登录 Adobe Creative Cloud，然后通过【立即同步设置】命令将当前工作区和首选项上载到 Adobe Creative Cloud，以便将用户配置文件保存到云端。

> Adobe Creative Cloud 是一种数字中枢（可以简单理解成 Adobe 的云服务），可以通过它访问每个 Adobe Creative Cloud 桌面应用程序、联机服务以及其他新发布的应用程序，自由发挥想象力。有了 Creative Cloud，将能更高效地与团队及伙伴协同工作，并在创意社群内分享作品。Creative Cloud 将您需要的所有元素整合到一个平台，简化了整个创意过程。

操作步骤

1 选择【帮助】|【登录】命令，然后使用 Adobe ID 登录 Adobe Creative Cloud，如图 1-50 所示。

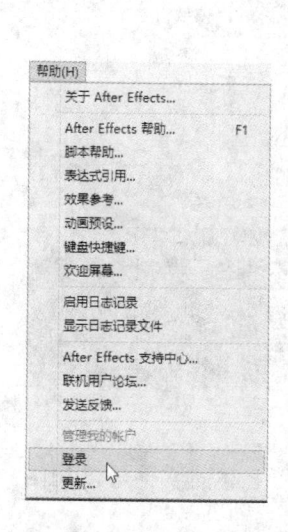

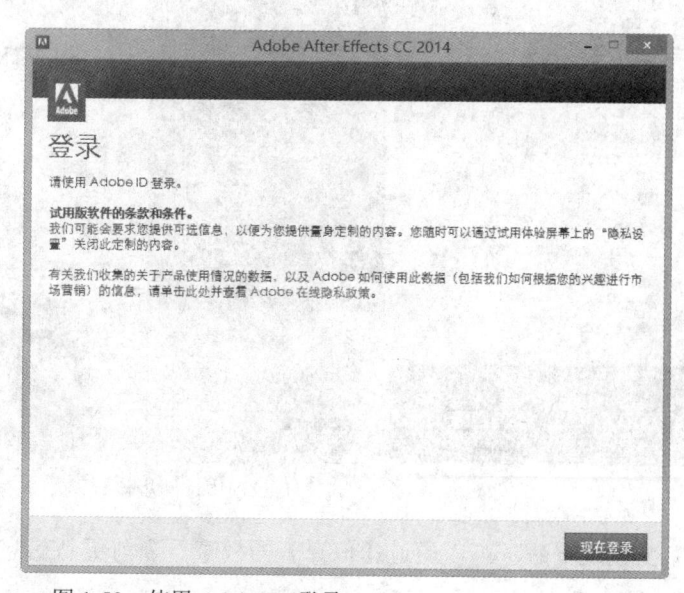

图 1-50　使用 Adobe ID 登录

2 显示【Adobe ID 登录】页面后，输入 Adobe ID 和密码，然后单击【登录】按钮，登录后可在【帮助】菜单中查看，如图 1-51 所示。如果没有 Adobe ID，则在【Adobe ID 登录】

21

页面上单击【获取 Adobe ID】链接，并跟随向导注册账户即可。

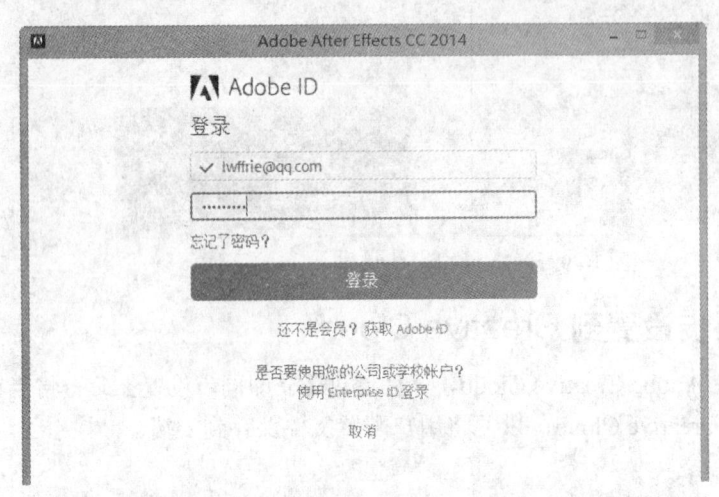

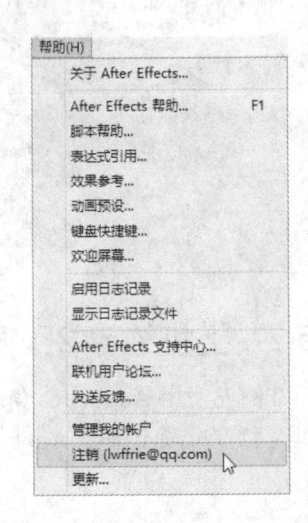

图 1-51　输入 Adobe ID 和密码并登录

3 打开【编辑】菜单，然后打开【[Adobe ID]】的子菜单，并选择【立即同步设置】命令，在打开的【同步设置】对话框中单击【上载设置】按钮即可，如图 1-52 所示。

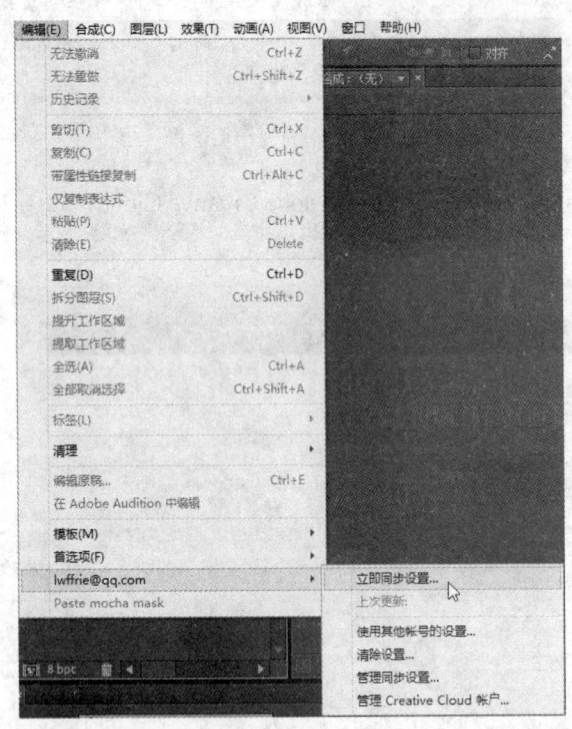

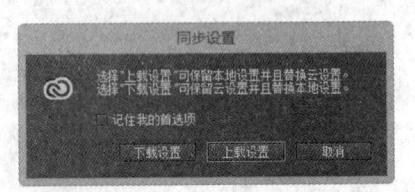

图 1-52　执行同步设置

4 上载设置后，可以通过【信息】面板查看当前更新信息和上载的文件数，如图 1-53 所示。

5 如果要设置同步的相关选项，可以选择【编辑】|【首选项】|【同步设置】命令，然后在【首选项】对话框中设置同步选项，如图 1-54 所示。

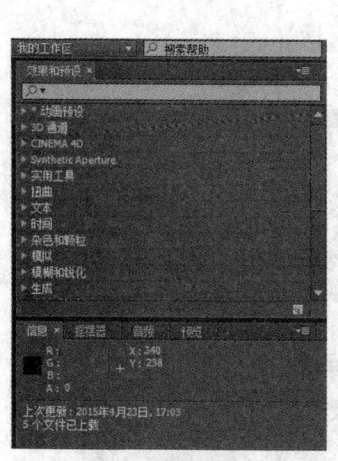

图 1-53 查看更新信息　　　　　　　　图 1-54 设置同步选项

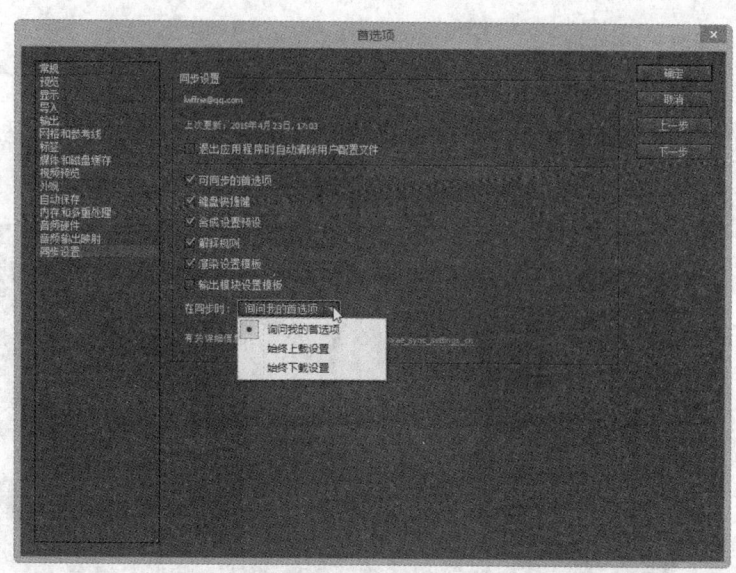

1.6 评测习题

一、填充题

（1）Adobe After Effects CC 2014 要求在_____系统上才能安装。
（2）启动 Adobe After Effects 程序后，随程序启动打开_____。
（3）_____其实是一个面板，可以包含多个合成、图层或素材项目，或者一个此类项目的多个视图。

二、选择题

（1）哪个面板主要用来预览或剪裁【项目】面板中选中的某一源素材？（　　）
　　A.【项目】面板　　　　　　　　　B.【合成】面板
　　C.【时间轴】面板　　　　　　　　D.【素材】面板
（2）在用户界面中，按下哪个快捷键，即可打开或关闭【工具】面板？（　　）
　　A. Ctrl+1　　　B. Ctrl+F1　　　C. Ctrl+O　　　D. Ctrl+5
（3）Adobe After Effects 是一个什么软件？（　　）
　　A. 线性视频编辑软件　　　　　　B. 办公软件
　　C. 视频合成及特效制作软件　　　D. 图像设计软件
（4）按住哪个键拖动，可以将面板或面板组从其当前位置拖离？（　　）
　　A. Alt 键　　　B. Ctrl 键　　　C. Shift 键　　　D. 空格键

三、判断题

（1）After Effects CC 2014 要求在 64 位系统上才能安装和运行。（　　）
（2）在程序编辑窗口中，按 Alt+C 键可以打开【编辑】菜单。（　　）
（3）【时间轴】面板在 After Effects 中起着至关重要的作用，如果没有【时间轴】面板，就无法制作动画。（　　）

四、操作题

切换到【简约】工作区，通过【窗口】菜单显示【项目】面板、【效果控件】面板和【效果和预设】面板，然后将当前用户界面新建为工作区，如图 1-55 所示。

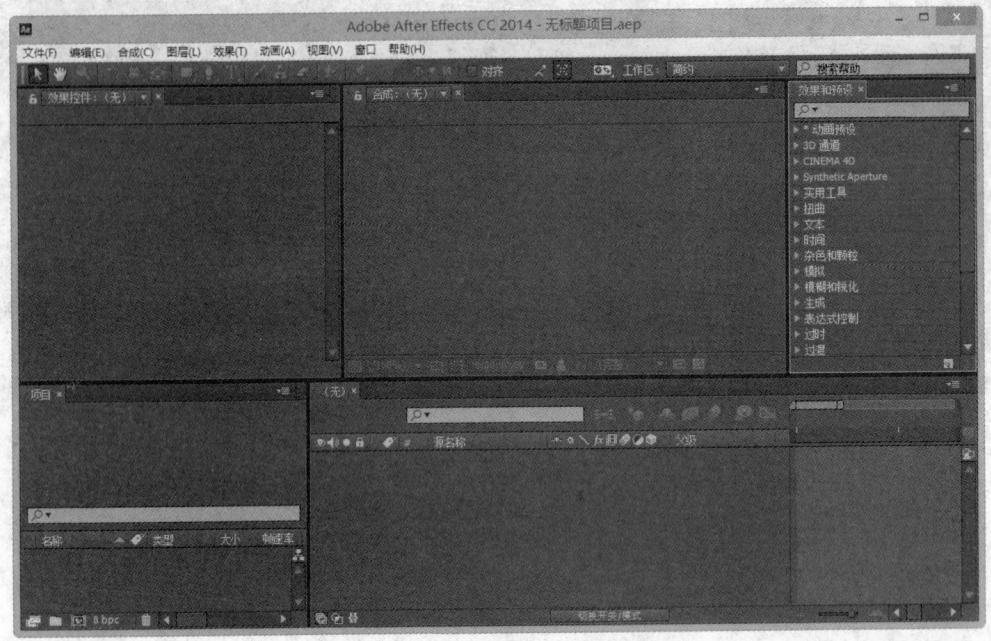

图 1-55　自定义工作区的结果

操作提示

（1）启动 After Effects 程序，然后在【工具】面板中打开工作区菜单并选择【简约】命令，切换到【简约】面板。

（2）通过【窗口】菜单，分别选择【项目】命令、【效果控件】面板、【效果和预设】命令，以显示这三个面板。

（3）选择【窗口】|【工作区】|【新建工作区】命令，打开【新建工作区】命令后，输入工作区名称，再单击【确定】按钮。

第 2 章 管理项目、合成与素材

学习目标

素材和合成是构成项目的基本元素，通过有效地管理项目、合成和素材，可以更好地完成项目的设计。本章将详细介绍管理项目和合成，以及导入和使用素材的各种方法和技巧。

学习重点

☑ 管理项目和设置项目
☑ 管理合成和设置合成
☑ 导入和解释素材
☑ 使用素材、占位符和代理

2.1 项目管理基础

项目文件是 After Effects 编辑合成视频和制作特效的基本载体，所有编辑的操作都必须在项目文件下进行。

2.1.1 新建项目

After Effects 项目是一个文件，用于存储合成以及对该项目中的素材项目使用的所有源文件的引用。项目文件使用文件扩展名".aep"或".aepx"。使用".aep"文件扩展名的项目文件是二进制项目文件。使用".aepx"文件扩展名的项目文件是基于文本的 XML 项目文件。

> 问：什么是 XML 项目文件？
> 答：基于文本的 XML 项目文件将一些项目信息包含为十六进制编码的二进制数据，但是其中多数信息在"string"元素中公开为可读文本。用户可以在文本编辑器中打开 XML 项目文件，并编辑该项目的一些详细信息，而无须在 After Effects 中打开该项目。甚至可以编写脚本，作为自动化的工作流的一部分修改 XML 项目文件中的项目信息。

在 After Effects 中，当启动程序时，已经默认新建了一个项目，可以通过其他方法新建其他项目。新建项目的方法如下：

方法 1 在菜单栏中选择【文件】|【新建】|【新建项目】命令，如图 2-1 所示。
方法 2 在当前程序编辑窗口中按 Ctrl+Alt+N 键，即可新建一个项目。

一次只能打开一个项目。如果在一个项目打开时创建或打开其他项目文件，After Effects 会提示保存打开的项目中的更改，然后将其关闭，如图2-2所示。在创建项目之后，可以向该项目中导入素材。

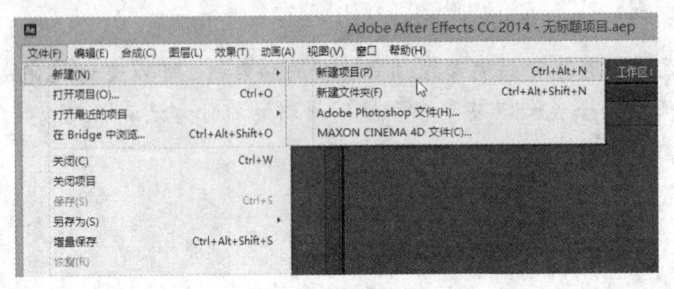

图 2-1　新建项目

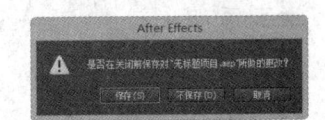

图 2-2　提示保存并关闭当前项目

2.1.2　保存项目

在项目编辑完成或告一段落后，可以将编辑的结果保存起来。

1．直接保存

当需要保存项目时，可以选择【文件】|【保存】命令，或者按 Ctrl+S 键，这样项目文件就会存储在新建项目时设置的储存目录里。

如果是新建的项目，当执行【保存】命令时会打开【另存为】对话框，此时可以指定文件的名称和保存位置，如图2-3所示。

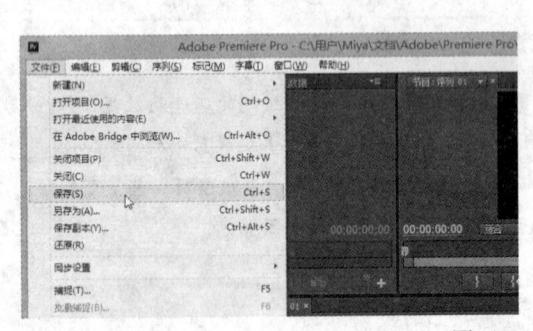

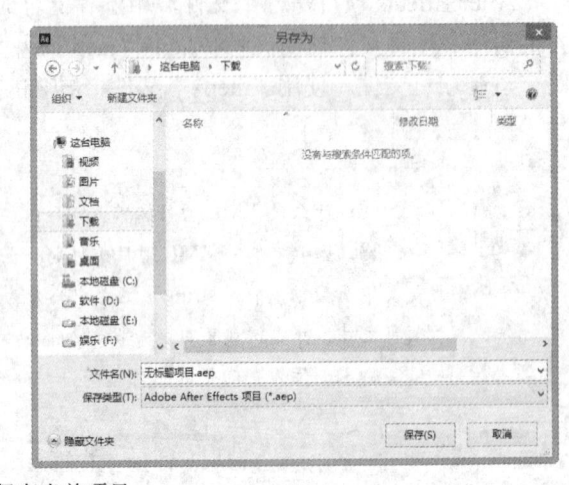

图 2-3　保存当前项目

2．增量保存

增量保存就是"直接保存"再加上"另存"，即不仅执行直接保存操作，同时提供另存方式，让用户可以为项目设置新名称或新保存位置。

如果要进行增量保存，可以选择【文件】|【增量保存】命令（或按 Ctrl+Alt+Shift+S 键），如图2-4所示。

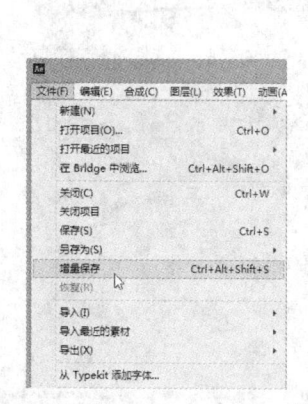

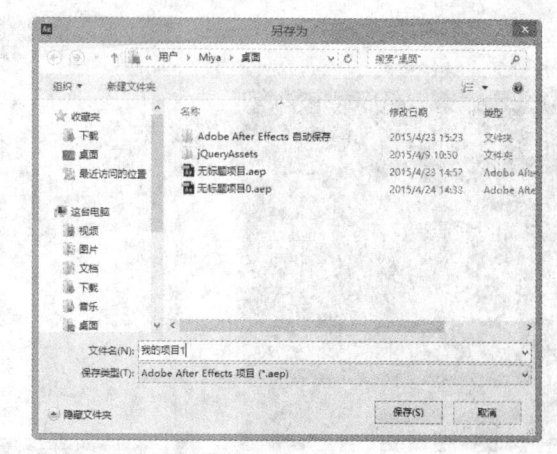

图 2-4　对项目进行增量保存

2.1.3　另存项目

可以选择【文件】|【另存为】|【另存为】命令（或按 Ctrl+Shift+S 键）将文件另存为新文件。在保存文件时，只需在【另存为】对话框中更改文件的保存目录或变换其他名称即可，如图 2-5 所示。

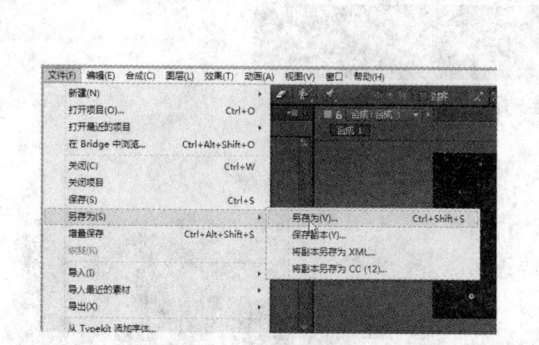

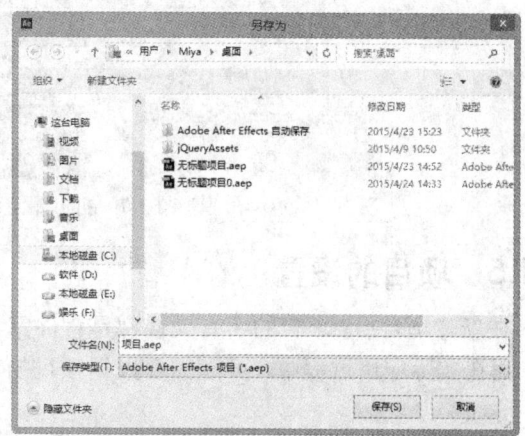

图 2-5　将项目另存为新文件

2.1.4　打开项目

保存项目后，可以在需要时通过 After Effects 程序再次打开该文件，查看其内容或对其进行编辑。

1. 通过菜单打开项目

选择【文件】|【打开项目】命令（或者按 Ctrl+O 键），通过【打开】对话框中选择文件，再单击【打开】按钮即可打开项目。

2. 通过欢迎屏幕打开项目

在启动 After Effects 程序时，可以通过【欢迎屏幕】窗口打开项目。

在【欢迎屏幕】窗口中单击【打开项目】文字，然后在【打开】对话框中选择项目文件，再单击【打开】按钮即可，如图 2-6 所示。

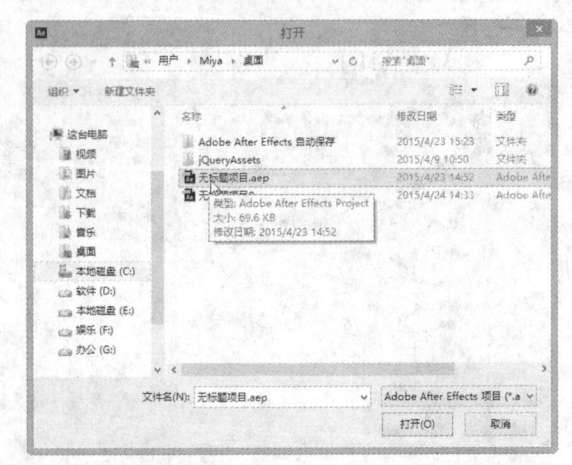

图 2-6　通过欢迎屏幕打开项目

3．打开最近项目

如果要打开的项目是最近曾经编辑过的，可以打开【文件】|【打开最近的项目】子菜单，然后在列表中选择需要打开的项目文件即可，如图 2-7 所示。

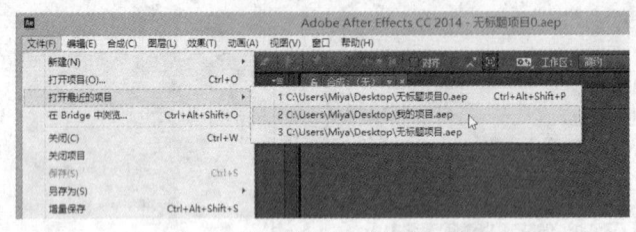

图 2-7　打开最近编辑过的项目

2.1.5　项目的设置

在新建项目后，项目的所有属性都是程序默认设置的，而在实际应用过程中，可能需要根据项目的特点进行自定义。

只需选择【文件】|【项目设置】命令（或者按 Ctrl+Alt+Shift+K 键），通过打开的【项目设置】对话框设置各项属性即可。

项目设置分为三个基本类别：项目中显示时间的方式、项目中处理颜色数据的方式以及用于音频的采样率，如图 2-8 所示。在这些设置中，颜色设置是在项目中完成很多工作之前需要考虑的设置，因为它们确定在导入素材文件时如何解释颜色数据、在工作时如何执行颜色计算以及如何为最终输出转换颜色数据。

2.2　合成管理基础

下面将从基础开始介绍在项目中管理合成的方法。

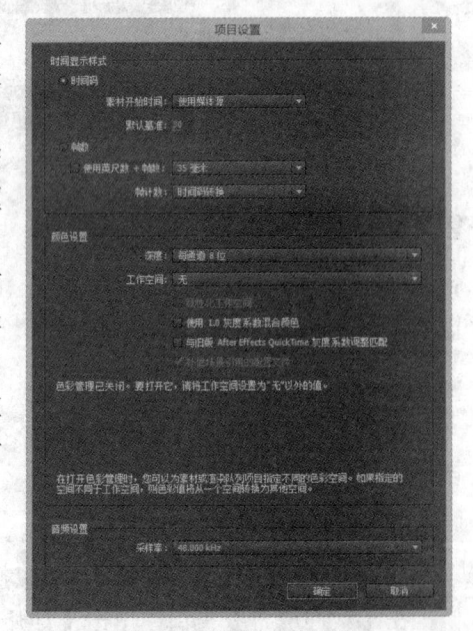

图 2-8　设置项目的属性

2.2.1 关于合成

合成是影片的框架,每个合成均有自己的时间轴。一个典型的合成包括代表视频和音频素材项目、动画文本和矢量图形、静止图像以及光之类的组件的多个图层。

在 After Effects 中,可通过创建素材项目为源的图层,将素材项目添加到合成中,然后在合成内,在空间和时间方面安排各个图层,并使用透明度功能进行合成来确定底层图层的哪些部分将穿过堆叠在其上的图层进行显示。

简单的项目可能只包括一个合成;复杂的项目可能包括数百个合成以组织大量素材或多个效果。如图 2-9 所示为多个不同的合成在时间轴上组合成项目。

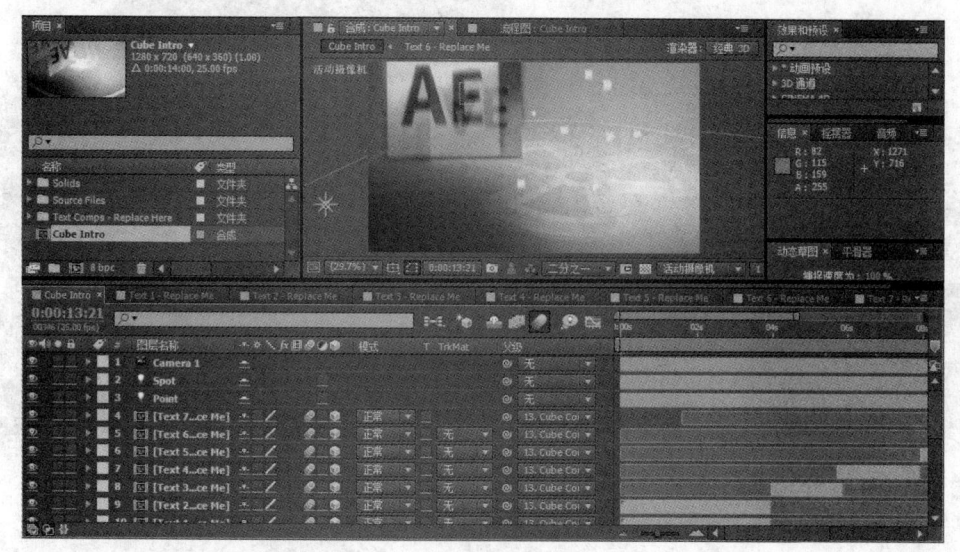

图 2-9 通过组织合成建立项目

> After Effects 中的合成类似于 Flash 中的影片剪辑或者 Premiere 中的序列。

2.2.2 新建合成

在项目中,可以新建多个合成,并可以随时更改合成设置。不过,考虑到项目的最终输出,建议在新建合成时即设置帧长宽比和帧大小等。因为 After Effects 根据这些合成设置进行特定计算,在工作流中对其进行更改可能会影响最终输出。

1. 新建合成并手动设置

在项目中选择【合成】|【新建合成】命令(或者按 Ctrl+N 键),然后在打开的【合成设置】对话框中设置选项,再单击【确定】按钮即可,如图 2-10 所示。

2. 根据单个素材项目新建合成

选择【文件】|【基于所选项新建合成】命令,或者将素材项目拖动到【项目】面板底部的【新建合成】按钮上,如图 2-11 所示。使用这种方法新建合成,包括帧大小(宽度和高度)和像素长宽比的合成设置会自动设置为与素材项目的特性相匹配。

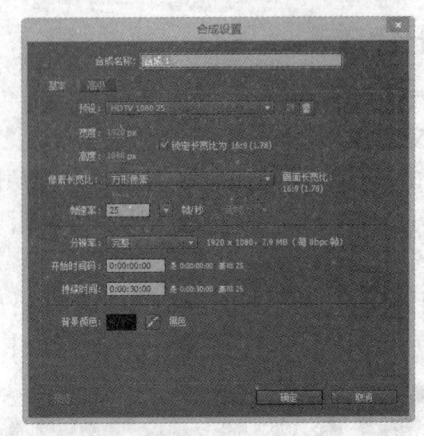

图 2-10 新建合成并进行设置

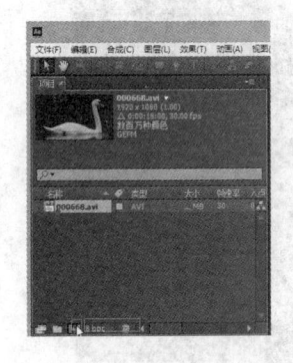

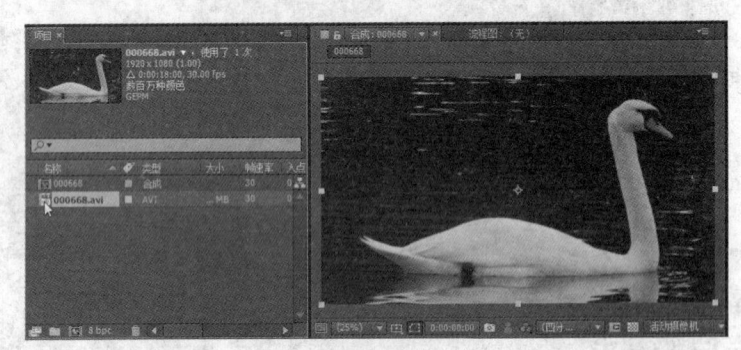

图 2-11 根据素材项目新建合成

3．复制合成

方法 1 在【项目】面板中选择合成，然后选择【编辑】|【复制】命令，再选择【编辑】|【粘贴】命令。

方法 2 在【项目】面板中选择合成，然后选择【编辑】|【重复】命令，或者按 Ctrl+D 键创建重复的合成，如图 2-12 所示。

> 合成持续时间的限制为 3 个小时。可以使用比 3 个小时长的素材项目，但是 3 个小时后的时间无法正确显示。最大的合成大小为 30 000×30 000 像素。

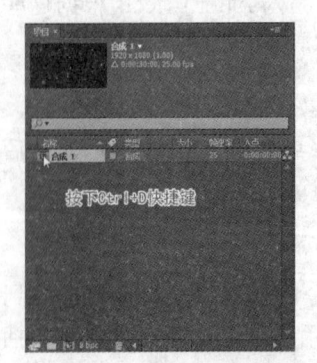

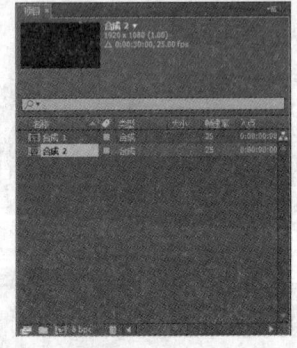

图 2-12 通过快捷键重复合成

2.2.3 合成的设置

通过【新建合成】命令新建合成时，可以手动输入合成设置，也可以使用合成设置预设将帧大小（宽度和高度）、像素长宽比以及帧速率自动设置为多种常见输出格式。

完成合成设置后，可以创建并保存自定义合成设置预设以供稍后使用。但是，【分辨率】、【开始时间码】（或【开始帧】）、【持续时间】以及【高级】合成设置不会随合成设置预设一起保存。

1. 基本合成设置

- 预设：通过列表框选择预设的合成宽高、分辨率和速率方案，如图 2-13 所示。
- 宽度/高度：可手动设置合成的宽度和高度，甚至可以锁定长宽比。
- 像素长宽比/画面长宽比：像素长宽比（PAR）指图像中一个像素的宽与高之比，如图 2-14 所示。画面长宽比（有时也称图像长宽比或 IAR）指图像帧的宽与高之比。多数计算机显示器使用方形像素，但许多视频格式［包括 ITU-R 601（D1）和 DV］使用非方形的矩形像素。另外，一些视频格式输出相同的帧长宽比，但使用不同的像素长宽比。

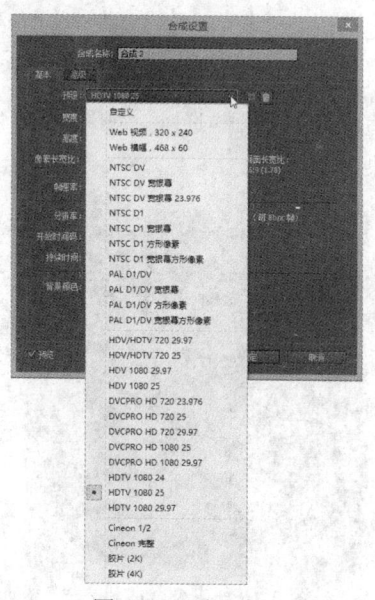

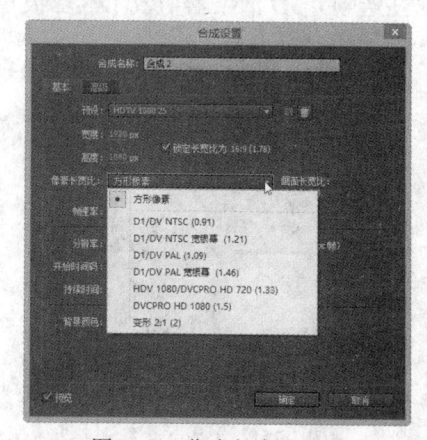

图 2-13　预设选项　　　　　　　　图 2-14　像素长宽比选项

- 帧速率：确定每秒显示的帧数，以及在时间标尺和时间显示中如何将时间划分给帧。换言之，帧速率指定每秒从源素材项目对图像进行多少次采样，以及设置关键帧时所依据的时间划分方法。

> 帧速率通常由目标输出类型决定。NTSC 视频的帧速率为 29.97 fps（帧/秒），PAL 视频的帧速率为 25 fps，运动图片影片的帧速率通常为 24 fps。根据广播系统，DVD 视频的帧速率可以与 NTSC 视频或 PAL 视频相同，或者为 23.976 fps。卡通和 CD-ROM 视频或 Web 视频通常为 10~15 fps。

- 分辨率：对于视频、影片和计算机图形来说，分辨率指的是相对数量，即渲染到源图像中的像素数的像素数比例，如图 2-15 所示。对于每种视图，有两个这样的比例：一个针对水平维度，一个针对垂直维度。每个合成都有自己的分辨率设置，在预览和最终输出渲染合成时会影响合成的图像质量。
  - 完整：渲染合成中的每个像素。可提供最佳图像质量，但是所需时间最长。
  - 二分之一：渲染全分辨率图像中包含的四分之一像素，即列的一半和行的一半。
  - 三分之一：渲染全分辨率图像中包含的九分之一的像素。
  - 四分之一：渲染全分辨率图像中包含的十六分之一的像素。
  - 自定义：以指定的水平和垂直分辨率渲染图像。
- 开始时间码/开始帧：指分配给合成的第一个帧的时间码或帧编号。此值不影响渲染，它仅会指定开始计数的位置。
- 持续时间/持续帧：指分配给合成的最后一帧的时间码或帧编号。
- 背景颜色：可以设置背景颜色。使用色板或吸管可选取合成背景颜色。在将一个合成添加到另一个合成（嵌套）时，将保留作为包含方的合成的背景颜色，嵌套合成的背景将变为透明。要保留嵌套合成的背景颜色，可以创建一个纯色图层以用作嵌套合成中的背景图层。

2．高级合成设置

After Effects 包括了一个高级设置，用以设置光线追踪 3D 渲染器选项，如图 2-16 所示。对于这些选项，3D 渲染器增效工具已被重命名为【渲染器】。

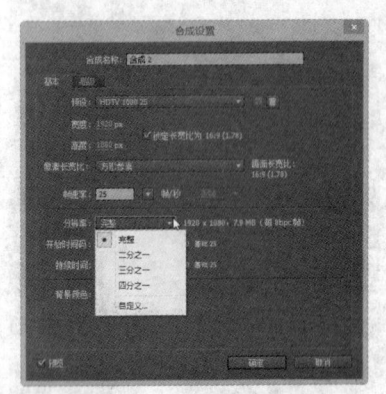

图 2-15　设置分辨率　　　　　　图 2-16　高级合成设置

- 锚点：单击箭头按钮可在调整图层大小时，将图层固定到合成的角或边缘。
- 渲染器：选择合成类型为【经典 3D】渲染器或【光线追踪 3D】渲染器。单击【选项】按钮可以打开【渲染器选项】对话框，通过对话框设置渲染器选项，如图 2-17 所示。
- 运动模糊：在查看包含运动对象的动作影片或视频的一帧时，图像通常是模糊的，因为一帧表示时间的一个样本（在电影中，一帧是 1/24 秒）。在该时间内，运动对象在跨帧行进时占据多个位置，因此它看起来不是一个清晰的静止对象。对象移动越快越模糊。摄像机快门角度和快门相位也影响模糊的外观，因此，需要确定快门保持打开状态多长时间，以及相对于帧的开始打开快门的时间。

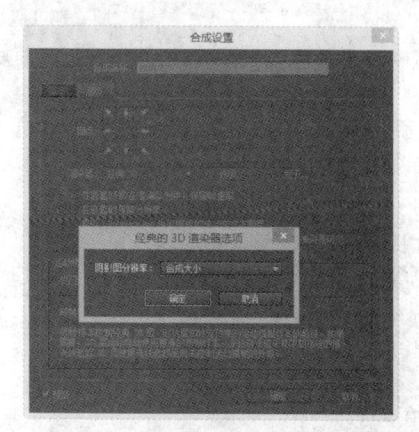

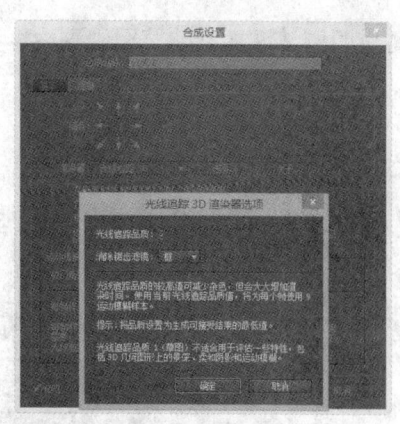

图 2-17 设置渲染器选项

- 每帧样本：最小采样数。此最小数是用于 After Effects 不能根据图层运动确定其自适应采用率的帧的采样数。此采样率用于 3D 图层和形状图层。
- 自适应采样限制：最大采样数。
- 快门角度：模拟旋转快门所允许的曝光（单位是度）。快门角度使用素材帧速率确定影响运动模糊量的模拟曝光。例如，为 24 fps 的素材输入 90 度（360 度的 25%）将创建 1/96 秒（1/24 秒的 25%）的有效曝光。输入 1 度时几乎不应用任何运动模糊，而输入 720 度则会应用大量模糊效果。
- 快门相位：定义一个相对于帧开始位置的偏移量，用于确定快门何时打开。如果应用了运动模糊的对象看起来滞后于未应用运动模糊的对象的位置，则调整此值可能会有所帮助。

2.2.4 设置合成缩览图

在 After Effects 中，可以选择要在【项目】面板中显示为合成的缩览图图像（海报帧）的合成帧。默认情况下，缩览图图像是合成的第一个帧，透明的部分显示为黑色。

（1）要为合成设置缩览图图像，可以在【时间轴】面板中将当前时间指示器移动到合成的所需帧中，然后选择【合成】|【设置海报时间】命令，如图 2-18 所示。

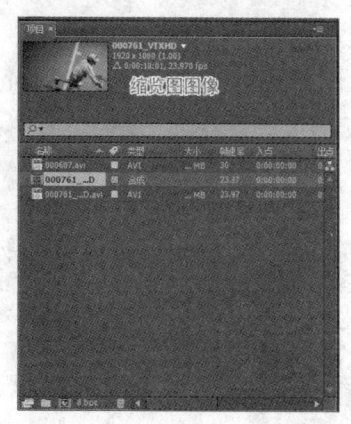

图 2-18 设置合成的缩览图图像

（2）要将透明网格添加到缩览图视图中，可以从【项目】面板菜单中选择【缩览图透明网格】命令。

（3）要在【项目】面板中隐藏缩览图图像，可以选择【编辑】|【首选项】|【显示】命令，再选择【在项目面板中禁用缩览图】复选框，如图 2-19 所示。

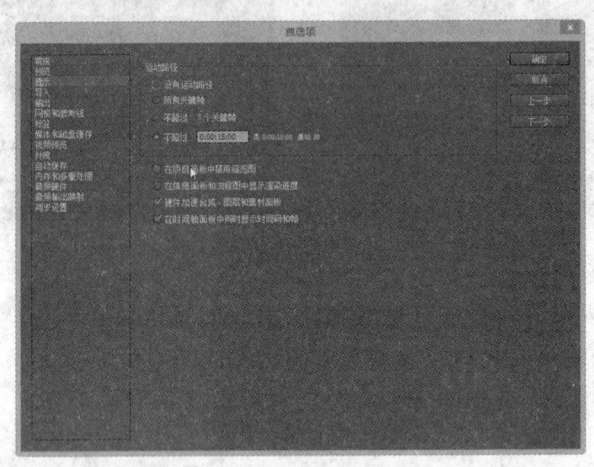

图 2-19　设置禁用缩览图

2.3　导入与解释素材

要在项目中使用素材，就需要先将素材导入项目，然后根据设计的需求进行一些管理操作。

2.3.1　支持导入的格式

After Effects 支持多种格式的文件，包括一些文件扩展名（如 MOV、AVI、MXF、FLV 和 F4V）表示容器文件的格式，而不表示特定的音频、视频或图像数据格式。容器文件可以包含使用各种压缩和编码方案编码的数据。After Effects 可以导入这些容器文件，但导入其所包含的数据的能力则取决于所安装的编解码器（具体讲就是解码器）。通过安装额外的编解码器，可以将 After Effects 的能力扩展为导入额外的文件类型。

下面详细列出 After Effects 支持导入的各种文件格式。

1．音频格式

- Adobe Sound Document（ASND；作为合并的单轨文件导入的多轨文件）。
- 高级音频编码（AAC、M4A）。
- 音频交换文件格式（AIF、AIFF）。
- MP3（MP3、MPEG、MPG、MPA、MPE）。
- Video for Windows（AVI；在 Mac OS 上需要 QuickTime）。
- Waveform（WAV）。

2．静止图像格式

- Adobe Illustrator（AI、AI4、AI5、EPS、PS；连续栅格化）。
- Adobe PDF（PDF；仅限首页；连续栅格化）。

- Adobe Photoshop（PSD）。
- 位图（BMP、RLE、DIB）。
- 摄像机原始数据（TIF、CRW、NEF、RAF、ORF、MRW、DCR、MOS、RAW、PEF、SRF、DNG、X3F、CR2、ERF）。
- Cineon/DPX（CIN、DPX；10 bpc）。
- Discreet RLA/RPF（RLA、RPF；16 bpc；导入摄像机数据）。
- EPS。
- GIF。
- JPEG（JPG、JPE）。
- Maya 摄像机数据（MA）。
- Maya IFF（IFF、TDI；16 bpc）。
- OpenEXR（EXR、SXR、MXR；32 bpc）。
- PICT（PCT）。
- 可移植网络图形（PNG；16 bpc）。
- Radiance（HDR、RGBE、XYZE；32 bpc）。
- SGI（SGI、BW、RGB；16 bpc）。
- Softimage（PIC）。
- Targa（TGA、VDA、ICB、VST）。
- TIFF（TIF）。

3．视频和动画格式

- 动画 GIF。
- 支持来自 ARRI ALEXA 或 ARRIFLEX D-21 摄像机的 ARRIRAW 文件。
- CinemaDNG（CinemaDNG 是 CameraRAW 的子集）。
- DV（在 MOV 或 AVI 容器中，或作为无容器 DV 流）。
- Electric Image（IMG、EI）。
- FLV、F4V。
- 媒体交换格式（MXF）。
- MPEG-1、MPEG-2 和 MPEG-4 格式：MPEG、MPE、MPG、M2V、MPA、MP2、M2A、MPV、M2P、M2T、M2TS（AVCHD）、AC3、MP4、M4V、M4A。
- 包含视频图层的 PSD 文件（需要 QuickTime）。
- QuickTime（MOV；16 bpc，需要 QuickTime）。
- RED（R3D）。R3D 文件被解释为在非线性 HDTV（Rec.709）色彩空间包含 32-bpc 颜色。
- SWF。
- Video for Windows（AVI、WAV）。
- Windows 媒体文件（WMV、WMA、ASF）。
- XDCAM HD 和 XDCAM EX。

2.3.2 导入素材项目

在 After Effects 中，可将源文件作为素材项目的基础导入某项目中，进而将其作为图层源。

1. 导入单个素材

方法 1 选择【文件】|【导入】|【文件】命令，从【导入文件】对话框中选择素材文件，然后单击【导入】按钮即可，如图 2-20 所示。

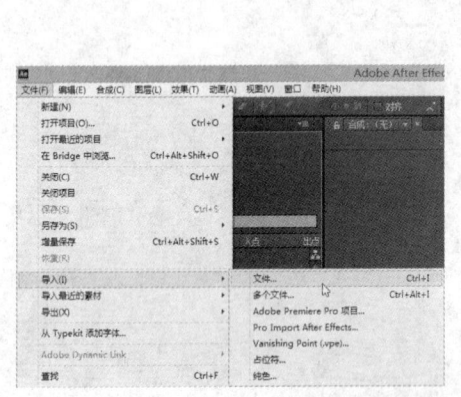

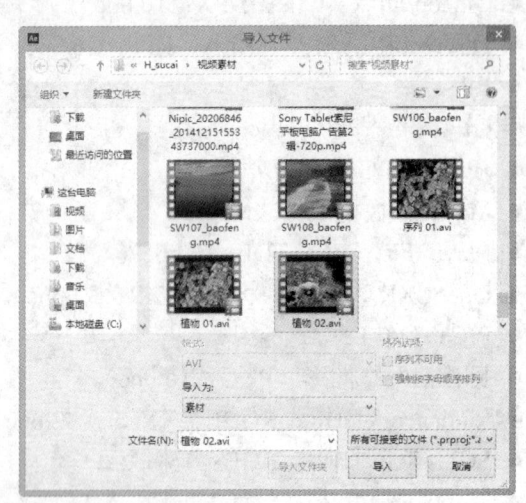

图 2-20 通过菜单命令导入素材

方法 2 在 After Effects 程序中按 Ctrl+I 键，从【导入文件】对话框中选择素材文件，然后单击【导入】按钮即可。

方法 3 在【项目】面板中单击鼠标右键，选择【导入】|【文件】命令，再从【导入文件】对话框中选择素材文件，然后单击【导入】按钮，如图 2-21 所示。

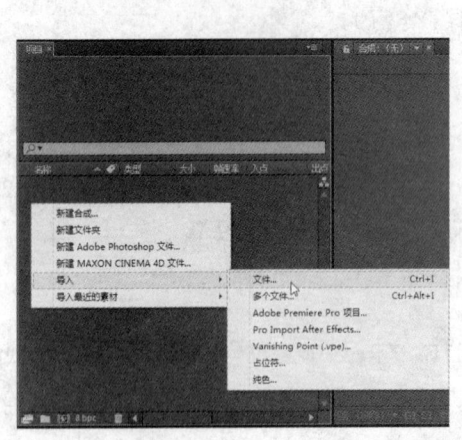

图 2-21 通过【项目】面板导入素材

2. 导入多个素材

方法 1 选择【文件】|【导入】|【多个文件】命令，从【导入多个文件】对话框中选择多个素材文件，然后单击【导入】按钮即可。

方法 2 在 After Effects 程序中按 Ctrl+Alt+I 键，从【导入多个文件】对话框中选择多个素材文件，然后单击【导入】按钮即可。

方法 3 在【项目】面板中单击鼠标右键，选择【导入】|【多个文件】命令，再从【导入多个文件】对话框中选择多个素材文件，然后单击【导入】按钮即可，如图 2-22 所示。

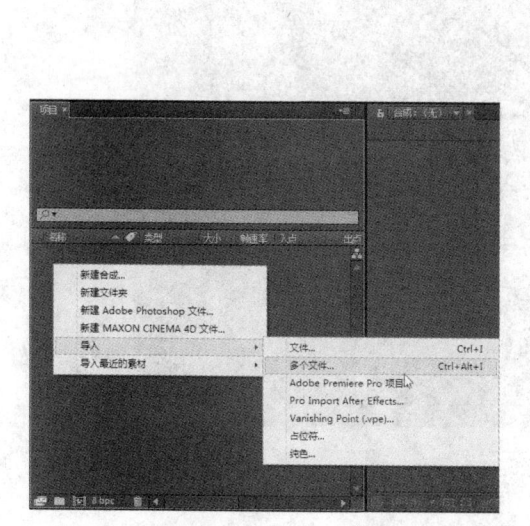

图 2-22 通过【项目】面板导入多个素材

动手操作 通过拖动方式导入素材

1 打开光盘中的"..\Example\Ch02\2.3.2.aep"练习文件，打开素材所在的文件夹。如果要导入单个素材，可以选择其中一个素材，然后将素材拖到【项目】面板中，如图 2-23 所示。

图 2-23 将单个素材拖到【项目】面板

2 如果要导入多个素材，可以在文件夹中选择多个素材文件，然后拖到【项目】面板中，如图2-24所示。

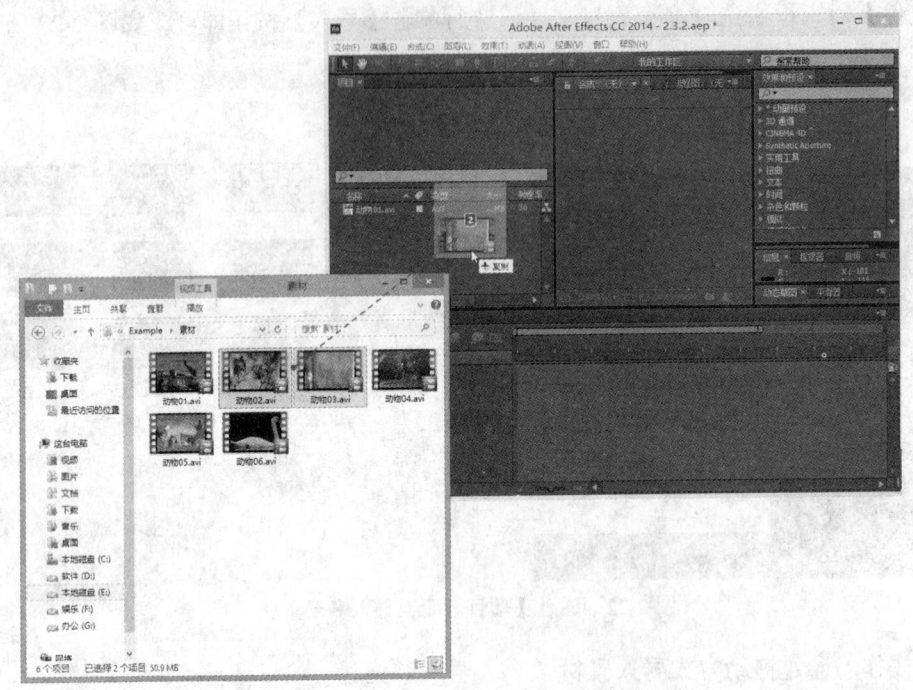

图2-24　将多个素材拖到【项目】面板

3 要将文件夹内容作为静止图像序列导入，并使这些图像在【项目】面板中显示为单个素材项目，可以在目录中将文件夹拖到【项目】面板中，如图2-25所示。

图2-25　将文件夹内容作为静止图像序列导入

4 要将文件夹内容作为单个素材项目导入,并使这些项目显示在【项目】面板中的相应文件夹中,可以按住 Alt 键从目录中将该文件夹拖动到【项目】面板中,如图 2-26 所示。

图 2-26　将文件夹内容作为单个素材项目导入

2.3.3　解释素材项目

After Effects 利用一套内部规则,根据它对源文件的像素长宽比、帧速率、颜色配置文件和 Alpha 通道类型的最佳猜测,来解释导入的每个素材项目。如果 After Effects 的猜测是错误的,或者想以不同方式使用素材,则可以通过编辑解释规则文件(解释规则.txt)来针对特殊类型的所有素材项目修改这些解释规则,或者使用【解释素材】对话框修改特定素材项目的解释。

1. 解释的内容

解释设置将告知 After Effects 关于每个素材项目的以下内容:
(1)如何解释 Alpha 通道与其他通道的交互。
(2)素材项目采用何种帧速率。
(3)是否分离场。如果是,采用何种场序。
(4)是否移除 3∶2 或 24Pa Pulldown。
(5)素材项目的像素长宽比。
(6)素材项目的颜色配置文件。

　　　　在上述所有这些情况中,以上信息用来决定如何解释导入的素材项目中的数据,即告知 After Effects 输入素材的情况。【解释素材】对话框中的解释设置应与用于创建源素材文件的设置相符。

2. 解释素材

通常无须更改解释设置。但是，如果某个素材项目不属于常见类型，After Effects 可能需要提供额外信息以便正确解释它。

动手操作　解释素材

1 在【项目】面板中选择一个素材项目并执行以下任一操作：

（1）单击【项目】面板底部的【解释素材】按钮 。

（2）将该素材项目拖到【解释素材】按钮 上，如图 2-27 所示。

（3）选择【文件】|【解释素材】|【主要】命令。

（4）按 Ctrl+Alt+G 键。

2 在打开的【解释素材】对话框中，通过【主要选项】和【色彩管理】选项卡设置解释选项，如图 2-28 所示。

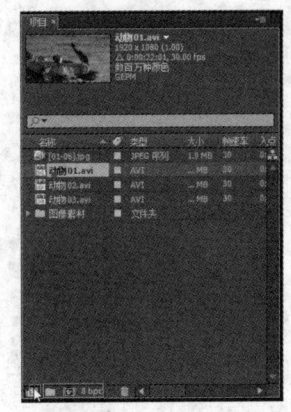

图 2-27　将素材项目拖到【解释素材】按钮上

3．解释选项简述

（1）Alpha

具有 Alpha 通道的图像文件通过下面两种方式之一存储透明度信息：直接或预乘。虽然 Alpha 通道相同，但颜色通道不同。

- 使用直接（或无遮罩）通道，透明度信息只存储在 Alpha 通道中，而不存储在任何可见的颜色通道中。使用直接通道时，仅在支持直接通道的应用程序中显示图像时才能看到透明度结果。

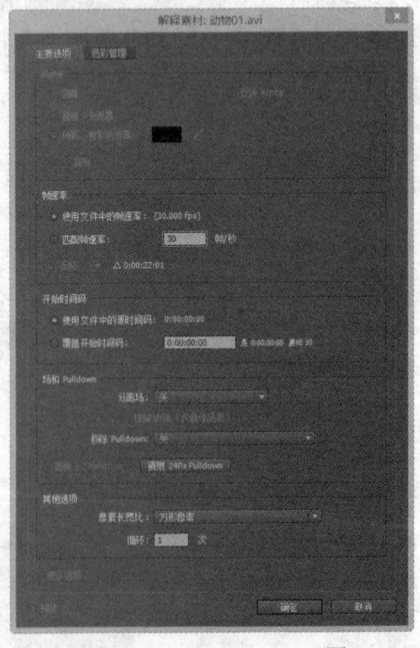

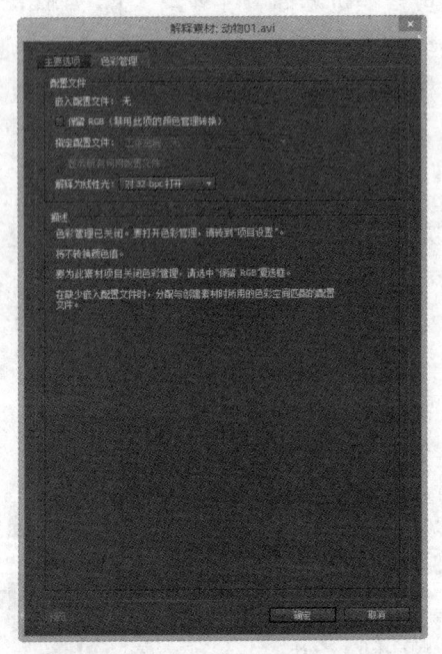

图 2-28　设置解释选项

- 使用预乘（或有遮罩）通道，透明度信息既存储在 Alpha 通道中，也存储在可见的 RGB 通道中，后者乘以一个背景颜色。预乘通道有时也称为有彩色遮罩。半透明区域（如羽化边缘）的颜色偏向于背景颜色，偏移度与其透明度成比例。

直接通道比预乘通道保留更准确的颜色信息，但是预乘通道可以与多种程序兼容，如 Apple QuickTime Player。因此，在解释素材项目时，可根据最终应用选择 Alpha 设置。

正确地设置 Alpha 通道解释可以避免在导入文件时发生问题，如图像边缘出现杂色，或者 Alpha 通道边缘的图像品质下降。如果要转换图像的不透明和透明区域，则可以选择【反转 Alpha】复选项。

（2）帧速率

合成帧速率确定每秒显示的帧数，以及在时间标尺和时间显示中如何将时间划分给帧。换言之，合成帧速率指定每秒从源素材项目对图像进行多少次采样，以及设置关键帧时所依据的时间划分方法。

合成中的每个运动素材项目也可以有自己的帧速率。素材项目帧速率和合成帧速率之间的关系决定图层播放的平滑度。例如，如果素材项目帧速率为 30 fps，并且合成帧速率为 30 fps，则每当合成前进一帧时，都会显示素材项目中的下一帧。如果素材项目帧速率为 15 fps，而合成帧速率为 30 fps，则素材项目的每个帧显示在合成的两个连续帧中。

理想情况下，应使用与最终输出帧速率相匹配的源素材。这样，After Effects 会渲染每个帧，而最终输出不会漏掉、重复或插入帧。

（3）分离场

如果要在 After Effects 项目中使用隔行或场渲染的素材（如 NTSC 视频），那么在导入素材时分离视频场可以获得最佳结果。After Effects 通过从每个场创建完整帧，并且保留原始素材中的所有图像数据，来分离视频场。在 After Effects 中，可以为素材项目设置【高场优先】或【低场优先】的分离场方式，如图 2-29 所示。

隔行视频素材项目的场序决定按何种顺序显示两个视频场（高场和低场）。先绘制高场线后绘制低场线的系统称为高场优先，先绘制低场线后绘制高场线的系统称为低场优先。许多标清格式（如 DV NTSC）为低场优先，而许多高清格式（如 1080i DVCPRO HD）则为高场优先。

> 隔行是针对使用有限带宽传送电视信号而开发的一种技术。在隔行系统中，每次只传送每个视频帧的一半水平行数。由于传送速度、显示器余辉和视觉暂留方面的原因，查看器以完全分辨率感知每个帧。所有模拟电视标准都使用隔行技术。数字电视标准同时包括隔行和非隔行模式。

（4）移除 Pulldown

当传送 24 fps 影片到 29.97 fps 视频时，可使用一个称为 3∶2 Pulldown 的过程，在该过程中，影片帧以重复的 3∶2 模式跨视频场分布。即影片的第一个帧复制到视频的第一个帧的场 1 和场 2，同时也复制到第二个视频帧的场 1。影片的第二个帧随后在视频的下两个场（即第二个视频帧的场 2 和视频的第三个帧的场 1）中传播。一直重复这种 3∶2 模式，直到影片的 4 个帧传播到视频的各帧上，接着继续重复该模式。

在最初为影片的视频素材中移除 3∶2 Pulldown 很重要，这样可使 After Effects 中添加的效果与影片最初的帧速率完美同步。

After Effects 也支持 Panasonic DVX100 24p DV 摄像机 Pulldown，称为 24P Advance（24Pa）。有些摄像机使用该格式来捕捉采用标准 DV 磁带的 23.976 逐行扫描图像。

在移除 3∶2 Pulldown 之前，先将场分离为高场优先或低场优先。一旦分离了场，After Effects 就可以分析素材，并确定正确的 3∶2 Pulldown 相位和场序，如图 2-30 所示。

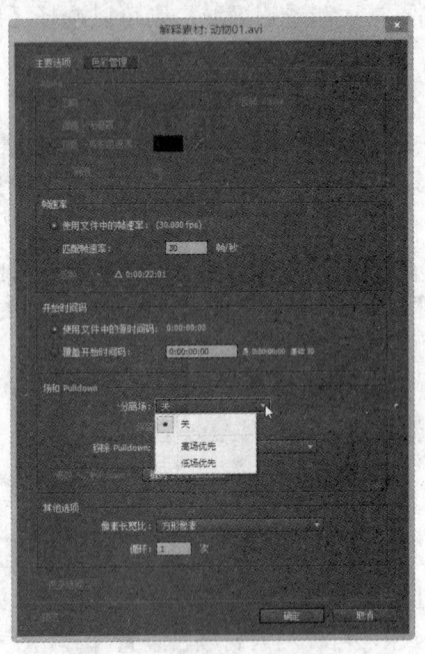

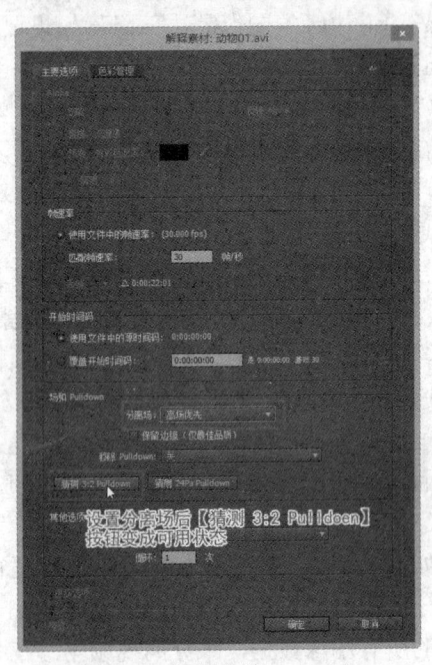

图 2-29　设置分离场选项　　　　　　图 2-30　设置移除 Pulldown

2.3.4　导入 Adobe 的项目

1．导入 After Effects 项目

可以将一个 After Effects 项目导入另一个项目。导入项目中的所有内容（包括素材项目、合成和文件夹）显示在当前【项目】面板中的一个新建文件夹中。

只要保持项目中所有文件的文件名、文件夹名称以及完整或相对路径（文件夹位置），就可以从不同的操作系统导入 After Effects 项目。要保持相对路径，源素材文件必须与项目文件位于相同保存目录上。

在当前项目中选择【文件】|【导入】|【文件】命令。打开【导入文件】对话框后，选择 After Effects 项目文件，再单击【导入】按钮即可导入项目，如图 2-31 所示。

> 如果使用的操作系统不支持某种文件格式，或者该文件缺失，或者参考链接损坏，则 After Effects 会用一个包含颜色条的占位符项目取而代之。我们可以通过双击【项目】面板中相应条目并导航到源文件来使占位符与相应文件重新连接。大多数情况下，只需要重新链接一个素材文件，After Effects 将定位处于同一位置的其他缺失项目。

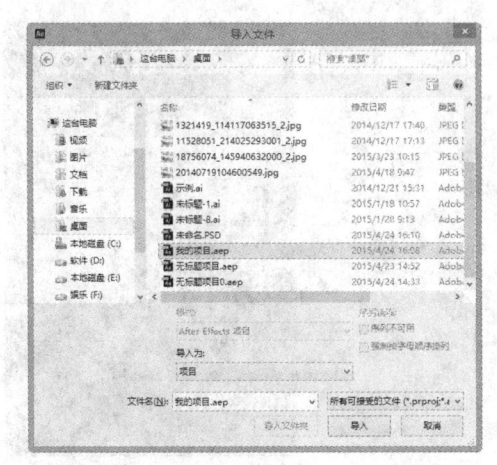

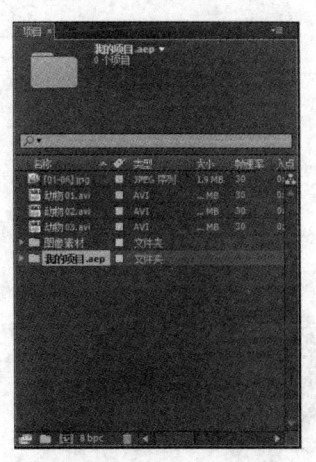

图 2-31　导入 After Effects 项目

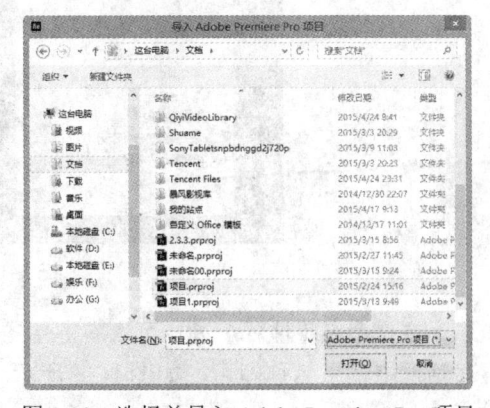

2．导入 Adobe Premiere Pro 项目

Premiere Pro 与 After Effects 是同属 Adobe 公司的视频编辑软件，它们有着很多的相似性。同时各自的项目文件都是兼容的。用户可以在 After Effects 中导入并使用 Adobe Premiere Pro 项目。

在导入某个 Adobe Premiere Pro 项目时，After Effects 会将其作为新合成（所含每个 Adobe Premiere Pro 剪辑均为一个图层）和文件夹（所含每个剪辑均为一个素材项目）导入【项目】面板。如果 Adobe Premiere Pro 项目包含素材箱，After Effects 会将其转化为 Adobe Premiere Pro 项目文件夹下的文件夹。After Effects 将嵌套序列转化为嵌套合成。

After Effects 可导入 Adobe Premiere Pro 和 After Effects 共有的效果，并保留这些效果的关键帧。另外，After Effects 还保留剪辑在时间轴中的顺序、素材持续时间（包括经过修剪的所有入点和出点）以及标记和过渡位置。

> 问：Adobe Premiere Pro 项目导入 After Effects 后，会保留所有功能吗？
> 答：在将 Adobe Premiere Pro 项目导入 After Effects 后，并不会保留该项目的所有功能。在将 Premiere Pro 项目导入 After Effects 时，只保留在 Premiere Pro 与 After Effects 之间进行复制和粘贴时所使用的相同功能。

动手操作　导入 Premiere Pro 项目

1 选择【文件】|【导入】|【文件】命令或选择【文件】|【导入】|【Adobe Premiere Pro 项目】命令。

2 打开【导入 Adobe Premiere Pro 项目】对话框后，选择需要导入的 Adobe Premiere Pro 项目文件，然后单击【打开】按钮，如图 2-32 所示。

3 打开【Premiere Pro 导入器】对话框后，选择要导入的序列或所有序列，如果要导入音频则选择【导入音频】复选框，接着单击【确定】按钮，如图 2-33 所示。导入 Adobe Premiere Pro 项目的结果如图 2-34 所示。

图 2-32　选择并导入 Adobe Premiere Pro 项目

43

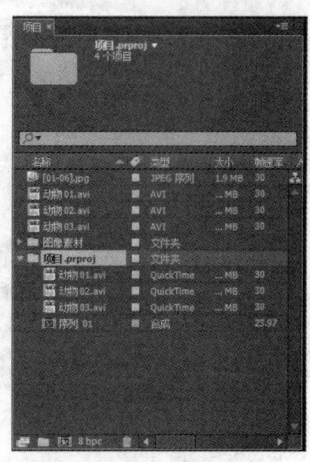

图 2-33 设置导入选项　　　　　　　　图 2-34 导入 Adobe Premiere Pro 项目的结果

2.4 使用素材项目

【项目】面板中列出了合成和素材项目。在项目设计过程中，可以针对设计需求，对素材项目进行各种使用操作。

2.4.1 重命名和排序项目

1．重命名素材项目

要重命名合成、素材项目或文件夹，可以执行以下任意一种操作：
方法 1　在【项目】面板中选择该项目，按 Enter 键，然后输入新名称。
方法 2　右键单击该项目，选择【重命名】命令，然后输入新名称，如图 2-35 所示。

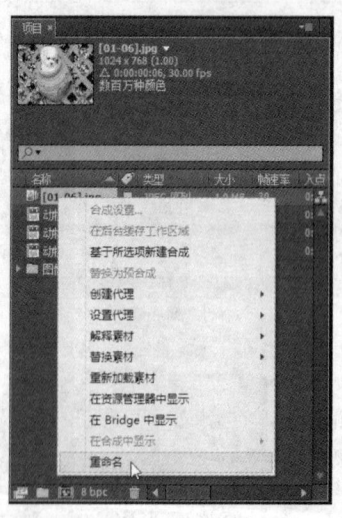

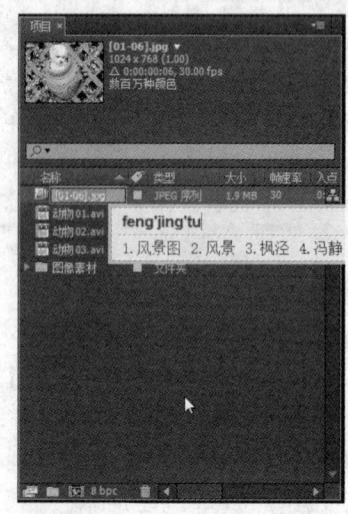

图 2-35 重命名素材项目

要重命名【注释】列，可以右键单击列标题，然后选择【重命名此项】命令，并在打开的对话框中输入名称即可，如图 2-36 所示。

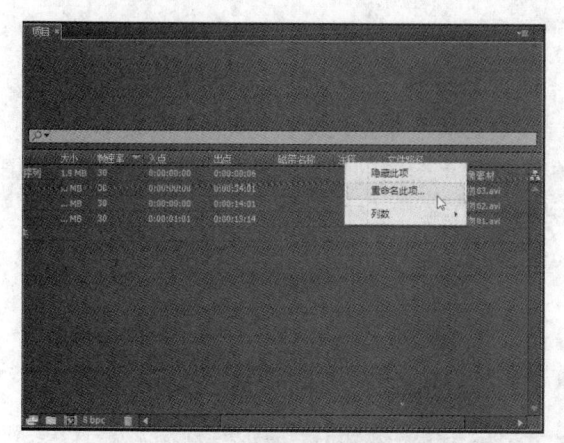

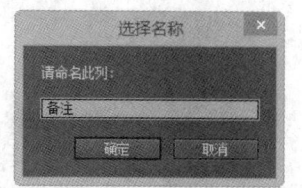

图 2-36 重命名【注释】列

> 通过命名【注释】列，可以创建自定义排序选项。例如，重命名该列，针对每个项目（例如，摄像机编号）输入相应信息，然后依照该列排序。

2．排序项目

要按照任何列中的条目排序各个项目，可以在【项目】面板中单击列名称。如以"名称"列排列项目，则可以单击【名称】列标题，如图 2-37 所示。

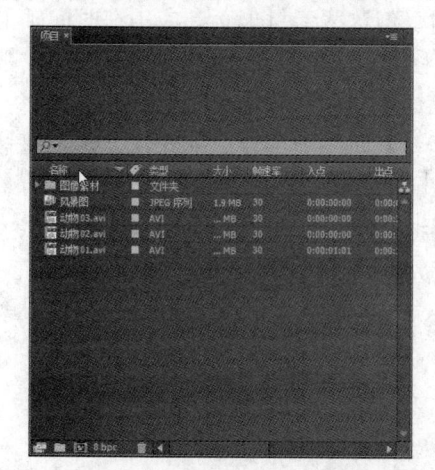

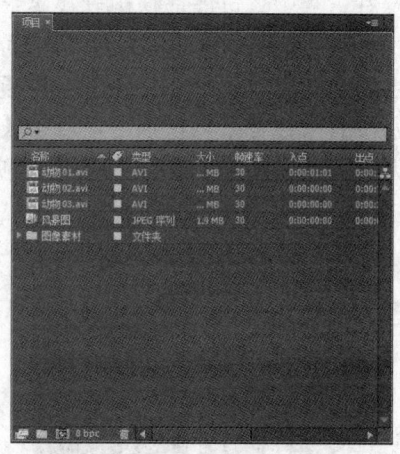

图 2-37 以名称排列项目

2.4.2 在原程序中编辑素材

使用素材时，可以直接从项目中用创建素材项目的应用程序打开和编辑该素材项目。但前提是所使用的计算机上必须安装该原始应用程序，而且必须具有足够的可用内存以便其运行。在该原始应用程序中编辑并保存对素材的更改后，这些更改将在 After Effects 成为活动应用程序时应用于素材的所有实例。

如果正在编辑具有 Alpha 通道的素材，需要确保可在其他应用程序中查看和编辑所有通道（包括该 Alpha 通道）。否则，所做的更改或许不能应用于该 Alpha 通道，而它可能变得与其他颜色通道不一致。

要在原程序中编辑素材，可以在【项目】面板、【合成】面板或【时间轴】面板中，选择将该素材项目用作源的素材项目或图层。如果从【合成】或【时间轴】面板中选择静止图像序列，必要时将当前时间指示器移到要编辑的静止图像的帧处。然后选择【编辑】|【编辑原稿】命令，如图 2-38 所示。在素材的原应用程序中编辑素材并保存更改即可。

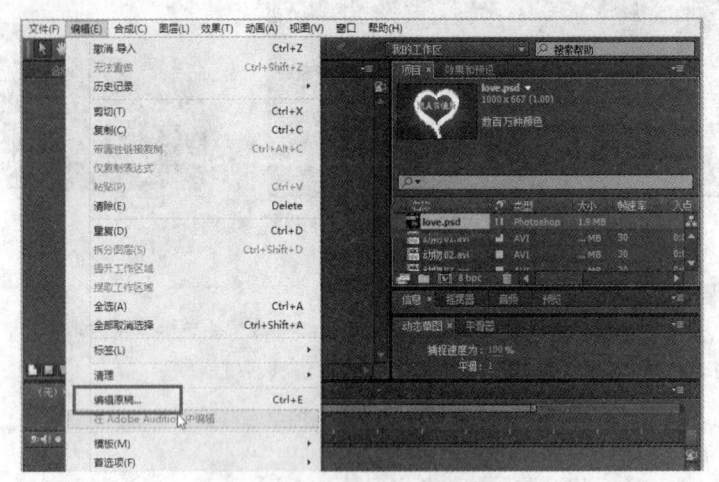

图 2-38　执行【编辑原稿】命令

2.4.3　从项目中移除素材项

在项目设计过程中，可能会使用到很多素材，但这些素材未必都应用在时间轴上。因此，在输出项目前，可以将未使用或重复的素材项目移除，以精简项目。但需要注意：在精简项目、移除未使用的素材或整合素材前，应考虑先通过递增和保存项目来制作备份。

（1）要从项目中移除某素材项，可以在【项目】面板中选择该项并按 Delete 键。

（2）要从项目中移除所有未使用的素材项目，可以选择【文件】|【整理工程（文件）】|【删除未用过的素材】命令，如图 2-39 所示。如果要撤销，可按 Ctrl+Z 键。

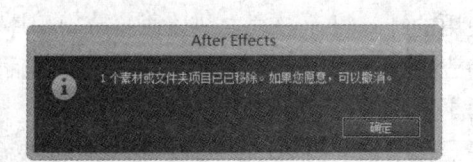

图 2-39　删除未用过的素材

（3）要从项目中移除所有重复的素材项目，可以选择【文件】|【整理工程（文件）】|【整合所有素材】命令，如图 2-40 所示。仅当素材项目使用相同的【解释素材】设置时，After Effects 才将其视为重复项。在移除重复项时，引用该重复项的图层将更新为引用其余的副本。

（4）要在【项目】面板中移除未选择的合成以及选定合成中未使用的素材项目，可以选择【文件】|【整理工程（文件）】|【减少项目】命令。仅当【项目】面板处于活动状态时，此命令才可用。另外，此命令既移除未使用的素材项目，也移除不作为嵌套（下级）合成包括在某个选定合成中的其他所有合成。

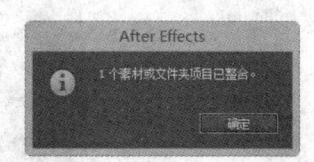

图 2-40　整合所有素材

2.4.4　在项目中使用占位符

在项目设计中，如果希望临时使用某内容代替素材项目，可使用占位符。

1．关于占位符

占位符是一个静止的彩条图像，用来临时代替缺失的素材项目。当构建合成并且想检验一下尚不可用的素材项目的相关想法时，可以使用占位符。After Effects 可以自动生成占位符，所以无须提供占位符素材项目。

用最终素材项目替换图层的占位符时，将保留应用到图层的任何蒙版、属性、表达式、效果和关键帧。

2．处理占位符

如果在打开项目时，After Effects 找不到源素材，则素材项目在【项目】面板中标记为"缺失"，缺失的素材的名称用斜体显示。使用该项目的任何合成将用一个占位符来取代它。当用源素材替换占位符时，After Effects 会将该素材置于使用它的所有合成中的正确位置。为获得最佳效果，应将占位符设置为与实际素材具有相同的大小、持续时间和帧速率。

动手操作　处理占位符

1 要使用占位符，可以选择【文件】|【导入】|【占位符】命令，然后在【新占位符】对话框中设置名称、大小和时间等选项，如图 2-41 所示。创建占位符的结果如图 2-42 所示。

47

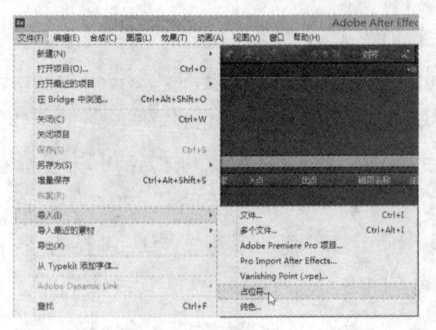

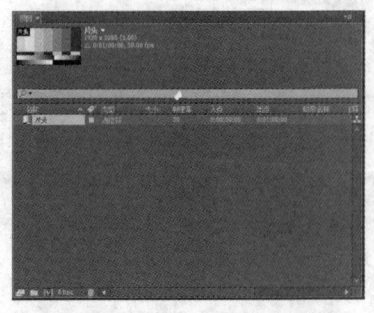

图 2-41 创建占位符项目　　　　图 2-42 创建占位符的结果

2 要用占位符替换选定的素材项目，可以选择【文件】|【替换素材】|【占位符】命令，然后在【新占位符】对话框中设置选项，一般使用默认选项即可，如图 2-43 所示。素材项目被占位符替换的结果如图 2-44 所示。

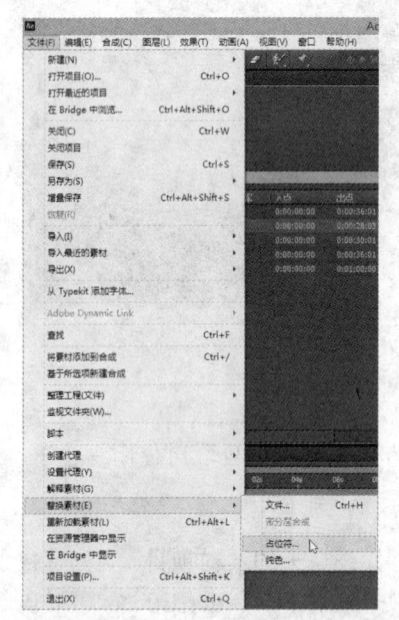

图 2-43 以占位符替换素材项目

图 2-44 素材被占位符替换的结果

3 要用实际的素材项目替换占位符，可以在【项目】面板中选择要替换的占位符，然后

单击右键并选择【替换素材】|【文件】命令，找到实际的素材，如图 2-45 所示。

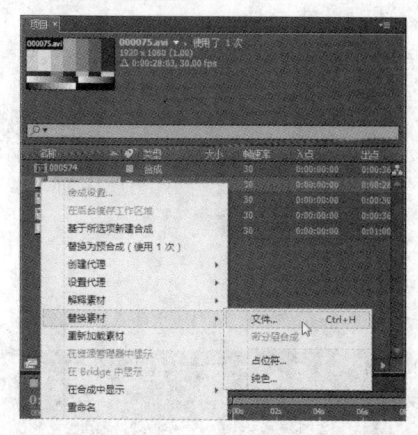

图 2-45　以文件替换占位符

2.4.5　在项目中使用代理

在项目设计中，如果希望临时使用某内容代替素材项目，除了使用占位符外，还可以使用代理。

1. 关于代理

代理可以用来临时代替素材项目的任何文件，但通常用现有素材项目的低分辨率或静止版本来代替原始素材项目。通常使用故事版图像作为代理。可以在选择最终素材前使用代理，也可以在选择实际素材项目后希望加快测试影片的预览或渲染速度时使用代理。

2. 代理的标记

在【项目】面板中，After Effects 通过标记素材名称来指出目前使用的是实际素材项目，还是其代理，如图 2-46 所示。

- 实心框：表示整个项目目前在使用代理项目。当选定素材项目后，将在【项目】面板的顶端用粗体显示代理的名称。
- 空心框：表示虽然已分配了代理，但整个项目目前在使用素材项目。
- 无框：表示未向素材项目分配代理。

3. 处理素材项目代理

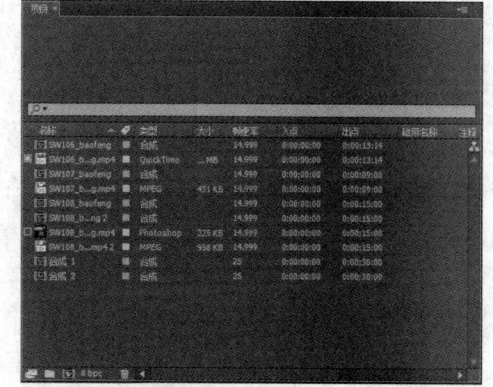

图 2-46　【项目】面板中的代理项目

当使用代理时，After Effects 会在使用实际素材项目的所有合成中用代理替换实际素材。当完成工作后，可以转回到项目列表中的实际素材项目，此时 After Effects 会在所有合成中将代理替换成实际素材项目。

为获得最佳效果，可将代理设置为与实际素材项目具有相同的帧长宽比。例如，如果实际素材项目是 640×480 像素影片，则创建并使用 160×120 像素代理。当导入代理项目时，After Effects 会缩放该项目，直到它与实际素材具有相同的大小和持续时间。如果使用与实际素材项目不同的帧长宽比来创建代理，则缩放时间会更长。

动手操作　创建并处理素材项目代理

1 在【项目】或【时间轴】面板中打开一个素材项目或合成。

2 在【素材】面板中将当前时间指示器移到要用作代理静止项目的帧上，对于影片素材项目，则移到标识帧上。

3 执行下列命令之一：

（1）要创建静止图像代理，可以选择【文件】|【创建代理】|【静止图像】命令。

（2）要创建活动图像代理，可以选择【文件】|【创建代理】|【影片】命令。

4 指定代理的名称和输出目标。

5 在【渲染队列】面板中指定渲染设置，单击【渲染】按钮，如图 2-47 所示。

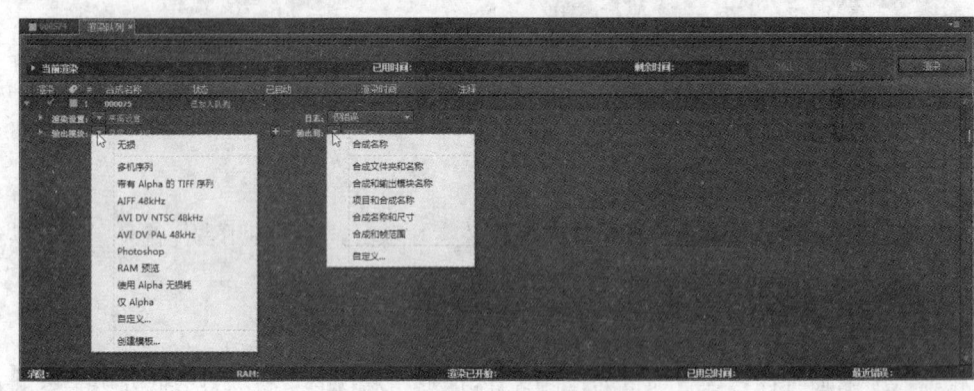

图 2-47　创建代理

6 处理素材项目代理的方法如下：

（1）要找到并使用代理，可以在【项目】面板中选择素材项目，然后单击鼠标右键并选择【设置代理】|【文件】命令，找到并选择要用作代理的文件，单击【导入】按钮即可，如图 2-48 所示。

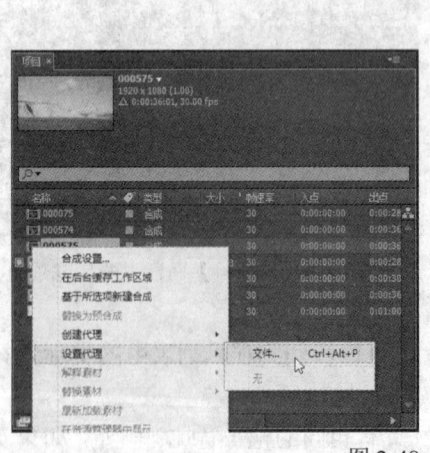

图 2-48　为素材项目使用代理

（2）要在使用原始素材还是其代理之间进行切换，可以单击素材名称左侧的代理指示器，如图 2-49 所示。

（3）要停止使用代理，可以选择原始素材项目，再选择【文件】|【设置代理】|【无】命令。

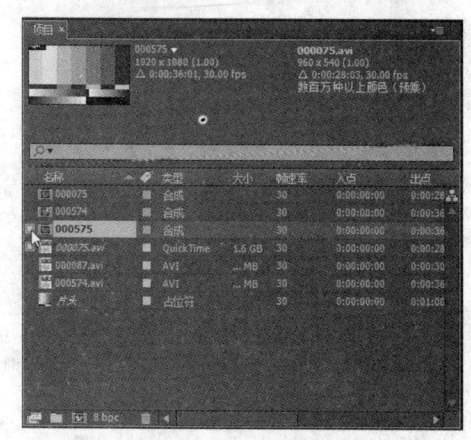

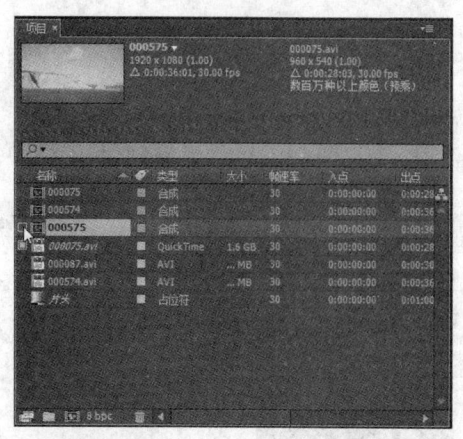

图 2-49　切换原始素材和代理

2.5　技能训练

下面通过多个上机练习实例，巩固学习的技能。

2.5.1　上机练习 1：导入素材并管理素材

本例将介绍在 After Effects 中导入多个素材到项目，然后通过【项目】面板新建文件夹，并将素材项目移到文件夹，以对不同类型的素材项目进行分类管理。

操作步骤

1 打开光盘中的"..\Example\Ch02\2.5.1.aep"练习文件，在【项目】面板中单击鼠标右键，再选择【导入】|【文件】命令，如图 2-50 所示。

2 打开【导入文件】对话框后，选择"素材"文件夹的视频素材文件，再单击【导入】按钮，如图 2-51 所示。

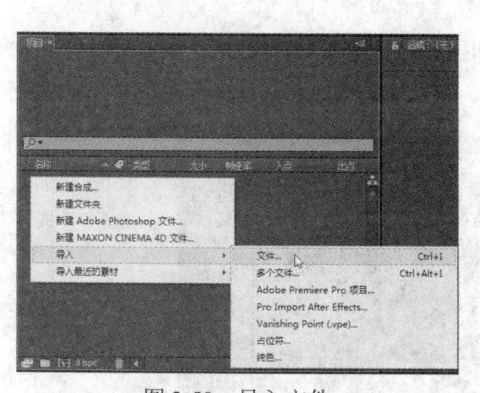

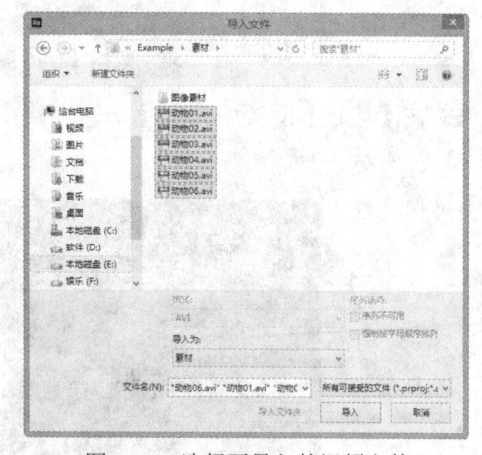

图 2-50　导入文件　　　　　　　　图 2-51　选择要导入的视频文件

3 在【项目】面板上单击鼠标右键，并选择【导入】|【多个文件】命令，打开【导入多个文件】对话框后，打开"素材"文件夹中的"图像素材"文件夹，并选择多个图像素材，接

着单击【导入】按钮，如图2-52所示。

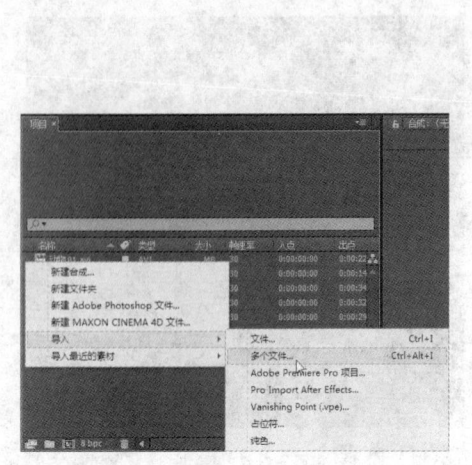

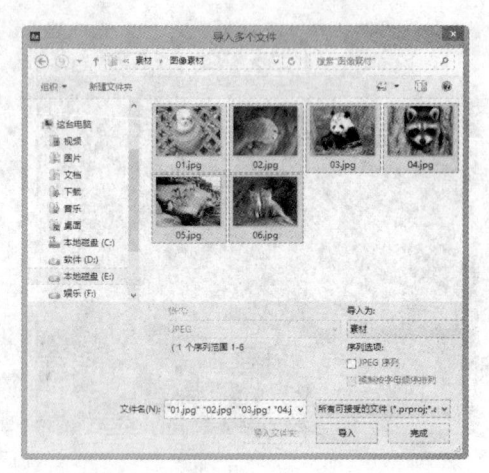

图2-52 导入多个文件

4 经过步骤3导入多个图像素材后，【导入多个文件】对话框依然打开，以便可以导入其他文件。此时只需在该对话框中单击【完成】按钮即可，接着返回【项目】面板中查看导入素材的结果，如图2-53所示。

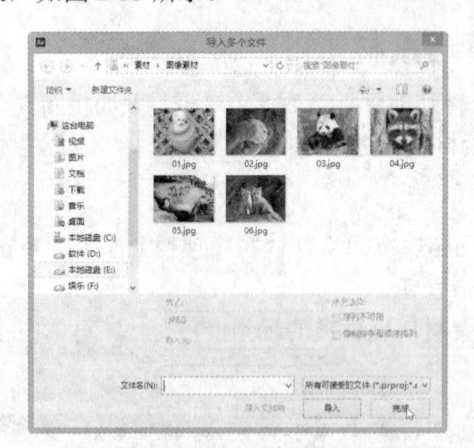

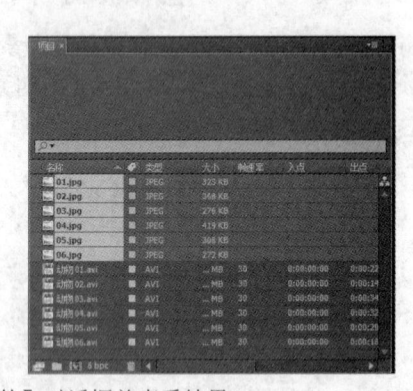

图2-53 关闭【导入多个文件】对话框并查看结果

5 在【项目】面板中单击【新建文件夹】按钮 ，然后输入文件夹名称并按 Enter 键，如图2-54所示。

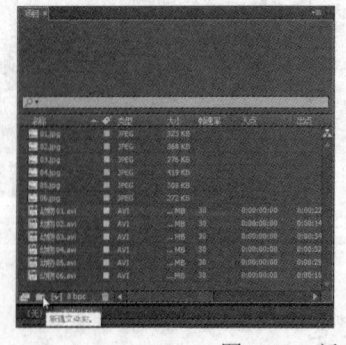

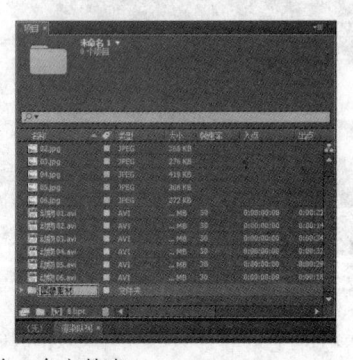

图2-54 新建第一个文件夹

6 在【项目】面板中选择所有图像素材项目，然后将这些项目拖到【图像素材】文件夹中，如图 2-55 所示。

7 单击【新建文件夹】按钮，然后输入文件夹名称为【视频素材】，接着将所有视频素材项目拖到这个文件夹中，如图 2-56 所示。

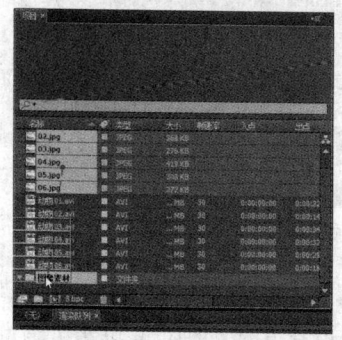

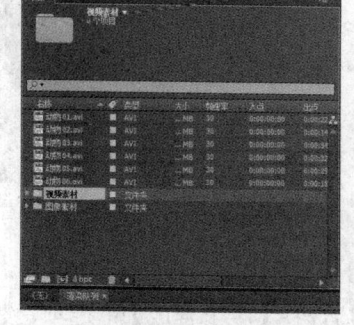

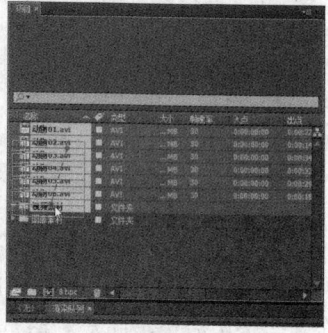

图 2-55　将所有图像素材拖到文件夹

图 2-56　新建第二个文件夹并拖入所有视频素材

2.5.2　上机练习 2：根据多个素材项目创建合成

在 After Effects 中，不仅可以根据单个素材项目创建合成，还可以根据多个素材项目创建单个合成，甚至根据多个素材项目创建多个合成。本例将介绍根据多个素材项目创建合成的方法。

操作步骤

1 打开光盘中的"..\Example\Ch02\2.5.2.aep"练习文件，在【项目】面板的【视频素材】文件夹中选择两个视频素材项目，再单击鼠标右键并选择【基于所选项新建合成】命令，如图 2-57 所示。

2 打开【基于所选项新建合成】对话框后，选择【单个合成】单选项，使用指定尺寸的来源素材项目，如图 2-58 所示。

图 2-57　基于所选项新建合成

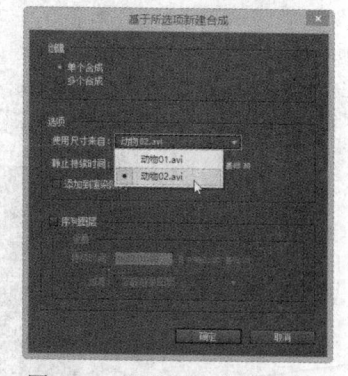

图 2-58　设置创建类型与选项

3 在【基于所选项新建合成】对话框中选择【序列图层】复选框，再设置重叠选项和过渡效果，然后单击【确定】按钮，如图 2-59 所示。

4 根据多个素材创建单个合成后，该合成显示在【时间轴】面板中，将当前时间指示器移到两个素材重叠区域，可看到它们的过渡效果，如图 2-60 所示。

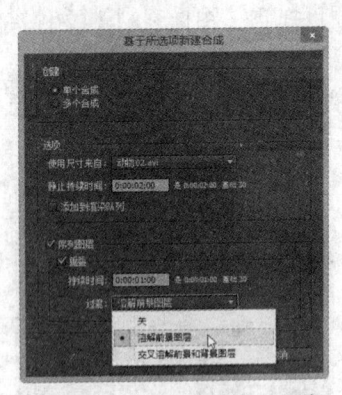

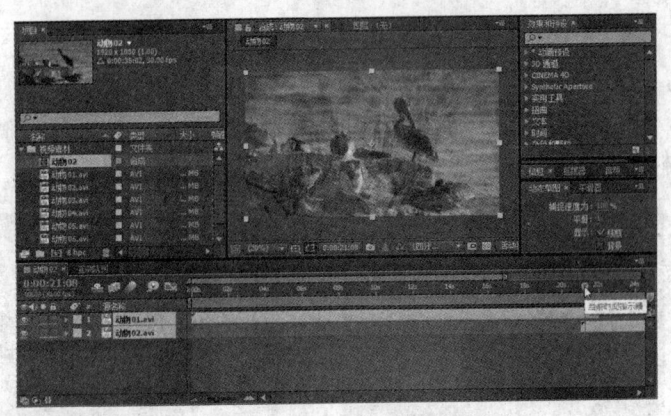

图 2-59 设置序列图层选项　　　　　图 2-60 查看合成中素材过渡效果

5 打开【视频素材】文件夹并选择两个视频素材项目,再单击右键并选择【基于所选项新建合成】命令,打开对话框后选择【多个合成】单选项,然后设置其他选项,并单击【确定】按钮,如图 2-61 所示。

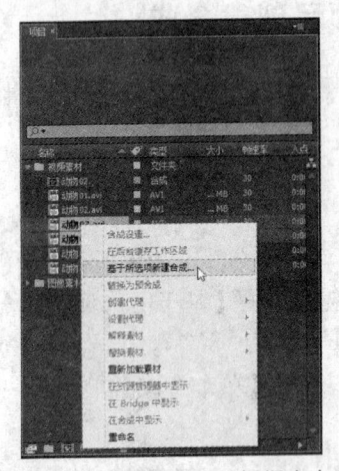

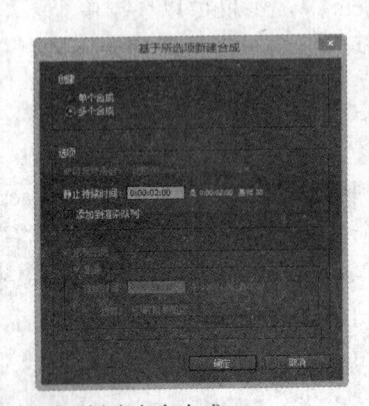

图 2-61 根据多个素材项目创建多个合成

6 经过步骤 5 创建的多个合成显示在【项目】面板中,双击其中一个合成,即可通过【合成】面板查看其效果,如图 2-62 所示。

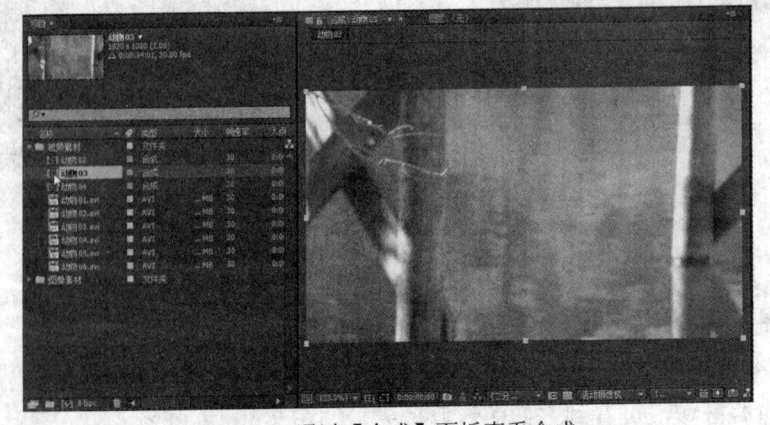

图 2-62 通过【合成】面板查看合成

2.5.3 上机练习 3：将分层图像文件作为合成导入

在将 Photoshop 或 Illustrator 文件作为合成导入时，可以访问各个图层、混合模式、调整图层、图层样式、蒙版、参考线以及在 Photoshop 或 Illustrator 中创建的其他功能。本例将以 Photoshop 文件为例，介绍将分层图像文件作为合成导入的方法。

操作步骤

1 打开光盘中的 "..\Example\Ch02\2.5.3.aep" 练习文件，选择【文件】|【导入】|【文件】命令，打开【导入文件】对话框后，选择同练习文件目录的 "PS 图像.psd" 文件，再选择【Photoshop 序列】复选框，如图 2-63 所示。

2 在【导入文件】对话框中打开【导入为】列表框，再选择【合成-保持图层大小】选项，然后单击【导入】按钮，如图 2-64 所示。

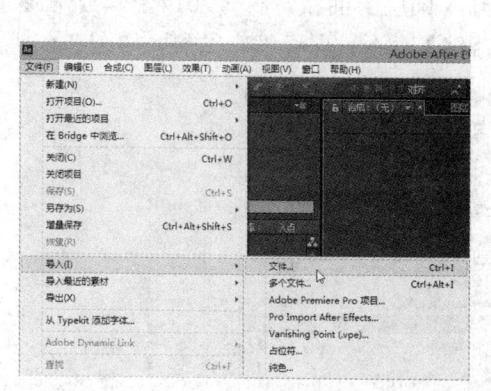

图 2-63 导入 psd 分层图像文件

3 完成上述两个步骤的操作后，psd 分层图像将导入到【项目】面板，并且将图层序列作为一个项目放置在独立的文件夹中，如图 2-65 所示。

图 2-64 设置以合成方式导入   图 2-65 以合成导入文件的结果

4 在【项目】面板中选择序列素材项目，然后选择【编辑】|【编辑原稿】命令，以打开 Photoshop 程序编辑该序列来源图像文件，如图 2-66 所示。

55

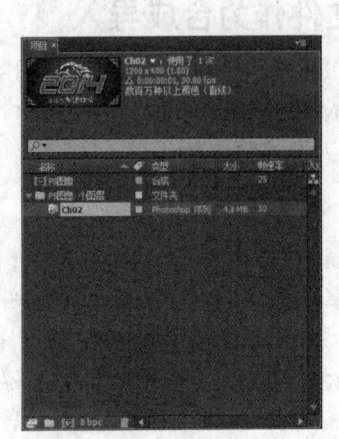

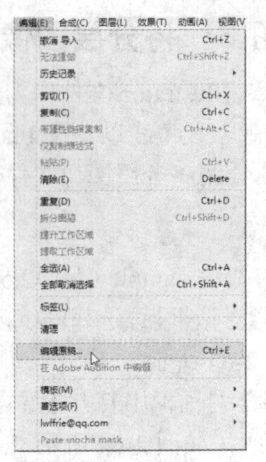

图 2-66　对序列素材项目进行【编辑原稿】处理

5 在 Photoshop 中打开图像源文件后,打开【图层】面板,将【2014 图案】图层拖到【背景】图层文件夹下方,然后选择【文件】|【存储】命令,保存编辑结果,如图 2-67 所示。

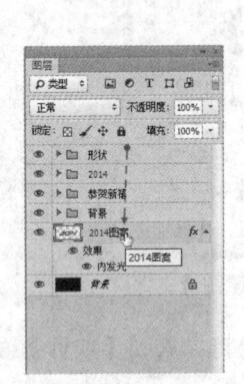

图 2-67　调整图层顺序并保存编辑结果

6 返回项目文件后,在【项目】面板中双击序列素材项目,将素材打开到【素材】面板中,以查看编辑原稿后的结果,如图 2-68 所示。

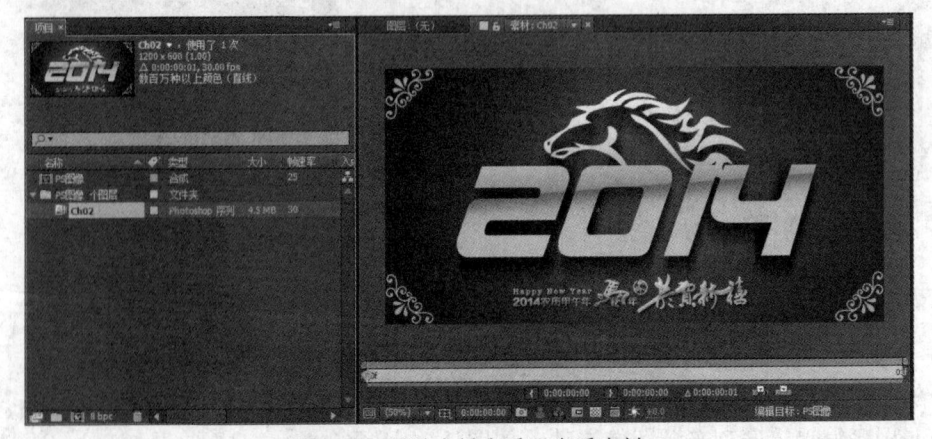

图 2-68　通过素材查看器查看素材

2.5.4 上机练习 4：将文件收集到一个文件

【收集文件】命令可以将项目或合成中所有文件的副本收集到一个位置。在渲染之前使用此命令，可以用于存档或将项目移至不同的计算机系统或用户账户（在项目的跨平台设计中，此命令非常有用）。本例将详细介绍【收集文件】命令的使用方法。

操作步骤

1 打开光盘中的"..\Example\Ch02\2.5.4.aep"练习文件，选择【文件】|【整理工程（文件）】|【收集文件】命令，如图 2-69 所示。

2 打开【收集文件】对话框后，设置收集源文件为【全部】，然后设置其他选项，再单击【收集】按钮，如图 2-70 所示。

图 2-69　执行【收集文件】命令　　　　图 2-70　设置收集文件选项

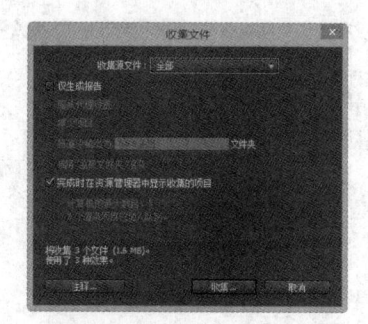

【收集源文件】选项说明如下：

- 全部：收集所有素材文件，包括未使用的素材和代理。
- 对于所有合成：收集项目内的任何合成中使用的所有素材文件和代理。
- 对于所选合成：收集"项目"面板内当前选定的合成中使用的所有素材文件和代理。
- 对于队列合成：收集在"渲染队列"面板中的状态为"已加入队列"的任何合成中直接或间接使用的所有素材文件和代理。
- 无（仅项目）：将项目复制到新位置，而不收集任何源素材。

---

3 打开【将文件收集到文件夹中】对话框后，为文件夹命名，再单击【保存】按钮，如图 2-71 所示。

4 一旦开始文件收集，After Effects 就会将指定的文件复制到创建的文件夹中。文件夹层次结构与项目中的文件夹和素材项目的层次结构相同，如图 2-72 所示。

图 2-71　创建保存收集文件的文件夹 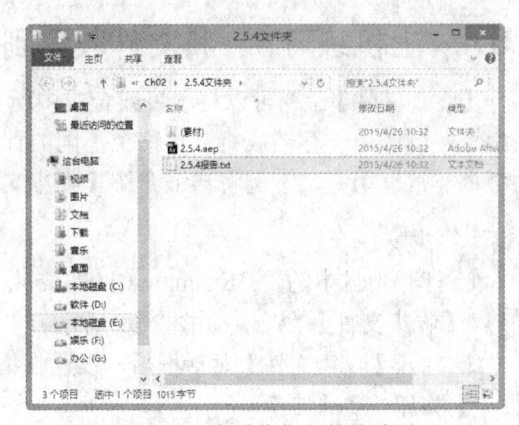　　　　图 2-72　查看收集文件的结果

5 打开收集文件报告，可以看到收集文件的详细信息，包括收集源文件的目录位置、收集文件数量、收集源文件的来源位置等，如图 2-73 所示。

6 进入收集文件夹的【素材】文件夹中，可以看到从项目中收集的源素材文件，如图 2-74 所示。

图 2-73　查看收集文件报告 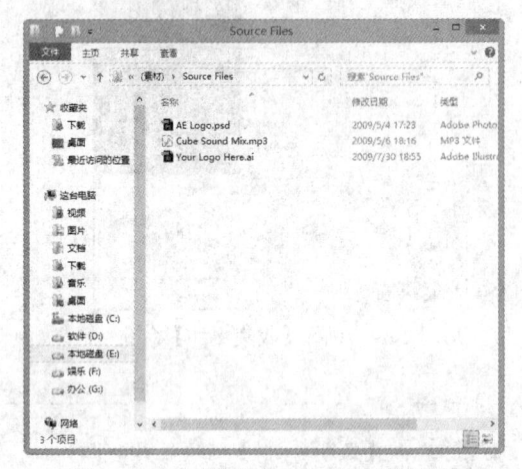　　　　图 2-74　查看从项目中收集的素材文件

2.5.5　上机练习 5：通过替换素材处理占位符

外部的素材都是以链接方式导入到项目中的，如果素材的来源出错（如源文件位置变更、源文件名称变更等），项目就会将缺失来源的素材以占位符替换，可以通过将占位符替换成指定素材的方式，重新正确链接导入的素材项目。本例介绍将素材项目的来源文件夹更名后，重新为自动转为占位符的素材替换成原素材文件的方法。

操作步骤

1 打开光盘中的"..\Example\Ch02\2.5.5\2.5.5.aep"练习文件，在【项目】面板中选择其中一个 psd 图像素材项目，再单击右键并选择【在资源管理器中显示】命令，以打开素材所在的文件夹，如图 2-75 所示。

2 在资源管理器中，返回素材文件所在文件夹的上一层目录，然后更改素材所在文件夹的名称，接着返回项目文件后，可以看到素材源出错的警告信息，如图 2-76 所示。

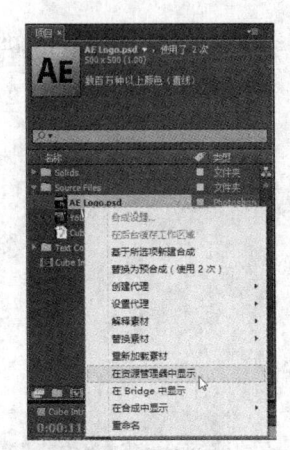

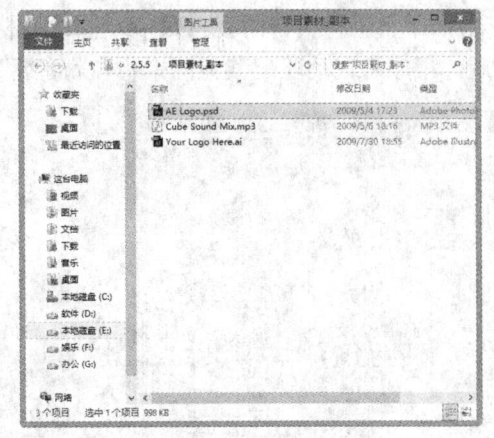

图 2-75 在资源管理器中显示素材文件

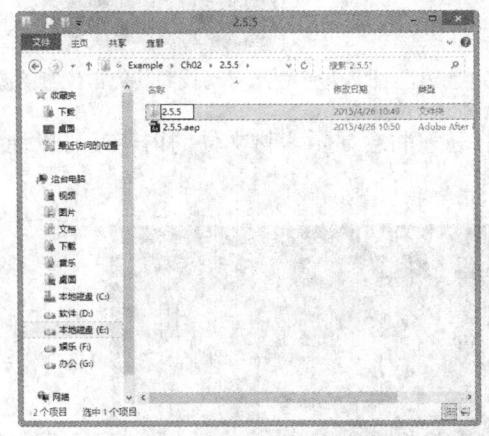

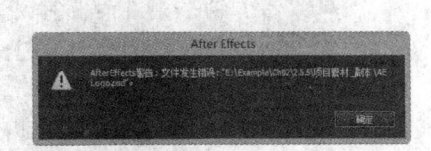

图 2-76 更改素材文件夹名称并查看警告信息

3 此时可以在【项目】面板中看到无法链接源文件的素材项目以占位符替换。如果要用文件替换占位符,可以选择占位符并单击鼠标右键,再选择【替换素材】|【文件】命令,如图 2-77 所示。

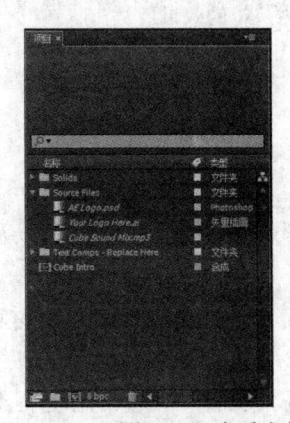

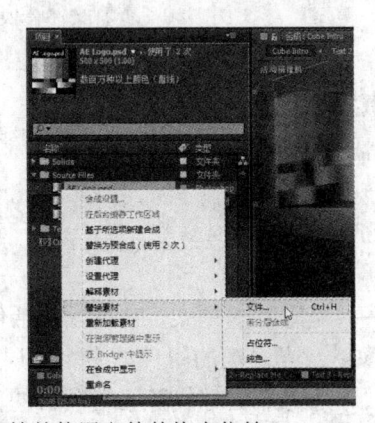

图 2-77 查看占位符并使用文件替换占位符

4 打开【替换素材文件】对话框后,进入"更改名称"为的素材文件夹,再选择原来的 psd 图像素材,然后单击【导入】按钮,如图 2-78 所示。

5 由于其他两个占位符指定的素材跟 psd 图像素材位于同一目录，当使用 psd 图像替换第一个占位符后，程序将自动匹配其他两个占位符的源文件，如图 2-79 所示。

图 2-78　指定要替换占位符的文件 　　　　　图 2-79　程序自动找到其他占位符的源文件

6 使用素材文件替换占位符后，原来的占位符将会显示素材文件的内容。可以通过【合成】面板查看原来素材在项目中的效果，如图 2-80 所示。

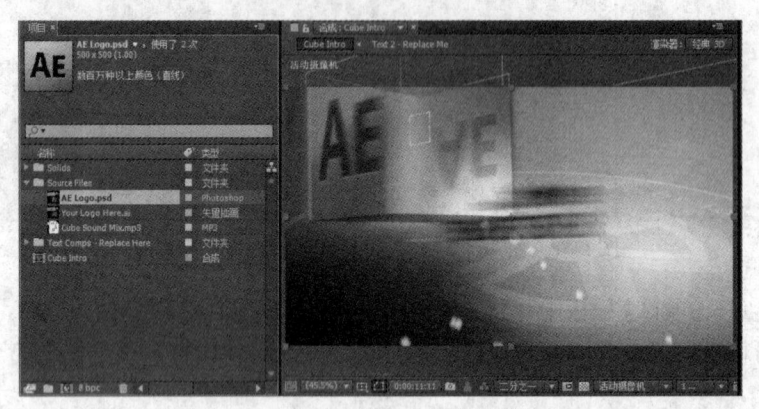

图 2-80　查看文件替换占位符的效果

2.6　评测习题

一、填充题

（1）在 After Effects 中，＿＿＿＿＿＿＿是一个文件，用于存储合成以及对该项目中的素材项目使用的所有源文件的引用。

（2）＿＿＿＿＿＿＿是影片的框架，它可以包括代表诸如视频和音频素材项目、动画文本和矢量图形、静止图像以及光之类的组件的多个图层。

（3）＿＿＿＿＿＿＿是用来临时代替素材项目的任何文件，但通常用现有素材项目的低分辨率或静止版本来代替原始素材项目。

二、选择题

（1）按下什么快捷键，可以执行【增量保存】命令？　　　　　　　　　　　　（　　）

A．Ctrl+Alt+Shift+S　　　　　　B．Ctrl+S
C．Ctrl+Alt++S　　　　　　　　D．Ctrl+Shift+S

（2）合成持续时间的限制为多少小时？　　　　　　　　　　　　　（　　）

A．1 小时　　　B．2 小时　　　C．3 小时　　　D．4 小时

（3）解释素材设置将告知 After Effects 关于每个素材项目的相关内容，其中不包括以下哪个内容？　　　　　　　　　　　　　　　　　　　　　　　　　　　　（　　）

A．素材项目采用何种帧速率　　　　B．素材项目的像素长宽比
C．素材项目的颜色配置文件　　　　D．素材项目的来源位置

（4）在代理的标记形式中，以下哪个标记表示：虽然已分配了代理，但整个项目目前在使用素材项目？　　　　　　　　　　　　　　　　　　　　　　　　　　　　（　　）

A．原点　　　　B．实心框　　　　C．空心框　　　　D．菱形

三、判断题

（1）在 After Effects 中，可通过创建素材项目为源的图层，将素材项目添加到合成中，然后在合成内，在空间和时间方面安排各个图层。　　　　　　　　　　　　　（　　）

（2）用最终素材项目替换图层的占位符时，不会保留应用到图层的任何蒙版、属性、表达式、效果和关键帧。　　　　　　　　　　　　　　　　　　　　　　　　　（　　）

（3）After Effects 利用一套内部规则，根据它对源文件的像素长宽比、帧速率、颜色配置文件和 Alpha 通道类型的最佳猜测，来解释导入的每个素材项目。　　　　　　（　　）

四、操作题

通过导入单个文件的方式，将一个动物视频素材导入到练习文件，然后根据这个视频素材项目新建一个合成，结果如图 2-81 所示。

图 2-81　导入素材并新建合成的结果

操作提示

（1）打开光盘中的"..\Example\Ch02\2.6.aep"练习文件，选择【文件】|【导入】|【文件】命令。

（2）从【导入文件】对话框中打开光盘中的"素材"文件夹，并选择"动物 01.avi"素材文件，然后单击【导入】按钮。

（3）选择导入的素材项目，然后将素材项目拖动到【项目】面板底部的【新建合成】按钮上。

（4）创建合成后，可以按空格键或数字 0 键预览效果。

第3章 在合成中创建和应用图层

学习目标

图层是构成合成的元素。如果没有图层，合成就只是一个空帧。本章将详细介绍在合成中创建和应用图层的方法，包括创建图层、操作3D图层、管理图层和属性，以及设置图层样式和混合模式等。

学习重点

- ☑ 创建图层
- ☑ 创建和操作3D图层
- ☑ 创建和设置摄像机和灯光图层
- ☑ 管理图层和设置属性
- ☑ 使用和设置图层样式和混合模式
- ☑ 应用渐变、图案和网格填充

3.1 创建图层

在项目设计中，可根据需要使用许多图层来创建合成。某些合成包含数千个图层，而某些合成仅包含一个图层。

3.1.1 图层概述

1．关于图层

After Effects中的图层类似于Adobe Premiere Pro中的轨道。主要差异是每个After Effects图层不能以多个素材项目作为其源，而一个Premiere Pro轨道通常包含多个剪辑。After Effects中的图层还类似于Photoshop中的图层，在After Effects的【时间轴】面板中操作图层类似于在Photoshop中的【图层】面板中操作图层。

2．可创建图层类型

（1）基于导入的素材项目（例如，静止图像、影片和音频轨道）的视频和音频图层。

（2）在After Effects内创建的用来执行特殊功能（如摄像机、光照、调整图层和空对象）的图层。

（3）基于在After Effects内创建的纯色素材项目的纯色图层。

（4）包含在After Effects内创建的可视元素的合成图层，如形状图层和文本图层。

（5）预合成图层，它们使用合成作为其源素材项目。

3．图层特性

（1）在修改图层时，不会影响其源素材项目。

（2）可以将同一个素材项目用作多个图层的源并在每个实例中以不同的方式使用素材。

（3）对一个图层所做的更改不会影响其他图层，除非明确关联了这些图层。例如，可以为一个图层移动、旋转和绘制蒙版，而不会干扰合成中的任何其他图层。

（4）After Effects 会自动对合成中的所有图层进行编号。默认情况下，这些编号显示在【时间轴】面板中，位于图层名称旁边。编号对应于该图层在堆叠顺序中的位置。当堆叠顺序更改时，After Effects 会相应地更改所有编号。

（5）大多数命令的新建图层都会立即在现有选定图层的上方创建。如果未选择任何图层，则新图层会在堆栈的最上方创建。

3.1.2　基于素材创建图层

在 After Effects 中，可以在【项目】面板中基于任何素材项目（包括其他合成）来创建图层。在将素材项目添加到合成后，可以修改生成的图层以及使其动态化。

1．设置静止素材持续时间

默认情况下，在创建以静止图像作为其源的图层时，该图层的持续时间是合成的持续时间。在创建图层后，可以通过修剪图层来更改其持续时间。

如果要控制使用静止素材项目作为其源的图层的默认持续时间，可以通过设置首选项来实现。

选择【编辑】|【首选项】|【导入】命令，打开【首选项】对话框后，然后选择时间码的单选项并设置持续时间即可，如图 3-1 所示。

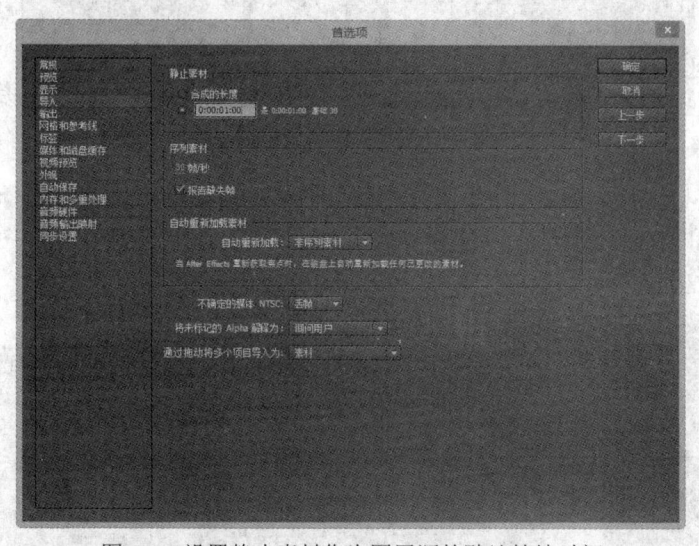

图 3-1　设置静止素材作为图层源的默认持续时间

2．基于一个或多个素材项目创建图层

当基于多个素材项目创建图层时，图层将按照在【项目】面板中选择它们的顺序显示在【时间轴】面板中的图层堆叠顺序中。

其方法为：在【项目】面板中选择一个或多个素材项目和文件夹，然后执行以下任一操作：

（1）将所选的素材项目拖到【合成】面板中，如图 3-2 所示。在拖动时按住 Shift 键可以将图层对齐到合成的中心或边缘。

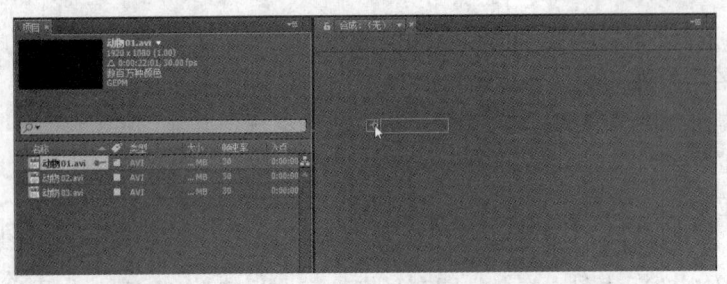

图 3-2　将素材项目拖到【合成】面板将创建图层

（2）将所选的素材项目拖到【时间轴】面板中，如图 3-3 所示。在将素材项目拖到图层轮廓中时，一个高光条将指示在释放鼠标时图层将出现在何处。如果将素材项目拖到时间图表区域上方，一个时间标记将指示在释放鼠标时图层的入点将出现在何处。在拖动时按住 Shift 键可将入点对齐到当前时间指示器。

图 3-3　将素材项目拖到【时间轴】面板将创建图层

（3）将所选素材项目拖到【项目】面板中的合成名称或图标上，或者按 Ctrl+/键，如图 3-4 所示。新图层会立即在选定图层上方创建且位于合成中心。如果未选择任何图层，则新图层会在图层堆栈的最上方创建。

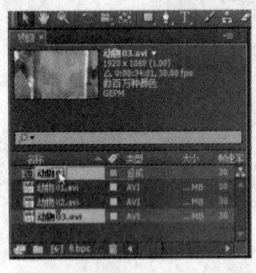

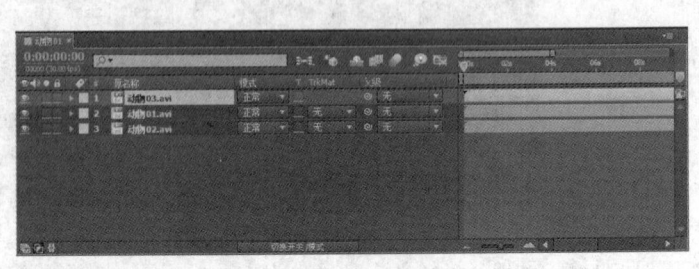

图 3-4　将素材项目拖到【项目】面板的合成名称上

动手操作　基于修剪素材项目创建图层

1 打开光盘中的"..\Example\Ch03\3.1.2.aep"练习文件，在【项目】面板中双击【动物01.avi】素材项目，将它打开到【素材】面板中，如图 3-5 所示。

2 在【素材】面板中将当前时间指示器移到希望用作图层的入点的帧，然后单击【设置入点】按钮，如图 3-6 所示。

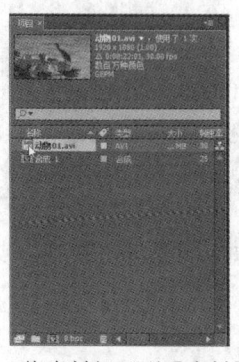

图 3-5 将素材打开到【素材】面板　　　　　图 3-6 为素材设置入点

3 在【素材】面板中将当前时间指示器移动到希望用作图层的出点的帧，然后单击【设置出点】按钮，如图 3-7 所示。

4 在【素材】面板中单击【叠加编辑】按钮，使用在【时间轴】面板中的当前时间中设置的入点，在图层堆叠顺序的顶部创建新图层，如图 3-8 所示。

图 3-7 为素材设置出点　　　　　图 3-8 以叠加编辑方式创建新图层

5 此时可以在【时间轴】面板中查看合成中通过修剪素材而创建图层的结果，如图 3-9 所示。

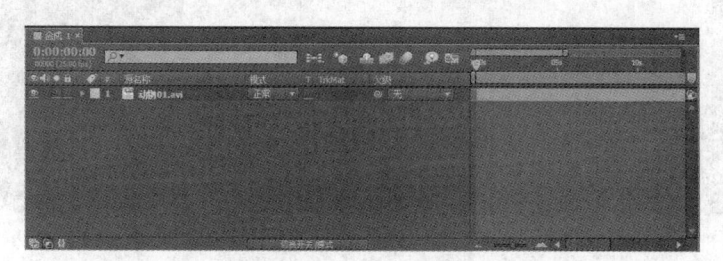

图 3-9 查看结果

除了以"堆叠顺序"方式创建图层外，还可以通过"波纹插入编辑"方式新建图层。"波纹插入编辑"方式也可以使用在【时间轴】面板中的当前时间中设置的入点，在图层堆叠顺序的顶部创建新图层，但是会拆分所有其他图层。新创建的拆分图层在时间上将后移，以便其入点与插入图层的出点位于相同的时间。

3.1.3 创建纯色图层和纯色素材

在 After Effects 中，可以创建任何纯色和任何大小（最大 30 000×30 000 像素）的图层。纯色图层以纯色素材项目作为其源。纯色图层和纯色素材项目通常都称作纯色。

纯色与任何其他素材项目一样工作：可以添加蒙版、修改变换属性，以及向使用纯色作为其源素材项目的图层应用效果。

在项目设计中，可以使用纯色为背景着色，作为复合效果的控制图层的基础，或者创建简单的图形图像。

1. 创建纯色图层或纯色素材项目

其方法如下：

（1）要创建纯色素材项目，但不在合成中为其创建图层，可以选择【文件】|【导入】|【纯色】命令，然后通过【纯色设置】对话框设置选项并单击【确定】按钮，如图 3-10 所示。

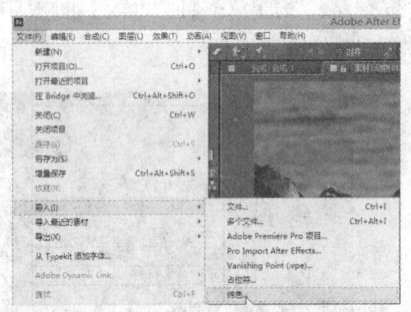

图 3-10　创建纯色素材且不在合成中创建其图层

（2）要创建纯色素材项目并在当前合成中为其创建一个图层，可以选择【图层】|【新建】|【纯色】命令，或者按 Ctrl+Y 键，如图 3-11 所示。为纯色素材在合成中创建其图层的结果如图 3-12 所示。

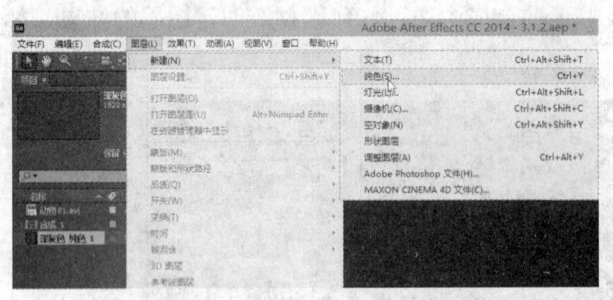

图 3-11　创建纯色素材并在合成中创建其图层

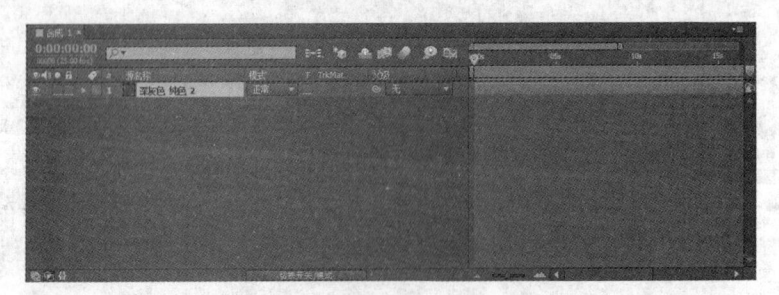

图 3-12　为纯色素材在合成中创建其图层的结果

2. 修改纯色图层和纯色素材项目的设置

要为选定的纯色图层或纯色素材项目修改设置，可以选择【图层】|【纯色设置】命令。如图 3-13 所示为更改颜色的操作。

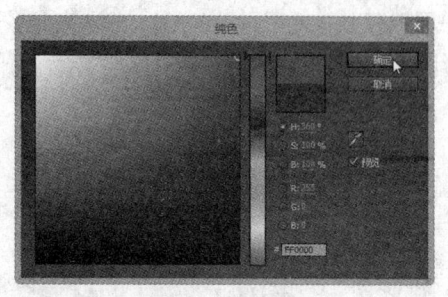

图 3-13　更改纯色的颜色

> 要想使用素材项目的所有纯色图层应用更改，可以选择【影响使用此纯色的所有图层】复选框。如果不选择此选项，则会创建一个新素材项目，这将成为所选图层的源。

3.1.4　创建其他类型的图层

1. 调整图层

在向某个图层应用效果时，该效果将仅应用于该图层，而不应用于其他图层。不过，如果为某个效果创建了一个调整图层，则该效果可以独立存在。

应用于某个调整图层的任何效果会影响在图层堆叠顺序中位于该图层之下的所有图层。位于图层堆叠顺序底部的调整图层没有可视结果。因为调整图层上的效果应用于位于其下的所有图层，所以它们非常适用于同时将效果应用于许多图层。

在其他方面，调整图层的行为与其他图层一样，例如，可以将关键帧或表达式与任何调整图层属性一起使用。

调整图层的方法如下：

（1）要将选定的图层转换为调整图层，可以在【时间轴】面板中选择图层的【调整图层】开关，或者选择【图层】|【开关】|【调整图层】命令，如图 3-14 所示。

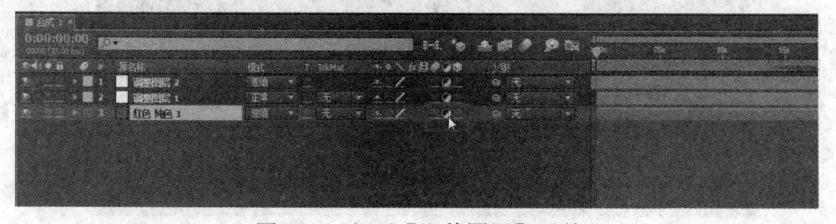

图 3-14　打开【调整图层】开关

（2）要创建调整图层，可以选择【图层】|【新建】|【调整图层】命令，或者按 Ctrl+Alt+Y 快捷键。

2．文本图层

在 After Effects 中，可以使用文本图层向合成中添加文本。文本图层有许多用途，包括动画标题、下沿字幕、参与人员名单和动态排版。

选择【图层】|【新建】|【文本】命令，创建一个新的文本图层，如图 3-15 所示。创建文本图层后，可以使用文字工具输入点文本或段落文本（关于文本的应用本书后文将详细介绍），如图 3-16 所示。

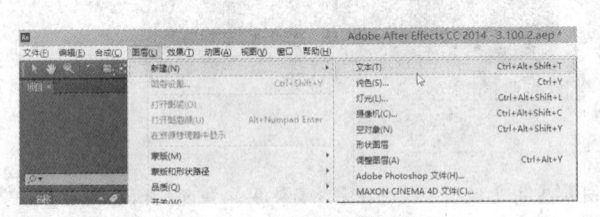

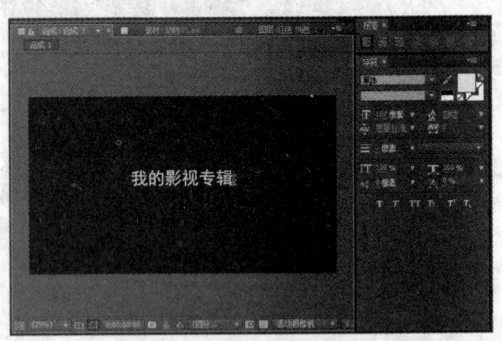

图 3-15　创建文本图层　　　　　　　　　图 3-16　在文本图层中输入文本

3．空对象图层

如果要分配父图层，但阻止该图层成为项目中的可见元素，则可以使用空对象。空对象是具有可见图层的所有属性的不可见图层，因此，它可以是合成中任何图层的父级。

合成可以包含任意数量的空对象。空对象仅在【合成】和【图层】面板中可见，并在【合成】面板中显示为具有图层手柄的矩形轮廓。另外，效果在空对象上不可见。

要创建空对象，可以选择【时间轴】面板或【合成】面板，然后选择【图层】|【新建】|【空对象】命令。新的空对象图层的锚点显示在图层的左上角，并且图层的锚点定位在合成的中心。通过锚点，可以调整空对象的大小和位置，如图 3-17 所示。

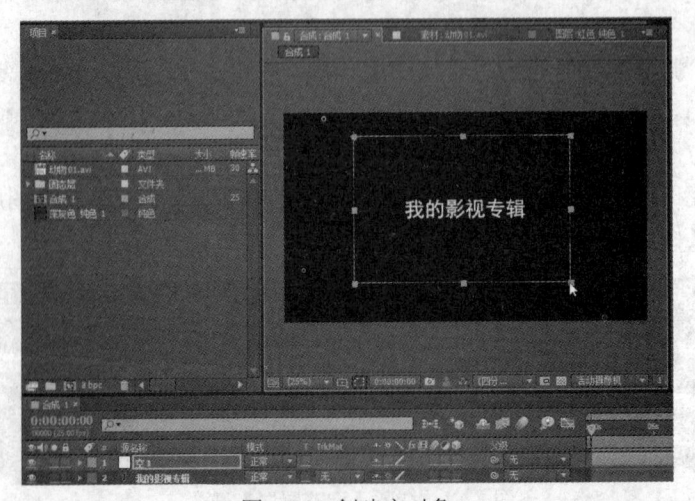

图 3-17　创建空对象

3.2 创建和操作 3D 图层

在 After Effects 中，不仅可以创建 2D 类型的图层，还可以创建 3D 类型的图层。

3.2.1 3D 图层概述

1．关于 3D 图层

在 After Effects 中操作的基本对象是平的二维（2D）图层。在将图层做成 3D 图层时，该图层仍是平的，但将获得"位置（z）"、"锚点（z）"、"缩放（z）"、"方向"、"X 旋转"、"Y 旋转"、"Z 旋转"以及"材质选项"等附加属性。

除了音频图层之外，任何图层都可以是 3D 图层。文本图层中的各个字符可以是 3D 子图层，每个子图层都配有各自的 3D 属性。还有，所有摄像机和灯光图层都有 3D 属性。

> "材质选项"属性可以指定图层与光照和阴影交互的方式。

2．3D 图层变化特性

默认情况下，图层深度（z 轴位置）为 0。在 After Effects 中，坐标系统的源点在左上角；x（宽度）自左至右增加，y（高度）由上至下增加，z（深度）自近至远增加。一些视频和 3D 应用程序使用围绕 x 轴旋转 180 度的坐标系。在这些系统中，y 自下至上增加，z 自远至近增加。通过选择轴模式，可以相对于合成的坐标空间、图层的坐标空间或自定义空间变换 3D 图层。

3．3D 图层附加效果

可以向 3D 图层添加效果和蒙版，将 3D 图层与 2D 图层合成，创建摄像机和灯光图层并对其进行动画制作，以便从任意角度观看或照亮 3D 图层。但需要注意：所有效果都是 2D 的，包括模拟 3D 扭曲的效果。例如，从不显示凸出的侧面查看具有凸出效果的图层。

另外，与所有蒙版一样，3D 图层上的蒙版坐标在图层的 2D 坐标空间中。

3.2.2 转换 3D 图层

1．属性变化

在将图层转换为 3D 时，会向其"位置"、"锚点"和"缩放"属性添加深度（z）值，该图层将获得"方向"、"Y 旋转"、"X 旋转"以及"材质选项"属性。单个"旋转"属性被重命名为"Z 旋转"。

在将 3D 图层转换回 2D 时，将删除"Y 旋转"、"X 旋转"、"方向"、"材质选项"属性，其中包括所有值、关键帧和表达式。"锚点"、"位置"和"缩放"属性与其关键帧和表达式依然存在，但其 z 值被隐藏和忽略。

2．将图层转换为 3D 图层

其方法为：在【时间轴】面板中选择图层的【3D 图层】开关，或者选择相应图层并选择【图层】|【3D 图层】命令，如图 3-18 所示。

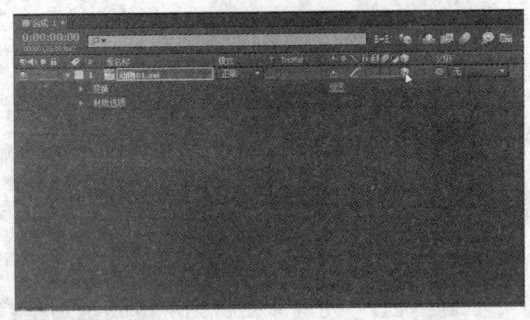

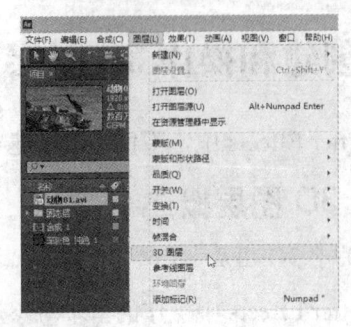

图 3-18 将图层转换为 3D 图层

> 如果要将 3D 图层转换为 2D 图层，可以在【时间轴】面板中取消选择图层的【3D 图层】开关，或选择图层，然后选择【图层】|【3D 图层】命令。

3.2.3 3D 图层的操作

1. 移动 3D 图层

选择要移动的 3D 图层，然后执行以下任意一种操作：

（1）在【合成】面板中，使用选择工具拖动要沿着其移动图层的轴所对应的 3D 轴图层控件的箭头，如图 3-19 所示。按住 Shift 键拖动可更快速地移动图层。

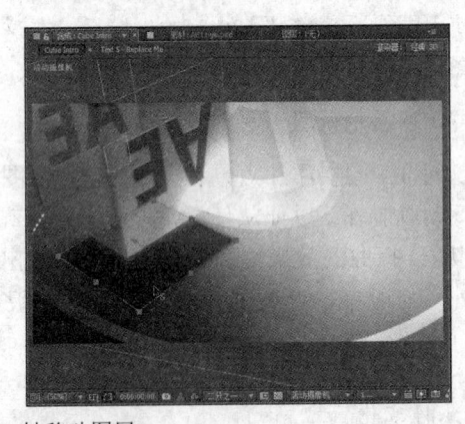

图 3-19 沿 3D 轴移动图层

（2）在【时间轴】面板中，打开图层的列表，然后修改【位置】属性值，如图 3-20 所示。在此操作中，可以按 P 键以显示【位置】属性。

（3）要移动选中的图层，以便其"锚点"位于当前视图的中心，可以选择【图层】|【变换】|【视图中心】命令，或者按 Ctrl+Home 键。

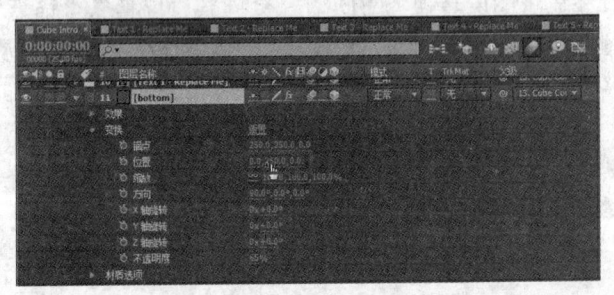

图 3-20 通过【时间轴】面板修改位置属性值

2. 显示或隐藏 3D 轴和图层控制

3D 轴是用不同颜色标志的箭头：x 为红色、y 为绿色、z 为蓝色。

（1）要显示或隐藏 3D 轴、摄像机和光照线框图标、图层手柄以及目标点，可以选择【视图】|【显示图层控件】命令，如图 3-21 所示。

（2）要显示或隐藏一组永久 3D 参考轴，可以单击【合成】面板底部的【网格和参考线选项】按钮，然后选择【3D 参考轴】选项，如图 3-22 所示。

图 3-21　显示与隐藏图层控件 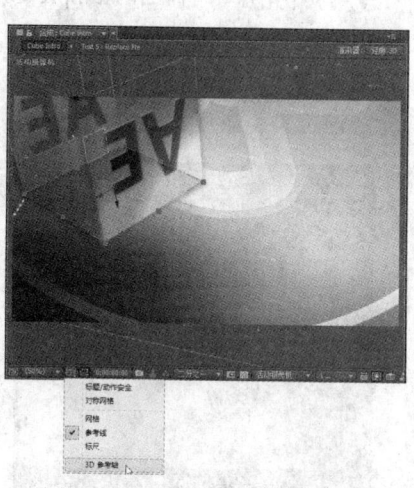　　　　　　图 3-22　显示永久 3D 参考轴

3. 设置 3D 图层的轴模式

轴模式指定在其上变换 3D 图层的一组轴（只有合成中有 3D 摄像机时，轴模式之间的差异才相关）。用户可以在【工具】面板中选择模式，如图 3-23 所示。

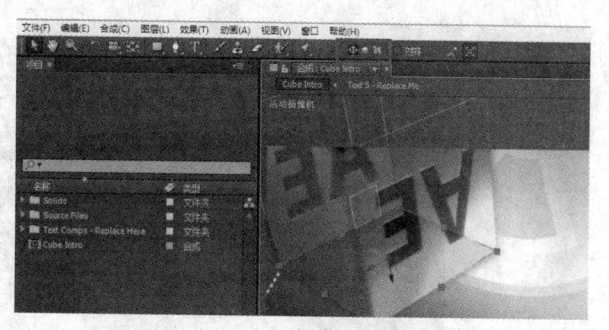

- 本地轴模式：将轴与 3D 图层的表面对齐。
- 世界轴模式：将轴与合成的绝对坐标对齐。无论对图层执行什么旋转，轴始终表示相对于 3D 世界的 3D 空间。

图 3-23　设置轴模式

- 视图轴模式：将轴与已选择的视图对齐。例如，假定图层已旋转，并且视图更改为自定义视图；在视图轴模式下对该图层所做的任何后续变换将沿与要从其查看图层的方向对应的轴进行。

3.2.4　旋转或定位 3D 图层

在操作 3D 图层时，可以通过更改其"方向"或"旋转"值来转动 3D 图层。在这两种情况中，图层都会转动其"锚点"。在对其进行动画制作时，"方向"和"旋转"属性在图层移动方式方面有差异。

（1）在对 3D 图层的"方向"属性进行动画制作时，图层将尽可能直接转动到指定方向。

（2）在对"x 旋转"、"y 旋转"或"z 旋转"属性中的任何一个进行动画制作时，图层将会根据各个属性值沿着各个轴旋转。

综上所述，"方向"值指定角度目标，而"旋转"值指定角度路线。对"旋转"属性进行动画制作可使图层转动多次。为"方向"属性设置动画通常能更好地实现自然平滑的运动，而为"旋转"属性设置动画则可提供更精确地控制。

动手操作　　旋转与定位 3D 文本

1 打开光盘中的"..\Example\Ch03\3.2.4\3.2.4.aep"练习文件，在【合成】面板中选择 3D 文本图层，如图 3-24 所示。

2 在【工具】面板中选择【旋转工具】，并从【设置】列表框中选择【方向】选项，以确定该工具是影响"方向"属性，如图 3-25 所示。

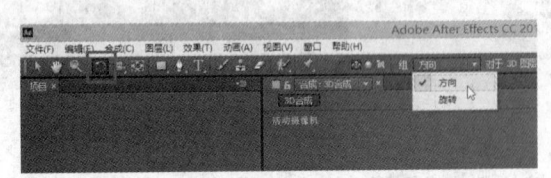

图 3-24　选择 3D 图层　　　　　图 3-25　选择旋转工具并设置影响方向属性

3 在【合成】面板中拖动 3D 轴图层控件的箭头，与要围绕转动图层的轴一致，从而调整 3D 图层的方向，如图 3-26 所示。

图 3-26　调整 3D 图层的 y 轴与 x 轴的方向

> 除了步骤 3 的方法，还可以直接拖动图层来旋转图层。按住 Shift 键并拖动可将操作限制为 45 度增量。

4 在【工具】面板中更改设置为【旋转】,然后拖动 3D 图层手柄旋转图层,如图 3-27 所示。拖动边角手柄围绕 z 轴转动图层;拖动左或右中央手柄围绕 y 轴转动图层;拖动上或下手柄围绕 x 轴转动图层。

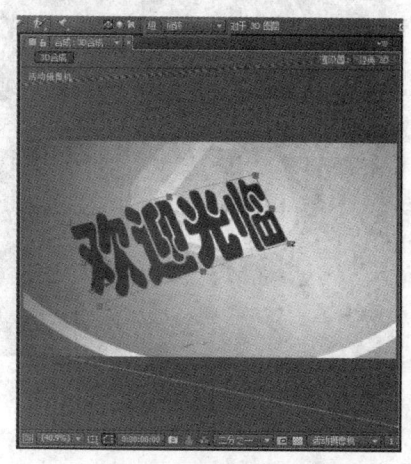

图 3-27 通过改变"旋转"属性调整 3D 图层

5 如果要更准确地旋转或定位 3D 图层,可以在【时间轴】面板中显示"旋转"或"方向"属性(按 R 键),然后修改属性值即可,如图 3-28 所示。

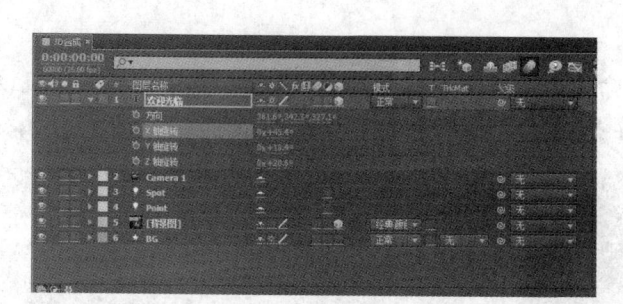

图 3-28 修改 3D 图层的旋转和方向属性值

3.3 应用摄像机和灯光图层

在 3D 图层的应用中,通过添加与设置摄像机图层和灯光图层,可以渲染出更真实的 3D 效果。

3.3.1 创建摄像机图层

1. 关于摄像机图层

在 After Effects 中,可以使用摄像机图层从任何角度和距离查看 3D 图层。就像在现实世界中,在场景之中和周围移动摄像机比移动和旋转场景本身容易一样。通过设置摄像机图层并

73

在合成中来回移动它，可以很容易地获得合成的不同视图，如图3-29所示。

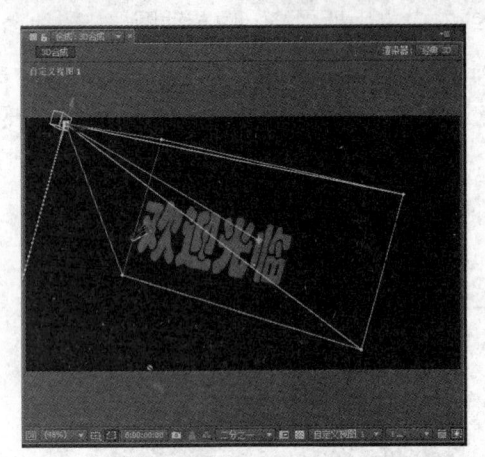

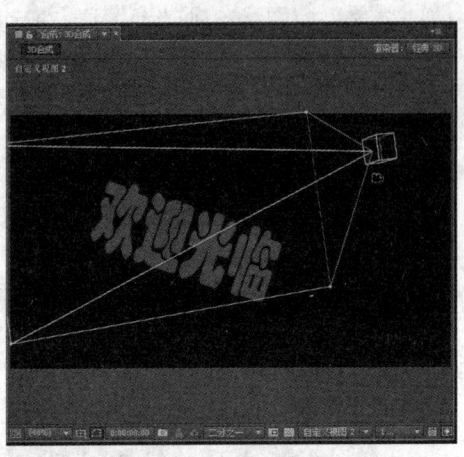

图3-29　通过移动摄像机获得不同的视图

2．应用

创建摄像机图层后，可以通过修改摄像机设置并为其制作动画来配置摄像机，使其与用于记录要与其合成的素材的真实摄像机和设置匹配；还可以使用摄像机设置将类似摄像机的行为（包括景深模糊以及平移和移动镜头）添加到合成效果和动画中。

摄像机仅影响其效果具有"合成摄像机"属性的3D图层和2D图层。使用具有"合成摄像机"属性的效果，可以使用活动合成摄像机或光照来从各种角度查看或照亮效果以模拟更复杂的3D效果。另外，After Effects可以通过"实时Photoshop 3D"效果与Photoshop 3D图层交互，这是"合成摄像机"效果的特例。

3．创建摄像机图层

选择【图层】|【新建】|【摄像机】命令，或按Ctrl+Alt+Shift+C键，然后在【摄像机设置】对话框中设置选项，再单击【确定】按钮，即可创建摄像机图层，如图3-30所示。

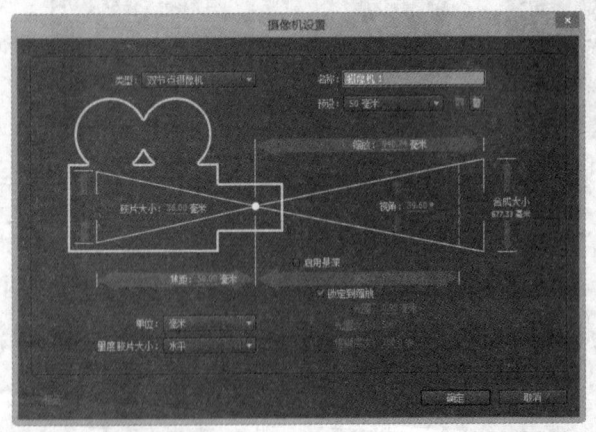

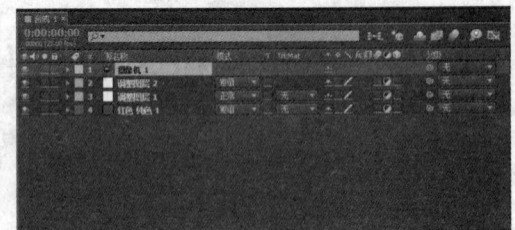

图3-30　新建摄像机图层

3.3.2　更改摄像机设置

创建摄像机图层后，可以随时更改摄像机设置。

在【时间轴】面板中双击摄像机图层,或选择图层,然后选择【图层】|【摄像机设置】命令即可在其中更改设置。

默认情况下选中【摄像机设置】对话框中的【预览】选项。当在【摄像机设置】对话框中进行更改时,该选项在合成中显示更改。

【摄像机设置】说明如下:

- 类型:包括单节点摄像机或双节点摄像机。单节点摄像机围绕自身定向,而双节点摄像机具有目标点并围绕该点定向。使摄像机成为双节点摄像机,与将摄像机的自动定向选项(命令:【图层】|【变换】|【自动定向】)设置为【定向到目标点】相同。
- 名称:指摄像机的名称。默认情况下,"摄像机 1"是在合成中创建的第一个摄像机的名称,所有后续摄像机按升序顺序编号。当创建多个摄像机图层时,应为多个摄像机选择不同的名称以便区分它们。
- 预设:指要使用的摄像机设置的类型,如图 3-31 所示。根据焦距命名预设。每个预设旨在表示具有特定焦距的镜头的 35 毫米摄像机的行为。因此,预设还设置"视角"、"缩放"、"焦点距离"、"焦距"和"光圈"值。默认预设为 50 毫米。除了使用预设,也可以通过为任何设置指定新值来创建自定义摄像机。
- 缩放:指从镜头到图像平面的距离。换句话说,距离为焦距的图层显示为其全部大小,距离为焦距两倍的图层显示为高度和宽度的一半,以此类推。

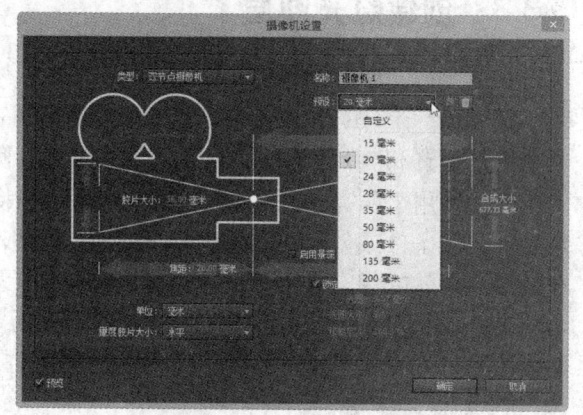

图 3-31 设置摄像机预设选项

- 视角:指在图像中捕获的场景的宽度。其中的"焦距"、"胶片大小"和"变焦"值确定视角。较广的视角创建与广角镜头相同的结果。
- 景深:指对"焦点距离"、"光圈"、"F-Stop"和"模糊层次"设置应用自定义变量。使用这些变量,可以操作景深来创建更逼真的摄像机聚焦效果。
- 锁定到缩放:可以使"焦点距离"值与"缩放"值匹配。如果在【时间轴】面板中更改"缩放"或"焦点距离"选项的设置,则"焦点距离"值将与"缩放"值解除锁定。

> 景深是图像在其中聚焦的距离范围,位于距离范围之外的图像将变得模糊。

- 光圈:指镜头孔径的大小。"光圈"设置也影响景深,增加光圈会增加景深模糊度。在修改光圈时,F-Stop 的值会更改以匹配它。
- 光圈大小(F-Stop):表示焦距与光圈的比例。大多数摄像机使用 F-Stop 测量指定光圈大小,因此许多摄影师喜欢以 F-Stop 单位设置光圈大小。在修改 F-Stop 时,光圈会更改以匹配它。
- 模糊层次：指图像中景深模糊的程度。设置为100%时将创建摄像机设置指示的自然模糊。降低值可减少模糊。
- 胶片大小：指胶片的曝光区域的大小，它直接与合成大小相关。在修改胶片大小时，"变焦"值会更改以匹配真实摄像机的透视性。
- 焦距：指从胶片平面到摄像机镜头的距离。在 After Effects 中，摄像机的位置表示镜头的中心。在修改焦距时，"变焦"值会更改以匹配真实摄像机的透视性。此外，"预设"、"视角"和"光圈"值会相应更改。
- 单位：指表示摄像机设置值所采用的测量单位。
- 量度胶片大小：用于描绘胶片大小的尺寸。

3.3.3 创建灯光图层

1. 关于灯光图层

在 After Effects 中，可以使用灯光图层影响它照射到的 3D 图层的颜色并投影，具体取决于光照的设置和 3D 图层的"材质选项"属性。默认情况下，每束光照指向其目标点。

光照可用于照亮 3D 图层并投影，利用这个特性，可以使用灯光图层来匹配在其中合成的场景的光照条件或创建更有趣的视觉效果。例如，可以使用灯光图层来创建射入视频图层的光线的外观，就好像它是由染色玻璃制成的一样。

另外，可以通过将光照指定为调整图层来指定光照影响哪些 3D 图层。例如，在【时间轴】面板中，将光照置于希望它照射到的图层的上方。

2. 创建灯光图层

选择【图层】|【新建】|【灯光】命令，或按 Ctrl+Alt+Shift+L 键，然后在打开的【灯光设置】对话框中设置选项，再单击【确定】按钮即可创建灯光图层，如图 3-32 所示。

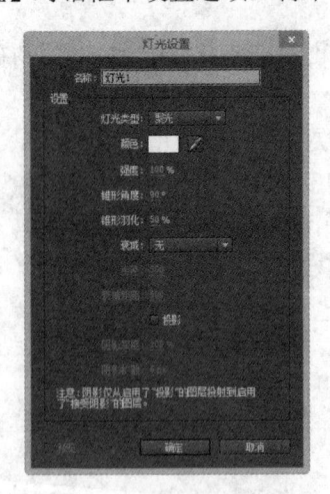

图 3-32 新建灯光图层

默认情况下，新图层从合成持续时间的开头开始。通过取消选择【在合成开始时创建图层】首选项，可以选择使新图层从当前时间开始，如图 3-33 所示。

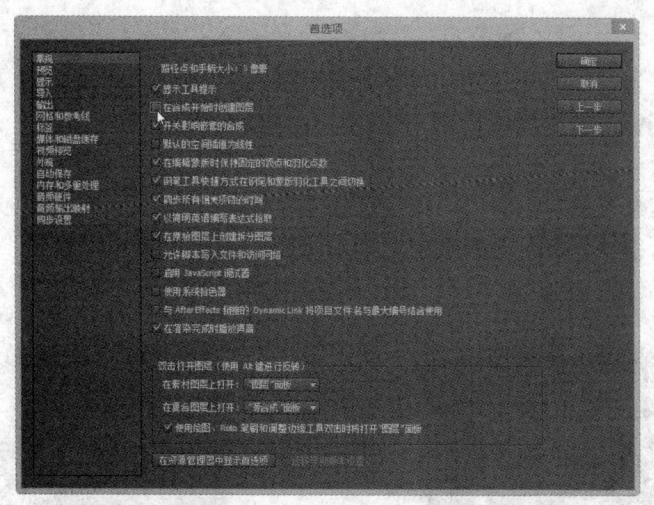

图 3-33　取消选择【在合成开始时创建图层】首选项

3.3.4　更改灯光的设置

创建灯光图层后，可以随时更改灯光设置。

只需在【时间轴】面板中双击灯光图层，或选择图层，然后选择【图层】|【灯光设置】命令即可。

【灯光设置】中的选项说明如下：

- 灯光类型：包括平行、聚光、点、环境，如图 3-34 所示。
  - 平行：从无限远的光源处发出无约束的定向光，接近来自太阳等光源的光照。
  - 聚光：从受锥形物约束的光源（如剧场中使用的闪光灯或聚光灯）发出光。
  - 点：发出无约束的全向光（如来自裸露的电灯泡的光线）。
  - 环境：创建没有光源，但有助于提高场景的总体亮度且不投影的光照。
- 颜色：光照的颜色。
- 强度：光照的亮度。负值创建无光效果。无光照时将从图层中减去颜色。例如，如果图层已照亮，则使用负值创建指向该图层的定向光会使图层上的区域变暗。
- 锥形角度：光源周围锥形的角度，这确定远处光束的宽度。仅当选择"聚光"作为"光照类型"时，此控制才处于活动状态。"聚光"光照的锥形角度由"合成"面板中光照图标的形状指示。
- 锥形羽化：聚光光照的边缘柔化。仅当选择"聚光"作为"光照类型"时，此控制才处于活动状态。
- 衰减：平行光、聚光或点光的衰减类型，如图 3-35 所示。衰减描述光的强度如何随距离的增加而变小。
  - 无：在图层和光照之间的距离增加时，光亮不减弱。
  - 平滑：指示从"衰减开始"半径开始并扩展由"衰减距离"指定的长度的平滑线性衰减。
  - 反向平方限制：指示从"衰减开始"半径开始并按比例减少到距离的反向平方的物理上准确的衰减。
- 半径：指定光照衰减的半径。在此距离内，光照是不变的；在此距离外，光照衰减。

- 衰减距离：指定光衰减的距离。
- 投影：指定光源是否导致图层投影。"接受阴影"材质选项必须为"打开"，图层才能接收阴影；该设置是默认设置。"投影"材质选项必须为"打开"，图层才能投影；该设置不是默认设置。
- 阴影深度：设置阴影的深度。仅当选择了"投影"时，此控制才处于活动状态。
- 阴影扩散：根据阴影与阴影图层之间的视距，设置阴影的柔和度。较大的值创建较柔和的阴影。仅当选择了"投影"时，此控制才处于活动状态。

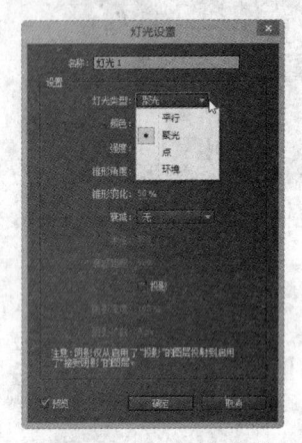

图 3-34 设置灯光类型　　　　　图 3-35 设置衰减选项

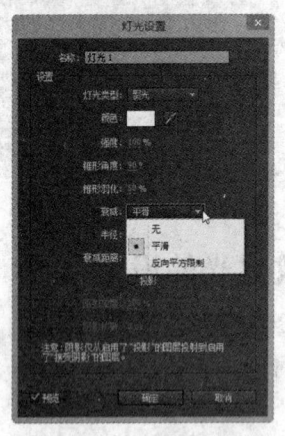

3.3.5　调整摄像机、灯光或目标点

摄像机图层和灯光图层均包括"目标点"属性，该属性指定摄像机或光照指向的合成中的点。默认情况下，目标点位于合成的中心，用户可以随时移动目标点。

1. 使用【选取工具】和【旋转工具】调整摄像机、灯光或目标点

选择摄像机图层或灯光图层，然后使用【选取工具】或【旋转工具】，执行以下任意一种操作：

（1）要移动摄像机或灯光及其目标点，可以将指针置于要调整的轴上并拖动，如图 3-36 所示。

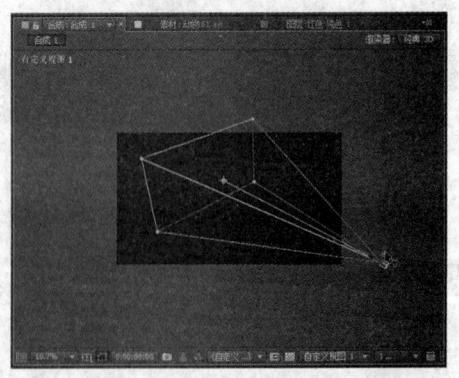

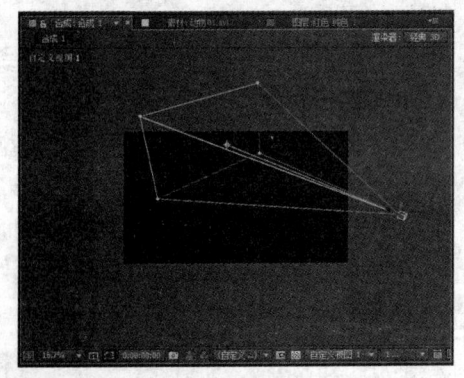

图 3-36 移动摄像机或灯光及其目标点

（2）要沿单个轴移动摄像机或灯光而不移动目标点，可以按住 Ctrl 键并拖动轴。

(3) 要自由移动摄像机或灯光而不移动目标点，可以拖动摄像机图标或灯光图标，如图 3-37 所示。

(4) 要移动目标点，可以拖动目标点图标，如图 3-38 所示。

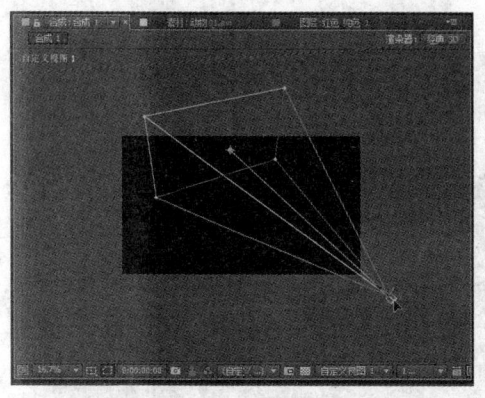

图 3-37　移动摄像机或灯光而不移动目标点

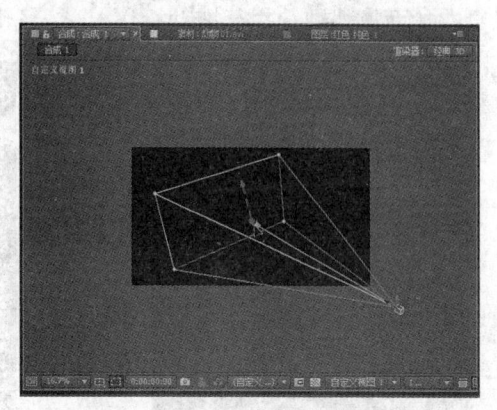

图 3-38　移动目标点

2．使用【摄像机工具】调整摄像机或 3D 工作视图

通过使用【工具】面板中的【摄像机工具】，可以调整摄像机图层的"位置"和"目标点"属性。也可以使用【摄像机工具】来调整 3D 工作视图，这是不与摄像机图层关联的 3D 视图。

在调整 3D 工作视图时，可以将 3D 视图视为可通过其查看和预览合成的虚拟摄像机。3D 工作视图包括自定义视图和固定的正视图（正面、左侧、顶部、后面、右侧或底部）。3D 工作视图用于在 3D 场景中放置和预览元素。如果使用【摄像机工具】来调整 3D 工作视图，则不会影响任何图层属性值。

> (1) 无法在固定的正视图上使用【轨道摄像机工具】。
> (2) 修改 3D 视图之后，可以通过选择【视图】|【重置 3D 视图】来重置它。

动手操作　使用【摄像机工具】调整摄像机或 3D 工作图

1 在【合成】面板底部的【3D 视图】菜单中，选择要调整的摄像机或 3D 视图，如图 3-39 所示。

2 通过在【工具】面板中选择长按【统一摄像机工具】打开工具列表，然后选择工具，或按 C 键循环切换工具来选择一种合适的摄像机工具，如图 3-40 所示。在各种"摄像机"工具之间切换的最简便方法是选择【统一摄像机工具】，然后使用三键鼠标上的按钮。

- 轨道摄像机：通过围绕目标点移动来旋转 3D 视图或摄像机。
- 跟踪 XY 摄像机：水平或垂直调整 3D 视图或摄像机。
- 跟踪 Z 摄像机：沿直线将 3D 视图或摄像机调

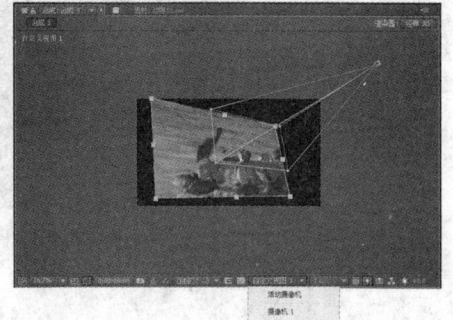

图 3-39　选择要调整的视图

整到目标点。如果使用正视图，该工具将调整视图的缩放。
- 统一摄像机工具：具备上述三个工具的所有功能。

3 在【合成】面板中拖动，调整摄像机或视图，如图 3-41 所示。在该面板中开始拖动后，可以在该面板外继续执行拖动操作。

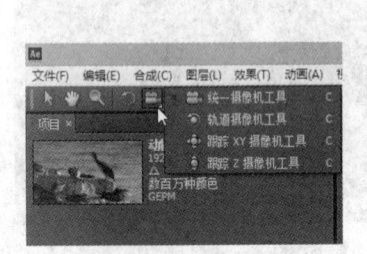

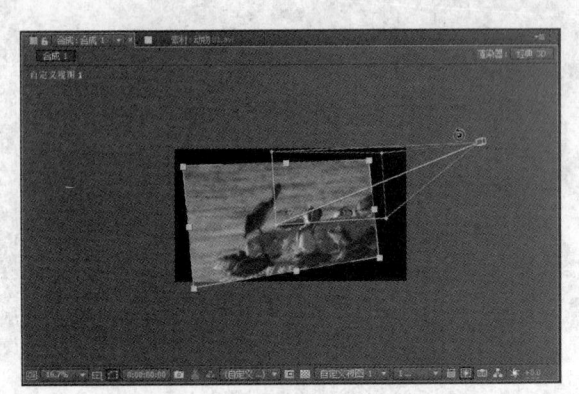

图 3-40　选择摄像机工具　　　　　　图 3-41　所动工具调整视图

3.4　管理图层及其属性

图层是 After Effects 中最核心的应用之一，通过灵活管理图层和处理其属性，可以更好地进行内容合成和制作特效的处理。

3.4.1　时间轴的图层开关和列

1．关于图层开关和列

图层的许多特性由其图层开关决定，这些开关排列在【时间轴】面板中的各列中。默认情况下，【A/V 功能】列显示在图层名称左侧，而【开关】列和【模式】列显示在右侧，如图 3-42 所示。但根据需要，可以按其他顺序排列这些列。

图 3-42　图层开关和列

2．显示或隐藏列

方法 1　要在【时间轴】面板中显示或隐藏列，可以单击【时间轴】面板左下角的【图层开关】、【转换控制】或【入点/出点/持续时间/伸缩】按钮，如图 3-43 所示。

方法 2　在【时间轴】面板列名称栏单击鼠标右键，然后打开【列数】子菜单，再选择要显示的列，如图 3-44 所示。如果选择【隐藏此项】命令，则可以隐藏右击的列。

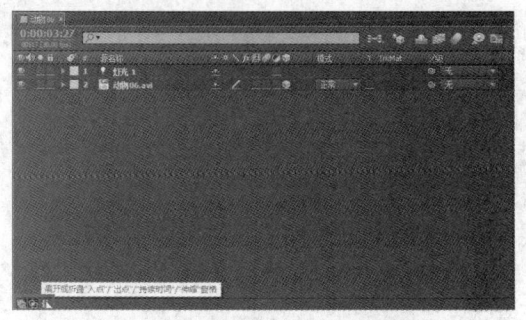

图 3-43　通过按钮显示或隐藏列 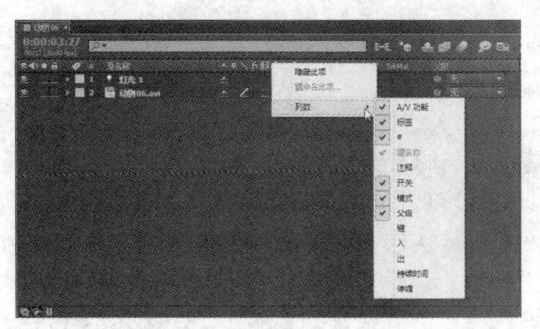　　　　　图 3-44　通过快捷菜单显示或隐藏列

> 一些图层开关设置的结果取决于合成开关的设置，它们位于【时间轴】面板中图层轮廓的右上角。通过单击某个图层的开关并为相邻图层向上或向下拖动该列，可快速更改多个图层的开关状态。

3．开关的说明

（1）【A/V 功能】列中的开关。
- 视频：启用或禁用图层视觉效果。
- 音频：启用或禁用图层声音。
- 独奏：在预览和渲染中包括当前图层，忽略没有设置此开关的图层。
- 锁定：锁定图层内容，从而防止所有更改。

（2）【开关】列中的开关。
- 消隐：在其中可以选择【隐藏隐蔽图层】合成开关。
- 折叠变换/连续栅格化：如果图层是预合成，则折叠变换；如果图层是形状图层、文本图层或以矢量图形文件（如 Adobe Illustrator 文件）作为源素材的图层，则连续栅格化。为矢量图层选择此开关会导致 After Effects 重新栅格化图层的每个帧，这会提高图像品质，但也会增加预览和渲染所需的时间。
- 品质和采样：在图层渲染品质的【最佳】和【草稿】选项之间切换，包括渲染到屏幕以进行预览。
- 效果：使用效果渲染图层。此开关不影响图层上各种效果的设置。
- 帧混合：可将帧混合设置为三种状态之一："帧混合"、"像素运动"或"关"。
- 运动模糊：为图层启用或禁用运动模糊。
- 调整图层：将图层标识为调整图层。
- 3D 图层：将图层标识为 3D 图层。如果图层是具有 3D 子图层的 3D 图层（如具有逐字符 3D 化属性的文本图层），则此开关使用图标。

3.4.2　管理图层的基本操作

1．切换图层或属性组的可视性

图层的【视频】开关控制是否为预览或最终输出渲染图层的视觉信息。但对于一些特殊图层，则需要考虑更合适的开关设置。例如，如果图层是调整图层，则【视频】开关控制是否将该图层上的效果应用于它下面的图层合成；如果图层是摄像机或灯光图层，则【视频】开关控制是打开还是关闭该图层。

另外，图层的多个组件（如画笔、形状图层中的路径操作和文本图层中的文本动画器）均具有自己的【视频】开关。此时，可以使用【视频】开关来逐个切换这些项目的可视性和影响。

（1）要关闭图层的可视性，可以取消选择图层的【视频】开关 。

（2）要为所有图层选择【视频】开关，可以选择【图层】|【开关】|【显示所有视频】命令。

（3）要为所选图层之外的其他所有图层取消选择【视频】开关，可以选择【图层】|【开关】|【隐藏其他视频】命令，如图3-45所示。

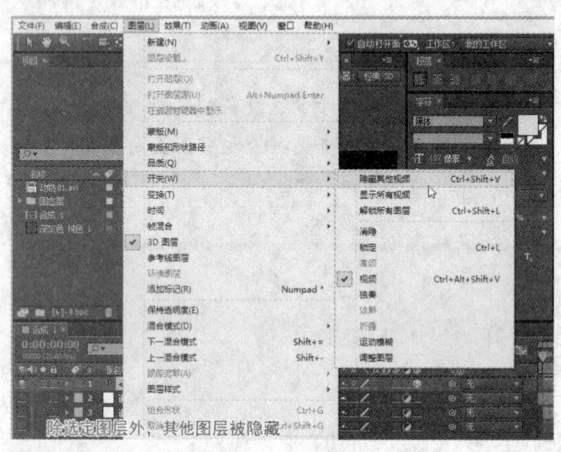

图3-45　隐藏选定图层外的其他图层

2．设置独奏图层

可以通过独奏为制作动画、预览或最终输出隔离一个或多个图层。独奏可将相同类型的所有其他图层排除在渲染之外，这同时适用于【合成】面板中的预览和最终输出。例如，如果独奏视频图层，则任何灯光和音频图层将不受影响，它们将在预览或渲染合成时显示。不过，不会显示其他视频图层。

（1）要独奏一个或多个图层，可以在【时间轴】面板中选择相应图层，然后单击图层名称左侧的【独奏】图标 ，如图3-46所示。

（2）要独奏一个图层并取消独奏所有其他图层，可以按住Alt键并单击图层名称左侧的【独奏】图标 。

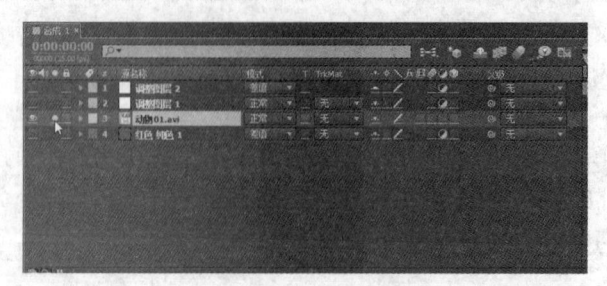

图3-46　独奏一个图层

3．锁定或解锁图层

【锁定】开关可防止意外编辑图层。在图层已锁定时，无法在【合成】或【时间轴】面板中选择它。如果尝试选择或修改已锁定图层,则该图层会在【时间轴】面板中闪光。

在图层已锁定时,【锁定】图标🔒会显示在【A/V 功能】列中,它默认显示在【时间轴】面板中图层名称的左侧。

方法:

(1)要锁定或解锁图层,可以在【时间轴】面板中单击该图层的【锁定】开关🔒。

(2)要解锁活动合成中的所有图层,可以选择【图层】|【开关】|【解锁所有图层】命令。

4.使用图层、合成和素材的颜色标签

在 After Effects 中,可以在【项目】面板和【时间轴】面板中使用标签("标签"列中的彩色框)来组织和管理合成、素材项目和图层。默认情况下,不同的标签颜色指示不同种类的素材项目,但可以分配标签颜色以指示选择的类别。

(1)要选择具有相同标签颜色的所有图层,可以选择一个具有该标签颜色的图层,然后选择【编辑】|【标签】|【选择标签组】命令。

(2)要更改某个图层的标签的颜色,可以在【时间轴】面板中单击该标签,然后选择颜色,如图 3-47 所示。

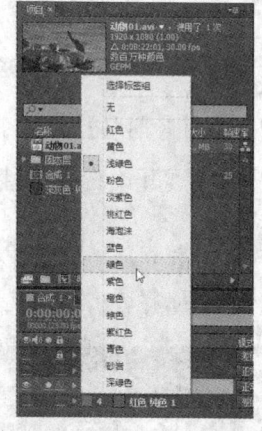

(3)要更改具有该标签颜色的所有图层的标签颜色,可以选择属于该标签组的图层之一,选择【编辑】|【标签】|【选择标签组】命令,然后选择【编辑】|【标签】|【颜色名称】命令。

(4)要更改标签的名称和默认颜色,可以选择【编辑】|【首选项】|【标签】命令,如图 3-48 所示。

(5)要更改标签颜色与源类型的默认关联,可以选择【编辑】|【首选项】|【标签】命令。

(6)要对图层手柄和运动路径禁用图层的标签颜色,可以选择【编辑】|【首选项】|【外观】命令,然后取消选择【对图层手柄和路径使用标签颜色】复选框,如图 3-49 所示。

图 3-47 更改选定图层的标签颜色

(7)要在相应面板的选项卡中禁用图层、素材项目或合成的标签颜色,可以选择【编辑】|【首选项】|【外观】命令,然后取消选择【对相关选项卡使用标签颜色】复选框。

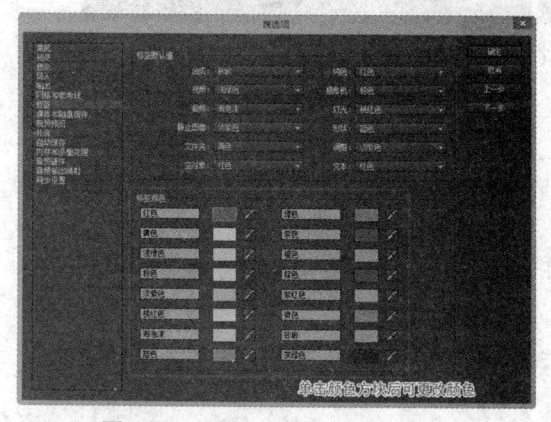

图 3-48 设置标签名称和默认颜色 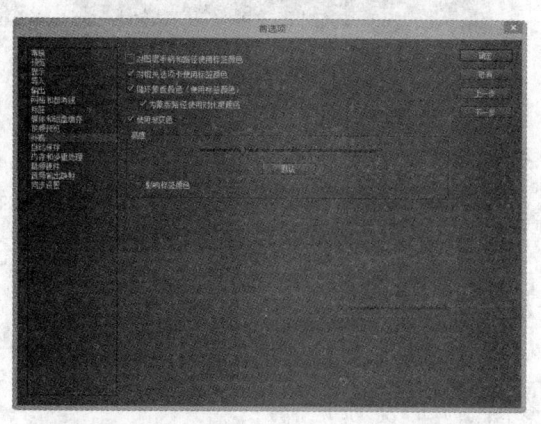　　　图 3-49 取消对图层手柄和路径使用标签颜色

3.4.3 设置图层的属性

1. 关于图层属性

每个图层均具有属性，可以修改其中许多属性并为其添加动画设置。每个图层具有一个基本属性组【变换】组，其中包括"位置"和"不透明度"属性。在将某些功能添加到图层中时（例如，通过添加蒙版或效果，或通过将图层转换为 3D 图层），该图层将获得收集在属性组中的其他属性。

所有图层属性都是时间性的，它们会随着时间的推移更改图层。一些图层属性（如不透明度）仅具有时间组件。一些图层属性（如位置）还具有空间性，它们可以跨合成空间移动图层或其像素。

> 大多数属性具有秒表 ⊙。用户可以为具有秒表的任何属性制作动画，也就是说，随着时间的推移更改这些属性。

2. 在【时间轴】面板中显示或隐藏属性

（1）要展开或折叠属性组，可以单击图层名称或属性组名称左侧的三角形，如图 3-50 所示。

（2）要展开或折叠某属性组及其所有子组，可以按住 Ctrl 键，并单击三角形。

（3）要展开或折叠所选图层的所有组，可以按 Ctrl+`（重音标记）键。

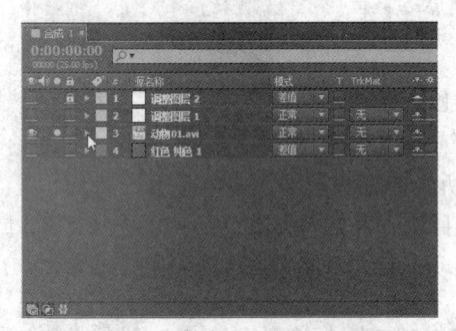

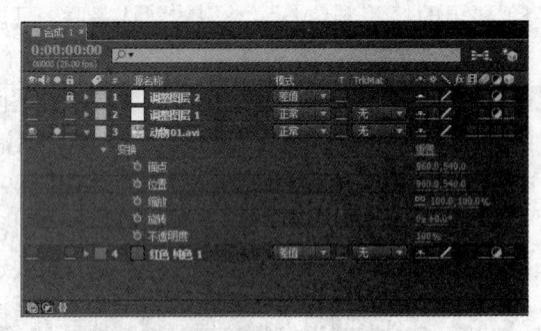

图 3-50　打开属性组

（4）要在【时间轴】面板中显示效果属性，可以在【效果控件】面板中双击属性名称，如图 3-51 所示。

（5）要隐藏属性或属性组，可以在【时间轴】面板中按住 Alt+Shift 键并单击相应名称。

（6）要在【时间轴】面板中仅显示或隐藏所选属性或属性组，可以按下两次 S 键。

（7）要将属性或属性组添加到【时间轴】面板所显示的属性中，可以在按属性或属性组的快捷键时按住 Shift 键。

（8）要仅显示已根据其默认值修改的属性，可以按下两次 U 键，或选择【动画】|【显示修改的属性】命令。

（9）要仅显示具有关键帧或表达式的属性，可以按下 U 键，或选择【动画】|【显示动画属性】命令。

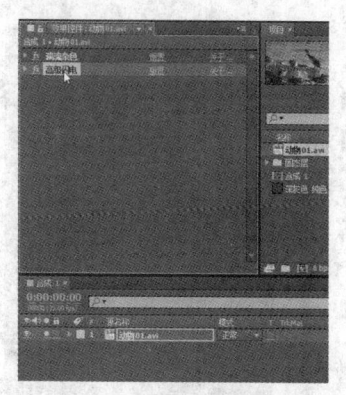

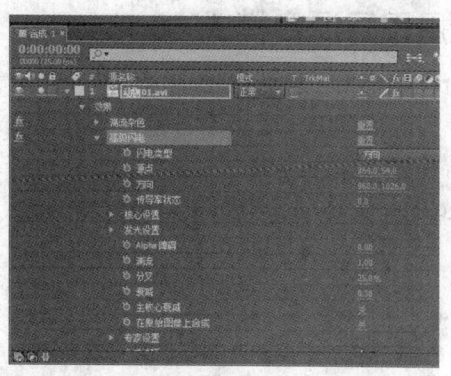

图 3-51　在【时间轴】面板显示效果属性

3.5　应用混合模式和图层样式

通过为图层应用混合模式和样式，可以制作出各种图层混合和交互的效果。

3.5.1　关于混合模式和图层样式

1．混合模式

图层的混合模式控制每个图层如何与它下面的图层混合或交互。After Effects 中的图层的混合模式（以前称为图层模式，有时称为传递模式）与 Adobe Photoshop 中的混合模式相同。

大多数混合模式仅修改源图层的颜色值，而非 Alpha 通道。其中，"Alpha 添加"混合模式则影响源图层的 Alpha 通道，而轮廓和模板混合模式影响它们下面的图层的 Alpha 通道。

图层应用混合模式后，无法通过使用关键帧来直接为混合模式制作动画。要在某一特定时间更改混合模式，则需要在该时间拆分图层，并将新混合模式应用于图层的延续部分。此外，也可以使用"复合运算"效果，其结果类似于混合模式的结果，但可以随着时间的推移而更改。

> 每个图层均具有混合模式，默认的混合模式是"常规"混合模式。

2．图层样式

Photoshop 提供了各种图层样式（如阴影、发光和斜面）来更改图层的外观。在导入 Photoshop 图层时，After Effects 可以保留这些图层样式。此外，也可以在 After Effects 中应用图层样式并为其属性制作动画。

除了添加视觉元素的图层样式（如投影或颜色叠加）之外，每个图层的"图层样式"属性组还包含"混合选项"属性组。可以使用"混合选项"设置来实现对混合操作的强大而灵活地控制。

在导入包括图层的 Photoshop 文件作为合成时，可以保留可编辑图层样式或将图层样式合并到素材中。在仅导入一个包括图层样式的图层时，可以选择忽略图层样式或将图层样式合并到素材中。另外，可以随时将合并的图层样式转换为基于 Photoshop 素材项目的每个 After Effects 图层的可编辑图层样式。

3.5.2 使用图层混合模式

要将混合模式应用于所选图层，可以从【时间轴】面板中【模式】列的菜单中，或从【图层】|【混合模式】菜单中选择混合模式，如图3-52所示。

【混合模式】中的选项说明如下：

> 在下面的说明中，使用了以下术语：
> - 源颜色：是指应用混合模式的图层或画笔的颜色。
> - 基础颜色：是指【时间轴】面板中图层堆积顺序中源图层或画笔下面的合成图层的颜色。
> - 结果颜色：是指混合操作的输出合成的颜色。

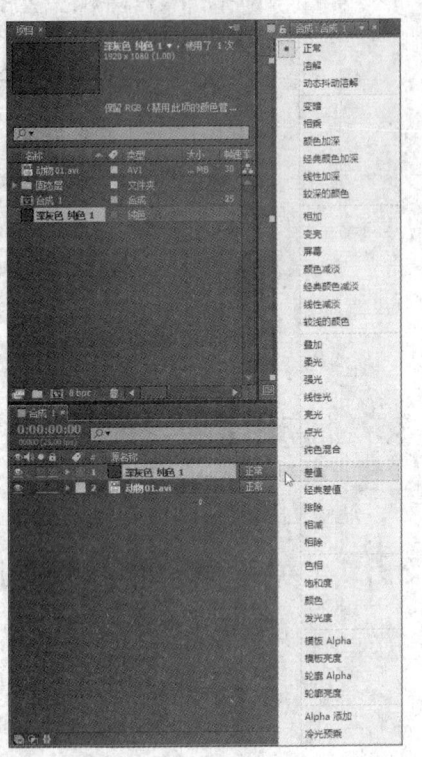

图 3-52　选择混合模式

- 正常：结果颜色是源颜色，此模式忽略基础颜色。"正常"是默认模式。
- 溶解：每个像素的结果颜色是源颜色或基础颜色。结果颜色是源颜色的概率取决于源的不透明度。如果源的不透明度是 100%，则结果颜色是源颜色。如果源的不透明度是 0%，则结果颜色是基础颜色。"溶解"和"动态抖动溶解"模式对3D图层不起作用。
- 动态抖动溶解：除了为每个帧重新计算概率函数外，与"溶解"相同，因此结果随时间而变化。
- 变暗：每个结果颜色通道值是源颜色通道值和相应的基础颜色通道值中的较低者（较深者）。
- 相乘：对于每个颜色通道，将源颜色通道值与基础颜色通道值相乘，再除以 8-bpc、16-bpc 或 32-bpc 像素的最大值，具体取决于项目的颜色深度。结果颜色绝不会比原始颜色明亮。如果任一输入颜色是黑色，则结果颜色是黑色。如果任一输入颜色是白色，则结果颜色是其他输入颜色。此混合模式模拟在纸上用多个记号笔绘图或将多个彩色透明滤光板置于光照前面。在与除黑色或白色之外的颜色混合时，具有此混合模式的每个图层或画笔将生成深色。
- 颜色加深：结果颜色是源颜色变暗，以通过增加对比度来反映基础图层颜色。原始图层中的纯白色不会更改基础颜色。
- 经典颜色加深：After Effects 5.0 和更低版本中的"颜色加深"模式已重命名为"经典颜色加深"。使用它可保持与早期项目的兼容性；也可使用"颜色加深"模式。
- 线性加深：结果颜色是源颜色变暗以反映基础颜色。纯白色不会生成任何变化。
- 较深的颜色：每个结果像素是源颜色值和相应的基础颜色值中的较深颜色。"深色"类似于"变暗"，但是"深色"不对各个颜色通道执行操作。
- 相加：每个结果颜色通道值是源颜色和基础颜色的相应颜色通道值的和。结果颜色绝不会比任一输入颜色深。
- 变亮：每个结果颜色通道值是源颜色通道值和相应的基础颜色通道值中的较高者（较亮者）。
- 滤色：乘以通道值的补色，然后获取结果的补色。结果颜色绝不会比任一输入颜色深。使用"滤色"模式类似于同时将多个照片幻灯片投影到单个屏幕上。
- 颜色减淡：结果颜色是源颜色变亮，以通过减小对比度来反映基础图层颜色。如果源颜色是纯黑色，则结果颜色是基础颜色。
- 经典颜色减淡：After Effects 5.0 和更低版本中的"颜色减淡"模式已重命名为"经典颜色减淡"。使用它可保持与早期项目的兼容性；也可使用"颜色减淡"模式。
- 线性减淡：结果颜色是源颜色变亮，以通过增加亮度来反映基础颜色。如果源颜色是纯黑色，则结果颜色是基础颜色。
- 浅色：每个结果像素是源颜色值和相应的基础颜色值中的较亮颜色。"浅色"类似于"变亮"，但是"浅色"不对各个颜色通道执行操作。
- 叠加：将输入颜色通道值相乘或对其进行滤色，具体取决于基础颜色是否比 50%灰色浅。结果保留基础图层中的高光和阴影。
- 柔光：使基础图层的颜色通道值变暗或变亮，具体取决于源颜色。结果类似于漫射聚光灯照在基础图层上。对于每个颜色通道值，如果源颜色比 50%灰色浅，则结果颜色比基础颜色浅，就好像减淡一样。如果源颜色比 50%灰色深，则结果颜色比基础颜色深，就好像加深一样。具有纯黑色或白色的图层明显变暗或变亮，但是没有变成纯黑色或白色。
- 强光：将输入颜色通道值相乘或对其进行滤色，具体取决于原始源颜色。结果类似于耀眼的聚光灯照在图层上。对于每个颜色通道值，如果基础颜色比 50%灰色浅，则图层变亮，就好像被滤色一样。如果基础颜色比 50%灰色深，则图层变暗，就好像被相乘一样。此模式用于在图层上创建阴影外观。
- 线性光：通过减小或增加亮度来加深或减淡颜色，具体取决于基础颜色。如果基础颜色比 50%灰色浅，则图层变亮，因为亮度增加。如果基础颜色比 50%灰色深，则图层变暗，因为亮度减小。
- 亮光：通过增加或减小对比度来加深或减淡颜色，具体取决于基础颜色。如果基础颜色比 50%灰色浅，则图层变亮，因为对比度减小。如果基础颜色比 50%灰色深，则图层变暗，因为对比度增加。
- 点光：根据基础颜色替换颜色。如果基础颜色比 50%灰色浅，则替换比基础颜色深的像素，而不改变比基础颜色浅的像素。如果基础颜色比 50%灰色深，则替换比基础颜色浅的像素，而不改变比基础颜色深的像素。
- 纯色混合：提高源图层上蒙版下面的可见基础图层的对比度。蒙版大小确定对比区域；反转的源图层确定对比区域的中心。
- 差值：对于每个颜色通道，从浅色输入值中减去深色输入值。使用白色绘画会反转背景颜色；使用黑色绘画不会生成任何变化。
- 经典差值：After Effects 5.0 和更低版本中的"差值"模式已重命名为"经典差值"。使用它可保持与早期项目的兼容性；也可使用"差值"模式。
- 排除：创建与"差值"模式相似但对比度更低的结果。如果源颜色是白色，则结果颜色是基础颜色的补色。如果源颜色是黑色，则结果颜色是基础颜色。
- 相减：从基础颜色中减去源颜色。如果源颜色是黑色，则结果颜色是基础颜色。在 32-bpc 项目中，结果颜色值可以小于 0。
- 相除：基础颜色除以源颜色。如果源颜色是白色，则结果颜色是基础颜色。在 32-bpc 项目中，结果颜色值可以大于 1.0。
- 色相：结果颜色具有基础颜色的发光度和饱和度以及源颜色的色相。
- 饱和度：结果颜色具有基础颜色的发光度和色相以及源颜色的饱和度。
- 颜色：结果颜色具有基础颜色的发光度以及源颜色的色相和饱和度。此混合模式保持基础颜色中的灰色阶。此混合模式用于为灰度图像上色和为彩色图像着色。
- 发光度：结果颜色具有基础颜色的色相和饱和度以及源颜色的发光度。此模式与"颜色"模式相反。
- 模板 Alpha：使用图层的 Alpha 通道创建模板。
- 模板亮度：使用图层的亮度值创建模板。图层的浅色像素比深色像素更不透明。
- 轮廓 Alpha：使用图层的 Alpha 通道创建轮廓。
- 轮廓亮度：使用图层的亮度值创建轮廓。在图层的绘画区域中创建透明度，从而允许查看基础图层或背景。混合颜色的亮度值确定结果颜色中的不透明度。源的浅色像素导致比深色像素更透明。使用纯白色绘画会创建 0%不透明度。使用纯黑色绘画不会生成任何变化。
- Alpha 添加：通常合成图层，但添加色彩互补的 Alpha 通道来创建无缝的透明区域。用于从两个相互反转的 Alpha 通道或从两个接触的动画图层的 Alpha 通道边缘删除可见边缘。
- 冷光预乘：在合成之后，通过将超过 Alpha 通道值的颜色值添加到合成中来防止修剪这些颜色值。用于使用预乘 Alpha 通道从素材合成渲染镜头或灯光效果（如镜头光晕）。在应用此模式时，可以通过将预乘 Alpha 源素材的解释更改为直接 Alpha 来获得最佳结果。

3.5.3 添加与设置图层样式

1. 添加、移除和转换图层样式

（1）要将合并的图层样式转换为可编辑图层样式，先选择一个或多个图层，然后选择【图层】|【图层样式】|【转换为可编辑样式】命令。

（2）要将图层样式添加到所选图层中，可以选择【图层】|【图层样式】命令，然后从菜单中选择图层样式，接着在【时间轴】面板中设置样式属性，如图 3-53 所示。

（3）要删除图层样式，可以在【时间轴】面板中选择图层样式项，然后按 Delete 键。

（4）要删除所选图层中的所有图层样式，可选择【图层】|【图层样式】|【全部移除】命令。

> 在将图层样式应用于矢量图层（如文本图层、形状图层或基于 Illustrator 素材项目的图层）时，应用于图层的内容边缘的视觉元素将应用于矢量对象（如文本字符或形状）的轮廓。在将图层样式应用于基于非矢量素材项目的图层时，该图层样式将应用于图层的范围或蒙版的边缘。

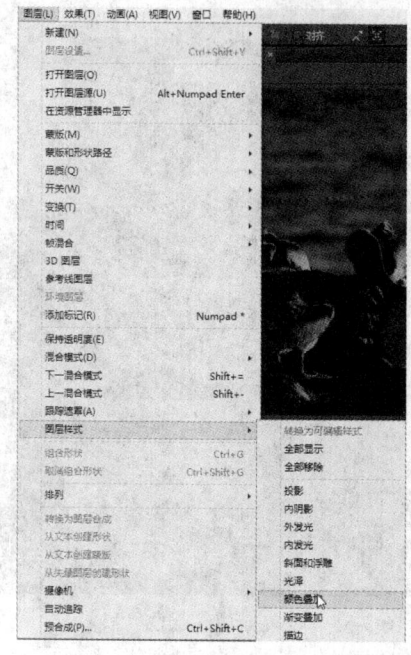

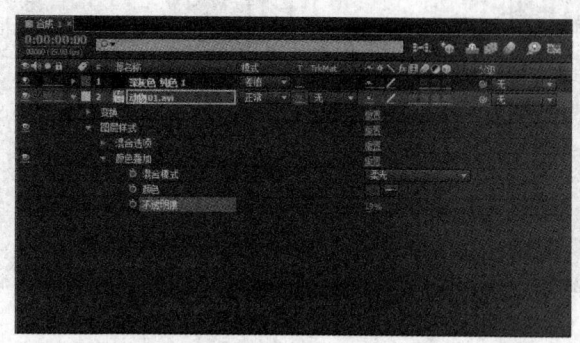

图 3-53 添加图层样式并设置属性

2. 图层样式设置

每个图层样式均在【时间轴】面板中具有自己的属性集合。下面将介绍几个重点属性设置。

- 与图层对齐：使用图层的定界框来计算渐变填充。
- 高度：对于"斜面和浮雕"图层样式，是指图层上方光源的高度，以度为单位。
- 阻塞：在模糊之前收缩"内阴影"或"内发光"的遮罩边界。
- 距离：指"阴影"或"光泽"图层样式的偏移距离。
- 高光模式、阴影模式：指定斜面或浮雕高光或阴影的混合模式。
- 抖动：改变渐变的颜色和不透明度的应用，以减少光带条纹。
- 图层镂空投影：控制半透明图层中投影的可见性。
- 反向：翻转渐变的方向。
- 缩放：调整渐变大小。
- 扩展：在模糊之前扩大遮罩边界。
- 使用全局光：将此选项设置为"打开"，以对每个单独图层样式使用"混合选项"属性组中的"全局光角度"和"全局光高度"，而非"角度"和"高度"设置。如果将多个图层样式应用于同一图层，并且要对所有这些样式的光照位置进行动画制作，则此选项很有用。

动手操作　为视频制作边框效果

1 打开光盘中的"..\Example\Ch03\3.5.3.aep"练习文件，选择【时间轴】面板上的图层，然后选择【图层】|【图层样式】|【描边】命令，如图 3-54 所示。

2 在【时间轴】面板中打开图层样式列表，再打开【描边】属性列表，然后单击【颜色】色块，在【颜色】对话框中选择一种颜色，接着单击【确定】按钮，如图 3-55 所示。

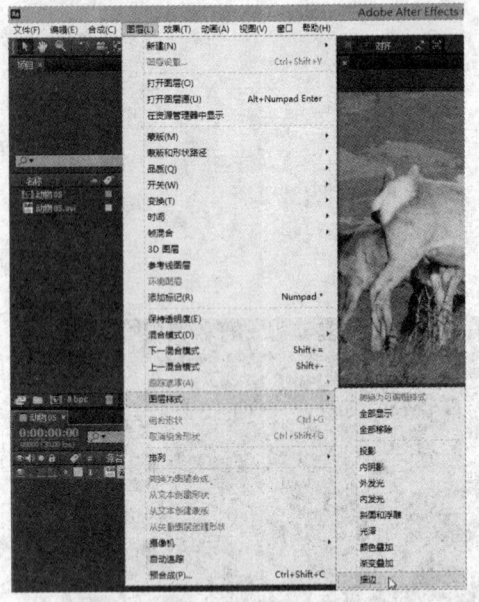

图 3-54 添加【描边】图层样式

图 3-55 设置描边的颜色

3 在【描边】属性列表中设置描边大小为 15、不透明度为 100%、位置为【内部】，如图 3-56 所示。

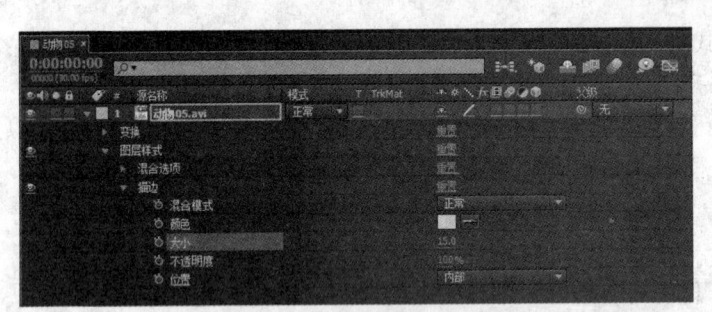

图 3-56 设置描边样式的其他属性

4 选择【窗口】|【预览】命令，打开【预览】面板，然后单击【播放/暂停】按钮，播放时间轴，查看添加描边的效果，如图 3-57 所示。

图 3-57 播放时间轴查看视频效果

3.6 技能训练

下面通过多个上机练习实例，巩固所学技能。

3.6.1 上机练习 1：基于波纹插入创建图层

本例将先设置素材项目的入点和出点，再通过【波纹插入编辑】方式在【时间轴】面板的图层堆叠顺序顶部创建新图层，同时拆分原来衔接在一起的其他图层，从而实现从时间轴指定入点处插入素材图层。

操作步骤

1 打开光盘中的"..\Example\Ch03\3.6.1.aep"练习文件，在【项目】面板中选择【动物 02.avi】素材项目，然后将素材拖动到【时间轴】面板中创建图层，如图 3-58 所示。

2 在【时间轴】面板中选择素材项目，然后向右移动，使入点与上一个图层的出点在同一时间点上，如图 3-59 所示。

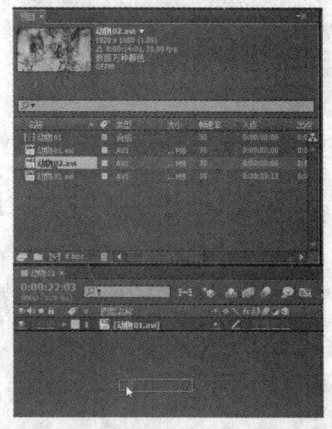

图 3-58　基于素材项目创建图层 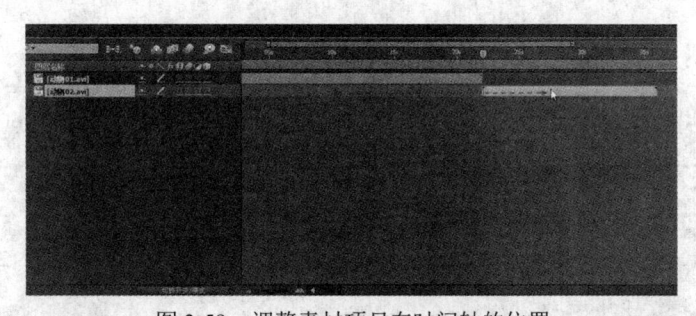　　图 3-59　调整素材项目在时间轴的位置

3 在【项目】面板中双击【动物 03.avi】素材项目，打开【素材】面板，拖动当前时间指示器，再单击【设置入点】按钮，如图 3-60 所示。

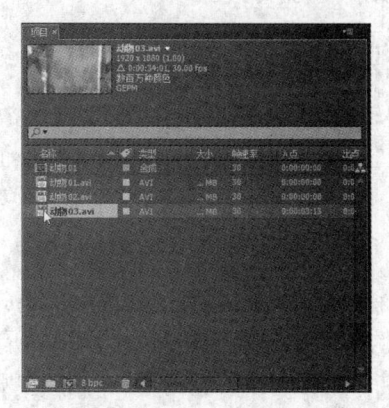

图 3-60　设置素材的入点

4 在【素材】面板中将当前时间指示器移动到希望用作图层的出点的帧，然后单击【设

置出点】按钮，如图 3-61 所示。

5 在【时间轴】面板中将当前时间指示器移到第一个图层素材项目出点处，然后在【素材】面板中单击【波纹插入编辑】按钮，使用在【时间轴】面板中的当前时间中设置的入点，在图层堆叠顺序的顶部创建新图层，如图 3-62 示。

图 3-61　设置素材的出点　　　　　　图 3-62　以【波纹插入编辑】方式创建图层

6 创建图层后，在【时间轴】面板上可以看到原来【动物 02.avi】图层的素材项目被拆分，其素材的入点移到【动物 03.avi】图层素材项目的出点处，如图 3-63 所示。

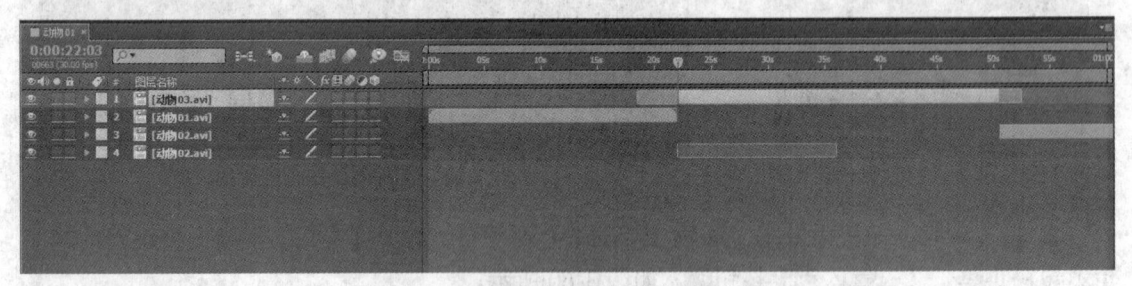

图 3-63　通过【时间轴】面板查看结果

3.6.2　上机练习 2：制作 3D 视图的影视效果

本例将利用一个视频素材创建图层，并将该图层转换为 3D 图层，然后设置【缩放】属性，接着分别使用【旋转工具】和【统一摄像机工具】旋转视频素材，最后通过【预览】面板播放时间轴，查看 3D 影视的效果。

操作步骤

1 打开光盘中的 "..\Example\Ch03\3.6.2.aep" 练习文件，在【项目】面板中选择【动物 02.avi】素材项目，然后将素材拖到【时间轴】面板的摄像机图层上方，如图 3-64 所示。

2 在【时间轴】面板中选择【动物 02.avi】图层，然后选择图层的【3D 图层】开关，将该图层转换为 3D 图层，如图 3-65 所示。

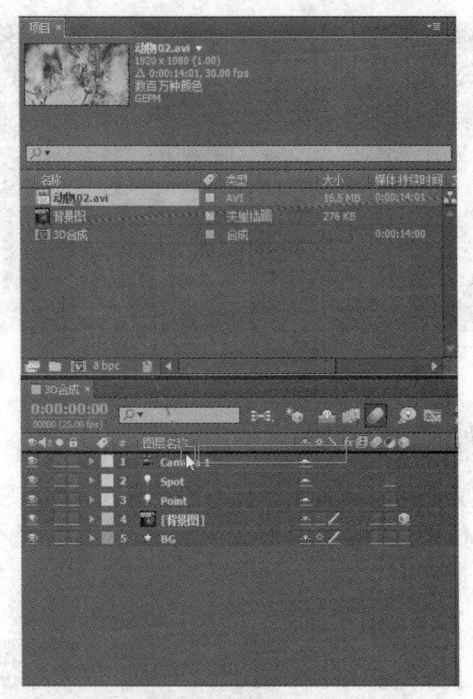

图 3-64　基于素材创建图层

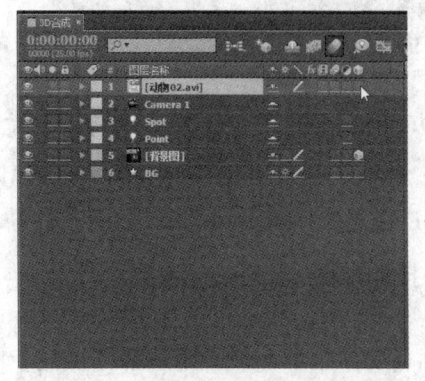

图 3-65　将图层转换为 3D 图层

3 打开【动物 02.avi】图层的属性列表，再打开【变换】列表，然后设置缩放为 60%，以缩小素材项目，如图 3-66 所示。

4 在【工具】面板中选择【旋转工具】，然后在【合成】面板中选择视频素材，并旋转调整其方向，如图 3-67 所示。

图 3-66　设置素材的缩放属性

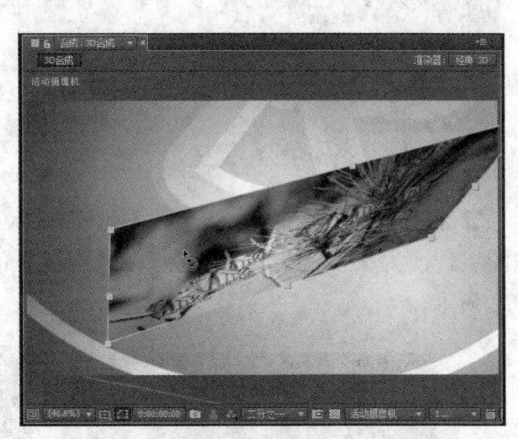

图 3-67　使用【旋转】工具旋转素材

5 在【工具】面板中选择【统一摄像机工具】，然后在【合成】面板中按住素材并拖动，旋转素材，如图 3-68 所示。

6 选择【窗口】|【预览】命令，打开【预览】面板，然后单击【播放/暂停】按钮，播放时间轴以查看效果，如图 3-69 所示。

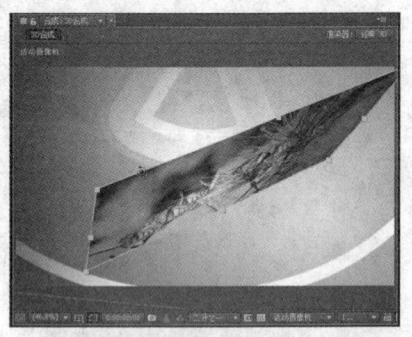

图 3-68　使用【统一摄像机工具】旋转素材 　　　　图 3-69　播放时间轴查看效果

3.6.3　上机练习 3：利用灯光图层制作滤光效果

本例将新建一个灯光图层并设置图层属性，然后将【时间轴】面板上的视频素材图层转换为 3D 图层，接着通过调整灯光图层的属性和光照位置，制作出视频画面的滤光效果。

操作步骤

1 打开光盘中的"..\Example\Ch03\3.6.3.aep"练习文件，激活【时间轴】面板，再选择【图层】|【新建】|【灯光】命令，创建灯光图层，如图 3-70 所示。

2 打开【灯光设置】对话框后，设置图层名称，再设置灯光图层的其他选项（颜色为【黄色】），然后单击【确定】按钮，如图 3-71 所示。

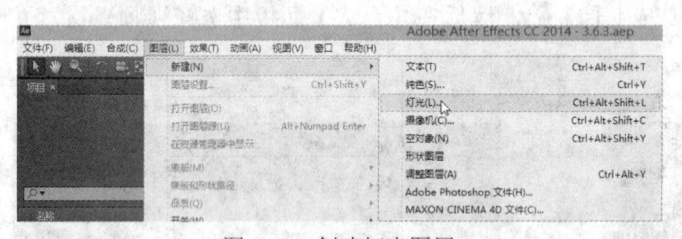

图 3-70　创建灯光图层 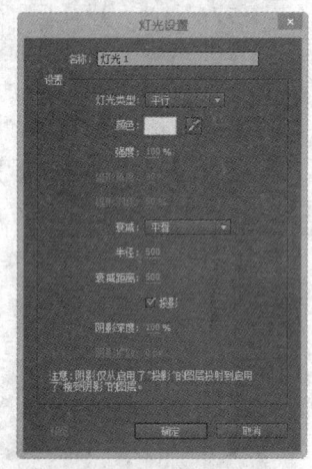　　　　图 3-71　设置灯光图层选项

3 在【时间轴】面板中选择【动物 06.avi】图层，然后选择图层的【3D 图层】开关，将该图层转换为 3D 图层，此时可以从【合成】面板中看到灯光图层照到视频素材的效果，如图 3-72 所示。

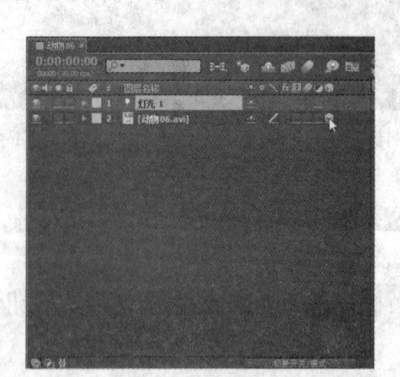

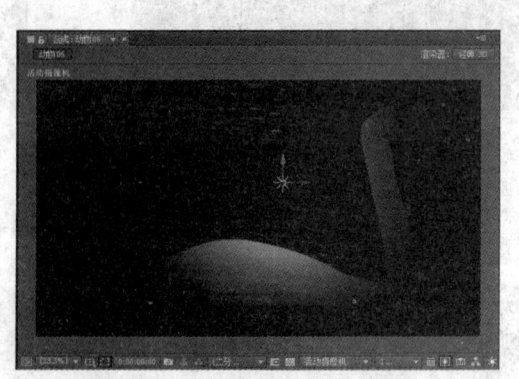

图 3-72　将视频素材图层转换为 3D 图层

4 打开【灯光图层】的属性列表，然后设置灯光选项的参数，如图 3-73 所示。

5 在【合成】面板中使用鼠标按住灯光的目标点，然后向右移动，调整光照的方向，如图 3-74 所示。

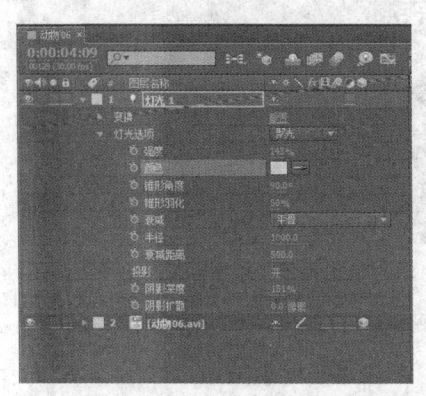

图 3-73　修改灯光图层的属性 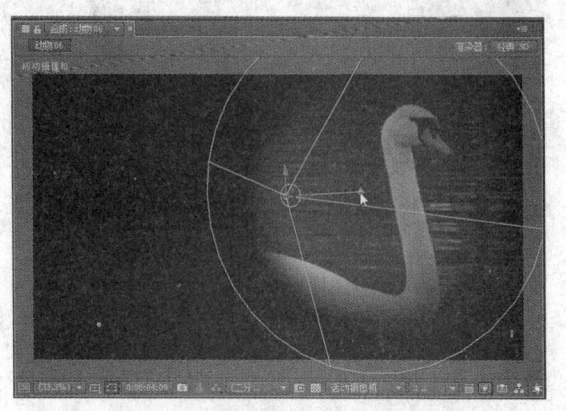　　　　　　图 3-74　调整灯光的目标点位置

6 选择【窗口】|【预览】命令，打开【预览】面板，然后单击【播放/暂停】按钮，播放时间轴以查看效果，如图 3-75 所示。

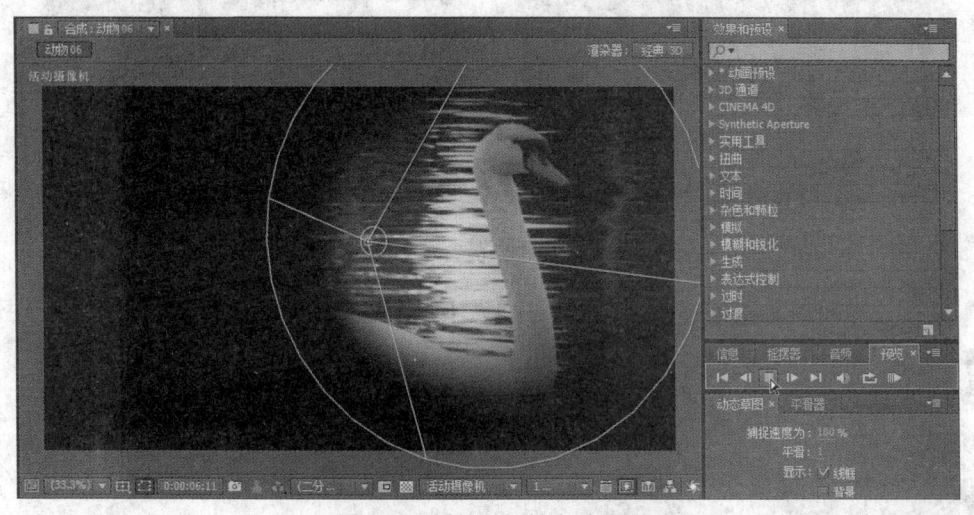

图 3-75　播放时间轴查看效果

3.6.4　上机练习 4：制作影片的黄昏画面效果

本例将为视频素材图层添加【渐变叠加】图层样式，然后通过编辑属性修改渐变颜色，再更改为【叠加】混合模式，为影片制作出黄昏的色彩效果。

操作步骤

1 打开光盘中的 "..\Example\Ch03\3.6.4.aep" 练习文件，然后在图层上右击，再选择【图层样式】|【渐变叠加】命令，如图 3-76 所示。

2 打开【图层样式】的【渐变叠加】属性列表，然后单击【编辑渐变】文字，如图 3-77 所示。

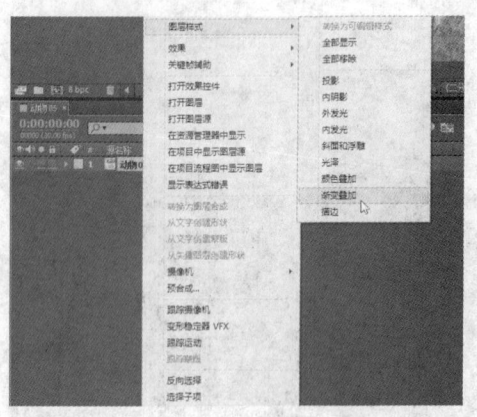

图 3-76 为图层添加图层样式 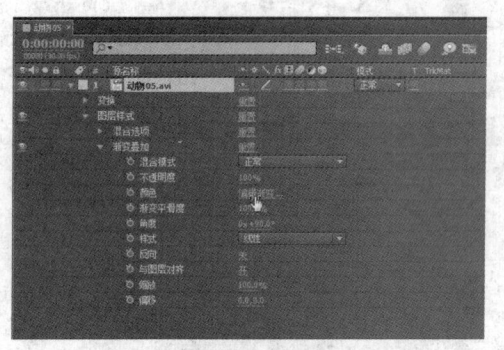　　　　　　　图 3-77 编辑渐变

3 打开【渐变编辑器】对话框后，选择渐变样本栏左侧的色标，然后在色板上选择一种颜色，接着选择右侧的色标，再选择另外一种颜色，最后单击【确定】按钮，如图 3-78 所示。

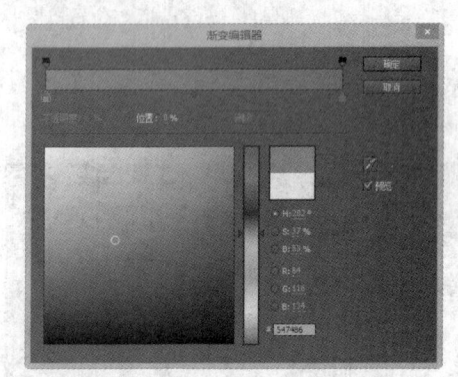

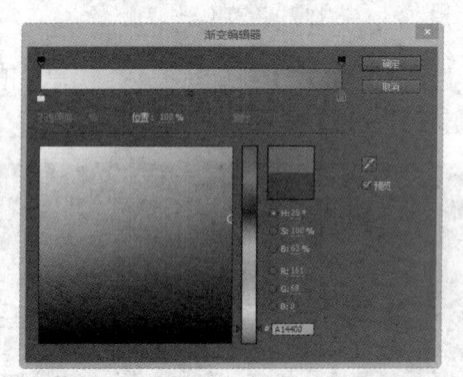

图 3-78 设置渐变颜色

4 返回【时间轴】面板的图层样式属性列表中，打开【混合模式】列表框，然后选择【叠加】选项，如图 3-79 所示。

5 此时可以在【合成】面板中查看视频素材应用图层样式并设置混合模式的效果，如图 3-80 所示。

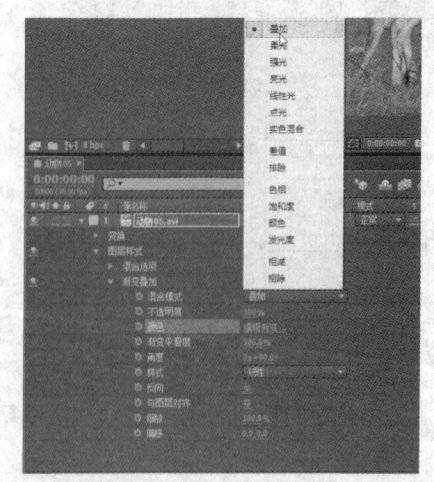

图 3-79 设置图层样式的混合模式 　　　　　图 3-80 通过【合成】面板查看效果

3.6.5 上机练习 5：制作影片的浮雕标题效果

本例将为文本图层分别应用【投影】、【斜面和浮雕】以及【描边】图层样式，再为各个图层样式设置属性，制作出影片的浮雕标题效果。

操作步骤

1 打开光盘中的"..\Example\Ch03\3.6.5.aep"练习文件，在【时间轴】面板中选择文本图层，然后选择【图层】|【图层样式】|【投影】命令，如图 3-81 所示。

2 在【时间轴】面板中打开【投影】图层样式属性列表，然后设置样式的各项参数，再设置投影颜色为【红色】，如图 3-82 所示。

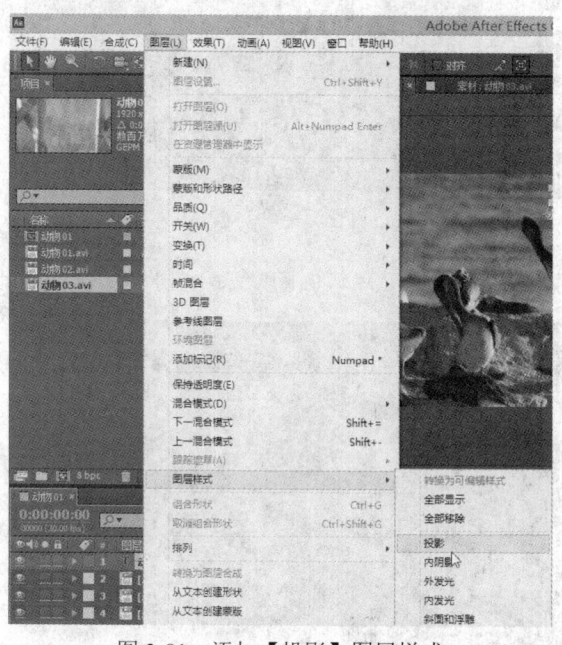

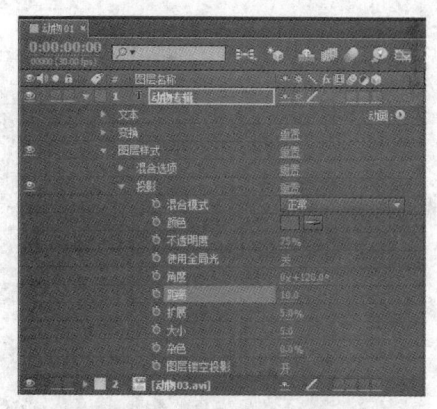

图 3-81　添加【投影】图层样式　　　　　图 3-82　设置【投影】样式的属性

3 选择文本图层并右击，从打开的菜单中选择【图层样式】|【斜面和浮雕】命令，接着在【斜面和浮雕】图层样式属性列表中设置各项属性，如图 3-83 所示。

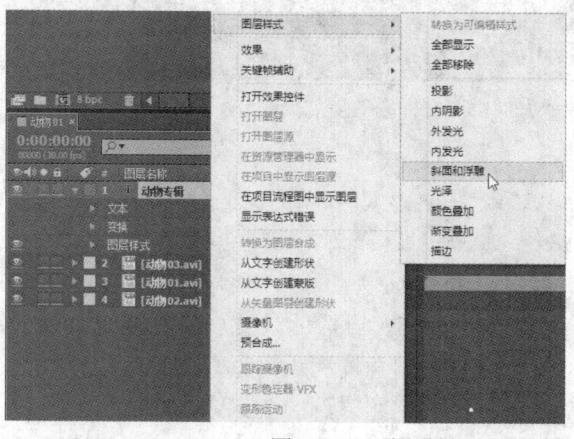

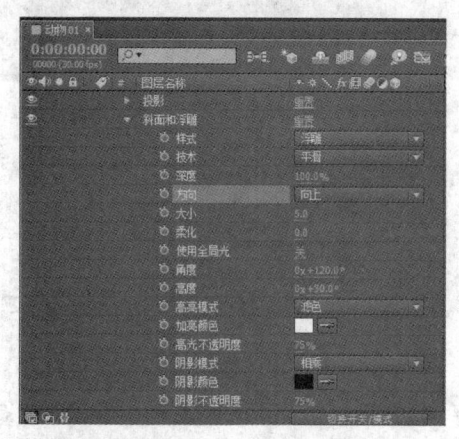

图 3-83　添加【斜面和浮雕】图层样式并设置属性

4 选择文本图层并右击，从菜单中选择【图层样式】|【描边】命令，接着在【描边】图层样式属性列表中设置各项属性（其中颜色为粉色），如图 3-84 所示。

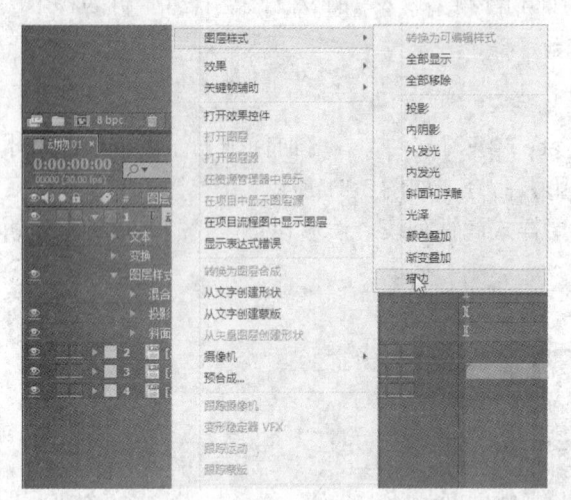

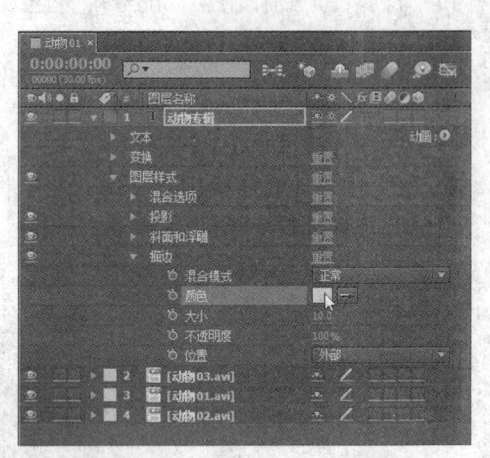

图 3-84 添加【描边】图层样式并设置属性

5 此时可以在【合成】面板中查看为文本图层应用图层样式后的效果，如图 3-85 所示。

图 3-85 通过【合成】面板查看标题效果

3.7 评测习题

一、填充题

（1）_____是构成合成的元素，如果没有它，合成就只是一个空帧。
（2）在 After Effects 中，可以使用_____从任何角度和距离查看 3D 图层。
（3）在 After Effects 中，可以使用_____影响它照射到的 3D 图层的颜色并投影。
（4）图层的_____控制每个图层如何与它下面的图层混合或交互。

二、选择题

（1）按下哪个快捷键可以新建摄像机图层？　　　　　　　　　　　　（　　）

    A．Ctrl+Alt+ C　　　　　　　　　　B．Ctrl+Alt+Shift+C

    C．Ctrl+Alt+Shift+F　　　　　　　　D．Shift+F

（2）操作 3D 图层时，可以通过更改其"方向"值和哪个值来转动 3D 图层？（　　）

    A．"扭曲"值　　B．"旋转"值　　C．"翻转"值　　D．"卷动"值

（3）以下哪个图层模式可以将结果颜色变亮，以通过减小对比度来反映基础图层颜色？

                                                                                                         （　　）

    A．线性减淡　　B．柔光　　　　C．颜色减淡　　D．颜色替换

（4）每个图层均具有混合模式，默认的混合模式是哪个模式？　　　　（　　）

    A．"颜色"模式　　　　　　　　　　B．"强光"模式

    C．"溶解"模式　　　　　　　　　　D．"常规"模式

三、判断题

（1）除了音频图层之外，任何图层都可以是 3D 图层。　　　　　　　（　　）

（2）应用于某个调整图层的任何效果都不会影响在图层堆叠顺序中位于该图层之下的所有图层。　　　　　　　　　　　　　　　　　　　　　　　　　　　　　　（　　）

四、操作题

为文本图层应用【内阴影】和【外发光】图层样式并设置样式的属性，制作影片的标题效果，如图 3-86 所示。

图 3-86　应用并设置图层样式的结果

操作提示

（1）打开光盘中的"..\Example\Ch03\3.7.aep"练习文件，在文本图层上右击并选择【图层样式】|【内阴影】命令。

（2）在【时间轴】面板中打开【内阴影】图层样式的属性列表，设置如图 3-87 所示的属性。

（3）在文本图层上右击并选择【图层样式】|【外发光】命令。

（4）在【时间轴】面板中打开【外发光】图层样式的属性列表，设置如图 3-88 所示的属性。

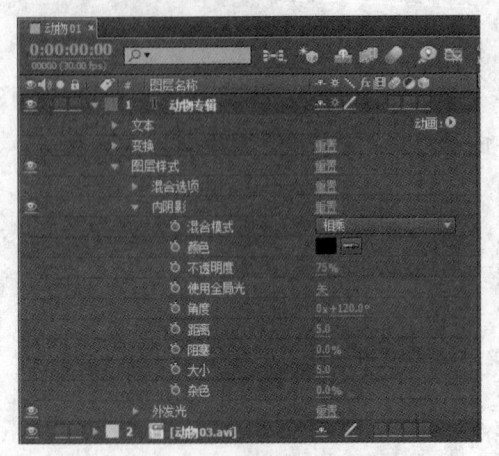

图 3-87　设置【内阴影】图层样式属性 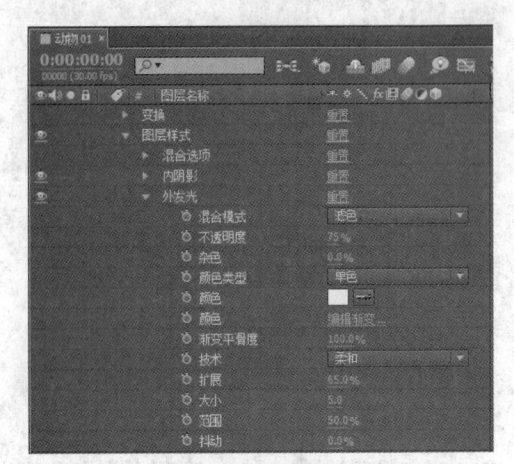　　　　图 3-88　设置【外发光】图层样式属性

第 4 章 制作基于时间轴的动画

学习目标

创建动画是 After Effects 应用程序最主要的功能之一，通过在时间轴上为图层的各个属性制作属性值变化，可以形成各种效果的动画，如缩放动画、位移动画、透明度动画等。本章将详细介绍在 After Effects 中制作基于时间轴的动画的方法和技巧。

学习重点

☑ 了解动画和关键帧
☑ 添加和编辑关键帧
☑ 操作和应用图表编辑器
☑ 编辑动画的运动路径
☑ 控制关键帧之间的速度
☑ 使用平滑器和摇摆器
☑ 使用各种操控工具
☑ 使用动态草图功能

4.1 动画的基础知识

动画会随时间而变化。通过使图层或图层上效果的一个或多个属性随时间变化，可以为该图层以及该图层的效果添加动画。例如，可以为图层的"不透明度"属性添加动画，使其在 1 秒内从 0%变化到 100%，从而使图层淡入。

在 After Effects 中，可以为【时间轴】面板或【效果控件】面板中其名称左侧具有【秒表】按钮 的任何属性添加动画，如图 4-1 所示。

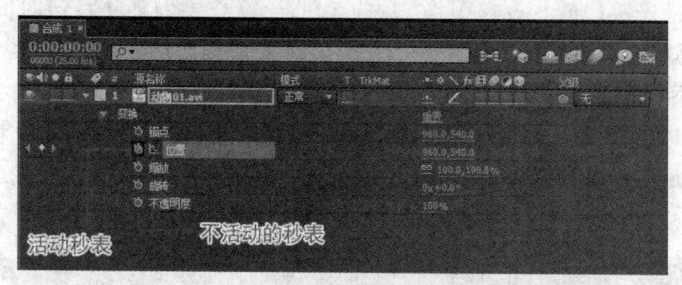

图 4-1 【时间轴】面板的秒表

在 After Effects 中，可以使用关键帧和表达式为图层属性添加动画。许多动画预设都包括关键帧和表达式，因此可以轻松地将动画预设应用于图层，以实现复杂的动画效果。

在制作动画的过程中，可通过图层条模式或图表编辑器模式使用关键帧和表达式。

● 图层条模式：是默认模式，它在【时间轴】面板中将图层显示为持续时间条，并将关键帧和表达式与其属性垂直对齐。
- 图表编辑器模式：不显示图层条，而在值图表或速度图表中显示关键帧和表达式结果。

4.1.1 关键帧和表达式

1．关于关键帧

关键帧用于设置动作、效果、音频以及许多其他属性的参数，这些参数通常随时间变化。关键帧标记为图层属性（如空间位置、不透明度或音量）指定值的时间点，如图 4-2 所示。当使用关键帧创建变化时，通常至少要使用两个关键帧，一个用于变化开始时的状态，一个用于变化结束时的新状态。

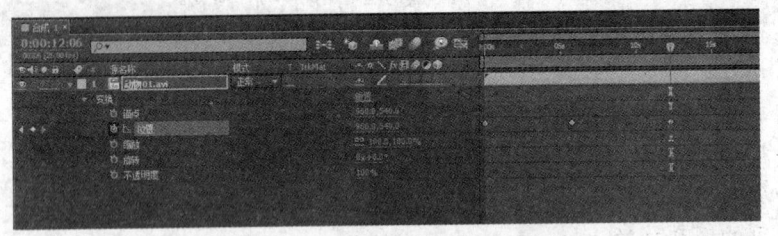

图 4-2 【时间轴】面板上的关键帧

> 当某个特定属性的秒表处于活动状态时，如果更改该属性值，After Effects 将自动设置或更改当前时间该属性的关键帧。如果某一属性的秒表处于非活动状态，则该属性没有关键帧。如果在秒表处于非活动状态时更改某个图层属性的值，则该值在图层的持续时间内保持不变。
> 另外需要注意：不要停用秒表，除非确定要永久删除该属性的所有关键帧。

2．关于表达式

表达式使用基于 JavaScript 的脚本语言指定属性的值以及将属性互相关联。可以通过连接属性与关联器来创建简单的表达式。

当想创建和链接复杂的动画，但想避免手动创建数十个乃至数百个关键帧时，可以尝试使用表达式。表达式是一小段软件，它很像脚本，它的计算结果为某一特定时间点单个图层属性的单个值。脚本告知应用程序执行某种操作，而表达式说明属性是什么内容。如图 4-3 所示为"不透明度"属性添加表达式。

通过表达式可以创建图层属性之间的关系，以及使用某一属性的关键帧来动态制作其他图层的动画。例如，可以使用关联器链接路径属性，以便蒙版能够从笔刷笔触或者形状图层对象中获取其路径。

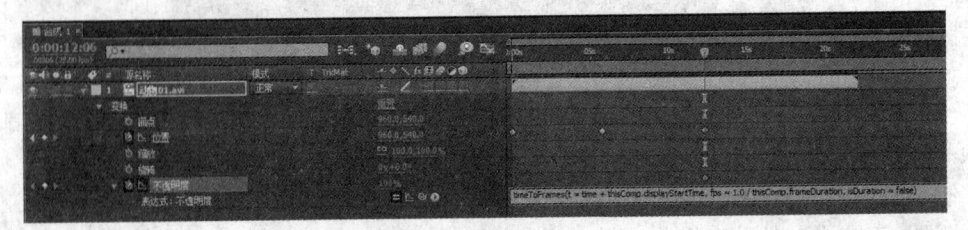

图 4-3 使用表达式

4.1.2 图表编辑器

图表编辑器使用二维图表示属性值并水平表示（从左到右）合成时间。另外，在图层条模式中，时间图表仅显示水平时间元素，而不显示变化值的垂直图形表示。如图4-4所示为显示在图表编辑器中的"位置"和"缩放"两个动画属性。

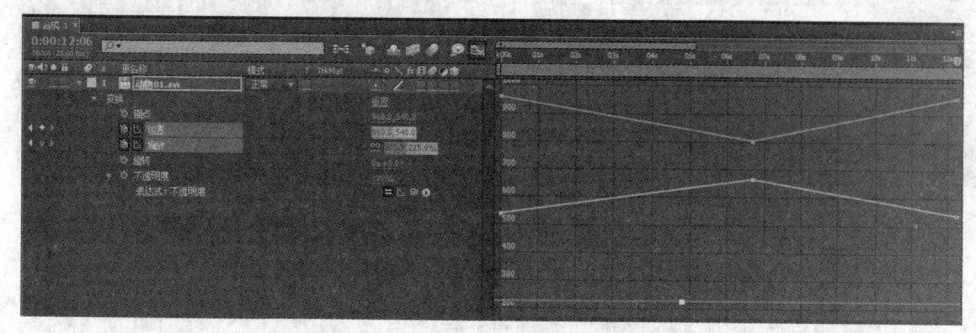

图4-4 显示在图表编辑器的动画属性

图表编辑器提供两种类型的图表：值图表（显示属性值），如图4-5所示；速度图表（显示属性值变化的速率），如图4-6所示。对于时间属性（如"不透明度"），图表编辑器默认显示值图表。对于空间属性（如"位置"），图表编辑器默认显示速度图表。

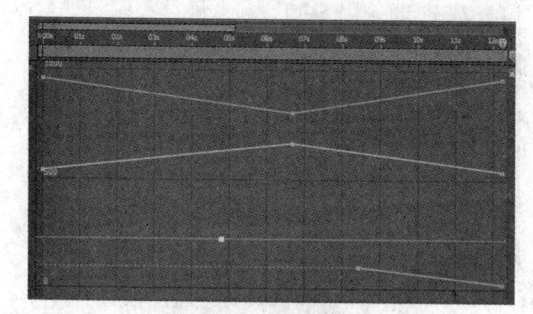

图4-5 值图表 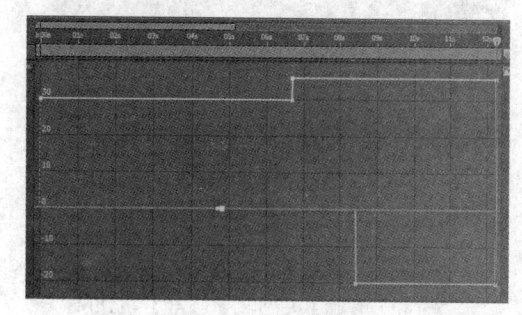　　　　　　　　图4-6 速度图表

4.2 添加和编辑关键帧

关键帧是制作动画的关键，通过添加和设置关键帧，可以使素材随时间根据设定的属性值变化。

4.2.1 添加关键帧

当某个特定属性的秒表处于活动状态时，如果更改属性值，After Effects 将在当前时间自动添加或更改该属性的关键帧。但是，也可以在特定时间中添加关键帧，然后设置该关键帧的属性值。

1．激活秒表并自动创建关键帧

方法1　单击属性名称旁边的【秒表】按钮，即可激活它。此时 After Effects 将在当前时间为该属性值创建关键帧，如图4-7所示。

方法2　当秒表处于活动状态时，在任意时间点上修改活动秒表对应的属性值，即可自动创建关键帧。

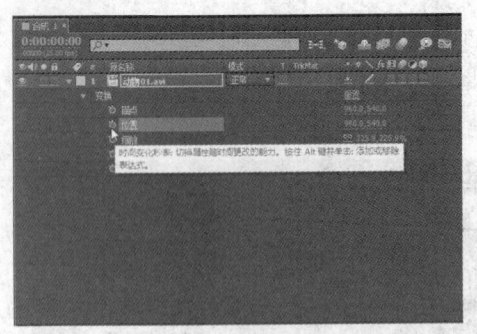

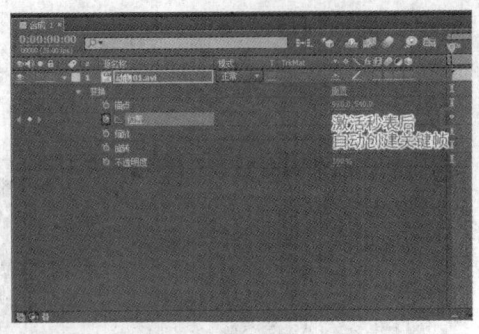

图4-7 激活秒表后，在当前时间为属性值创建关键帧

2．添加关键帧但不更改值

方法1 单击图层属性的【关键帧导航器】按钮，如图4-8所示。

方法2 选择【动画】|【添加[x]关键帧】，其中[x]是要为其添加动画的属性的名称，如【添加"位置"关键帧】，如图4-9所示。

方法3 在图表编辑器中使用【钢笔工具】单击图层属性图表的段。

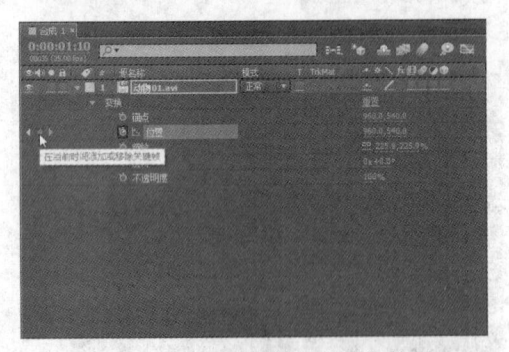

图4-8 单击【关键帧导航器】按钮 　　图4-9 添加特定属性的关键帧

动手操作 制作影片缩放的动画

1 打开光盘中的"..\Example\Ch04\4.2.1.aep"练习文件，打开视频素材图层的属性列表，然后单击【缩放】属性左侧的【秒表】按钮，激活【缩放】属性秒表，如图4-10所示。

2 在【时间轴】面板中向右拖动当前时间指示器，然后在【缩放】属性行中单击【关键帧导航器】按钮，添加关键帧，如图4-11所示。

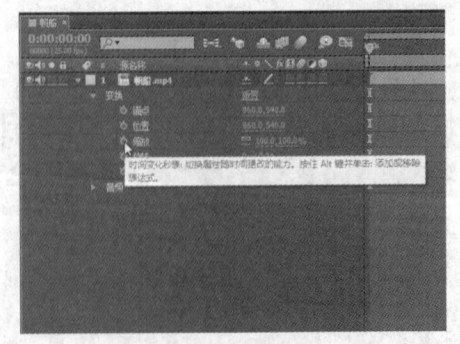

图4-10 激活缩放属性的秒表 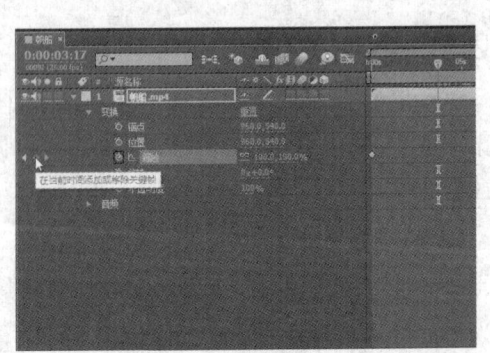　　图4-11 调整当前时间并添加关键帧

3 将当前时间指示器移到第一个关键帧上，再选择该关键帧，然后设置缩放属性为10%，如图4-12所示。

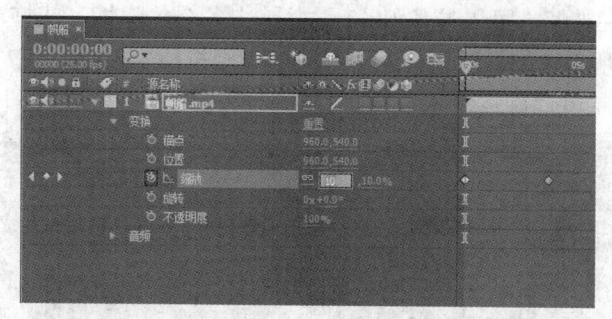

图4-12 设置第一个关键帧的缩放属性

4 按空格键，从【合成】面板中可以查看视频的尺寸从10%变化到100%的缩放动画效果，如图4-13所示。

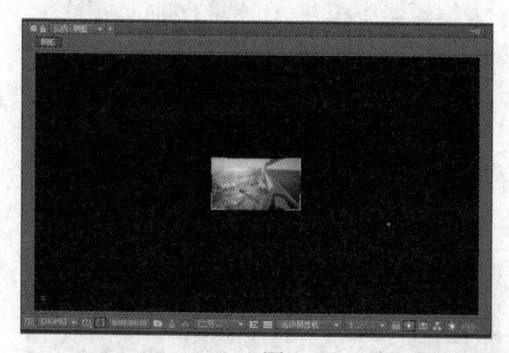

图4-13 通过【合成】面板查看视频缩放动画效果

4.2.2 选择关键帧

在图层条模式中，选定的关键帧为黄色，未选定的关键帧为灰色。

在图表编辑器模式中，关键帧图标的外观取决于关键帧处于选定、未选定还是半选定（相同属性中的另一关键帧也已选定）状态，如图4-14所示。

（1）选定的关键帧为纯黄色。

（2）未选定的关键帧保留其相应图标的颜色。

（3）半选定的关键帧由中空的黄色方框表示。

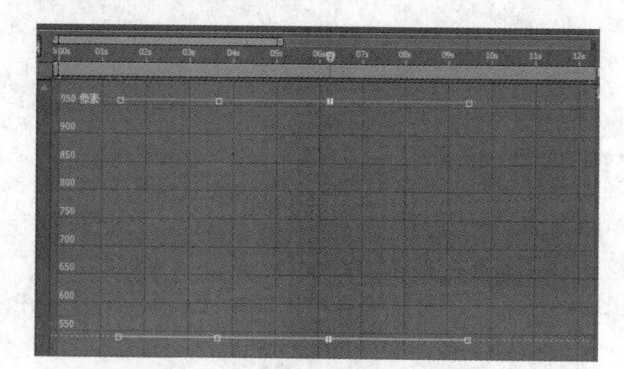

图4-14 图表编辑器模式中的关键帧颜色

选择关键帧的方法如下：
（1）要选择一个关键帧，可以单击该关键帧图标◆。
（2）要选择多个关键帧，可以按住 Shift 键并单击各个关键帧，或拖动选取框把各个关键帧框起来，如图 4-15 所示。如果已选择某个关键帧，则按住 Shift 键单击它便可取消选择；按住 Shift 键在选定的关键帧周围绘制选取框，便可取消选择这些关键帧。

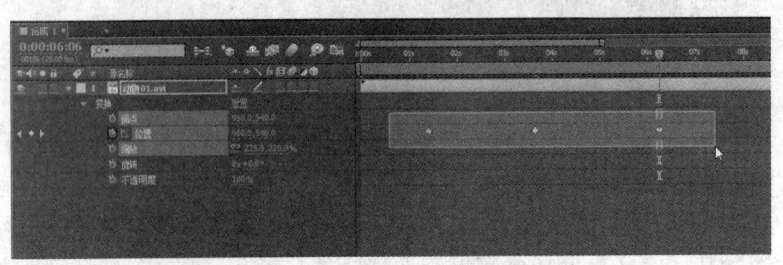

图 4-15 通过选取框选择多个关键帧

（3）要选择图层属性的所有关键帧，可以在图表编辑器中按住 Alt 键的同时单击两个关键帧之间的某个段，如图 4-16 所示。另外，也可以单击图层轮廓中的图层属性名称。
（4）要选择具有相同值的属性的所有关键帧，可以右键单击关键帧，然后选择【选择相同关键帧】命令。
（5）要选择某个选定关键帧之后或之前的所有关键帧，可以右键单击该关键帧，然后选择【选择前面的关键帧】命令或【选择跟随关键帧】命令。

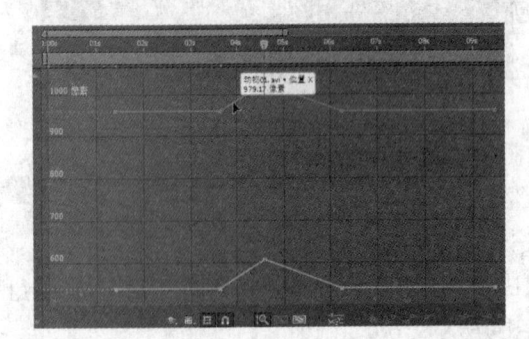

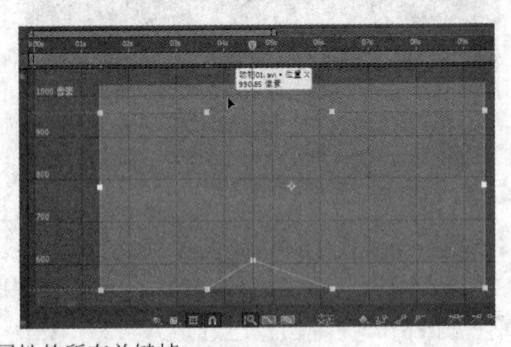

图 4-16 选择图层属性的所有关键帧

> 如果选择了多个关键帧，【选择前面的关键帧】命令或【选择跟随关键帧】命令则不可用。

4.2.3 删除或禁用关键帧

删除或禁用关键帧的方法如下：
（1）要删除任意数量的关键帧，可以选中它们，然后按 Delete 键。
（2）要在图表编辑器中删除某个关键帧，可以使用【选取工具】在按住 Ctrl 键的同时单击该关键帧。
（3）要删除某个图层属性的所有关键帧，可以单击图层属性名称左侧的【秒表】按钮以停用它。当单击【秒表】按钮以停用时,将永久移除该属性的关键帧,并且该属性的值将成为当前时间的值。无法通过再次单击【秒表】按钮来恢复删除的关键帧。

(4)要临时禁用某个属性的关键帧,可以添加将属性设置为常数值的表达式(删除所有关键帧不会删除或禁用表达式)。

(5)可以将非常简单的表达式添加到"不透明度"属性中,以将它设置为100%,如图 4-17 所示。

如果意外删除关键帧,可以选择【编辑】|【撤销】命令,或者按 Ctrl+Z 键还原方才删除的关键帧。

图 4-17 添加将属性设置为常数值的表达式

4.2.4 查看或编辑关键帧值

在更改关键帧之前,需要确保当前时间指示器位于现有关键帧上。如果在当前时间指示器不位于现有关键帧上时更改属性值,After Effects 会添加一个新的关键帧。然而,如果双击某个关键帧对其进行修改,则无须考虑当前时间指示器的位置,在更改关键帧的插值方法时也如此。

查看或编辑关键帧的方法如下:

(1)将当前时间指示器移到关键帧所在的时间点。当属性列表中的属性值显示在属性名称的旁边时,可以在此处对其进行编辑。

(2)右键单击关键帧。关键帧值显示在出现的上下文菜单的顶部。根据需要可以选择【编辑值】命令编辑该值,如图 4-18 所示。

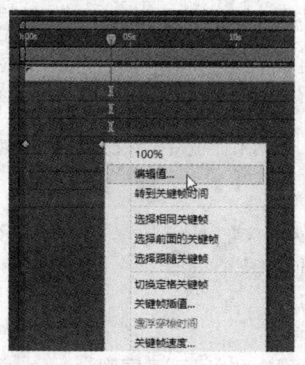

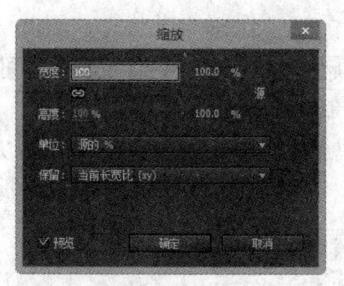

图 4-18 通过右键快捷键菜单编辑关键帧的值

(3)在图层条模式中将鼠标指针置于关键帧上可以查看该关键帧的时间和值,如图 4-19 所示。

(4)在图表编辑器模式中将鼠标指针置于关键帧上可以查看关键帧的图层名称、属性名称、时间和值。将鼠标指针置于关键帧之间的段上可以查看任意时间的相应信息,如图 4-20 所示。

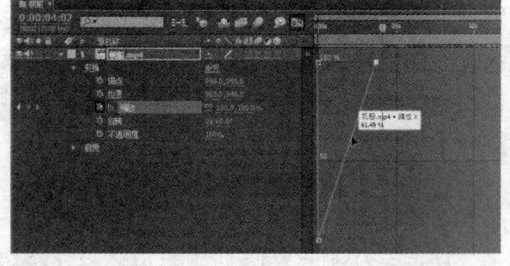

图 4-19　在图层模式中查看关键帧的时间和值　　图 4-20　在图表编辑模式中查看任意时间的信息

（5）在图层条模式中单击关键帧可在【信息】面板中显示关键帧的时间和插值方法。

（6）在图表编辑器模式中单击关键帧或关键帧之间的段可在【信息】面板中显示属性的最小值和最大值以及当前时间的速度。

（7）在图层条模式中按住 Alt 键单击两个关键帧可在【信息】面板中显示它们之间的间隔时间，如图 4-21 所示。

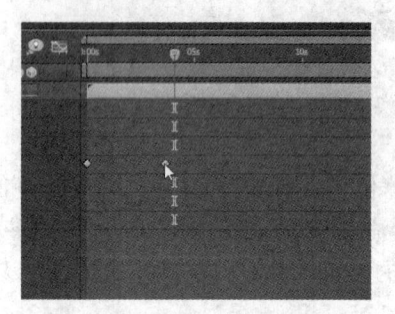

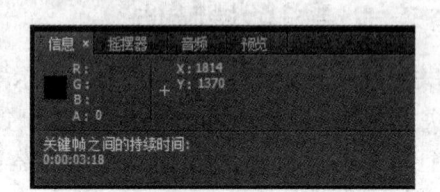

图 4-21　查看关键帧之间的间隔时间

4.2.5　复制和粘贴关键帧

在复制和粘贴关键帧时应注意以下事项：

（1）一次只能从一个图层复制关键帧。

（2）当将关键帧粘贴到另一个图层中时，这些关键帧将显示在目标图层的相应属性中。

（3）最早的关键帧显示在当前时间，其他关键帧将按照相对顺序相继显示。

（4）粘贴后的关键帧保持选中状态，因此可以立即在目标图层中移动它们。

（5）可以在图层的相同属性（如位置）之间或使用相同类型数据的不同属性之间（如在位置和锚点之间）复制关键帧。

（6）当在相同属性之间复制和粘贴时，可以一次从多个属性复制到多个属性。然而，当复制和粘贴到不同属性时，一次只能从一个属性复制到一个属性。

动手操作　复制和粘贴关键帧

1 在【时间轴】面板中，显示包含要复制的关键帧的图层属性。

2 选择一个或多个关键帧，再选择【编辑】|【复制】命令，如图 4-22 所示。

3 在包含目标图层的【时间轴】面板中，将当前时间指示器移动到希望关键帧出现的时间点。

4 执行以下任意一种操作：

（1）要粘贴到已复制关键帧的相同属性，可以选择目标图层。

（2）要粘贴到不同属性，可以选择目标属性。

5 选择【编辑】|【粘贴】命令即可，如图4-23所示。

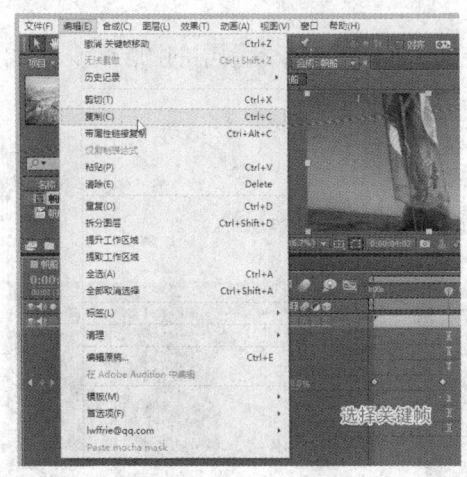

图4-22　复制关键帧　　　　　　　　　图4-23　粘贴关键帧

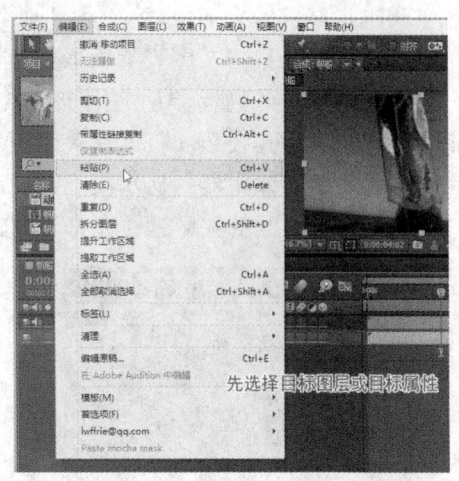

4.3　使用图表编辑器制作动画

图表编辑器使用二维图表示属性值，通过使用图表编辑器可以制作各个属性值变化的动画。

4.3.1　操作图表编辑器

在图表编辑器中，每个属性都通过它自己的曲线表示。可以一次查看和处理一个属性，也可以同时查看多个属性。当多个属性显示在图表编辑器中时，每个属性曲线的颜色与图层轮廓中的属性值相同。

1．指定显示在图表编辑器的属性

单击图表编辑器底部的【显示属性】按钮，在打开的列表框中选择相关选项即可，如图4-24所示：

- 显示选择的属性：在图表编辑器中显示选定属性。
- 显示动画属性：在图表编辑器中显示选定图层的动画属性。
- 显示图表编辑器集：显示选中了图表编辑器开关的属性。当秒表处于活动状态（即属性具有关键帧或表达式）时，此开关将出现在秒表的旁边、属性名称的左侧。

2．选择图表类型和图表选项

单击图表编辑器底部的【图表类型和选项】按钮，在打开的列表框中选择相关选项，如图4-25所示：

- 自动选择图表类型：自动为属性选择适当的图表类型，包括用于空间属性（如位置）的速度图表和用于其他属性的值图表。
- 编辑值图表：为所有属性显示值图表。
- 编辑速度图表：为所有属性显示速度图表。
- 显示参考图表：在后台显示未选择且仅供查看的图表类型。

109

- 显示音频波形：在图表编辑器中显示至少具有一个属性的任意图层的音频波形。
- 显示图层的入点/出点：在图表编辑器中显示具有属性的所有图层的入点和出点。入点和出点显示为大括号。
- 显示图层标记：在图表编辑器中显示至少具有一个属性的任意图层的图层标记（如果有）。图层标记显示为小三角形。
- 显示图表工具技巧：打开和关闭图表工具提示。
- 显示表达式编辑器：显示或隐藏表达式编辑器字段。
- 允许在帧之间的关键帧：允许在两帧之间放置关键帧以微调动画。

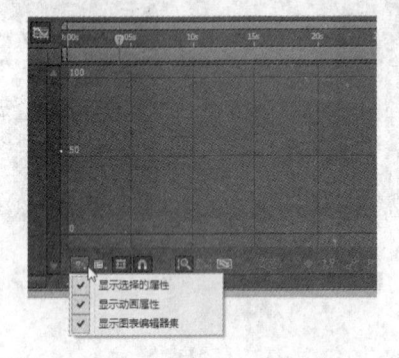

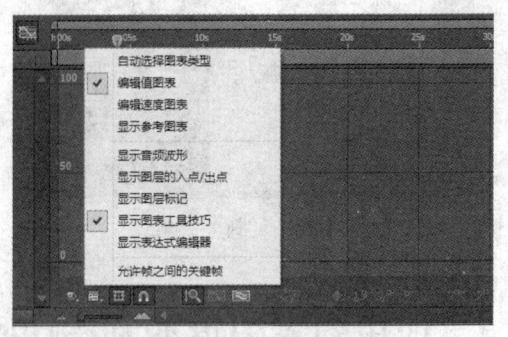

图 4-24　设置要显示的属性　　　　　　图 4-25　设置图表类型和选项

3. 在图表编辑器中平移和缩放

其方法如下：

（1）要垂直或水平平移，可以使用【手形工具】拖动，如图 4-26 所示。要在使用其他工具时暂时激活抓手工具，可以按住空格键或鼠标的中键。

（2）要垂直平移，可以滚动鼠标滚轮。

（3）要水平平移，可以在按住 Shift 键的同时滚动鼠标滚轮。

（4）要放大，可以选择【缩放工具】，然后在图表编辑器上单击。

（5）要缩小，可以选择【缩放工具】，然后按住 Alt 键并在图表编辑器上单击。

（6）要使用鼠标滚轮进行缩放，可以在按住 Alt 键的同时滚动以水平缩放。按 Ctrl 键同时滚动鼠标滚轮可以垂直缩放。

（7）要水平缩放，可以在按住 Alt 键的同时使用【缩放工具】向左拖曳以缩小或向右拖曳以放大。

（8）要垂直缩放，可以在按住 Alt 键的同时使用【缩放工具】向上拖曳以放大或向下拖曳以缩小。

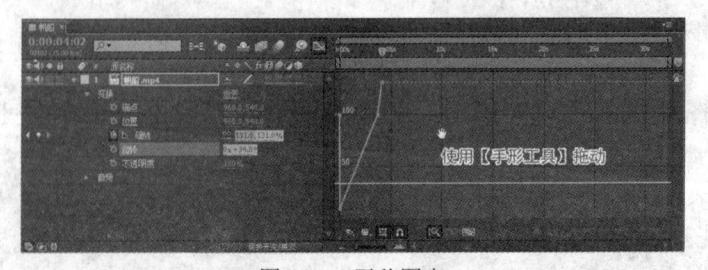

图 4-26　平移图表

4．自动缩放高度并适合

其方法如下：

（1）单击【自动缩放图表高度】按钮■，可以切换自动缩放高度模式来自动缩放图表的高度，以使其适合图表编辑器的高度。自动缩放图表高度后，仍然必须手动调整水平缩放。

（2）单击【使选择适于查看】按钮■，可以在图表编辑器中调整图表的值（垂直）和时间（水平）刻度，使其适合选定的关键帧。

（3）单击【使所有图表适于查看】■，可以在图表编辑器中调整图表的值（垂直）和时间（水平）刻度，使其适合所有图表。

4.3.2 应用关键帧插值

1．关于关键帧插值

插值是在两个已知值之间填充未知数据的过程。在制作动画时，可以设置关键帧以指定特定关键时间的属性值。After Effects 可为关键帧之间所有时间的属性插入值。

由于插值在关键帧之间生成属性值，因此插值有时也称为补间（类似于 Flash 补间的概念）。关键帧之间的插值可以用于对运动、效果、音频电平、图像调整、不透明度、颜色变化以及许多其他视觉元素和音频元素添加动画。

关键帧插值分为时间插值和空间插值。其中，时间插值是时间值的插值；空间插值是空间值的插值。某些属性（如不透明度）仅具有时间组件，其他属性（如位置）还具有空间组件。

2．时间插值和值图表

在图表编辑器中使用值图表，可以对为动画创建的时间属性关键帧进行精确调整。值图表将 x 值显示为红色，y 值显示为绿色，而 z 值（仅 3D）显示为蓝色，如图 4-27 所示。值图表提供有关合成中任何时间点的关键帧值的完整信息并允许对其进行控制。

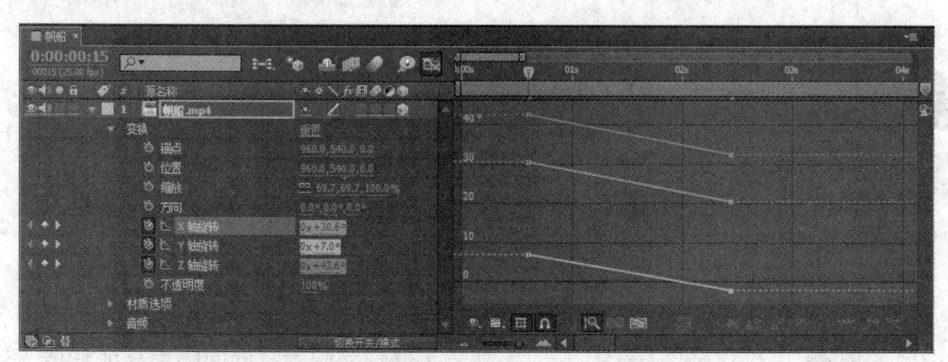

图 4-27 在图表编辑器中使用值图表

3．空间插值和运动路径

在对位置等属性应用或更改空间插值时，可以在【合成】面板中调整运动路径。运动路径上的不同关键帧可提供有关任何时间点的插值类型的信息。

要将默认方法更改为线性插值，可以选择【编辑】|【首选项】|【常规】命令，然后选择【默认的空间插值为线性】复选框，如图 4-28 所示。更改首选项设置不影响已存在的关键帧，或已存在关键帧的属性的新关键帧。

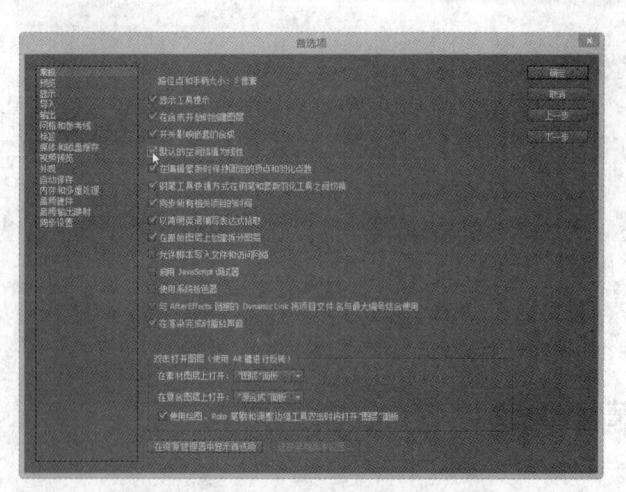

图 4-28　更改默认的空间插值为线性

当在图层中创建空间变化时，After Effects 使用"自动贝塞尔曲线"作为默认空间插值，如图 4-29 所示。

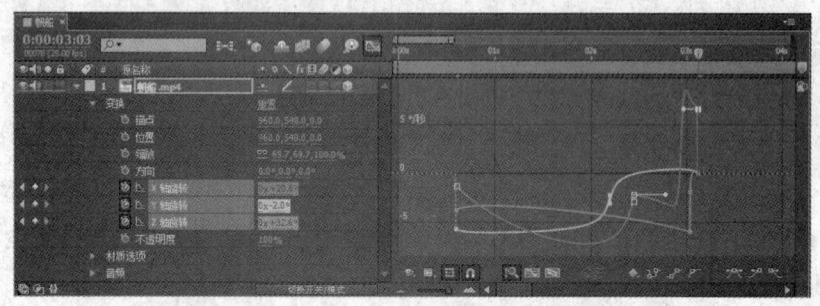

图 4-29　使用"自动贝塞尔曲线"作为默认空间插值

> 在某些情况下，位置关键帧的"自动贝塞尔曲线"空间插值可能会导致在具有相同值的两个关键帧之间发生不需要的来回（回旋）运动。在这种情况下，可以更改时间较早的关键帧以使用定格插值，或更改两个关键帧以使用线性插值。

4．关键帧插值方法

在图层条模式中，关键帧图标的外观取决于为关键帧之间的时间间隔选择的插值方法。当图标的一半为深灰色◆时，颜色较深的一半表示该侧附近没有关键帧，或者其插值由应用于前一关键帧的定格插值所取代。

默认情况下，关键帧使用一种插值方法，可以应用"传入"或"传出"方法。

- 传入方法：在当前时间接近关键帧时应用于属性值。
- 传出方法：在当前时间离开关键帧时应用于属性值。

当设置不同的传入和传出插值方法时，图层条模式中的关键帧图标会发生相应的变化。它显示在传入插值图标的左半部分和传出插值图标的右半部分。图 4-30 所示为图层条模式中【时间轴】面板的关键帧图标示例。

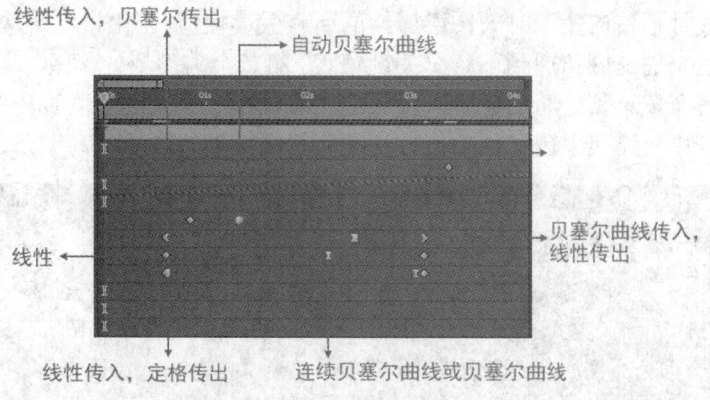

图 4-30 图层条模式中【时间轴】面板的关键帧图标示例

> After Effects 使用的所有插值方法都以"贝塞尔曲线"插值方法为基础,后者可提供方向手柄以便可以控制关键帧之间的过渡。不使用方向手柄的插值方法是"贝塞尔曲线"插值的受限版本,方便执行某些特定任务。

5. 更改插值方法

方法 1 要更改插值方法,可以右键单击某个关键帧,从显示的菜单中选择【关键帧插值】命令,然后从【关键帧插值】对话框中的【临时插值】列表框中选择一个选项,如图 4-31 所示。

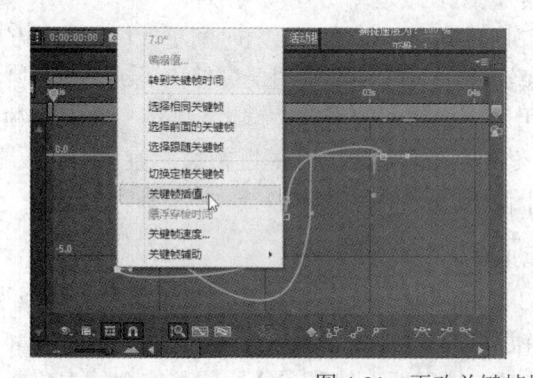

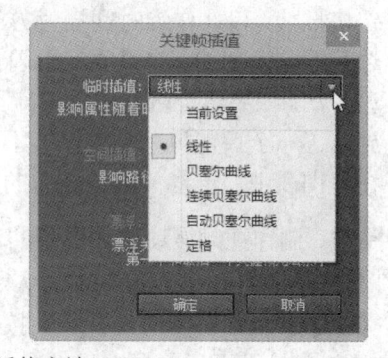

图 4-31 更改关键帧插值方法

方法 2 选择一个或多个关键帧,然后单击图表编辑器底部的【定格】按钮、【线性】按钮或【自动贝塞尔曲线】按钮以更改插值方法,如图 4-32 所示。

各种插值的说明如下:
- 无插值:无插值状态是指图层属性没有关键帧,即秒表处于关闭状态且工字形图标显示在【时间轴】面板中当前时间指示器的下方。在此状态下,当设置图层属性的值时,将在图层的持续时间内保留该值,除非它被表达式覆盖。默认情况下,不向图层属性应用插值。
- 线性插值:在关键帧之间创建统一的变化率,这种方法让动画看起来具有机械效果。After Effects 尽可能直接在两个相邻的关键帧之间插入值,而不考虑其他关键帧的值。

113

如果将线性插值应用于时间图层属性的所有关键帧,则变化将立即从第一个关键帧开始并以恒定的速度传递到下一个关键帧。在第二个关键帧处,变化速率将立即切换为它与第三个关键帧之间的速率。当图层到达最后一个关键帧值时,变化会立刻停止。在值图表中,连接采用线性插值方法的两个关键帧的段显示为一条直线。

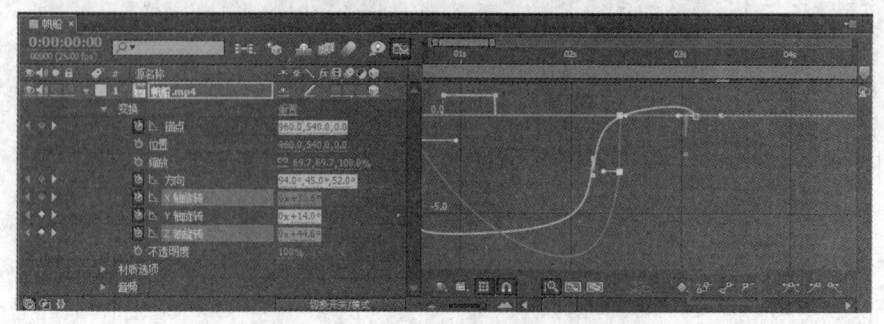

图 4-32　单击按钮更改插值方法

- 贝塞尔曲线插值:提供最精确地控制,因为可以手动调整关键帧任一侧的值图表或运动路径段的形状。与"自动贝塞尔曲线"或"连续贝塞尔曲线"不同,它可在值图表和运动路径中单独操控贝塞尔曲线关键帧上的两个方向手柄。
- 自动贝塞尔曲线插值:通过关键帧创建平滑的变化速率。可以使用"自动贝塞尔曲线"空间插值来创建在弯路上行驶的汽车的路径。
- 连续贝塞尔曲线插值:与"自动贝塞尔曲线"插值一样,"连续贝塞尔曲线"插值通过关键帧创建平滑的变化速率。但是,可以手动设置连续贝塞尔曲线方向手柄的位置,所作的调整将更改关键帧任一侧的值图表或运动路径段的形状。
- 定格插值:仅在作为时间插值方法时才可用。使用它可随时间更改图层属性的值,但过渡不是渐变的。如果要应用闪光灯效果,或者希望图层突然出现或消失,则可使用该方法。如果将定格时间插值应用于图层属性的所有关键帧,则第一个关键帧的值在到达下一个关键帧之前将保持不变,但在到达下一个关键帧后,值将立即发生更改。在值图表中,定格关键帧之后的图表段显示为水平的直线。

动手操作　制作视频缓动移入屏幕的动画

1 打开光盘中的"..\Example\Ch04\4.3.2.aep"练习文件,打开视频素材图层的属性列表,然后单击【位置】属性左侧的【秒表】按钮,激活【位置】属性秒表,如图 4-33 所示。

2 在【时间轴】面板中向右拖动当前时间指示器,然后在【位置】属性行中单击【关键帧导航器】按钮，添加关键帧,如图 4-34 所示。

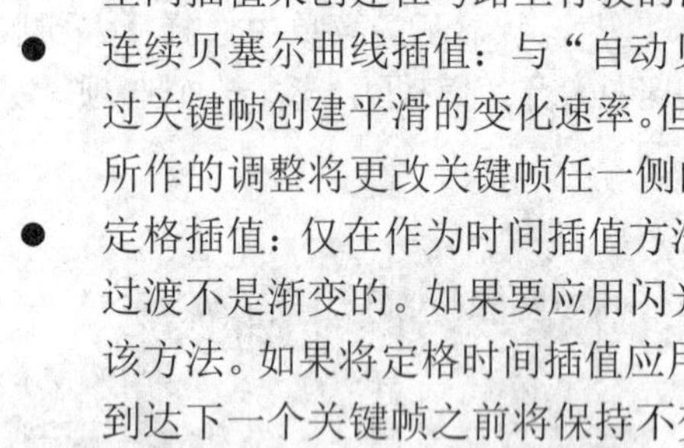

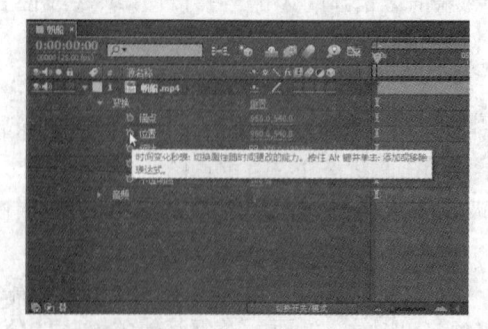

图 4-33　激活位置属性的秒表 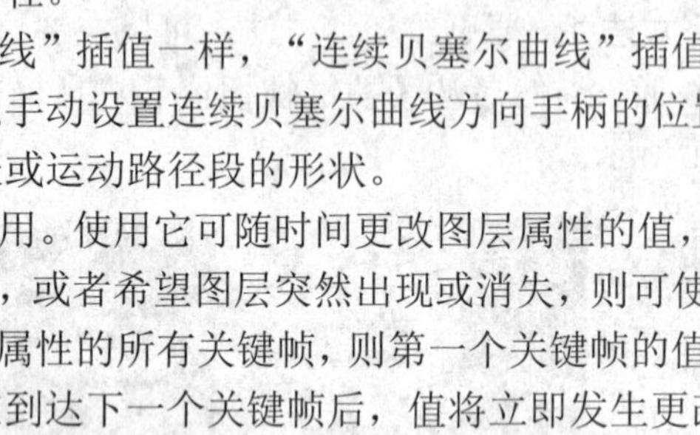　　　　图 4-34　调整当前时间并添加关键帧

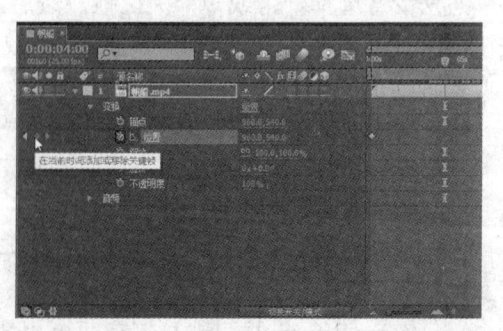

114

3 将当前播放指示器移到第一个关键帧上,然后单击【图表编辑器】按钮■,切换到图表编辑器模式,接着选择位置 x 的属性关键帧(红色线第一个点)并向下拖动,使素材移出屏幕,如图 4-35 所示。

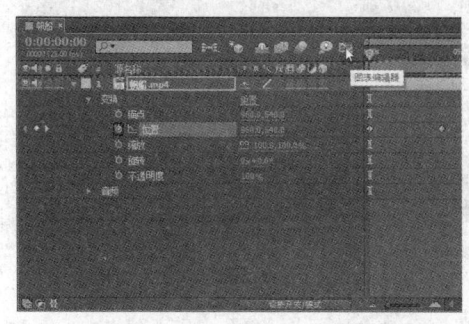

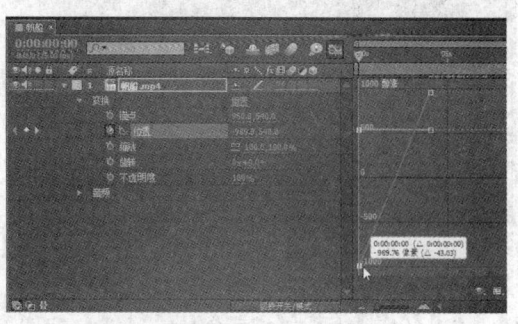

图 4-35　切换到图表编辑器模式并设置位置 x 的属性

4 选择位置 y 的属性关键帧(绿色线第一个点)并向上拖动,调整视频素材在垂直方向上的位置,如图 4-36 所示。

5 选择第一个关键帧,然后在图表编辑器下方单击【自动贝塞尔曲线】按钮■,设置插值方法,如图 4-37 所示。

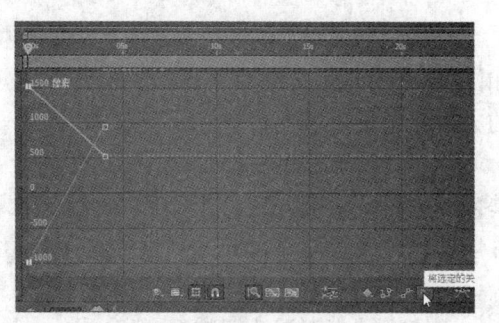

图 4-36　设置位置 y 的属性　　　　　图 4-37　设置关键帧插值的方法

6 单击图表编辑器下方的【缓动】按钮■,设置自动贝塞尔曲线插值的缓动形态,如图 4-38 所示。

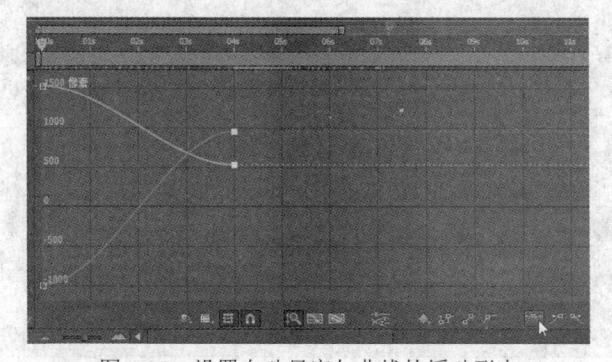

图 4-38　设置自动贝塞尔曲线的缓动形态

7 按空格键,然后在【合成】面板中查看设置关键帧插值后的视频缓动移入屏幕的效果,如图 4-39 所示。

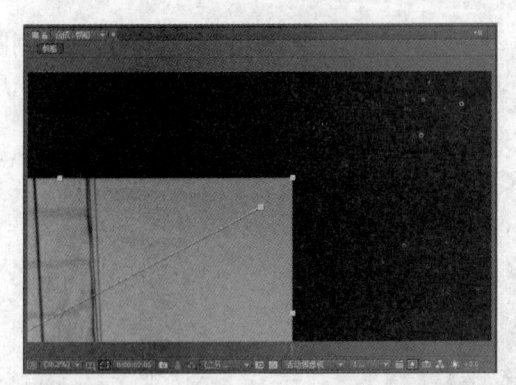

图 4-39　通过【合成】面板查看动画效果

4.4 制作动画的高级应用技巧

下面将介绍制作动画的高级应用技巧，通过这些技巧，可以创作出更丰富的动画效果。

4.4.1 编辑运动路径控制动画

1．关于运动路径

当为空间属性（包括位置、锚点和效果控制点属性）添加动画时，运动将显示为运动路径，如图 4-40 所示。运动路径显示为一连串的点，其中每个点标记图层中每个帧的位置。路径中的方框标记关键帧的位置。

除了使用【时间轴】面板中的属性外，还可以使用运动路径作为查看和处理空间属性及其关键帧的备选直观方式。用户可以通过更改现有关键帧或添加新的关键帧来修改运动路径，还可以通过更改运动路径的关键帧的空间插值方法来修改其形状。

运动路径中方框之间的点密度表示图层或效果控制点的相对速度。点密度越大表示速度越低；点密度越小表示速度越高。

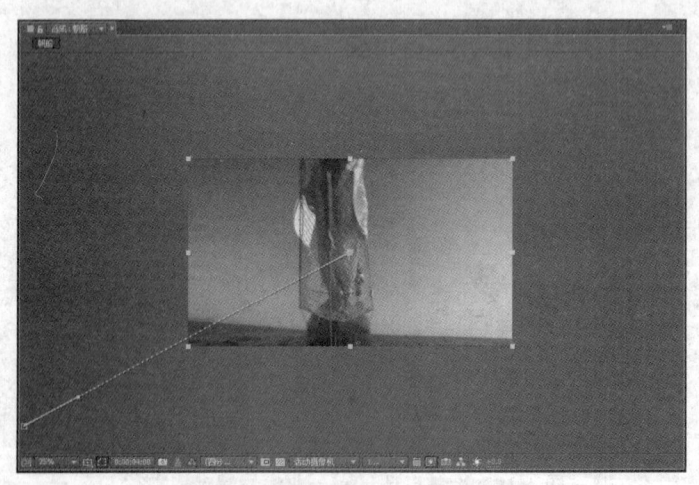

图 4-40　位置属性动画中的运动路径

2．显示运动路径控件

位置运动路径显示在【合成】面板中，锚点和效果控制点运动路径显示在【图层】面板中。

显示运动路径控件的方法：

（1）要在【合成】面板中显示运动路径控件，可以选择【视图】|【视图选项】命令，然后选择【效果控件】、【关键帧】、【运动路径】和【手柄】复选框，如图4-41所示。

（2）要在【图层】面板中显示运动路径控件，可以在【图层】面板底部的【视图】列表框中选择属性或效果，如图4-42所示。

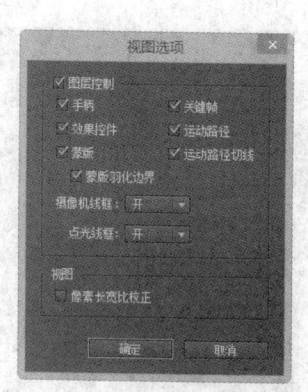

图4-41　设置视图选项

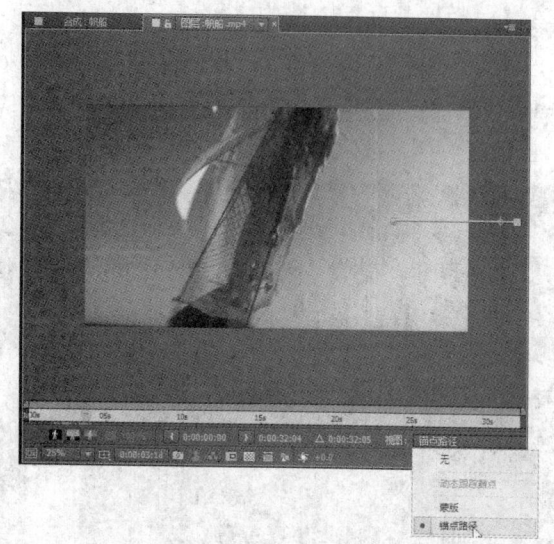

图4-42　在【图层】面板中显示运动路径控件

（3）要指定针对运动路径显示多少关键帧，可以选择【编辑】|【首选项】|【显示】命令，然后选择【运动路径】部分中的选项，如图4-43所示。

（4）要指定运动路径贝塞尔曲线方向手柄的大小，可以选择【编辑】|【首选项】|【常规】命令，然后编辑路径点大小值，如图4-44所示。

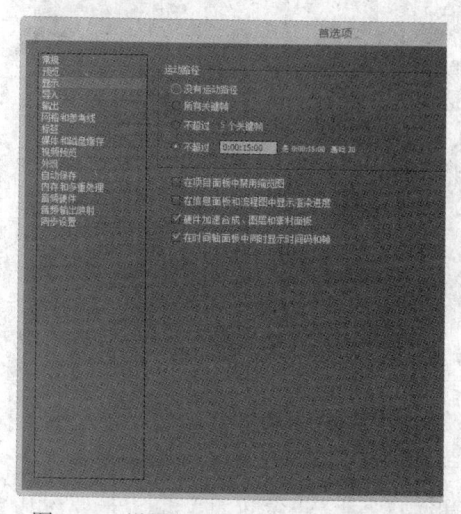

图4-43　设置运动路径显示关键帧数量

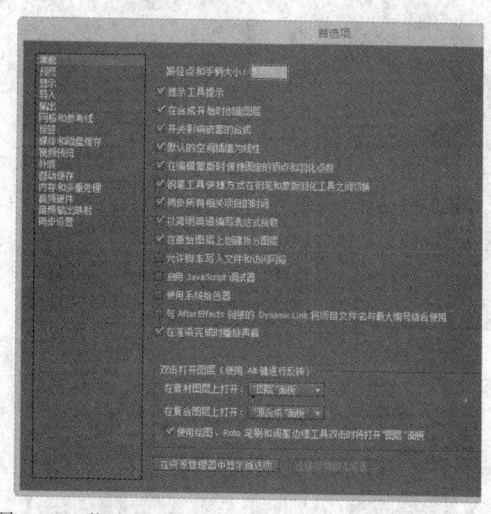

图4-44　指定运动路径贝塞尔曲线方向手柄的大小

3. 移动运动路径关键帧

在【时间轴】面板中，选择要修改其运动路径的图层，然后执行以下方法之一：

（1）如果在【合成】面板或【图层】面板中无法看到要修改的关键帧，则将当前时间指示器移至该关键帧。

（2）在【合成】面板或【图层】面板中，使用【选择工具】拖动关键帧或其手柄，如图4-45所示。

（3）如果要一次移动多个关键帧，可以在【合成】面板或【图层】面板中拖动关键帧之前，通过在【时间轴】面板中选中它们。

（4）要移动整个运动路径，可以在【合成】面板中拖动关键帧之前，在【时间轴】面板中通过单击属性名称来选择所有关键帧，然后拖动其中一个关键帧即可移动整个路径，如图4-46所示。

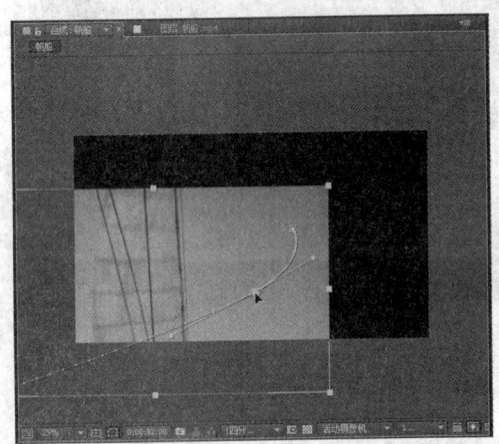

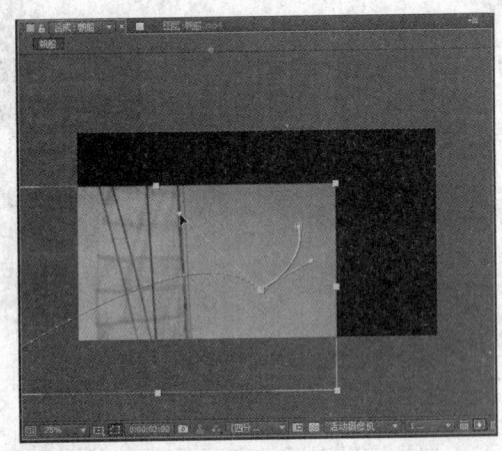

图4-45　拖动关键帧或关键帧手柄

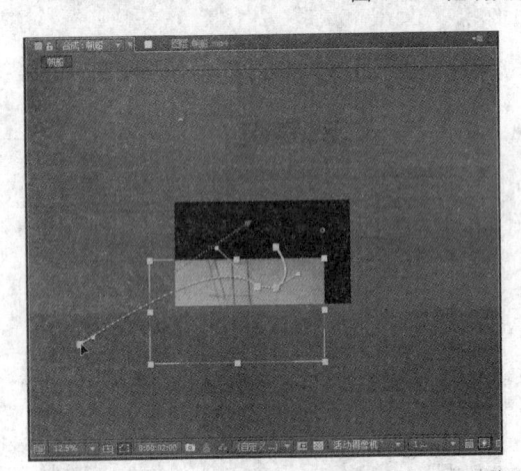

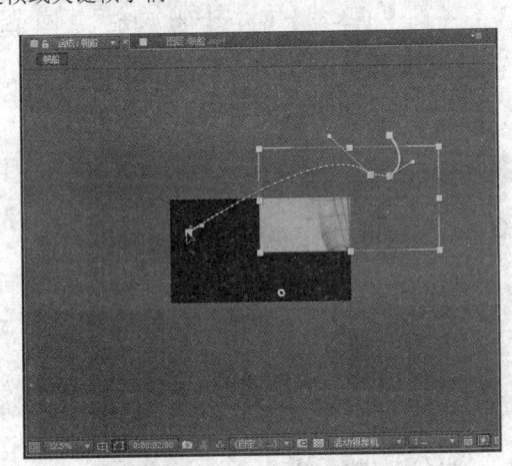

图4-46　移动整个运动路径

4．使用钢笔工具向运动路径中添加关键帧

在【合成】面板或【图层】面板中显示要修改的运动路径。从【工具】面板中选择【钢笔工具】或【添加"顶点"工具】。在【合成】面板中，将【钢笔工具】置于要添加新关键帧的运动路径上，然后单击以添加关键帧，新的关键帧将显示在运动路径上和【时间轴】面板中所单击的帧上，如图4-47所示。

> 虽然结果不同，但使用【钢笔工具】操纵运动路径曲线的技术与用于创建和修改其他贝塞尔曲线路径（如形状路径）的技术几乎一样。

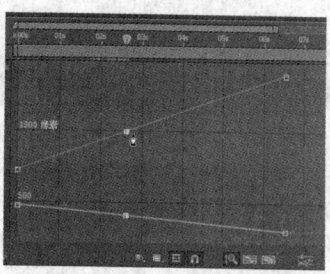

图 4-47　使用钢笔工具在运动路径上添加关键帧

动手操作　制作曲线路径移入屏幕的动画

1 打开光盘中的"..\Example\Ch04\4.4.1.aep"练习文件，打开【片头.avi】图层的属性列表，然后单击【位置】属性名称左侧的【秒表】按钮，激活【位置】属性秒表，接着在【时间轴】面板中向右拖动当前时间指示器并单击【关键帧导航器】按钮，添加关键帧，如图 4-48 所示。

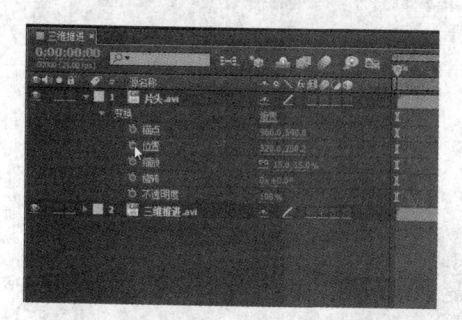

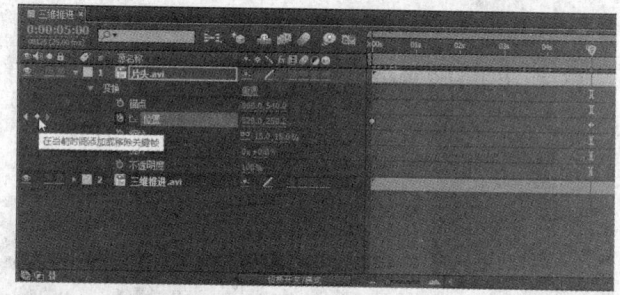

图 4-48　激活位置属性秒表并添加关键帧

2 将当前时间指示器移到第一个关键帧上，然后设置位置属性的参数，如图 4-49 所示。

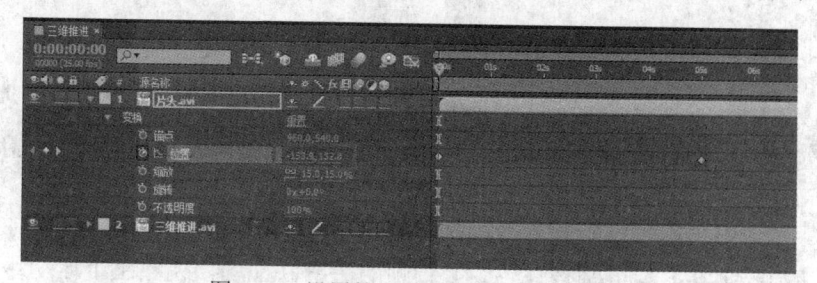

图 4-49　设置第一个关键帧的位置属性

3 在【工具】面板中选择【钢笔工具】 ，然后通过【合成】面板在运动路径中分别添加三个关键帧，如图 4-50 所示。

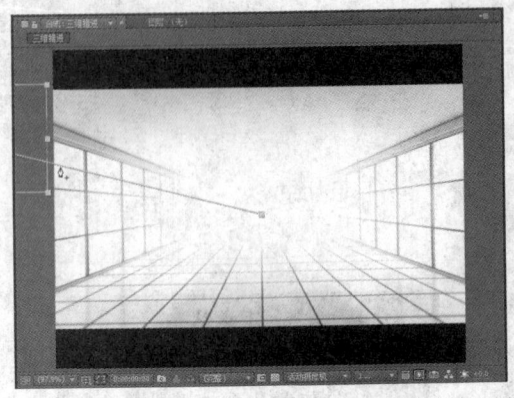

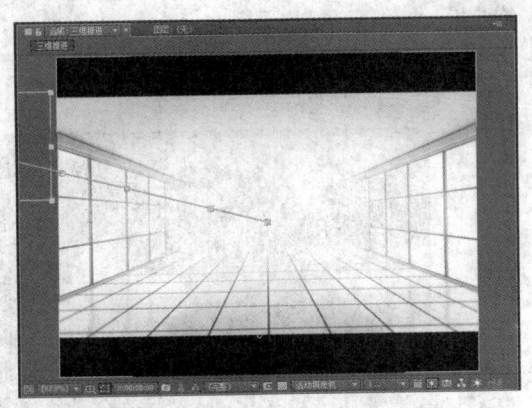

图 4-50　使用钢笔工具在运动路径上添加关键帧

4 在【时间轴】面板的属性列表中单击【位置】属性，以选择该属性下的全部关键帧，然后在其中一个关键帧上单击右键并选择【关键帧插值】命令，接着设置临时插值和控件插值均为【贝塞尔曲线】，如图 4-51 所示。

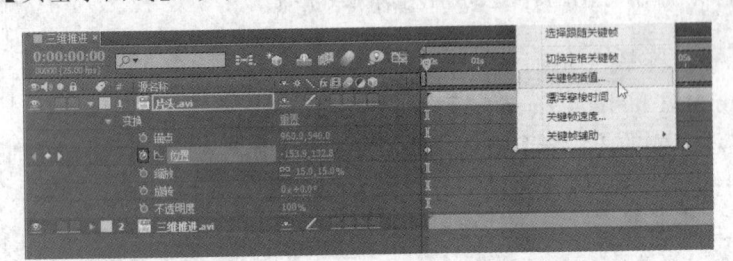

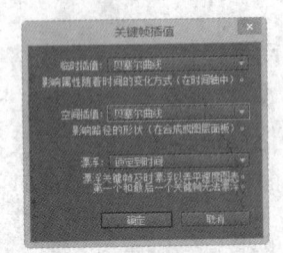

图 4-51　设置关键帧插值方法

5 在【工具】面板中选择【选取工具】 ，然后在【合成】面板中选择第二个关键帧并向下调整它的位置，接着使用相同的方法，分别调整第三个和第四个关键帧的位置，如图 4-52 所示。

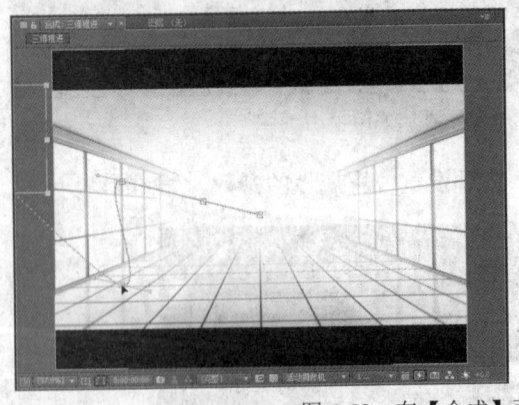

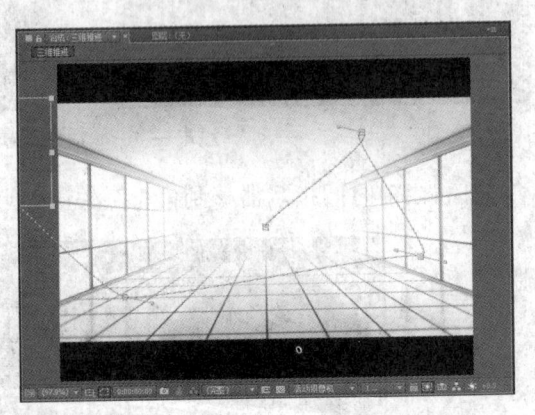

图 4-52　在【合成】面板中调整关键帧的位置

6 使用【选取工具】 分别按住各个关键帧的手柄并拖动，调整整个运动路径使之成为圆滑的曲线，如图 4-53 所示。

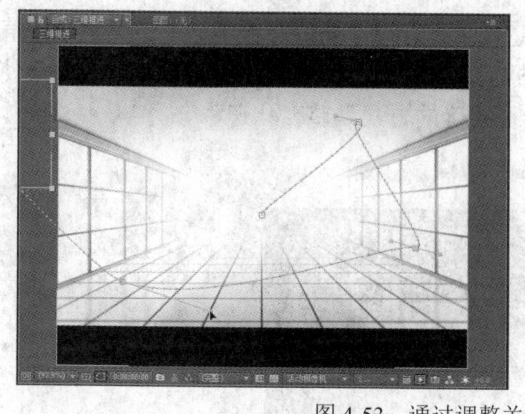

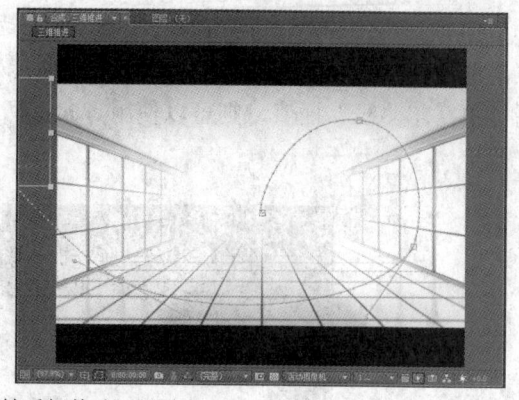

图 4-53 通过调整关键帧手柄修改运动路径

7 按空格键播放时间轴,然后从【合成】面板的查看器上检查片头视频沿着曲线运动路径运动的效果,如图 4-54 所示。

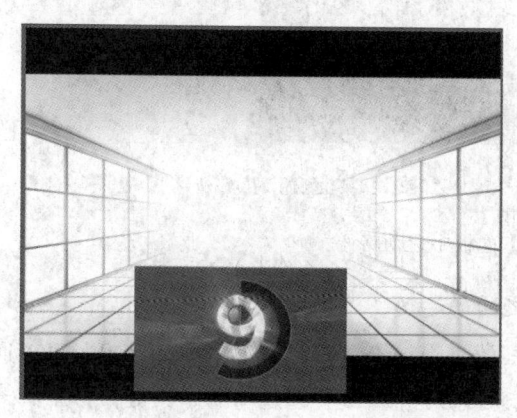

图 4-54 播放时间轴以查看效果

4.4.2 控制关键帧之间的速度

1. 关于速度

在图表编辑器中为某个属性添加动画时,可以在速度图表中查看和调整该属性的变化速率(速度),也可以在【合成】或【图层】面板中调整运动路径中空间属性的速度,如图 4-55 所示。

在【合成】或【图层】面板中,运动路径上各点之间的间隔表示速度。根据合成的帧速率,每个点表示一个帧。均匀的间隔表示速度恒定,间距越大表示速度越高。使用定格插值的关键帧不显示点,因为在关键帧值之间没有中间过渡,且图层仅出现在下一个关键帧指定的位置。

2. 影响属性值变化速度的因素

(1)【时间轴】面板中关键帧之间的时间差值。关键帧之间的时间间隔越短,图层必须变化得越快以便到达下一个关键帧值。如果间隔越长,则图层变化越缓慢,因为它必须在较长的一段时间内完成变化。可以通过沿着时间轴向前或向后移动关键帧来调整变化速率。

(2)邻近关键帧值之间的差值。关键帧值之差越大(如 80%和 20%不透明度之差),生成的变化速率越大;值之差越小(如 30%和 20%不透明度之差),生成的变化速率越小。可以通过增大或减小某个关键帧图层属性的值来调整变化速率。

121

（3）应用于关键帧的插值类型。例如，当关键帧设置为线性插值时很难通过该关键帧使值平滑地变化，但可以随时切换为"贝塞尔曲线"插值，以通过关键帧提供平滑的变化。如果使用"贝塞尔曲线"插值，则可以使用方向手柄以更精确的方式调整变化速率。

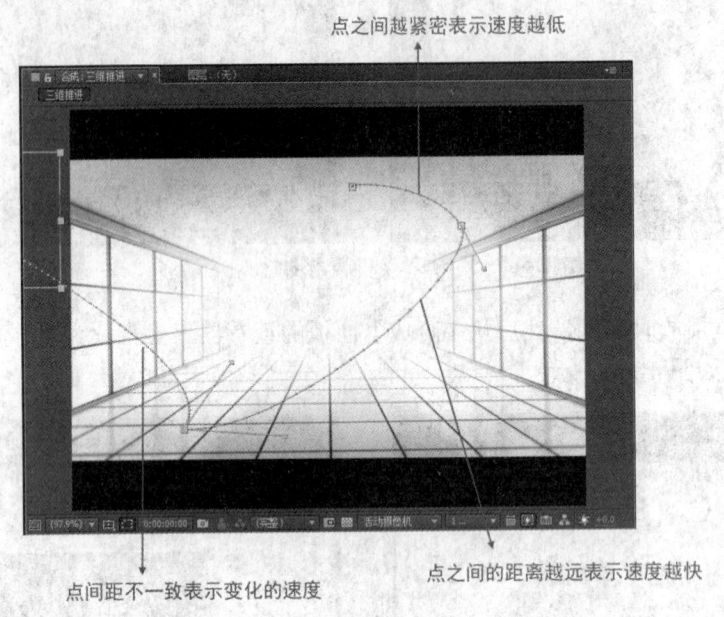

图 4-55　调整【合成】面板中运动路径

3. 在不使用速度图表的情况下控制关键帧之间的速度

（1）在【合成】或【图层】面板中，调整运动路径上两个关键帧之间的空间距离。可以通过将一个关键帧移至离另一个关键帧更远的位置来提高速度，或者通过将一个关键帧移至离另一个关键帧更近的位置来降低速度，如图 4-56 所示。

图 4-56　关键帧之间的空间距离越大，图层速度越高

（2）在图层条模式或图表编辑器中，调整两个关键帧之间的时间差。可以通过将一个关键帧移至离另一个关键帧更远的位置来降低速度，或者通过将一个关键帧移至离另一个关键帧更近的位置来提高速度，如图 4-57 所示。

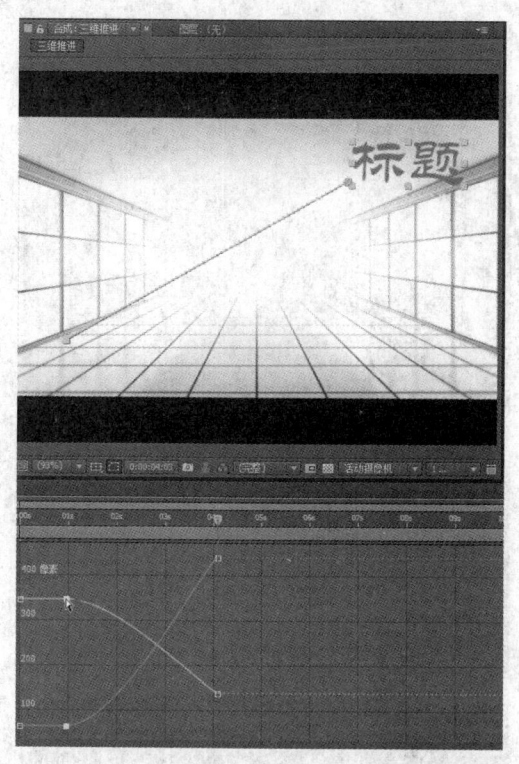

图 4-57 关键帧之间的时间距离越短，图层速度越高

（3）应用缓动关键帧辅助，以便在运动靠近和离开某个关键帧时自动调整变化速率，如图 4-58 所示。

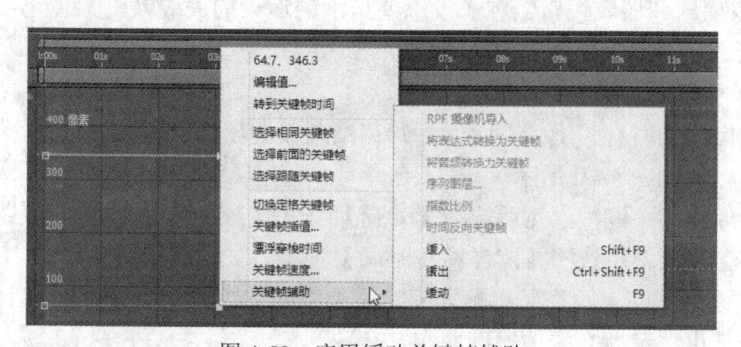

图 4-58 应用缓动关键帧辅助

4. 使用漂浮关键帧平滑运动

在 After Effects 中，可以使用漂浮关键帧一次跨多个关键帧轻松创建平滑的运动，如图 4-59 所示。漂浮关键帧是未链接到特定时间的关键帧，它们的速度和计时由邻近的关键帧确定。当在运动路径中更改邻近漂浮关键帧的某个关键帧的位置时，漂浮关键帧的计时可能发生变化。

漂浮关键帧仅适用于空间图层属性（如位置、锚点和效果控制点）。此外，只有当关键帧不是图层中的第一个或最后一个关键帧时，该关键帧才可以漂浮，因为漂浮关键帧必须从上一个和下一个关键帧插入其速度。

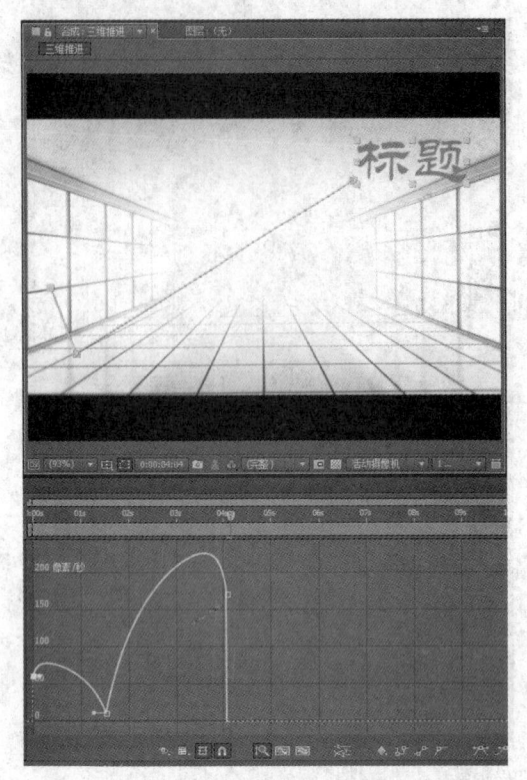

图 4-59 将关键帧设置为漂浮（右图）之后，运动路径在关键帧的范围内显示一致的速度

动手操作　使用漂浮关键帧平滑运动

1 在图层条模式或图表编辑器中，设置要平滑的运动的关键帧。

2 确定要平滑范围的开始和结束关键帧。

3 执行以下任意一种操作：

（1）对于范围内的所有关键帧（除了开始和结束关键帧），在关键帧快捷菜单中选择【漂浮穿梭时间】命令，如图 4-60 所示。

（2）选择要漂浮的关键帧，然后选择【动画】|【关键帧插值】命令，在从【关键帧插值】对话框的【漂浮】列表框中选择【漂浮穿梭时间】选项，如图 4-61 所示。

4 设置漂浮关键帧后，原来关键帧之间将添加中间关键帧，以调整其在时间轴上的位置，以便平滑开始和结束关键帧之间的速度曲线。

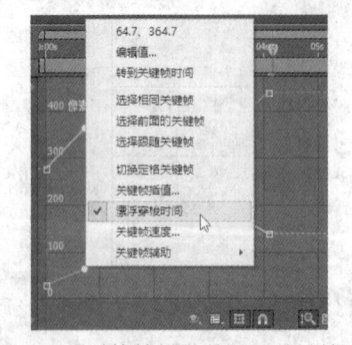

图 4-60 通过快捷键菜单设置关键帧漂浮 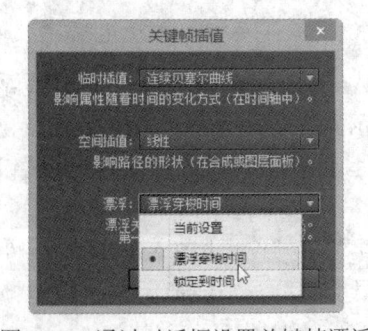　　　图 4-61 通过对话框设置关键帧漂浮

> 问：怎样将漂浮关键帧恢复为非漂浮关键帧？
> 答：方法如下：
> （1）从关键帧快捷菜单中选择【漂浮穿梭时间】命令，或左右拖动漂浮关键帧。
> （2）选择要更改的关键帧，然后打开【关键帧插值】对话框，并从【漂浮】列表框中选择【锁定到时间】选项。

4.4.3 使用平滑器平滑运动和速度

在编辑动画时，可以使用添加关键帧或删除不需要关键帧的平滑器来平滑运动路径、值曲线和速度曲线，从而移除不平整的地方或多余的关键帧。

虽然可以平滑任何属性的曲线，但平滑器在应用于动态草图自动生成的曲线时最有用，因为在该曲线中可能有多余的关键帧。将平滑器应用于手动设置的关键帧可能会导致曲线出现意外变化。

当将平滑器应用于空间变化的属性（如位置）时，只能平滑空间曲线（由运动定义的曲线）。当将平滑器应用于仅在时间上变化的属性（如不透明度）时，只能平滑值和速度曲线（由值或速度定义的曲线）。

> 除添加关键帧或移除不必要的关键帧外，平滑器还可以在平滑时间曲线时对每个关键帧应用贝塞尔曲线插值。

动手操作　使用平滑器平滑运动和速度

1 在【时间轴】面板中，选择属性的所有关键帧可平滑整条曲线，或至少选择三个关键帧以便仅平滑部分曲线。

2 选择【窗口】|【平滑器】命令，打开【平滑器】面板。

3 在【应用到】列表框中，平滑器自动选择【空间路径】或【时间图表】，这取决于在第1步中为其选择关键帧的属性类型。

4 设置容差值。容差的单位与平滑的属性的单位相同。新关键帧值的变化将不会超过原始曲线指定的值。值越高，生成的曲线越平滑，但过高的值可能无法保持曲线的原始形状，如图4-62所示。

5 单击【应用】按钮并预览结果，如图4-63所示。

6 选择【编辑】|【撤销平滑器】可以重置关键帧，通过调整容差的值，然后重新应用【平滑器】设置。

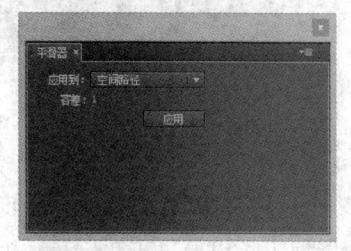

图4-62　设置平滑器选项

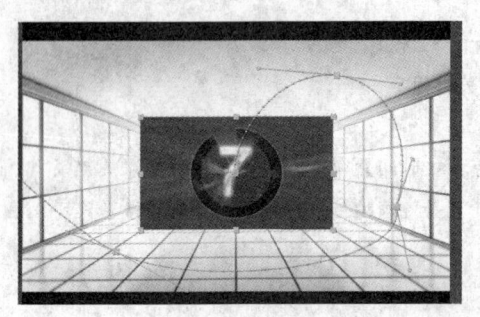

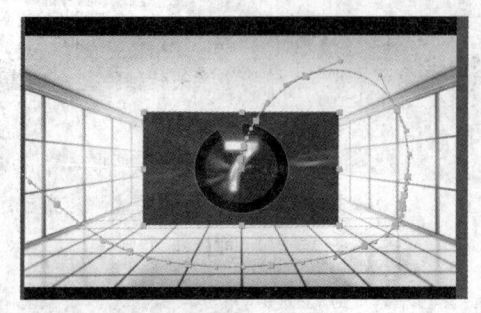

图 4-63　未应用平滑器和引用平滑器的运动路径

4.4.4　使用操控工具制作动画

1. 关于操控工具

使用操控工具可将自然运动快速添加到光栅图像和矢量图形中，包括静止图像、形状和文本字符。

应用操控效果时，将根据放置和移动的控点位置来使图像的某些部分变形。这些控点定义应该移动图像的哪些部分、应该保留哪些部分不变以及当各个部分重叠时哪些部分应该位于前面。图 4-64 所示为使用操控工具变形图形的效果。

每个操控工具都可用于放置和修改某种特定类型的控点：
- 操控点工具：使用此工具可放置和移动变形控点。
- 操控叠加工具：使用此工具可放置叠加控点，它指示在扭曲导致图像各个部分互相重叠时，图像的哪些部分应当位于其他部分的前面。
- 操控扑粉工具：使用此工具可放置扑粉控点，以僵化图像的某些部分，使其较少发生扭曲。

图 4-64　使用操控工具变形图形

2. 应用须知

（1）当放置第一个控点时，轮廓中的区域自动分隔成三角形网格。仅在应用了操控效果且操控工具指针位于轮廓定义的区域之上时，才会显示该轮廓。要显示网格，可以在【工具】面板中选择【显示】复选框，如图 4-65 所示。

图 4-65　设置显示网格

（2）当移动一个或多个变形控点时，网格会改变形状以适应此移动，同时尽可能保持整个网格不变。结果是移动图像的某个部分会导致图像其他部分也发生自然的逼真移动。

（3）如果选择了单个动画变形控点，则其位置关键帧在【合成】面板和【图层】面板中显示为运动路径。可以像使用其他运动路径那样使用这些运动路径，包括设置关键帧以漂浮穿梭时间。

（4）可以在一个图层上具有多个网格。要使图像的多个部分（如文本字符）单独变形以及使图像相同部分的多个实例变形（对每个实例应用不同的变形），那么在一个图层上具有多个网格会很有用。

（5）未扭曲的原始网格是在应用了效果的时间点（当前帧位置）计算的。网格不会根据运动素材发生变化以适应图层中的运动，也不会在替换图层的源素材项目时进行更新。

（6）如果还要使用操控工具为图层添加动画，不要为具有图层变形的连续栅格化图层的位置或比例添加动画。连续栅格化的图层（如形状图层和文本图层）的渲染顺序不同于栅格图层的渲染顺序。可以预合成形状图层并在预合成图层上使用操控工具，也可以使用操控工具使图层中的形状变形。

（7）如果对图层和合成启用运动模糊，则运动模糊将负责对由操控工具创建的运动进行采样，但使用的采样数是"每帧采样数"值指定的值的一半。

（8）在创建变形控点后，将自动为该控点的【位置】属性设置秒表开关。因此，每次更改变形控点的位置时，都会设置或修改关键帧。变形控点的自动生成使得添加它们以及在【合成】面板或【图层】面板中为其制作动画变得简单，并且无须在【时间轴】面板中操作属性。

3．使用操控点工具

动手操作　使用操控点工具制作动画

1 选择包含要为其添加动画的图像的图层。

2 选择【操控点工具】，在【合成】面板或【图层】面板中执行以下任意一种操作：

（1）单击栅格图层中任何不透明的像素以应用操控效果，并针对通过自动跟踪图层的 Alpha 通道而创建的轮廓，创建一个网格，如图4-66所示。变形控点位于单击以创建网格的位置。

（2）在矢量图层上的闭合路径内单击，以应用操控效果，并针对由该路径定义的轮廓创建网格。

（3）在未锁定的闭合蒙版中单击，以应用操控效果，并针对由蒙版路径定义的轮廓创建网格。

（4）在矢量图层上的所有闭合路径之外单击，以应用操控效果，但不创建网格。

图4-66　为图形应用操控效果

3 在轮廓中的一个或多个位置单击以添加更多变形控点，如图 4-67 所示。在此操作中，建议使用尽可能少的控点来获得需要的结果。如果过于严格地约束图像，由操控效果提供的自然变形可能会丢失。因此，建议仅将控点添加到确定想要控制的图形部分。例如，当为挥手的人制作动画时，应分别向每只脚添加一个控点以使其保持站立姿势，并向挥动的手添加一个控点。

4 转到合成中的其他时间，然后通过使用【操控点工具】在【合成】或【图层】面板中拖动一个或多个变形控点来移动它们的位置，如图 4-68 所示。

5 重复此步骤，直到完成动画。

图 4-67　添加多个变形控点　　　　　　　　图 4-68　拖动变形控点以移动其位置

4．使用操控叠加工具

在扭曲图像的一部分时，可能希望控制图像的哪一部分出现在其他部分的前面。例如，在做摆臂动作时，可能希望手臂始终位于脸部的前面。使用【操控叠加工具】可将重叠控点应用于想控制视深的对象部分。应将操控重叠控点应用于初始轮廓，而不是变形的图像。

每个重叠控点具有以下属性：

- 置前：表面上靠近观看者。重叠控点的影响具有累加性，这意味着对于网格上范围重叠的位置，"置前"值将会相加。可以使用负"置前"值来取消特定位置的其他重叠控点的影响。
- 范围：重叠控点的影响范围有多远。影响突然结束；它不会随着与控点距离的增加而逐渐减少。将通过在网格的受影响部分进行填充来直观地表示范围。如果"置前"值为负，用深色填充；如果"置前"值为正，用浅色填充。

> 不受重叠控点影响的网格区域具有隐式"置前"值 0，新重叠控点的默认值为 50。在为"置前"值添加动画时，通常应使用定格关键帧。通常不需要从前面的元素逐渐插入到后面的元素。

5．使用操控扑粉工具

当扭曲图像的某个部分时，可能不想扭曲其他部分。例如，当移动手掌以做出挥舞动作时，可能希望保持手臂的刚性。使用【操控扑粉工具】可将扑粉控点应用于想要保持刚性的对象部分。同样，应将操控扑粉控点应用于初始轮廓，而不是变形的图像。

图 4-69 所示为不使用操控扑粉工具时变形图形的效果；图 4-70 所示为将扑粉控点应用于图形头部和脖子部分后变形的效果。

图 4-69　不使用扑粉控点时变形的效果 　　　　图 4-70　应用扑粉控点后变形的效果

每个扑粉控点具有以下属性：
- 数量：硬化剂的强度。扑粉控点的影响具有累加性，这意味着对于网格上范围重叠的位置，会将数量值相加。可以使用负数量值来取消特定位置其他扑粉控点的影响。
- 范围：扑粉控点的影响范围有多远。影响突然结束，它不会随着与控点距离的增加而逐渐减少。通过用浅色填充网格中受影响的部分，可直观地指示范围。

在实际应用中，只需选择【操控扑粉工具】 ，然后在不想扭曲的部分上单击添加扑粉控点即可，如图 4-71 所示。

图 4-71　为图形添加扑粉控点

问：是不是只能为静止图像应用操控变形？
答：除了为静止图像添加动画外，还可以在将运动素材作为源的图层上使用操控效果。例如，可以扭曲整个合成帧的内容，以便匹配帧中对象的运动。在这种情况下，需要考虑对整个图层创建网格，使用图层边界作为轮廓，并且在边缘周围使用【操控扑粉工具】来防止图层的边缘扭曲。

129

4.5 技能训练

下面通过多个上机练习实例,巩固所学技能。

4.5.1 上机练习1:使用电子表格编辑关键帧值

在 After Effects 中,可以将关键帧数据复制和粘贴为制表符分隔的文本,以便在电子表格程序(如 Microsoft Excel)或其他文本编辑程序中使用,然后通过使用电子表格程序对关键帧数据执行数值分析,创建或编辑关键帧值,从而实现编辑动画的目的。本例先将动画关键帧的数据复制到 Excel 文件中,再进行编辑并粘贴回时间轴对应的图层属性中,以修改动画效果。

操作步骤

1 打开光盘中的"..\Example\Ch04\4.5.1.aep"练习文件,打开【帆船.mp4】图层属性列表,在【时间轴】面板中将当前时间播放器移到第一个关键帧的位置,然后在不选择图层的情况下,按数字小键盘上的*(乘号),为当前时间添加一个合成标记,如图 4-72 所示。

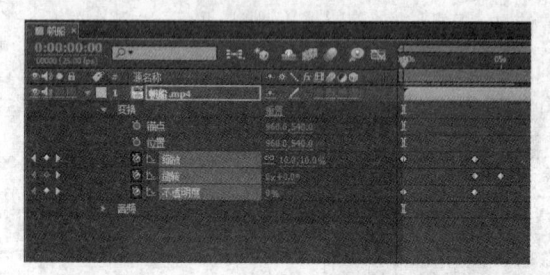

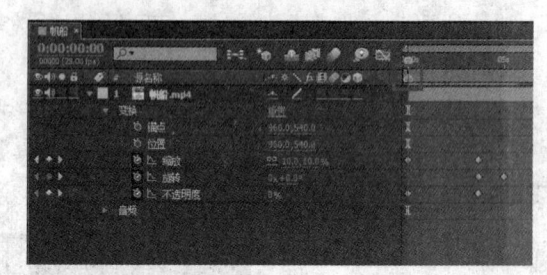

图 4-72 为当前时间添加一个合成标记

2 在【帆船.mp4】图层属性列表中,按住 Ctrl 键分别单击【缩放】、【旋转】、【不透明度】属性,将这些属性中的关键帧选中,如图 4-73 所示。

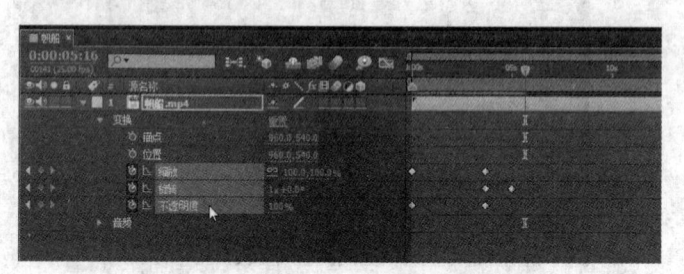

图 4-73 选择到动画属性的所有关键帧

> 问:时间轴上的合成标记有何作用?
> 答:使用合成标记可存储注释和其他元数据,以及标记合成中的重要时刻。合成标记显示在合成的时间标尺上。对于本例而言,在第一个选定关键帧的时间点放置一个合成标记,以便知道在后续粘贴关键帧属性时应将修改的关键帧粘贴到何处。

3 选择所有关键帧后,选择【编辑】|【复制】命令,如图 4-74 所示。

130

4 打开 Excel 应用程序（本例使用 Excel 2013），然后选择工作表的第一个单元格（即 A1 单元格），接着按 Ctrl+V 键粘贴关键帧属性数据，如图 4-75 所示。

图 4-74　复制全部关键帧数据 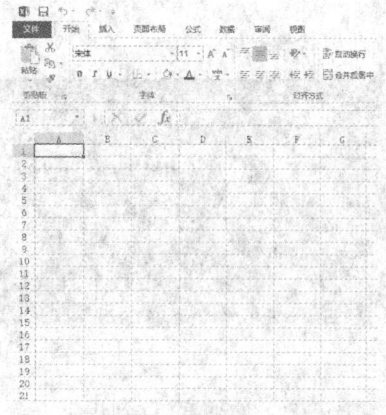　　　　　　　　图 4-75　将关键帧数据粘贴到工作表

5 粘贴数据后，可以根据实际需要修改关键帧数据中的属性值，但不要更改除帧编号和属性值以外的任何文本。图 4-76 所示为修改开始不透明度值为 15%、旋转角度为 720 度后的结果。

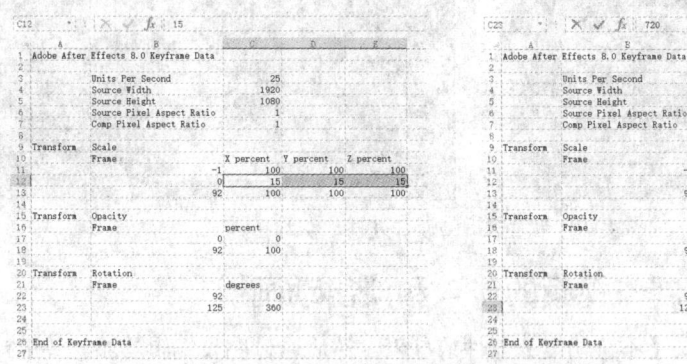

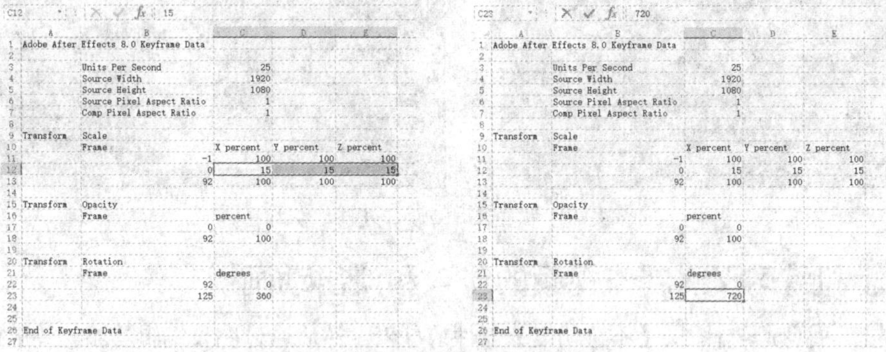

图 4-76　修改关键帧数据的属性值

6 在工作表中按住 A1 单元格并拖动鼠标到 E26 单元格，将所有包含数据的单元格选中，然后单击右键并选择【复制】命令，如图 4-77 所示。

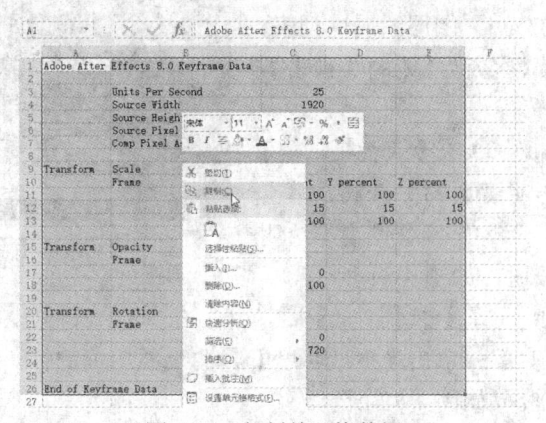

图 4-77　复制单元格数据

131

7 返回 After Effects 项目文件中，将当前时间指示器移到合成标记上，然后选择【编辑】|【粘贴】命令，粘贴修改后的关键帧属性数据，如图 4-78 所示。

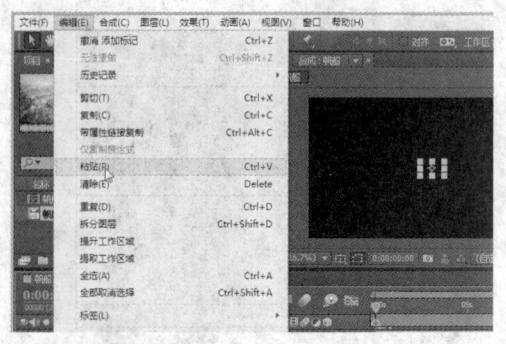

图 4-78　粘贴修改后的关键帧属性数据

8 将当前时间指示器移到最后一个关键帧中，即可看到旋转的属性变更为 2x，即可旋转 720 度，按空格键播放时间轴，查看动画效果，如图 4-79 所示。

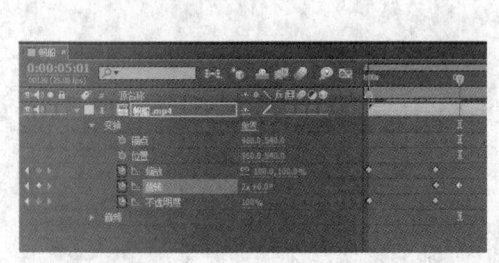

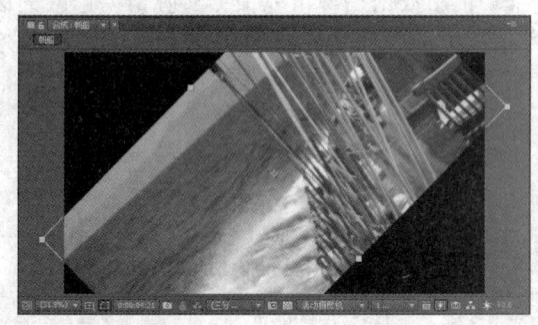

图 4-79　查看关键帧属性并播放动画

4.5.2　上机练习 2：制作视频的淡入和淡出动画

本例先激活视频素材图层【不透明度】属性的秒表，然后通过图表编辑器添加关键帧，再分别设置图层入点关键帧和出点关键帧的不透明度，制作出视频淡入屏幕和淡出屏幕的动画效果。

操作步骤

1 打开光盘中的"..\Example\Ch04\4.5.2.aep"练习文件，打开【动物 03.avi】图层的属性列表，然后单击【不透明度】属性名称左侧的【秒表】按钮，如图 4-80 所示。

2 在【时间轴】面板中单击【图表编辑器】按钮，然后选择【不透明度】的关键帧并单击右键，再选择【编辑值】命令，接着设置不透明度为 0 并单击【确定】按钮，如图 4-81 所示。

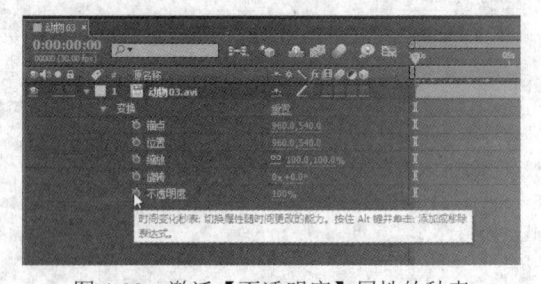

图 4-80　激活【不透明度】属性的秒表

3 在【工具】面板中选择【钢笔工具】，然后在图表编辑器上将当前时间指示器移到 5 秒处，再使用【钢笔工具】单击【不透明度】属性线添加关键帧，接着将该关键帧向上拖动，设置不透明度为 100%，如图 4-82 所示。

132

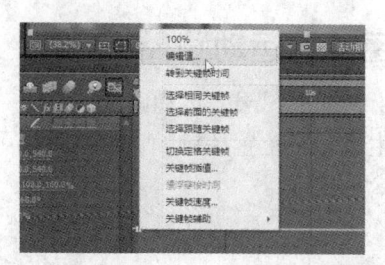

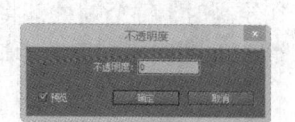

图 4-81 切换到图表编辑器并设置关键帧的值

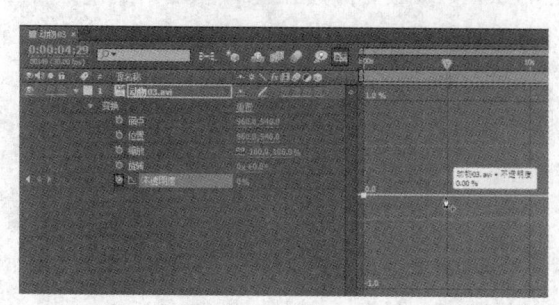

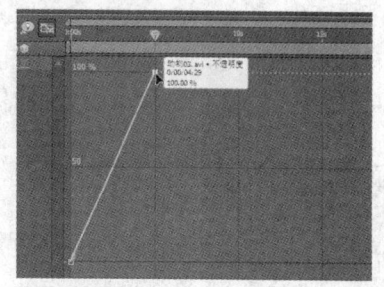

图 4-82 添加关键帧并设置不透明度

4 将当前时间指示器拖到 30 秒处，然后使用【钢笔工具】单击【不透明度】属性线添加关键帧，接着在图层出点处再次单击添加另一个关键帧，再设置该关键帧的不透明度为 0%，如图 4-83 所示。

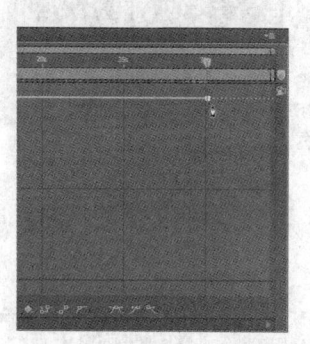

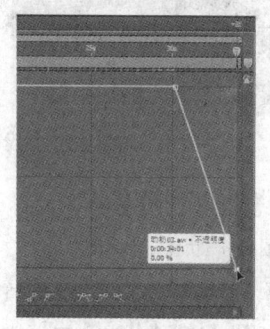

图 4-83 添加其他关键帧并设置出点关键帧不透明度

5 完成上述操作后，即可按空格键播放时间轴，查看图层的视频淡入屏幕和淡出屏幕的动画效果，如图 4-84 所示。

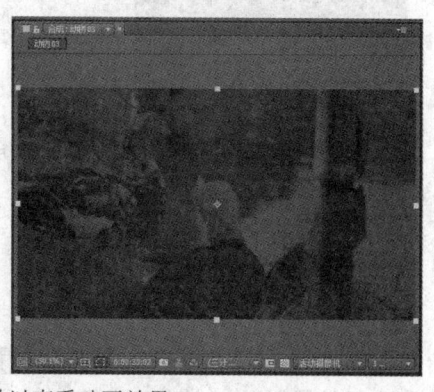

图 4-84 播放时间轴以查看动画效果

4.5.3 上机练习3：使用动态草图绘制运动路径

在 After Effects 中，可以使用动态草图绘制选定图层的运动路径，动态草图记录图层的位置和绘制的速度。在绘制时，每个帧处都将生成一个位置关键帧。本例将使用动态草图绘制图层的运动路径，以制作女孩图形在屏幕中运动的动画。

操作步骤

1 打开光盘中的"..\Example\Ch04\4.5.3.aep"练习文件，在【时间轴】面板中将当前时间指示器稍微向右移动，然后按 B 键，将当前时间设置为工作区域开始时间，接着将当前时间指示器拖到 5 秒处，再按 N 键，将工作区域结束时间设置为当前时间，如图 4-85 所示。本步骤的目的是在想要绘制运动路径的时间区间设置工作区域标记。

> 问：什么是工作区域？
> 答：工作区域属于为预览或最终输出渲染的合成的持续时间。在【时间轴】面板中，工作区域用浅灰色阴影表示。

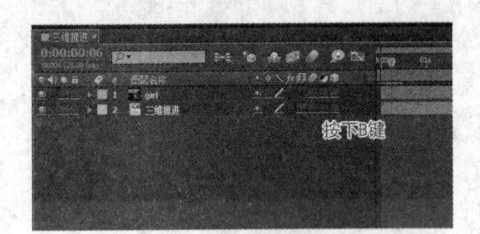

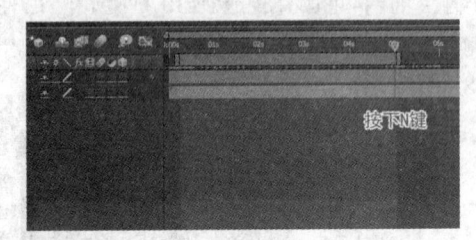

图 4-85 设置工作区域标记

2 选择【窗口】|【动态草图】命令，打开【动态草图】面板，然后设置面板的各个选项，再单击【开始捕捉】按钮，如图 4-86 所示。

3 在【合成】面板中选择女孩图形素材，然后拖动鼠标创建运动路径，释放鼠标即可停止捕捉，如图 4-87 所示。After Effects 在捕获时间到达工作区域的末端（默认情况下为合成持续时间）时自动结束捕获。

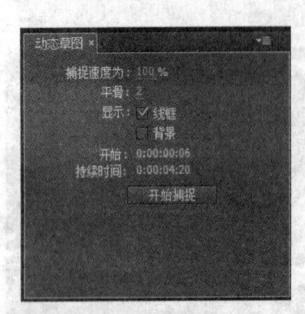

图 4-86 设置动态草图选项并开始捕捉 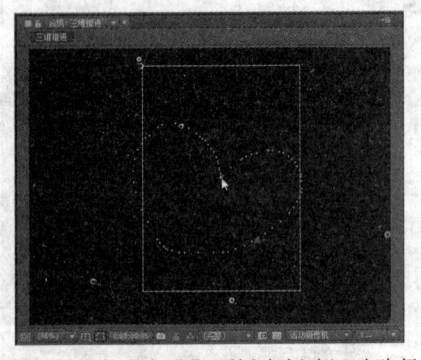　　图 4-87 在【合成】面板中创建运动路径

4 停止捕捉后，可以在【合成】面板中看到创建的运动路径，此时可以通过【预览】面板单击【播放/暂停】按钮，播放时间轴以查看运动效果，如图 4-88 所示。

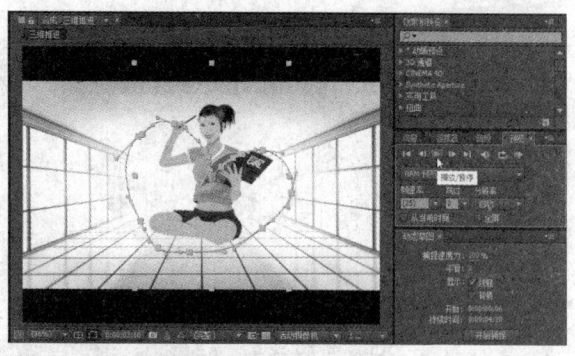

图 4-88 查看运动路径并播放动画

【动态草图】面板选项说明如下：
- 显示线框：绘制运动路径时显示图层的线框视图。
- 显示背景：显示绘制时在"合成"面板中开始绘制的帧的静态内容。如果希望相对于合成中的其他图像绘制运动路径，则此选项很有用。
- 平滑：从运动路径中清除不需要的关键帧。此设置与结合使用容差设置和平滑器的结果相同。值越高生成的曲线越平滑，但太高的值可能无法保持所绘制的曲线的形状。
- 所记录运动的速度与播放速度的比率。如果捕获速度为 100%，则运动按记录它的速度播放。如果捕获速度大于 100%，则运动按低于记录它的速度播放。

4.5.4 上机练习 4：使用摇摆器改善运动动画

在 After Effects 中，可以使用摇摆器在属性随时间变化时对该属性应用随机性。根据指定的属性和选项，摇摆器通过添加关键帧并随机化进入或离开现有关键帧的插值，将一定数量的偏离添加到属性中。使用摇摆器，可以在规定的限制内更准确地模拟自然运动。本例将介绍使用摇摆器应用于运动路径，改善运动效果的方法。

操作步骤

1 打开光盘中的"..\Example\Ch04\4.5.4.aep"练习文件，打开【girl】图层的属性列表，然后单击【位置】属性名称，以选择带该属性的全部关键帧，如图 4-89 所示。

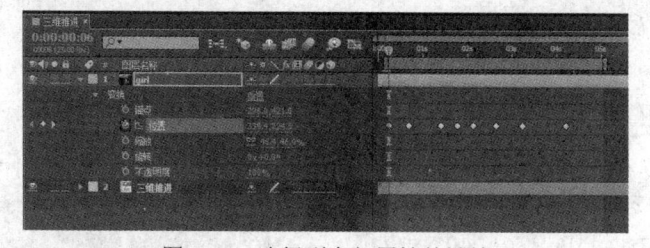

图 4-89 选择到全部属性关键帧

2 选择【窗口】|【摇摆器】命令，打开【摇摆器】面板后设置各个选项，然后单击【应用】按钮，如图 4-90 所示。

图 4-90 设置摇摆器选项并应用到运动路径

3 应用摇摆器设置后，运动路径将得到改善。可以通过【合成】面板查看运动路径的变化，如图 4-91 所示。

4 通过【预览】面板单击【播放/暂停】按钮，播放时间轴以查看运动效果，如图 4-92 所示。

图 4-91 通过【合成】面板查看运动路径 　　　图 4-92 播放时间轴查看效果

4.5.5 上机练习 5：使用操控点工具制作图形动画

本例将使用【操控点工具】为【合成】面板上的挖土机图形添加多个变形控点，然后在不同时间中通过调整变形控点修改挖土机图形的形态，制作出挖土机进行挖土动作的动画效果。

操作步骤

1 打开光盘中的"..\Example\Ch04\4.5.5.aep"练习文件，在【工具】面板中选择【操控点工具】，再选择【显示】复选框，然后在挖土机图形的挖臂上单击添加第一个变形控点，如图 4-93 所示。

2 添加变形控点后，图形显示网格，此时再使用【操控点工具】在挖土机图形的挖手上方单击添加第二个变形控点，如图 4-94 所示。

图 4-93 添加第一个变形控点

3 使用步骤 2 的方法，分别在挖土机图形中添加其他三个变形控点，如图 4-95 所示。

图 4-94 添加第二个变形控点

图 4-95 添加其他变形控点

4 在【时间轴】面板中将当前时间指示器向右移动，然后使用【操控点工具】按住挖手上的变形控点并向左上方拖动，变形挖土机图形，如图 4-96 所示。

5 将当前时间指示器向右移动，然后使用【操控点工具】按住挖手上的变形控点并向右下方拖动，变形挖土机图形，如图 4-97 所示。

图 4-96 调整当前时间并移动变形控点

图 4-97 调整当前时间并再次移动变形控点

6 使用步骤 4 和步骤 5 的方法，多次调整当前时间指示器的位置，然后分别移动挖手图形上的变形控点，制作出挖土机在挖土的动画效果，如图 4-98 所示。

7 按空格键播放时间轴，以查看挖土机在挖土的图形动画效果，如图 4-99 所示。

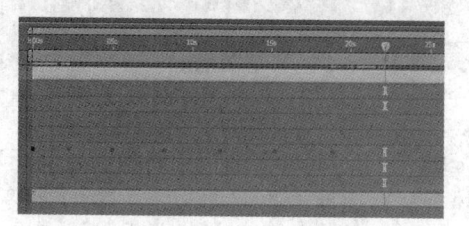

图 4-98 多次在不同时间调整变形控点

137

图 4-99 播放时间轴以查看动画效果

4.5.6 上机练习6：制作台标图淡入并旋转的动画

本例先通过【时间轴】面板将台标图形所在图层激活【缩放】、【旋转】和【不透明度】属性秒表，然后添加多个关键帧，再分别设置关键帧中的缩放、旋转和不透明度属性，制作出台标图形淡入屏幕并旋转 2 周的动画效果。

操作步骤

1 打开光盘中的"..\Example\Ch04\4.5.6.aep"练习文件，在【时间轴】面板中打开【电视台】图层属性列表，然后分别单击【缩放】、【旋转】和【不透明度】属性名称左侧的【秒表】按钮，接着设置关键帧的缩放和不透明度属性，如图 4-100 所示。

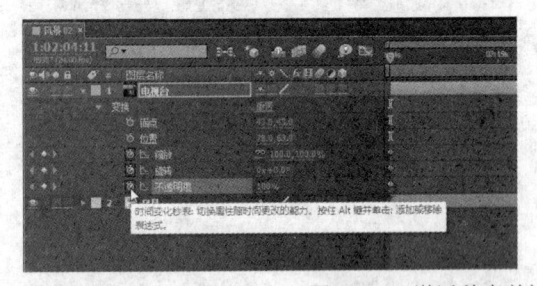

图 4-100 激活秒表并设置缩放和不透明度属性

2 在【时间轴】面板中将当前时间指示器向右移动，然后分别为【缩放】、【旋转】和【不透明度】属性添加关键帧，再分别设置关键帧的缩放和不透明度属性，如图 4-101 所示。

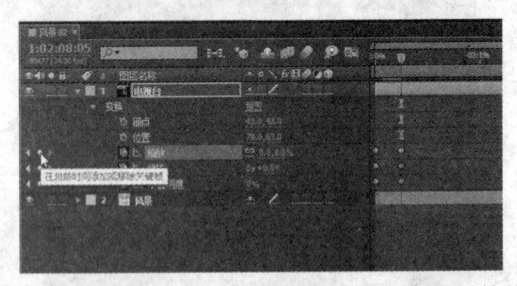

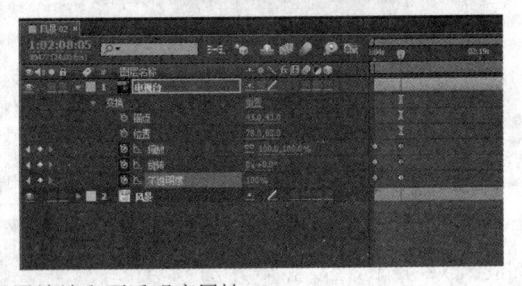

图 4-101 添加关键帧并设置缩放和不透明度属性

3 在【时间轴】面板中将当前时间指示器向右移动，然后为【旋转】属性添加关键帧，再设置旋转属性为 2x（即旋转 2 周），如图 4-102 所示。

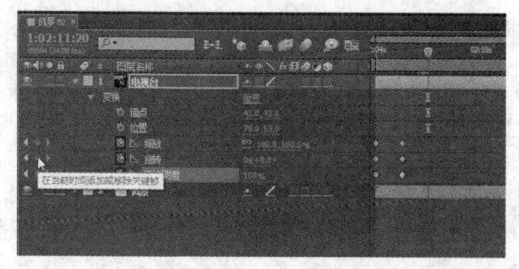

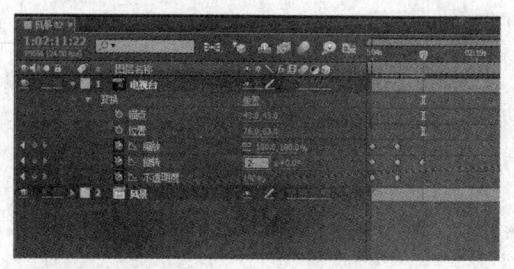

图 4-102 添加旋转关键帧并设置旋转属性

4 按空格键播放时间轴，以查看电视台台标图形的动画效果，如图 4-103 所示。

图 4-103 查看台标图形的动画效果

4.6 评测习题

一、填充题

（1）_____用于设置动作、效果、音频以及许多其他属性的参数，这些参数通常随时间变化。

（2）_____使用二维图表示属性值，并水平表示（从左到右）合成时间。

（3）_____是在两个已知值之间填充未知数据的过程。

（4）编辑动画时，可以使用添加关键帧或删除不需要关键帧的_____来平滑运动路径、值曲线和速度曲线。

二、选择题

（1）在 After Effects 中，除了可以使用关键帧为图层属性添加动画外，还可以使用什么？
（　　）
  A．合成标记 B．表达式 C．插值 D．图表编辑器

（2）在制作动画过程中，可使用以下哪两种模式之一在 After Effects 中使用关键帧和表达式？
（　　）
  A．摇摆器模式或图表编辑器模式 B．图层条模式或合成编辑器模式
  C．图层条模式或图表编辑器模式 D．图层条模式或时间轴插值模式

（3）关键帧插值分为哪两种类型？
（　　）
  A．时间插值和空间插值 B．时间插值和 Z 轴插值
  C．图表插值和图层插值 D．位置插值和缩放插值

(4)当扭曲图像的某个部分时,可能不想扭曲其他部分,此时可以使用哪个工具将控点应用于想要保持刚性的对象部分,即可避免该部分图形被变形?　　　　　　　　　　(　　)

　　A．钢笔工具　　　B．操控点工具　　　C．操控扑粉工具　　　D．操控叠加工具

三、判断题

(1)在 After Effects 中,可以为【时间轴】面板或【效果控件】面板中其名称左侧具有【秒表】按钮的任何属性添加动画。　　　　　　　　　　　　　　　　　　　　　　(　　)

(2)在图表编辑器中为某个属性添加动画时,可以在速度图表中查看该属性的变化速率(速度),但不可调整。　　　　　　　　　　　　　　　　　　　　　　　　　　　(　　)

四、操作题

为练习文件制作台标图形从屏幕右侧移入到屏幕左上方的动画效果,结果如图 4-104 所示。

图 4-104　制作台标图形移入屏幕的动画

操作提示

(1)打开光盘中的"..\Example\Ch04\4.6.aep"练习文件,在【时间轴】面板中打开【电视台】图层的【变化】属性列表。

(2)将当前时间指示器移到【电视台】图层的入点处,再单击【位置】属性名称左侧的【秒表】按钮 。

(3)在【时间轴】面板中将当前时间指示器向右移动一小段距离,然后为【位置】属性添加一个关键帧。

(4)将当前时间指示器移到第一个关键帧中并选择第一个关键帧,然后在【合成】面板上选择台标图形并将该素材项目拖到右侧屏幕之外即可。

第 5 章　应用效果与动画预设

学习目标

在影视作品的编辑中，应用效果和动画是制作影片特效的常见手段，通过应用不同的效果和制作动画效果，可以制作出各种出色和创意十足的画面特效。本章将详细介绍在 After Effects 中应用和编辑效果与动画预设的方法和技巧。

学习重点

- ☑ 了解效果和动画预设
- ☑ 使用【效果和预设】面板
- ☑ 使用【效果控制】面板
- ☑ 应用和管理效果与动画预设
- ☑ 了解各种效果的用途
- ☑ 使用效果和动画预设处理影片

5.1 效果和预设的基础

【效果和预设】是 After Effects 为用户提供的快捷制作效果和应用预设动画的功能，这些效果和动画预设都放置在【效果和预设】面板中。

5.1.1 了解效果

1. 关于效果

After Effects 包含各种效果，可将其应用于图层，以添加或修改静止图像、视频和音频的特性。例如，可以改变图像的曝光度或颜色、添加新视觉元素、操作声音、扭曲图像、删除颗粒、增强照明或创建过渡效果。如图 5-1 所示为图层应用【镜头光晕】效果的结果。

图 5-1　应用【镜头光晕】效果

2．效果的优点

效果有时被误称为滤镜。滤镜和效果之间的主要区别是：滤镜可永久修改图像或图层的其他特性，而效果及其属性可随时被更改或删除。换句话说，滤镜有破坏作用，而效果没有破坏作用。After Effects 专门使用效果，目的是更改效果属性而没有破坏性。更改效果属性的直接结果是属性可随时间改变，或进行动画处理。

3．效果增效工具

所有效果均以增效工具形式实现，包括 After Effects 附带的效果。增效工具是一些小的软件模块，用来为应用程序增添功能，具有".aex"、".pbk"和".pbg"等文件扩展名。

需要注意，并非所有增效工具都是效果增效工具。例如，某些增效工具提供导入和使用特定文件格式的功能。如 Photoshop Camera Raw 增效工具，它为 After Effects 带来了处理摄像机原始文件的能力。

由于效果是以增效工具形式实现的，因此可以安装和使用非 Adobe 官方提供的其他效果，包括自己创建的效果。可以将单个新效果或新效果的整个文件夹添加到"增效工具"文件夹。默认情况下，创建的效果位于以下文件夹中（Windows 系统）："..\Program Files\Adobe\Adobe After Effects CC\Support Files"。

在 After Effects 启动时，它会在"增效工具"文件夹及其子文件夹中搜索所有安装的效果，并将它们添加到【效果】菜单和【效果和预设】面板中。After Effects 会忽略名称前后带括号的文件夹的内容。

4．效果应用要点

（1）可以对某图层应用同一效果的多个实例，重命名每个实例，并分别设置每个实例的属性，如图 5-2 所示。

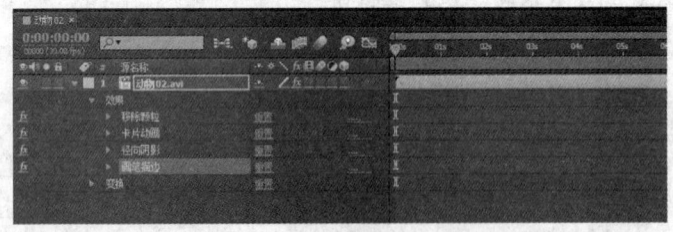

图 5-2　为图层应用多个效果

（2）可以使用为任何其他属性设置动画的方式来为效果属性设置动画，即在属性中添加关键帧或表达式。在大多数情况下，即使依赖动画以供正常使用的效果也需要设置某些关键帧或表达式。例如，为"过渡"效果的"过渡完成"属性或"湍流杂色"效果的"演化"设置创作动画可将静态效果转变为动态效果。

（3）许多效果支持在深度为 16bpc 或 32 bpc 时处理图像颜色和 Alpha 通道数据。在 16-bpc 或 32-bpc 项目中使用 8-bpc 效果会导致颜色细节损失。如果某效果仅支持 8 bpc，而项目设置为 16 bpc 或 32 bpc，则在【效果控件】面板的此效果名称旁会显示警告图标，如图 5-3 所示。【效果和预设】面板中效果名称左侧显示支持颜色深度图标，如图 5-4 所示。

（4）After Effects 渲染蒙版、效果、图层样式以及变换属性的顺序称为渲染顺序，此顺序可能会影响应用效果的最终结果。默认情况下，效果按其应用顺序显示在【时间轴】面板和【效果控件】面板中。要更改渲染效果的顺序，可将效果名称拖到列表中的新位置。

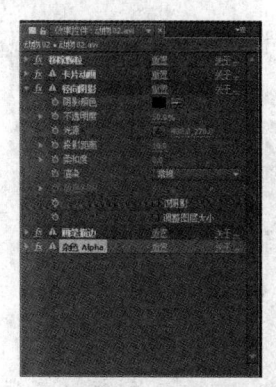

图 5-3　效果名称旁显示警告图标 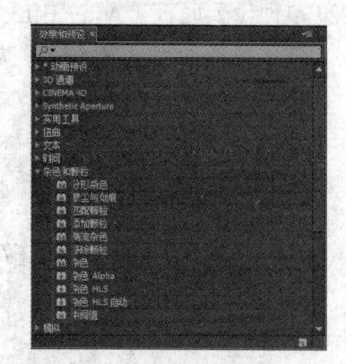　　　　图 5-4　查看效果支持的颜色深度

（5）要将效果仅应用到某图层的特定部分，可以使用调整图层。应用于调整图层的效果会影响【时间轴】面板中按图层堆积顺序位于该调整图层下的所有图层。

（6）表达式控制效果不会修改现有图层属性，但这些效果会添加表达式可引用的图层属性。

（7）由于效果将应用到图层中，因此某些效果的结果仅限于图层范围内，这会使效果似乎突然终止。可以将"范围扩散"效果应用到图层，以便在计算其他效果的结果时暂时扩展此图层。

（8）某些效果（包括操控效果、绘图效果和 Roto 笔刷效果）是通过工具应用到图层，而不是以与其他效果相同的方式直接应用的。

5.1.2　了解动画预设

1．关于动画预设

借助动画预设，可以保存和重复使用图层属性和动画的特定配置，包括关键帧、效果和表达式。例如，如果使用复杂属性设置、关键帧和表达式创建使用多种效果的爆炸，则可将以上所有设置另存为单个动画预设。随后可将该动画预设应用到任何其他图层。

需要注意，许多动画预设不包含动画，而是包含效果组合、变换属性等。行为动画预设使用表达式而非关键帧来对图层属性设置动画。

After Effects 包括数百种动画预设，可以将它们应用到图层并根据需要做出修改，其中包括许多文本动画预设。

2．动画预设应用要点

（1）用户可以保存动画预设，并将其从一台计算机传输到另一台计算机。动画预设的文件扩展名是".ffx"。

（2）可以使用【效果和预设】面板或 Adobe Bridge 在 After Effects 中浏览和应用动画预设。如图 5-5 所示为在 Adobe Bridge 中浏览动画预设。

（3）与 After Effects 一起安装的动画预设位于"预设"文件夹中，此文件夹位于："..\Program Files\Adobe\Adobe After Effects CC\Support Files"（Windows 系统）。

（4）默认情况下，创建的动画预设保存在"预设"文件夹中，此文件夹位于："..\My Documents\Adobe\After Effects CC"（Windows 系统）。

可在任意一个"预设"文件夹中添加一个新的动画预设，或新动画预设的整个文件夹。在 After Effects 启动时，它会在"预设"文件夹及其子文件夹中搜索安装的动画预设，并将它们

143

添加到【效果和预设】面板。After Effects 会忽略名称前后带括号的文件夹的内容。

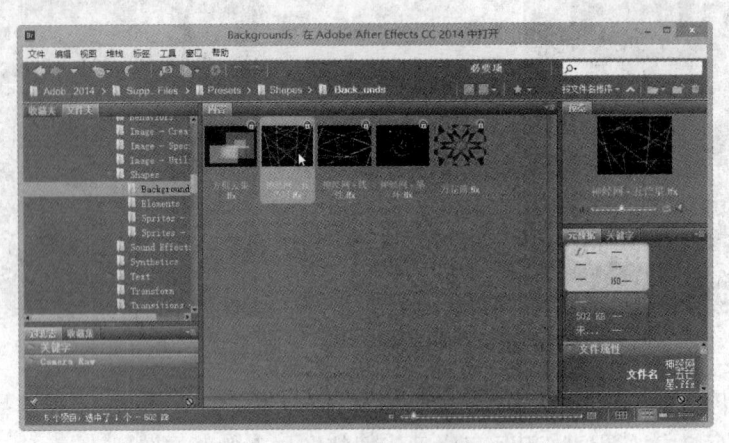

图 5-5　在 Adobe Bridge 中浏览动画预设

5.1.3　相关面板基本使用

1．使用【效果和预设】面板

使用【效果和预设】面板可浏览和应用效果和动画预设。效果图标中的数字指示效果是否在最大深度为 8bpc、16bpc 或 32 bpc 时起作用。

可以滚动浏览效果和动画预设列表，也可以通过在面板顶部的搜索框中键入名称的任何部分来搜索效果和动画预设，如图 5-6 所示。

在【效果和预设】面板菜单中选择显示的命令可确定显示的项目，如图 5-7 所示：
- 显示所有颜色深度的效果：显示使用所有颜色深度的效果，不只是使用当前项目的颜色深度的效果。
- 显示效果：显示所有可用效果。
- 显示动画预设：显示所有动画预设，包括保存在"预设"文件夹中的动画预设。

2．使用【效果控件】面板

在将效果应用到图层时，【效果控件】面板将打开，列出应用的效果以及用于更改效果属性值的控件，如图 5-8 所示。另外，也可以在【时间轴】面板中使用效果并更改大多数效果属性值。但对于许多种类的属性而言，【效果控件】面板具有更方便的控件，如滑块、效果控制点按钮和直方图。

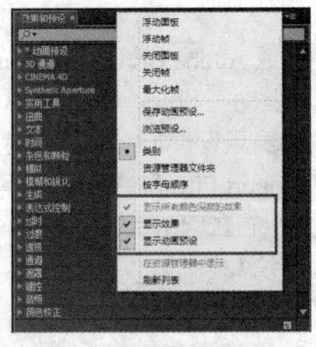

图 5-6　搜索效果和动画预设　　　图 5-7　选择要显示的项目　　　图 5-8　【效果控件】面板

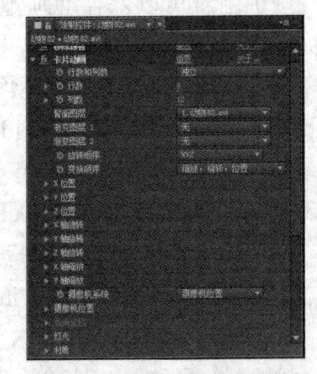

【效果控件】面板是一种查看器，这表示可以同时为多个图层打开【效果控件】面板，并可以使用面板选项卡中的查看器菜单选择图层，如图 5-9 所示。

【效果控件】面板的使用方法如下：

（1）要为所选图层打开或关闭【效果控件】面板，可以按下 F3 功能键。

（2）要选择某效果，可以单击它。要按堆积顺序选择下一个或上一个效果，可以分别按向下箭头键或向上箭头键。

（3）要展开或折叠所选效果，可以分别按向右箭头键或向左箭头键。

图 5-9　为不同图层打开【效果控件】面板

（4）要展开或折叠属性组，可以单击效果名称或属性组名称左侧的三角形按钮。

（5）要展开或折叠某属性组及其所有子组，可以按住 Ctrl 键并单击三角形按钮。

（6）要展开或折叠所选效果的所有属性组，可以按住 Ctrl 键并按"`"（重音标记）。

（7）要将效果的所有属性重置为其默认值，可以在【效果控件】面板中单击此效果项顶部的【重置】文字。

（8）要复制所选效果，可以选择【编辑】|【复制】命令，或者按 Ctrl+D 键。

（9）要将效果移至渲染顺序中的不同位置，可以在效果堆栈中上下拖动效果。

（10）要将效果的属性设置为动画预设中使用的属性，可以在【效果控件】面板中该效果项顶部的【动画预设】菜单中进行选择。

（11）要在【效果控件】面板中显示【动画预设】菜单，可以在面板菜单中选择【显示动画预设】命令，如图 5-10 所示。

（12）要修改效果属性的范围，可以右键单击加下划线的控件属性值，然后从快捷菜单中选择【编辑值】命令，如图 5-11 所示。

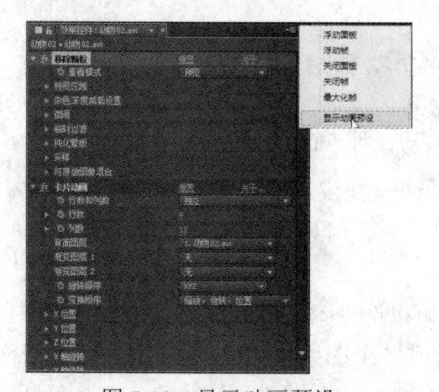

图 5-10　显示动画预设

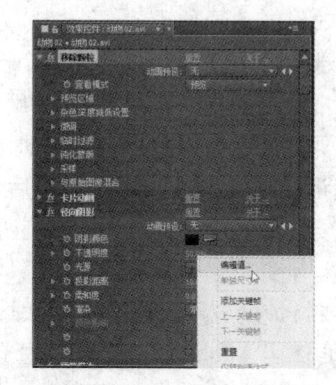

图 5-11　编辑控件属性值

5.2　应用效果和动画预设

在 After Effects 中，通过为图层应用效果和动画预设并编辑属性值，可以制作出各种各样的效果。

5.2.1 应用效果和动画到图层

应用效果和动画到图层的方法如下：

（1）要将效果或动画预设应用到单个图层，可以将效果或动画预设从【效果和预设】面板拖至【时间轴】、【合成】或【效果控件】面板中的图层，如图5-12所示。

（2）在将效果或动画预设拖至【合成】面板中的图层时，指针下的图层的名称会显示在【信息】面板中。如果尚未选择图层，可以双击动画预设创建新图层并将预设应用至该图层。未选中任何图层时，双击某个效果没有任何作用。

图5-12 将效果拖到时间轴的图层中

（3）要将效果或动画预设应用到一个或多个图层，可以选择图层，然后双击【效果和预设】面板中的效果或动画预设。

（4）要将效果应用到一个或多个图层，可以选择图层，然后选择【效果】|【类别】|【效果】命令。如图5-13所示为图层应用【范围扩散】效果。

（5）要将最近使用或保存的动画预设应用到一个或多个图层，可以选择图层，选择【动画】|【最近的动画预设】命令，然后从子菜单中选择动画预设。

（6）要将最近应用的动画预设应用到一个或多个图层，可以选择图层，然后按 Ctrl+Alt+Shift+F 键。

（7）要将最近应用的效果应用到一个或多个图层，可以选择图层，然后按 Ctrl+Alt+Shift+E 键。

（8）要使用 Adobe Bridge 将动画预设应用到一个或多个图层，可以选择图层，再选择【动画】|【浏览预设】命令，导航到此动画预设，然后双击它。

（9）要将效果设置从动画预设应用到当前效果实例，可以从【效果控件】面板中该效果的【动画预设】菜单选择动画预设名称，如图5-14所示。

（10）要将效果从一个图层复制到一个或多个图层，可以在【时间轴】面板或【效果控件】面板中选择效果，选择【编辑】|【复制】命令，然后选择目标图层，再选择【编辑】|【粘贴】命令。

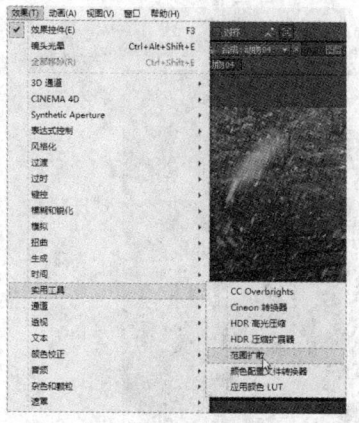

图 5-13　通过【效果】菜单为图层应用效果 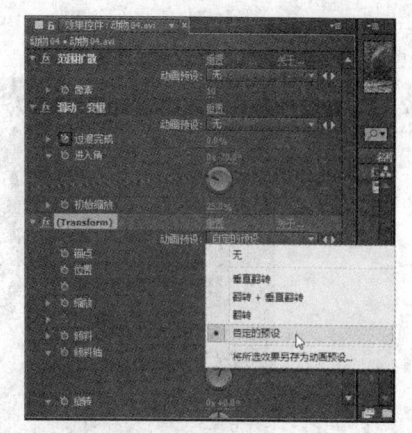　　　　图 5-14　设置从动画预设应用到当前效果实例

> 默认情况下，在将效果应用到图层时，效果在图层的持续时间内处于活动状态。但是，可以使效果在特定时间启动和停止，也可以使效果随时间变强或变弱，方法是使用关键帧或表达式，或者将效果应用到调整图层。

5.2.2　删除或禁用效果和动画预设

在将效果应用到图层后，可以暂时禁用图层上的一个或所有效果（不会为预览或最终输出渲染禁用的效果），以使专注于合成的其他方面。

但是，在【渲染队列】面板中，可指定为最终输出渲染合成的所有效果，而不管在【合成】面板中为预览渲染哪些效果。禁用效果不会删除为任何效果属性创建的关键帧，所有关键帧均会保留到从图层中删除效果为止。

> 不能禁用动画预设，也不能从图层中将其作为一个单元删除。当然，可以单独删除或禁用其包含的效果、关键帧和表达式。

删除或禁用效果和动画预设的方法如下：

（1）要从图层中删除一个效果，可以在【效果控件】面板或【时间轴】面板中选择效果名称，然后按 Delete 键。

（2）要从一个或多个图层中删除所有效果，可以在【时间轴】或【合成】面板中选择图层，并选择【效果】|【全部移除】命令，或者按 Ctrl+Shift+E 键。【全部移除】命令会消除已删除效果的所有关键帧。如果意外选择【全部移除】命令，可立即选择【编辑】|【撤销删除效果】命令或【编辑】|【撤销移除全部效果】命令恢复效果和关键帧。

（3）要暂时禁用一个效果，可以在【效果控件】或【时间轴】面板中选择图层，然后单击效果名称左侧的【效果】开关，如图 5-15 所示。

（4）要暂时禁用图层上的所有效果，可以在【时间轴】面板中单击图层【开关】列中的【效

147

果】开关。

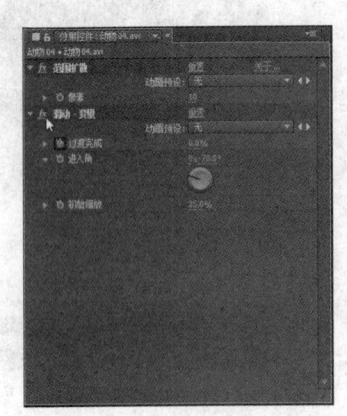

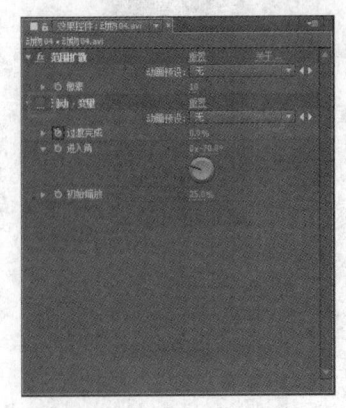

图 5-15 禁用指定的效果

5.2.3 编辑效果控制点

某些效果有效果控制点。效果控制点可确定效果影响图层的方式。例如，高级闪电效果有两个效果控制点（源点和方向），用于指定闪电的开始位置和闪电所指向的方向。

效果控制点位于未连续栅格化且未折叠其变换的图层的图层空间中。如果图层已连续栅格化或已折叠变换，则效果控制点位于合成空间中。

1．查看效果控制点

其方法为：

（1）要在【图层】面板中查看效果控制点，可以从【图层】面板底部的【视图】菜单中选择效果名称，如图 5-16 所示。

（2）要在【合成】面板中查看效果控制点，可以在【时间轴】面板或【效果控件】面板中选择效果名称，如图 5-17 所示。

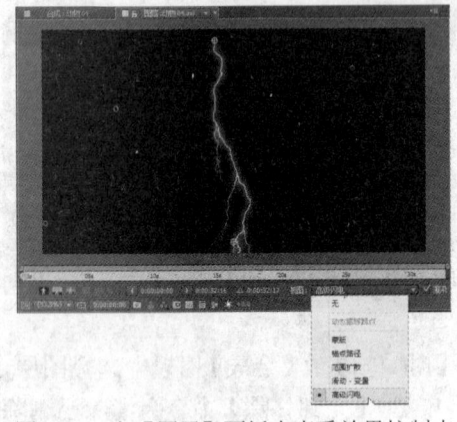

图 5-16 在【图层】面板中查看效果控制点 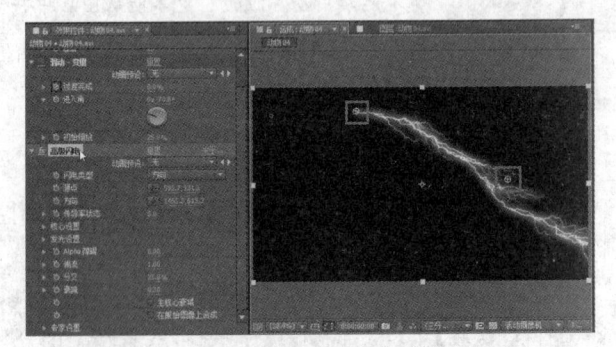　　图 5-17 在【合成】面板中查看效果控制点

2．移动效果控制点

其方法为：

（1）在【合成】面板或【图层】面板中，拖动效果控制点，如图 5-18 所示。

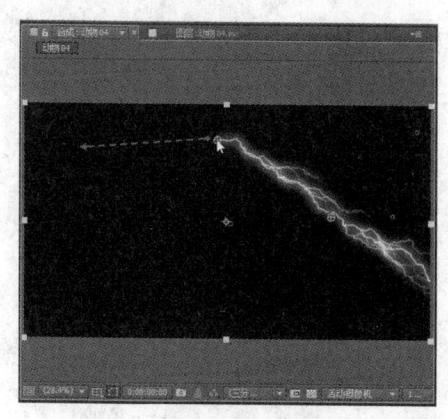

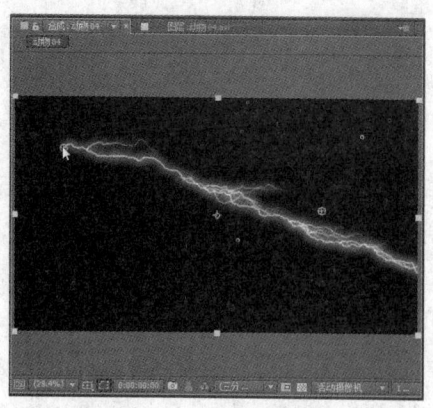

图 5-18　拖动效果控制点

（2）在【效果控件】面板中，单击效果控制点按钮，然后在【合成】或【图层】面板中，单击需要效果控制点的位置，如图 5-19 所示。

（3）在【时间轴】或【效果控件】面板中，拖动效果控制点的 x 和 y 坐标，或为其 x 和 y 坐标输入值，就像修改任何其他属性一样。

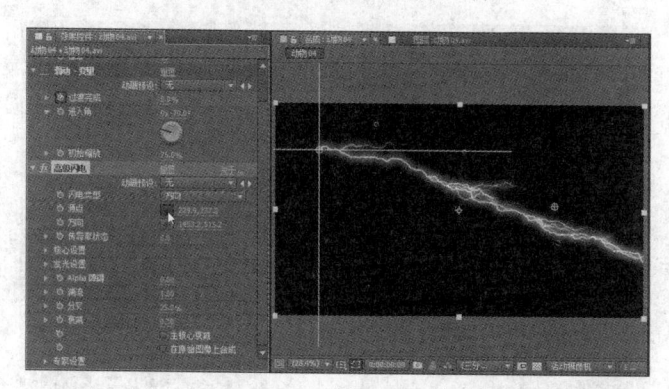

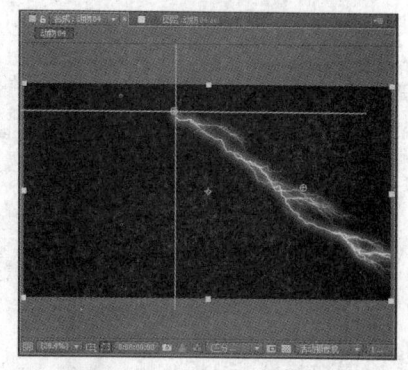

图 5-19　单击控制点按钮后指定控制点位置

5.2.4　制作效果或动画预设的动画

在将效果或动画预设应用到图层后，可以通过【时间轴】面板和【效果控件】面板修改效果属性并制作动画效果。

其方法为：通过【效果和预设】面板将效果或动画预设应用到图层。在【效果控件】面板中打开效果属性列表，在需要制作动画的属性名称中单击【秒表】按钮，激活该属性的秒表，如图 5-20 所示。在【时间轴】面板中拖动当前时间轴指示器，然后在【效果控件】面板的属性名称上单击右键，并选择【添加关键帧】命令添加关键帧，如图 5-21 所示。在添加关键帧后，在【效果控件】面板中修改效果属性的值，即可创建该属性的变化动画。

动手操作　制作城市夜景颜色平衡效果

1 打开光盘中的 "..\Example\Ch05\5.2.4.aep" 练习文件，在【效果和预设】面板中打开【颜色校正】列表，然后双击【颜色平衡（HLS）】效果，将此效果应用到当前图层上，如图 5-22 所示。

149

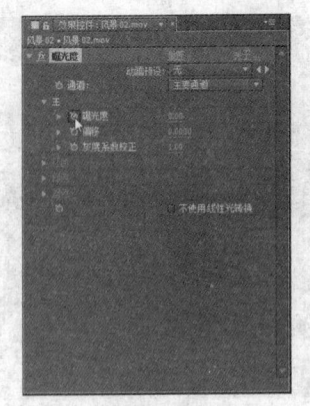

图 5-20　激活效果属性的秒表 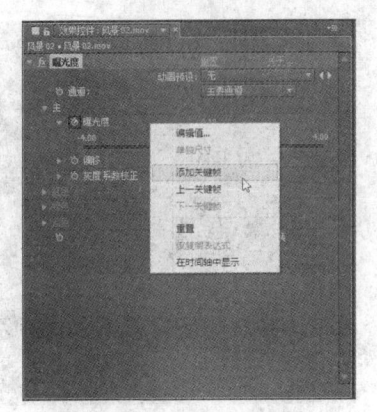　　　　　图 5-21　添加关键帧

2 打开【效果控件】面板，再打开【颜色平衡（HLS）】列表，然后分别单击【色相】、【亮度】、【饱和度】属性名称左侧的【秒表】按钮 ，如图 5-23 所示。

3 将当前播放指示器移到图层入点处，再打开各个效果属性的设置列表并设置色相和饱和度的属性值，如图 5-24 所示。

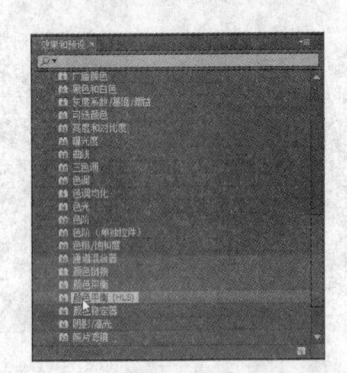

图 5-22　应用【颜色平衡（HLS）】效果 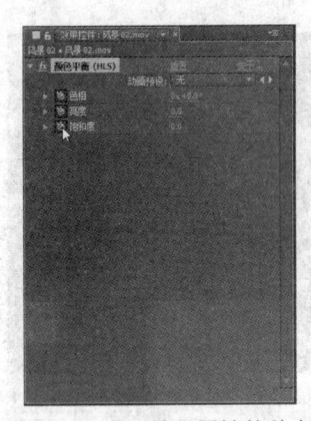　　图 5-23　激活效果属性的秒表 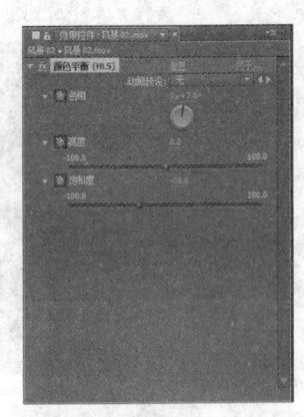　　图 5-24　设置色相和饱和度的属性

4 在【时间轴】面板中将当前时间指示器移到图层出点处，然后返回【效果控件】面板，并分别修改色相、亮度和饱和度的属性值，如图 5-25 所示。修改属性值后，After Effects 在当前时间指示器处自动创建关键帧。

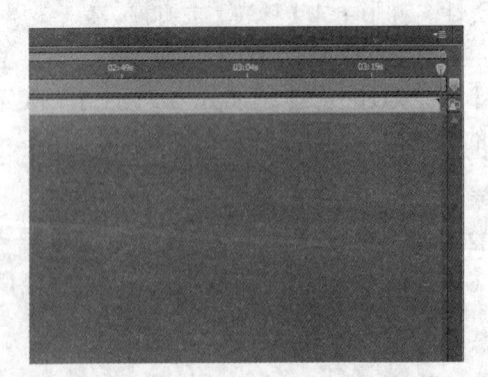

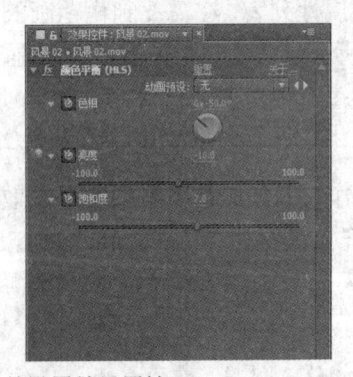

图 5-25　调整当前时间指示器并设置效果属性

5 创建效果的动画后，即可按空格键播放时间轴，并通过【合成】面板中查看视频的色彩效果，如图 5-26 所示。

图 5-26 播放时间轴查看色彩效果

5.3 效果概述

在 After Effects 中，【效果和预设】面板条列了 21 种效果，每种分类包含了不同数量的各个效果项目。下面将简要说明各种效果的用途和应用结果。

5.3.1 3D 通道类效果

3D 通道类效果可用于 2D 图层，特别是在辅助通道中包含 3D 信息的 2D 图层。这些 2D 图层源自特定图像序列，后者代表已从 3D 应用程序渲染的 3D 场景。使用 3D 通道类效果可将 3D 场景合并到 2D 合成中，并可修改这些 3D 场景。

3D 通道类效果包括 3D 通道提取、深度遮罩、场深度、雾 3D、ID 遮罩及 EXtractoR、Identifier。

- 3D 通道提取：使辅助通道可显示为灰度或多通道颜色图像。随后可以使用生成的图层作为其他效果的控件图层。例如，在 3D 通道图像文件中提取深度信息，然后在粒子运动场效果中将其用作影响图，或从非固定 RGB 通道提取值来生成遮罩，用以生成夺目的高光。
- 深度遮罩：可读取 3D 图像中的深度信息，并可沿 z 轴在任意位置对图像切片。例如，可以移除 3D 场景中的背景，也可以将对象插入 3D 场景中。
- 场深度：可模拟在 3D 场景中以一个深度聚焦（焦平面），以其他深度使对象变模糊的摄像机。此效果使用导入文件（代表 3D 场景）的辅助通道的深度信息。
- ID 遮罩：许多 3D 程序都使用唯一的对象 ID 标记场景中的各个元素。ID 遮罩效果使用此信息创建遮罩，以此排除场景中所需元素之外的所有内容。
- 雾 3D：通过仿佛在空中散射介质一样的行为来模拟雾效，随着对象沿 z 轴产生更大的距离感，使对象看起来更分散。
- EXtractoR 和 Identifier：这两个效果是 After Effects 附带的第三方效果，用于提取和标记 3D 通道图层信息。

5.3.2 扭曲类效果

可以使用各个扭曲效果来扭曲（变形）图像。

扭曲类效果包括多个 After Effects 内置的扭曲效果以及附带的第三方效果，在【扭曲】效果列表中，以 CC 开头的就是第三方效果，如图 5-27 所示。

扭曲类常用效果说明如下：

- 贝塞尔曲线变形：可沿图层边界，使用封闭的贝塞尔曲线形成图像，如图 5-28 所示。曲线包括四段，每段有三个点（一个顶点和两个切点）。
- 凸出：可围绕指定点扭曲图像，使图像似乎朝观众方向或远离观众的方向凸出，具体取决于选择的选项，如图 5-29 所示。

图 5-27　扭曲类效果　　　　图 5-28　贝塞尔曲线变形效果　　　　图 5-29　凸出效果

- 边角定位：可通过重新定位其四个边角的每一个来扭曲图像，如图 5-30 所示。此效果可用于伸展、收缩、倾斜或扭转图像，或者模拟从图层边缘开始转动的透视或运动，如开门。也可以使用它将图层附加到动态跟踪器跟踪的移动矩形区域。
- 液化：使用户可以推动、拖拉、旋转、扩大和收缩图层中的区域，如图 5-31 所示。多种液化工具可以在按住鼠标按钮或拖动时扭曲笔刷区域。扭曲集中在画笔区域的中心，且其效果随按住鼠标按钮或在某个区域中重复拖动而增强。

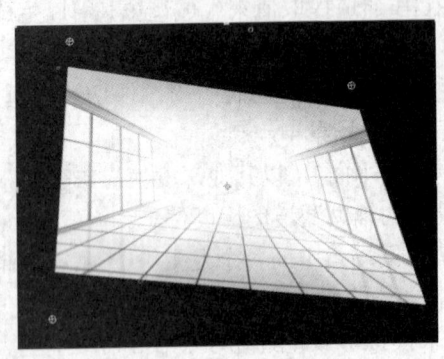

图 5-30　边角定位效果　　　　图 5-31　液化效果

- 放大：可扩大图像的全部或部分区域，如图 5-32 所示。此效果的作用像放在图像区域上的放大镜一样，也可以使用它以远超出 100%的比例缩放整个图像，同时保持分辨率。
- 网格变形：可在图层上应用贝塞尔补丁的网格，可使用它来扭曲图像区域，如图 5-33 所示。补丁的每个角均包括一个顶点和二到四个切点（控制构成补丁边缘的直线段的

曲率的点）。切点的数量取决于顶点是在角中、在边缘上还是在网格内。通过移动顶点和切点，可以处理曲线段的形状。网格越精细，对补丁内图像区域做出的调整越紧密。

图 5-32　放大效果

图 5-33　网格变形效果

- 镜像：可沿线拆分图像，并可将一侧反射到另一侧，如图 5-34 所示。
- 极坐标：可扭曲图层。具体方法是将图层（x,y）坐标系中的每个像素调换到极坐标中的相应位置，反之也一样。此效果会产生反常的和令人惊讶的扭曲，扭曲结果根据选择的图像和控件的不同而有很大不同，如图 5-35 所示。

图 5-34　镜像效果

图 5-35　极坐标效果

- 波纹：可在指定图层中创建波纹外观，这些波纹朝远离同心圆中心点的方向移动，如图 5-36 所示。此效果类似于在池塘中投下石头，也可以指定波纹朝中心点移动。
- 球面化：通过将图像区域绕到球面上来扭曲图层，如图 5-37 所示。图层的品质设置会影响球面化效果。"最佳"品质对置换像素到子像素精度采样；"草图"品质对最近的完整像素采样。

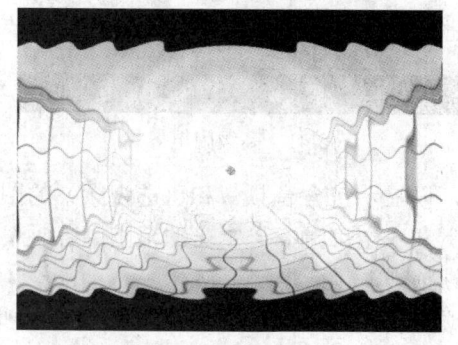

图 5-36　波纹效果

图 5-37　球面化效果

153

- 变形：可使图层扭曲或变形，如图 5-38 所示。变形样式的作用与 Adobe Illustrator 的变形效果和 Adobe Photoshop 的变形文本差不多。
- 波形变形：可产生波形在图像上移动的外观，如图 5-39 所示。可以生成各种不同的波形形状，包括正方形、圆形和正弦波形。波形变形效果可在时间范围内以定速（无关键帧或表达式）自动设置动画。

图 5-38　变形效果　　　　　　　　图 5-39　波形变形效果

5.3.3　生成类效果

生成类效果是经过优化分类后新增加的一类效果，包括 After Effects 内置的生成效果以及附带的第三方效果。在【生成】效果列表中，以 CC 开头的就是第三方效果。

生成类常用效果说明如下：

- 四色渐变：可产生四色渐变结果，如图 5-40 所示。渐变效果由四个效果点定义，后者的位置和颜色均使用"位置和颜色"控件设置动画。渐变效果由混合在一起的四个纯色圆形组成，每个圆形均使用一个效果点作为中心。
- 高级闪电：可模拟放电，如图 5-41 所示。与闪电效果不同，高级闪电效果不能自行设置动画。

图 5-40　四色渐变效果　　　　　　图 5-41　高级闪电效果

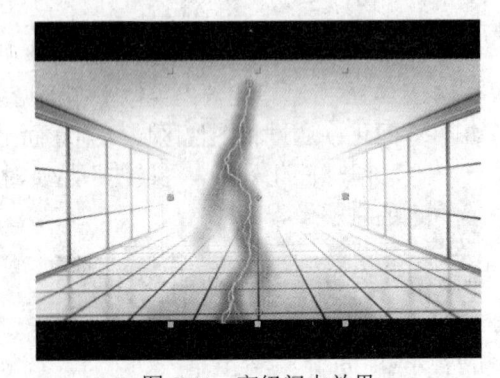

- 音频频谱：将音频频谱效果应用到视频图层，以显示包含音频（和可选视频）的图层的音频频谱。此效果可显示使用"起始频率"和"结束频率"定义的范围中各频率的音频电平大小，还可以多种不同方式显示音频频谱，包括沿蒙版路径。
- 音频波形效果：将音频波形效果应用到视频图层，以显示包含音频（和可选视频）的图层的音频波形。可以多种不同方式显示音频波形，包括沿开放或闭合的蒙版

路径。
- 光束效果：可模拟光束的移动，如激光光束，如图 5-42 所示。可以制作光束发射效果，也可以创建带有固定起始点或结束点的棍状光束效果。
- 单元格图案：可根据单元格杂色生成单元格图案，如图 5-43 所示。使用它可创建静态或移动的背景纹理和图案。这些图案可用作有纹理的遮罩、过渡图或置换图的源图。

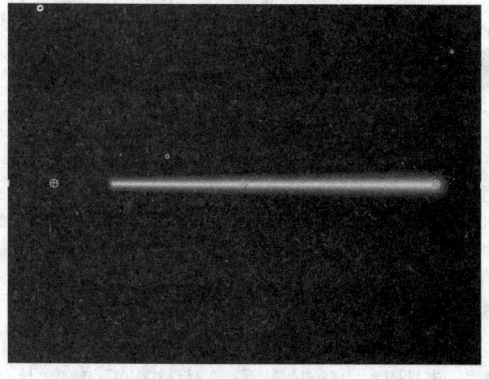

图 5-42　光束效果　　　　　　　　图 5-43　单元格图案效果

- 分形：可渲染曼德布罗特或朱莉娅集合，从而创建多彩的纹理，如图 5-44 所示。在首次应用此效果时，看到的图片是曼德布罗特集合的经典样本；此集合是使用黑色着色的区域。此集合外部的所有像素根据接近此集合的程度进行着色。
- 镜头光晕：可模拟将明亮的灯光照射到摄像机镜头所致的折射，如图 5-45 所示。通过单击图像缩览图的任一位置或拖动其十字线，指定光晕中心的位置。

图 5-44　分形效果　　　　　　　　图 5-45　镜头光晕效果

- 无线电波：可从固定或动画效果控制点创建辐射波，如图 5-46 所示。可以使用此效果生成池塘波纹、声波或复杂的几何图案。使用"反射"控件可使这些形状朝图层侧面反弹，也可以使用无线电波效果创建实际波形置换图，后者适合与焦散效果一起使用。
- 勾画：可在对象周围生成航行灯和其他基于路径的脉冲动画，如图 5-47 所示。可以勾画任何对象的轮廓，使用光照或更长的脉冲围绕此对象，然后为其设置动画，以创建在对象周围追光的景象。

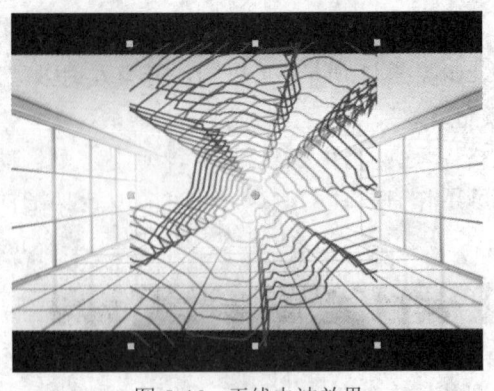

图 5-46　无线电波效果　　　　　　　　　图 5-47　勾画效果

5.3.4　模拟类效果

模拟类效果可以模拟各种环境和物质效果，如下雨效果、泡沫效果、碎片效果等。

模拟类常用效果说明如下：

- 焦散：可模拟焦散（在水域底部反射光），它是光通过水面折射而形成的，如图 5-48 所示。在与波形环境效果和无线电波效果结合使用时，焦散效果可生成此反射，并创建真实的水面。
- 泡沫：可生成流动、黏附和弹出的气泡，如图 5-49 所示。使用此效果的控制可调整气泡的属性，如黏性、黏度、寿命和气泡的强度。可以精确控制泡沫粒彼此交互的方式，以及泡沫粒与环境交互的方式，并可指定单独的图层来充当地图，从而精确控制泡沫流动的位置。

图 5-48　焦散效果　　　　　　　　　图 5-49　泡沫效果

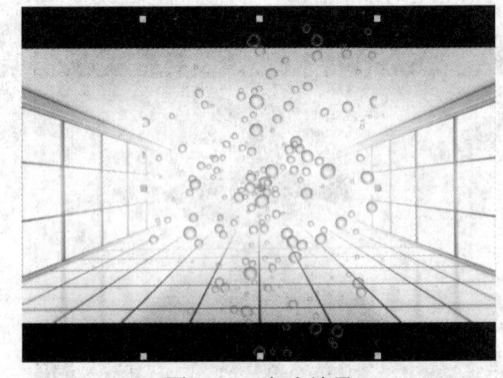

- 粒子运动场：可以独立地为大量相似的对象（如一群蜜蜂或暴风雪）设置动画，如图 5-50 所示。使用"发射"可从图层的特定点创建一连串粒子，或者使用"网格"可生成一个粒子面。"图层爆炸"和"粒子爆炸"可用于根据现有图层或粒子创建新粒子。
- 碎片：可使图像产生爆炸效果，如图 5-51 所示。使用此效果的控件可设置爆炸点，以及调整强度和半径。半径外部的所有内容都不会爆炸，以使图层的某些部分保持不变。可以从各种碎块形状中选择形状（或创建自定义形状）并挤压这些碎块，以使其具有容积和深度。甚至可以使用渐变图层精确控制爆炸的时间安排和顺序。

图 5-50　粒子运动效果　　　　　　　　图 5-51　碎片效果

- 波形环境：可创建灰度置换图，以便用于其他效果，如焦散或色光效果。此效果可根据液体的物理学模拟创建波形，如图 5-52 所示。波形从效果点发出相互作用，并实际反映其环境。使用波形环境效果可创建徽标的俯视视图，同时波形会反映徽标和图层的边。
- 下雨（CC Rainfall）：模拟创建下雨效果，如图 5-53 所示。可以调整雨滴的密度、大小，以及风向、速度等属性。

图 5-52　波形环境效果　　　　　　　　图 5-53　下雨效果

5.3.5　过渡类效果

过渡类效果是可以使图层交替播放时产生过渡的变换的一类效果。过渡类常用效果说明如下：

- 块溶解：可以使图层消失在随机块中，如图 5-54 所示。可以使用像素为单位单独设置块的宽度和高度。使用"草图"品质时，块采用像素精度放置并具有清晰的边缘；使用"最佳"品质时，块使用子像素精度放置并具有模糊的边缘。
- 卡片擦除：模拟一组卡片，这组卡片先显示一张图片，然后翻转以显示另一张图片，如图 5-55 所示。"卡片擦除"提供对卡片的行数和列数、翻转方向以及过渡方向的控制（包括使用渐变来确定翻转顺序的功能）。此外，还可以控制随机性和抖动以使效果看起来更逼真。
- 渐变擦除：使图层中的像素基于另一个图层（称为渐变图层）中相应像素的明亮度值变得透明，如图 5-56 所示。渐变图层中的深色像素导致对应像素以较低的"过渡完成"值变得透明。例如，从左到右由黑变白的简单灰度渐变图层导致底层图层随着"过渡完成"值的增大从左到右显示。

157

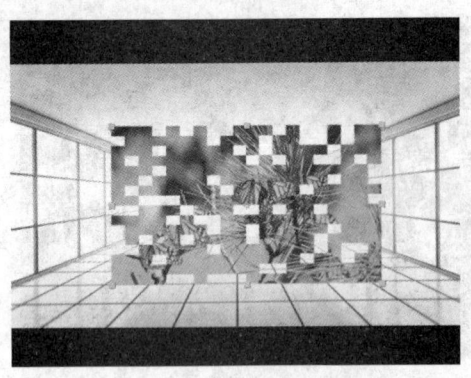

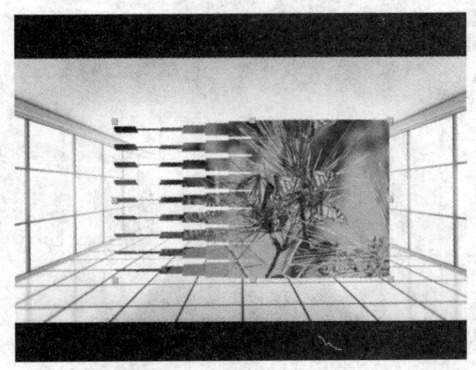

图 5-54　块溶解效果　　　　　　　　　　图 5-55　卡片擦除效果

- 光圈擦除：创建显示底层图层的径向过渡，如图 5-57 所示。指定使用 6~32 点的范围创建光圈所用的点数，并指定是否使用内径。如果选中"使用内径"，可以同时指定"内径"和"外径"的值；如果"外径"或"内径"设置为 0，则光圈不可见。如果"外径"和"内径"设置为相同的值，则光圈最圆。

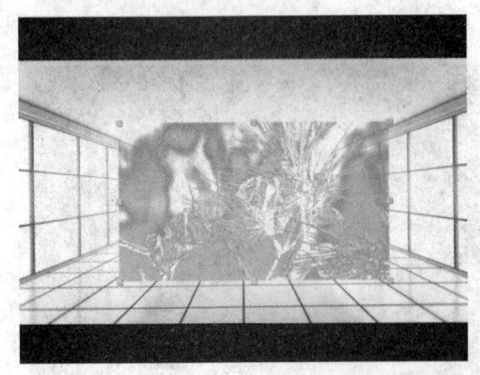

图 5-56　渐变擦除效果　　　　　　　　　　图 5-57　光圈擦除效果

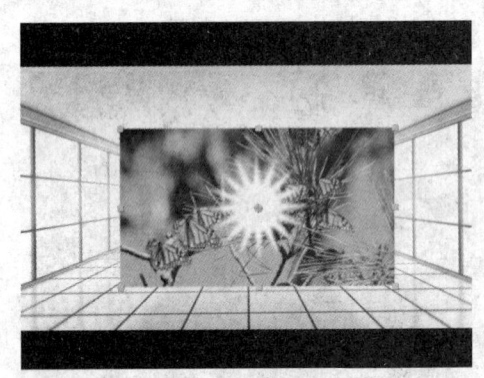

- 线性擦除：按指定方向对图层执行简单的线性擦除，如图 5-58 所示。使用"草图"品质时，擦除的边缘不会消除锯齿；使用"最佳"品质时，擦除的边缘会消除锯齿且羽化是平滑的。
- 百叶窗：使用具有指定方向和宽度的条显示底层图层，如图 5-59 所示。使用"草图"品质时，这些条以像素精度设置动画；使用"最佳"品质时，这些条以子像素精度设置动画。

图 5-58　线性擦除效果　　　　　　　　　　图 5-59　百叶窗效果

5.3.6 透视类效果

用于制作透视类型的图层效果,包括 3D 眼镜效果、斜面效果、投影效果等。透视类常用效果说明如下:

- 3D 眼镜:通过合并左右 3D 视图来创建单个 3D 图像,如图 5-60 所示。可以使用 3D 程序或立体摄像机中的图像作为每个视图的源图像。
- 斜面 Alpha:可为图像的 Alpha 边界增添凿刻、明亮的外观,通常为 2D 元素增添 3D 外观,如图 5-61 所示。如果图层完全不透明,则将效果应用到图层的定界框。通过此效果创建的边缘比通过边缘斜面效果创建的边缘柔和。

图 5-60 3D 眼镜效果

图 5-61 斜面 Alpha 效果

- 边缘斜面:可为图像的边缘增添凿刻、明亮的 3D 外观,如图 5-62 所示。边缘位置由源图像的 Alpha 通道确定。与斜面 Alpha 效果不同,使用此效果创建的边缘始终是矩形,因此具有非矩形 Alpha 通道的图像不能产生适当的外观。
- 投影:可添加显示在图层后面的阴影,如图 5-63 所示。图层的 Alpha 通道将确定阴影的形状。在将投影添加到图层中时,图层 Alpha 通道的柔和边缘轮廓将在其后面显示,就像将阴影投射到背景或底层对象上一样。
- 径向阴影:可在应用此效果的图层上根据点光源而非无限光源(与投影效果一样)创建阴影。阴影从源图层的 Alpha 通道投射,在光透过半透明区域时,使该图层的颜色影响阴影的颜色。

图 5-62 边缘斜面效果

图 5-63 投影效果

5.3.7 风格化类效果

风格化类效果主要是通过改变影像中的像素或者对影像的颜色进行处理，从而产生各种抽象派或者印象派的作品效果，也可以模仿其他门类的艺术作品，如浮雕、素描等。风格化类常用效果说明如下：

- 笔刷描边：可将粗糙的绘画外观应用到图像，如图 5-64 所示。用户可以使用此效果来实现点描画法样式，具体方法是将笔刷描边的长度设置为 0 并增加描边浓度。

图 5-64　原素材与应用笔刷描边效果的结果

- 卡通：可简化和平滑图像中的阴影和颜色，并可将描边添加到轮廓之间的边缘上，如图 5-65 所示。整体结果是：减少低对比度区域中的对比度，增加高对比度区域的对比度。可以出于风格目的，使用卡通效果来简化或抽象化图像，使人注意细节区域或隐藏原始素材的劣质。

图 5-65　原图与应用卡通效果的结果

- 浮雕与彩色浮雕：浮雕效果可锐化图像的对象边缘并可抑制颜色，如图 5-66 所示。此效果还会根据指定角度对边缘使用高光。通过控制"起伏"设置，图层的品质设置会影响浮雕效果。彩色浮雕效果的作用与浮雕效果一样，但不会抑制图像的原始颜色，如图 5-67 所示。
- 发光：可找到图像的较亮部分，然后使那些像素和周围的像素变亮，以创建漫射的发光光环，如图 5-68 所示。发光效果也可以模拟明亮的光照对象的过度曝光。此外，可以设置发光基于图像的原始颜色，或基于其 Alpha 通道。

- 马赛克：可使用纯色矩形填充图层，以使原始图像像素化，如图 5-69 所示。此效果可用于模拟低分辨率显示，以及遮蔽面部。

图 5-66 浮雕效果

图 5-67 彩色浮雕效果

图 5-68 发光效果

图 5-69 马赛克效果

- 散布：可在图层中散布像素，从而创建模糊的外观，如图 5-70 所示。在不更改每个单独像素的颜色的情况下，散布效果会随机再分发像素，但分发位置是与其原始位置相同的常规区域。
- 阈值：将灰度或彩色图像转换为高对比度的黑白图像，如图 5-71 所示。指定特定的级别作为阈值；比阈值浅的所有像素将转换为白色，比阈值深的所有像素将转换为黑色。

图 5-70 散布效果

图 5-71 阈值效果

- 玻璃（CC Glass）：用于制作类似玻璃浮雕纹理的效果，如图 5-72 所示。
- 万花筒（CC Kaleida）：用于制作万花筒的旋转拼贴效果，如图 5-73 所示。

图 5-72　玻璃效果　　　　　　　　　　　图 5-73　万花筒效果

5.3.8　颜色校正类效果

在组合合成时，通常需要调整或校正一个或多个图层的颜色。使用颜色校正类的效果，则可以根据需要对图层进行各类颜色处理，如调整色阶、调整曝光度、更改颜色、调整颜色饱和度等。

颜色校正类效果的常用效果说明如下：

- 自动色阶：可将图像各颜色通道中最亮和最暗的值映射为白色和黑色，然后重新分配中间的值，如图 5-74 所示。结果，高光看起来更亮，阴影看起来更暗。因为自动色阶效果可单独调整各颜色通道，所以可移除或引入色板。

图 5-74　原图与应用自动色阶效果的结果

- 亮度和对比度：可调整整个图层（不是单个通道）的亮度和对比度，如图 5-75 所示。使用亮度和对比度效果是简单调整图像色调范围的最简单的方式。此方式可一次调整图像中的所有像素值（高光、阴影和中间调）。

图 5-75　原图与应用亮度和对比度效果的结果

- 更改为颜色：可将在图像中选择的颜色更改为使用色相、亮度和饱和度（HLS）值的其他颜色，同时使其他颜色不受影响，如图 5-76 所示。

图 5-76　原图与应用更改为颜色效果的结果

- 颜色平衡（HLS）：可改变图像的色相、亮度和饱和度，如图 5-77 所示。此效果兼容在 After Effects 早期版本中创建的使用颜色平衡（HLS）效果的项目。对于新项目，则使用色相/饱和度效果，此效果的作用与 Adobe Photoshop 中的"色相/饱和度"命令一样。

图 5-77　原图与应用颜色平衡（HLS）效果的结果

- 色光：是一种功能强大的通用效果，可用于在图像中转换颜色和为其设置动画。使用色光效果，可以为图像巧妙地着色，也可以彻底更改其调色板，如图 5-78 所示。

图 5-78　原图与应用色光效果的结果

- 曲线：可调整图像的色调范围和色调响应曲线，如图 5-79 所示。色阶效果也可调整色调响应，但曲线效果增强了控制力。使用色阶效果时，只能使用三个控件（高光、阴影和中间调）进行调整。使用曲线效果时，可以使用通过 256 点定义的曲线，将输入值任意映射到输出值。

图 5-79　应用曲线效果

- 色相/饱和度：可调整图像单个颜色分量的色相、饱和度和亮度，如图 5-80 所示。此效果基于色轮。调整色相或颜色表示围绕色轮转动。调整饱和度或颜色的纯度表示跨色轮半径移动。使用"着色"控件可将颜色添加到转换为 RGB 图像的灰度图像，或将颜色添加到 RGB 图像。

图 5-80　应用色相/饱和度效果

- 色阶：可将输入颜色或 Alpha 通道色阶的范围重新映射到输出色阶的新范围，并由灰度系数值确定值的分布，如图 5-81 所示。此效果的作用与 Photoshop 的"色阶"调整很相似。

图 5-81　应用色阶效果

- 照片滤镜：可模拟以在摄像机镜头前面加彩色滤镜，以便调整通过镜头传输的光的颜色平衡和色温，如图 5-82 所示；使胶片强化曝光，如图 5-83 所示。可以选择颜色预设将色相调整应用到图像，也可以使用拾色器或吸管指定自定义颜色。

图 5-82　使用冷色滤镜的效果

图 5-83　设置白色强化胶片曝光的效果

- 阴影/高光：可使图像的阴影主体变亮并减少图像的高光，如图 5-84 所示。此效果不能使整个图像变暗或变亮；它可根据周围的像素单独调整阴影和高光，还可以调整图像的整体对比度。

图 5-84　原图与应用阴影/高光效果的结果

- 色调：可对图层着色，具体方法是将每个像素的颜色值替换为"将黑色映射到"和"将白色映射到"指定的颜色之间的值，再为明亮度值在黑白之间的像素分配中间值，如图 5-85 所示。

图 5-85　原图与应用色调效果的结果

5.3.9　其他类型的效果

除了上述类型的效果外，After Effects 还提供了很多种效果。下面对这些类型的效果进行简述。

- 实用工具类效果：提供一些用于实际图像调整的效果，分别包括【Cineon 转换】、【HDR 高光压缩】、【HDR 压缩扩散器】、【范围扩散】、【颜色配置文件转换器】、【应用颜色 LUT】和【CC Overbrights】效果。如图 5-86 所示为应用 Cineon 转换效果的结果。
- 文本类效果：这类效果用来产生重叠的文本、数字（编辑时间码）、屏幕滚动和标题等，是关于文本的效果集合。在 After Effects 中，只包括【编号】、【时间码】两个滤镜。如图 5-87 所示为应用时间码效果的结果。

图 5-86　应用 Cineon 转换效果的结果 　　　　图 5-87　应用时间码效果的结果

- 时间类效果：这类效果可以提供和时间相关的特技效果，以原素材作为时间基准，在应用时间效果时，忽略其他使用的效果。时间类效果包括多个 After Effects 内置的效果和第三方效果，如图 5-88 所示。

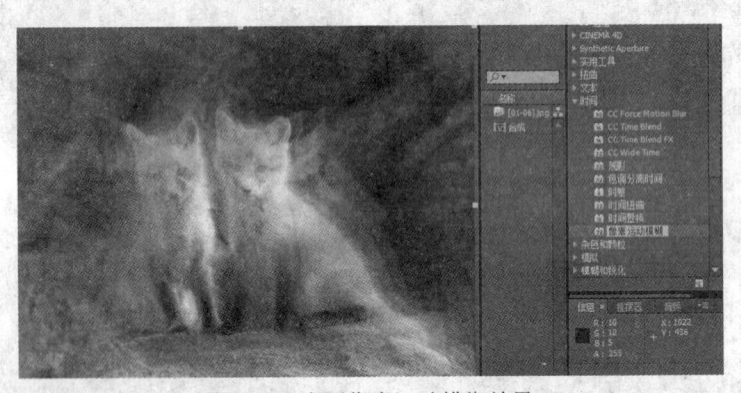

图 5-88　应用像素运动模糊效果

- 杂色和颗粒类效果：可以创建出类似于添加杂色、蒙尘、刮痕等效果。如图 5-89 所示为应用分形杂色效果的结果。

图 5-89　原图与应用分形杂色效果的结果

- 模糊和锐化类效果：这类效果主要应用于创建合成图像的模糊和清晰化效果。模糊和锐化类效果包括多个 After Effects 内置的效果和第三方效果，如图 5-90 所示。

图 5-90　应用摄像机镜头模糊效果

- 表达式控制类效果：这类效果由数字、算符、数字分组符号（括号）、自由变量和约束变量等以能求得数值的有意思的排列方法所得到的组合。约束变量在表达式中已被指定数值，而自由变量则可以在表达式之外另行指定数值。在 After Effects 中，表达式控制类效果包括【3D 点控制】、【点控制】、【复选框控制】、【滑块控制】、【角度控制】、【图层控制】、【颜色控制】效果。
- 过时类效果：过时类效果就是旧版本提供的一些效果，包括【基本 3D】、【基本文字】、【亮度键】、【路径文本】、【闪光】、【颜色键】、【溢出控制】7 种效果。
- 通道类效果：可以用来控制、抽取、插入或转换图像的通道，更可以和其他效果配合使用，会产生精妙的效果。通道包含各自的颜色分量（RGB）、计算机颜色值（HSL）和透明度（Alpha）。如图 5-91 所示为应用【通道合成器】效果的结果。
- 遮罩类效果：是一类针对于合成中遮罩编辑的特效，利用遮罩效果可以对已创建的遮罩进行修改和编辑。

图 5-91　应用通道合成器效果

- 键控类效果：是一类广泛应用于视像抠图、合成的效果。例如，当看到演员在绿色或蓝色构成的背景前表演，但这些背景可以在最终的影片中使用其他背景画面替代，这就是应用了键控技术。如图 5-92 所示为应用【颜色差值键】效果的结果。
- 音频类效果：这类效果针对音频素材进行音效设置和音调调整。

图 5-92　原来图层重叠与应用颜色差值键效果的结果

- 动画预设：在【效果和预设】面板中，还提供了一个【动画预设】分类列表，通过列表中的效果项，可以快速制作各种类型的动画效果，如图 5-93 所示。

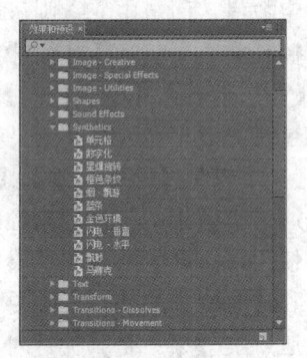

图 5-93　各种动画预设

5.4　技能训练

下面通过多个上机练习实例，巩固所学技能。

5.4.1　上机练习 1：制作影片溶解入场和摇动效果

本例先为项目创建一个合成，再使用一个风景视频素材在合成上创建两个图层，并适当修改一个图层的出点和另一个图层的入点，然后为第一个图层应用【块溶解-数字化】动画预设，再为另一个图层应用【摆动的罗摩】动画预设，制作出影片溶解入场再摇动的效果。

操作步骤

1 打开光盘中的 "..\Example\Ch05\5.4.1.aep" 练习文件，在【项目】面板上单击右键，再选择【新建合成】命令，打开【合成设置】对话框后，设置合成的各个选项，然后单击【确定】按钮，如图 5-94 所示。

168

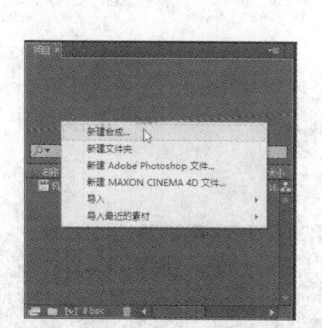

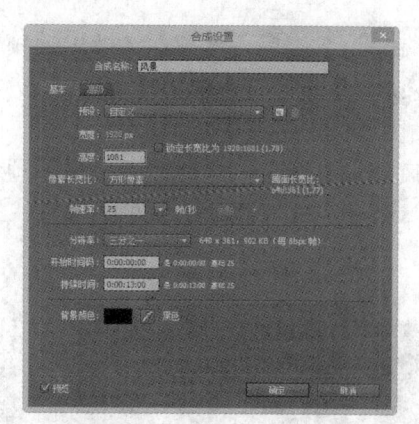

图 5-94 新建合成

2 在【项目】面板中将【风景 03.avi】素材项目拖到时间轴的合成上，以基于该素材创建图层，并修改图层名称为【风景 1】，如图 5-95 所示。

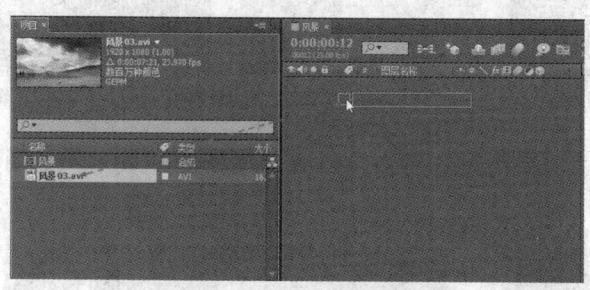

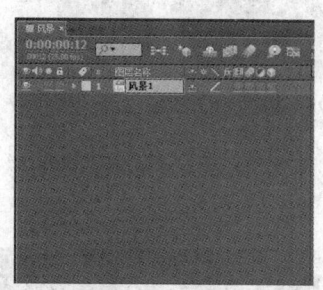

图 5-95 创建图层并修改图层名称

3 将鼠标移到【风景 1】图层的出点处，然后按住鼠标并向左移动，以调整图层出点，如图 5-96 所示。

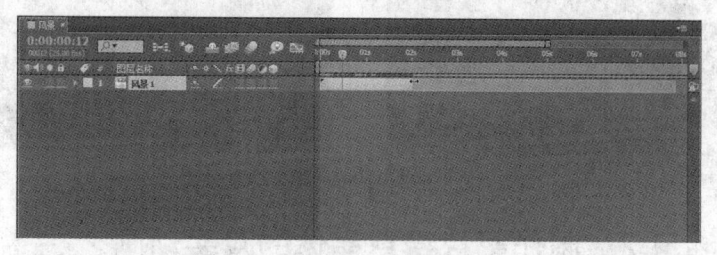

图 5-96 修改第一个图层的出点

4 通过【项目】面板将【风景 03.avi】素材项目拖到时间轴的合成上，然后修改图层的名称为【风景 2】，接着修改该图层的入点与上一个图层的出点位于同一时间点，如图 5-97 所示。

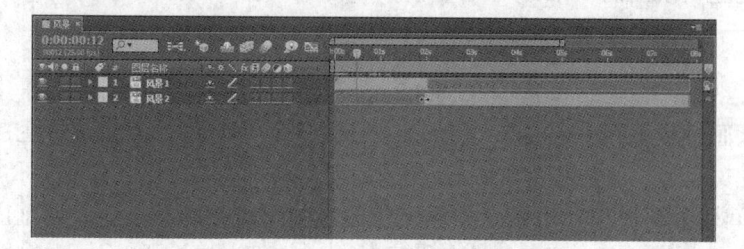

图 5-97 创建第二个图层并修改图层入点

169

5 选择【风景 1】图层，然后在【效果和预设】面板中打开【动画预设】|【Presets】|【Transitions-Dissolves】列表，再双击【块溶解-数字化】项目，接着在【效果控件】面板中设置各项属性，如图 5-98 所示。

6 选择【风景 2】图层，然后在【效果和预设】面板中打开【动画预设】|【Presets】|【Behaviors】列表，再双击【摆动的罗摩】项目，接着在【效果控件】面板中设置各项属性，如图 5-99 所示。

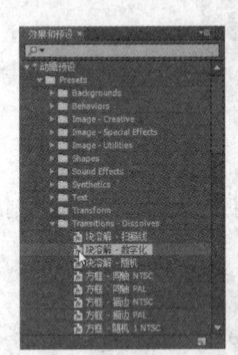

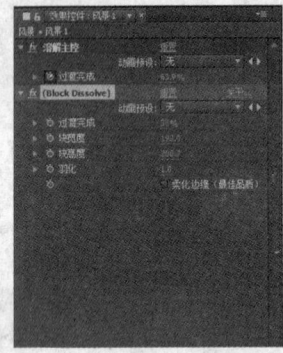

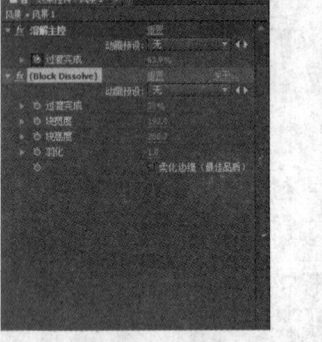

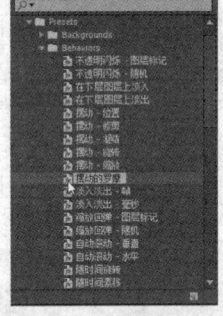

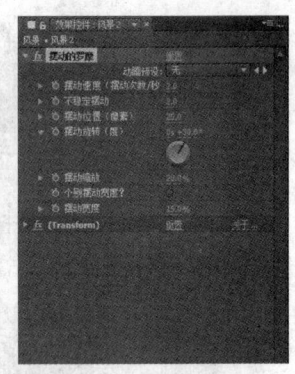

图 5-98　为第一个图层应用动画预设并设置属性　　　　图 5-99　为第二个图层应用动画预设并设置属性

7 按空格键，播放时间轴以查看图层溶解入场后再进行摇动的动画效果，如图 5-100 所示。

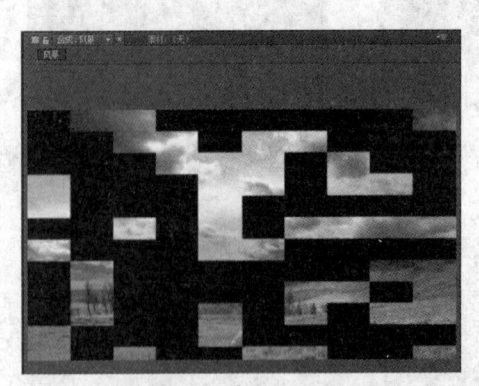

图 5-100　播放时间轴查看动画效果

5.4.2　上机练习 2：制作影片绿色晶体的片头动画

本例将为图层应用【绿色晶体】动画预设，然后修改应用动画预设后产生的纯色图层的出点，再修改原来视频素材图层的入点，接着通过【效果控件】面板设置动画预设的属性，最后为纯色图层创建透明淡出的效果。

操作步骤

1 打开光盘中的 "..\Example\Ch05\5.4.2.aep" 练习文件，选择图层后在【效果和预设】面板中打开【动画预设】|【Presets】|【Backgrounds】列表，然后双击【绿色晶体】项目，如图 5-101 所示。

2 在【时间轴】面板中使用鼠标按住纯色图层的出点并向左移动，调整出点的位置，然后调整视频素材图层的入点，使之与纯色图层的出点在同一时间点，如图 5-102 所示。

图 5-101　应用【绿色晶体】动画预设 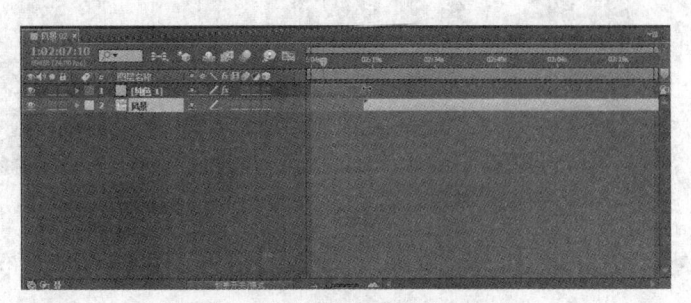　　　　　图 5-102　调整图层的出点和入点

3 选择纯色图层，再通过【效果控件】面板修改【绿色晶体】动画预设的各个项目的属性，以及指定绿色晶体径向的变化的中心点位置，如图 5-103 所示。

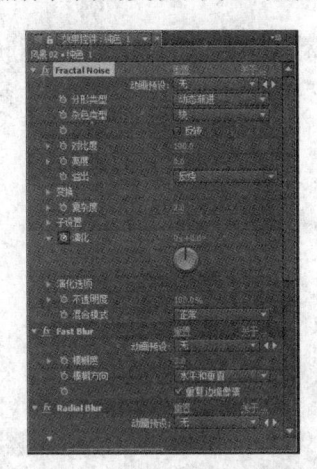

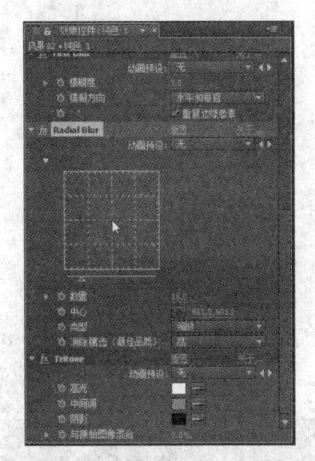

图 5-103　设置动画预设的各项属性

4 在【时间轴】面板中打开纯色图层的属性列表，然后将当前时间指示器移到动画预设效果的第二个关键帧处（黑点），并激活【不透明度】属性的秒表，接着将当前时间指示器移到纯色图层的出点处，再添加一个关键帧，设置不透明度为 0%，如图 5-104 所示。

5 完成上述操作后，即可播放时间轴，通过【合成】面板查看影片绿色晶体片头的效果，如图 5-105 所示。

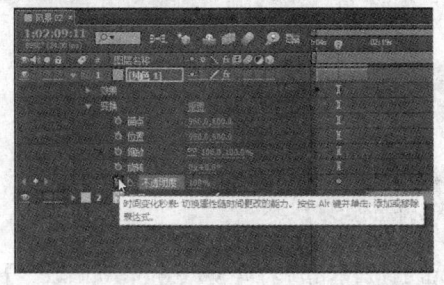

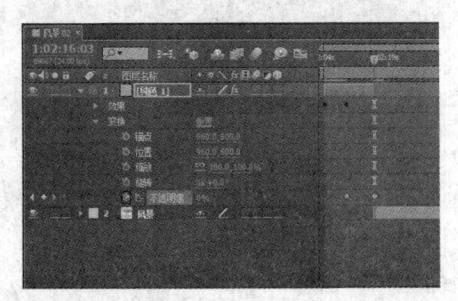

图 5-104　创建纯色图层的淡出效果

171

图 5-105　播放时间轴查看效果

5.4.3　上机练习 3：为影片项目进行深度校色处理

本例将为图层应用第三方效果【SA Color Finesse 3】，然后通过【效果控件】面板分别设置色调校正、曲线和 HSL 的颜色属性，以改善影片的颜色效果。

> SA Color Finesse 是一个出色的校色插件（即第三方程序）。它具有使用 32 位的浮点颜色空间并有着惊人的分辨率和容度；可控制暗色调、中间调、高光的修正；可在 HSL、RGB、CMY 及 YC6CR 颜色空间上完成修正工作；自动的颜色比较和黑白灰平衡；自定义修正曲线；6 个间色修正通道来选择和校正单独的失量颜色等特点。

操作步骤

1 打开光盘中的"..\Example\Ch05\5.4.3.aep"练习文件，选择图层并打开【效果和预设】面板中的【Synthetic Aperture】列表，再双击【SA Color Finesse 3】项目，如图 5-106 所示。

图 5-106　应用【SA Color Finesse 3】效果

2 打开【效果控件】面板，然后单击【About】按钮，查看【SA Color Finesse 3】效果的说明，如图 5-107 所示。

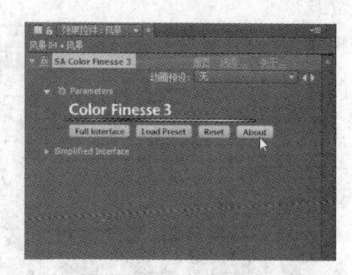

图 5-107　查看【SA Color Finesse 3】效果的说明

3 在【效果控件】面板中打开效果的【Hue Offset（色调校正）】列表，然后在【Master】色盘上拖动鼠标选择一种色调，再使用相同的方法，在【Shadows】色盘上选择一种色调，如图 5-108 所示。

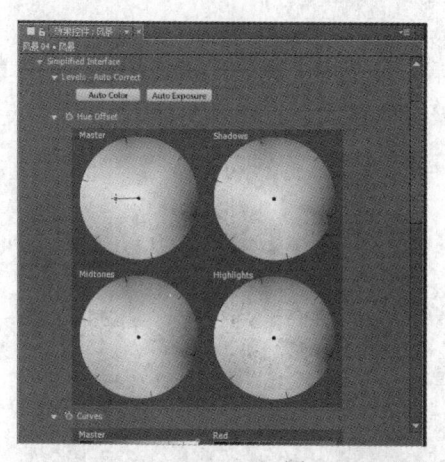

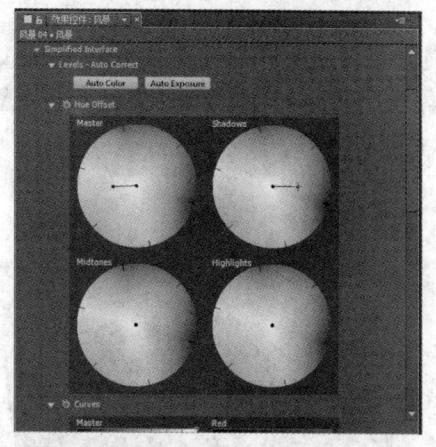

图 5-108　设置主色调和投影色调

4 使用鼠标在【Midtones】色盘上拖动选择一种色调，再使用鼠标在【Highlights】色盘上拖动选择一种色调，如图 5-109 所示。

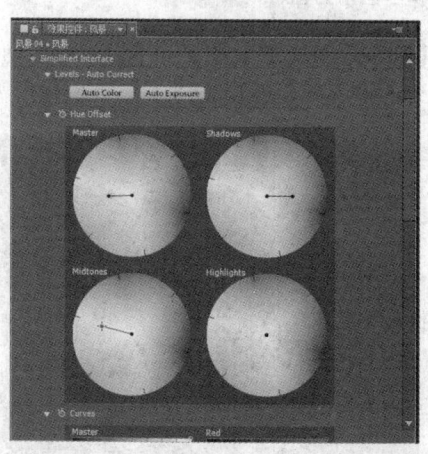

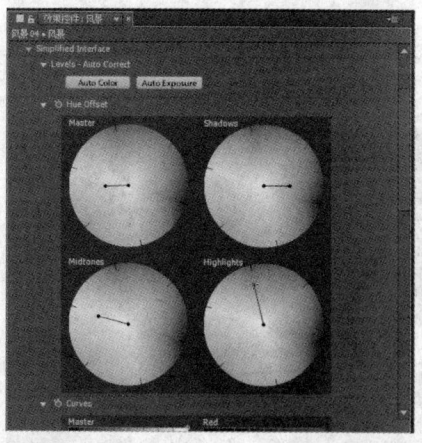

图 5-109　设置中间调和高亮的色调

5 在【效果控件】面板中打开效果的【Curves（曲线）】列表，然后使用鼠标按住【Red】曲线，并向下拖动降低红色调，接着使用鼠标按住【Blue】曲线，并向上拖动提高蓝色调，如图 5-110 所示。

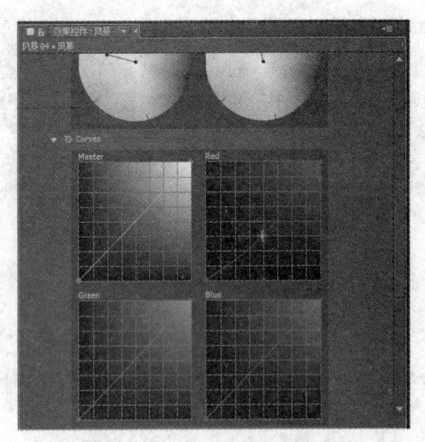

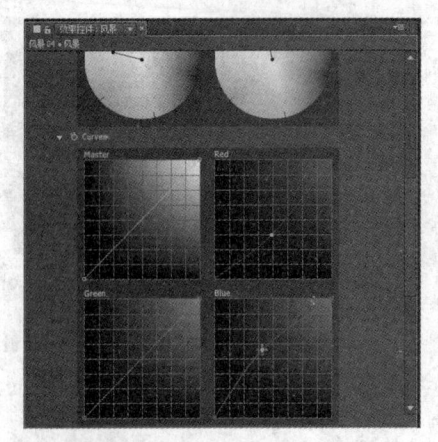

图 5-110 通过曲线调整红色和蓝色效果

6 使用鼠标按住【Green】曲线并向下拖动降低绿色调，然后打开【HSL】项的【Master】列表，再设置【Hue】的属性值为–24，以调整整个色彩效果，如图 5-111 所示。

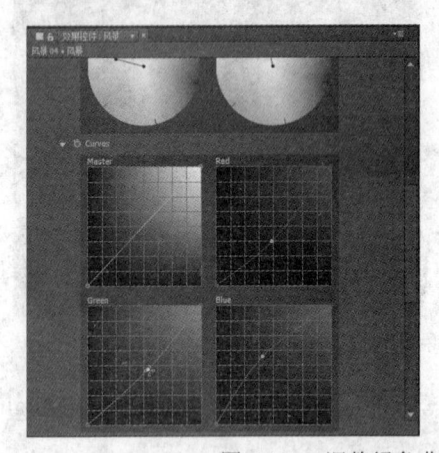

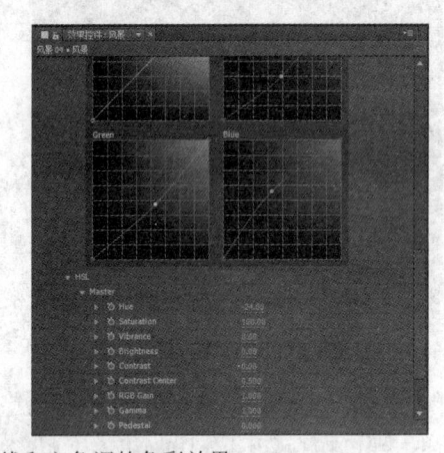

图 5-111 调整绿色曲线和主色调的色彩效果

7 完成上述操作后，即可播放时间轴，通过【合成】面板查看影片的色彩效果，如图 5-112 所示。

图 5-112 播放时间轴查看影片色彩效果

5.4.4 上机练习 4：制作影片的自动翻页动画效果

本例将为图层应用第三方效果【CC Page Turn】，然后通过【效果控件】面板设置翻页控制方式，再制作翻页效果中的【折叠位置】属性动画，制作出影片在播放过程中进行翻页动画的效果。

操作步骤

1 打开光盘中的"..\Example\Ch05\5.4.4.aep"练习文件，在【合成】面板中选择图层，然后打开【效果和预设】面板的【扭曲】列表，再双击【CC Page Turn】项目，如图 5-113 所示。

图 5-113　应用【CC Page Turn】效果

2 打开【效果控件】面板，再打开【Controls】列表框并选择【Top Right Corner】选项，以更改翻页控制方式，如图 5-114 所示。

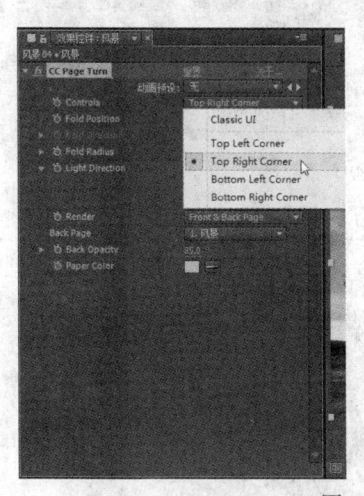

图 5-114　更改翻页控制方式

3 将当前时间指示器移到图层的入点处，然后在【效果控件】面板中单击【Fold Position】属性左侧的秒表，接着单击【Fold Position】属性名称右侧的 按钮，并在【合成】面板中单击指定翻页折叠位置，如图 5-115 所示。

4 在【时间轴】面板中将当前时间指示器移到图层出点处，然后在【合成】面板中显示大小，如图 5-116 所示。

175

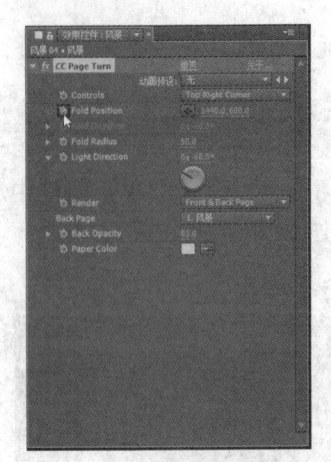

图 5-115 激活折叠位置属性秒表并指定初始折叠位置

图 5-116 调整当前时间指示器和显示大小

5 在【效果控件】面板中单击【Fold Position】属性名称右侧的 按钮，然后在【合成】面板的左下方单击，指定结束关键帧的折叠位置，如图 5-117 所示。

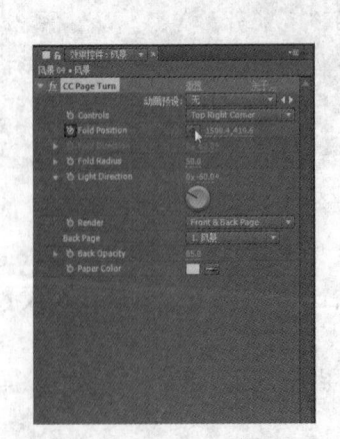

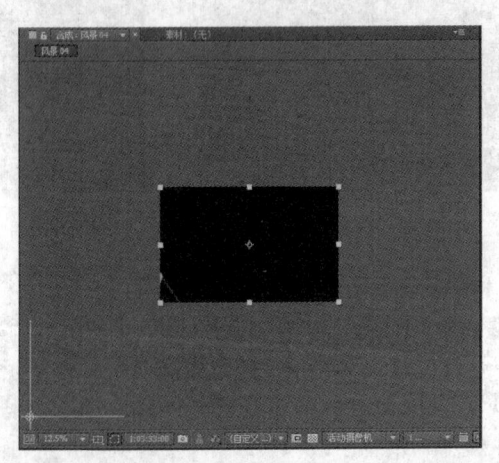

图 5-117 指定结束关键帧的折叠位置

176

6 完成上述操作后,即可播放时间轴,可以看到影片在播放过程中出现翻页动画的效果,如图 5-118 所示。

图 5-118　播放时间轴查看影片翻页效果

5.4.5　上机练习 5：制作影片的径向缩放擦除过渡

本例将为第一个图层应用第三方过渡效果【CC Radial ScaleWipe】,然后通过【时间轴】面板制作【完成】属性的完成程度动画,接着为第二个图层制作淡入的动画,制作影片的径向缩放擦除过渡效果。

操作步骤

1 打开光盘中的 "..\Example\Ch05\5.4.5.aep" 练习文件,在【合成】面板中选择第一个图层,然后打开【效果和预设】面板的【过渡】列表,再双击【CC Radial ScaleWipe】项目,如图 5-119 所示。

图 5-119　应用【CC Radial ScaleWipe】效果

2 在【时间轴】面板中打开第一个图层的效果属性列表,然后将当前时间指示器移到第二个图层入点的位置,再单击【Completion】属性名称左侧的【秒表】按钮,激活【Completion】属性秒表,如图 5-120 所示。

3 将当前时间指示器移到第一个图层的出点处,然后添加关键帧并设置【Completion】属性的值为 100%,如图 5-121 所示。

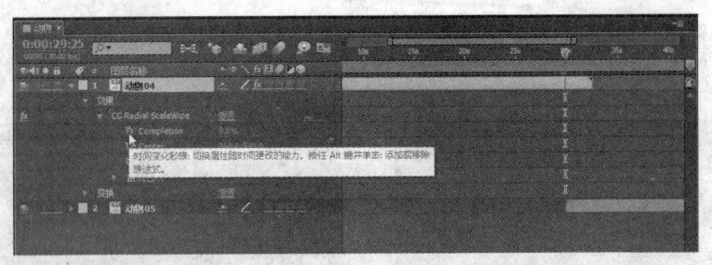

图 5-120 调整当前时间指示器位置并激活秒表

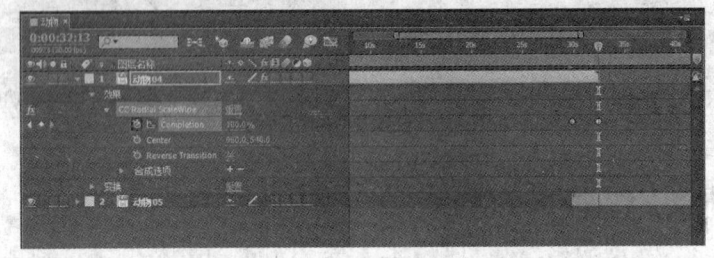

图 5-121 插入结束关键帧并设置属性

4 在【时间轴】面板中打开第二个图层的【变换】属性列表，在当前时间下单击【不透明度】左侧的【秒表】按钮，激活【不透明度】属性的秒表，如图 5-122 所示。

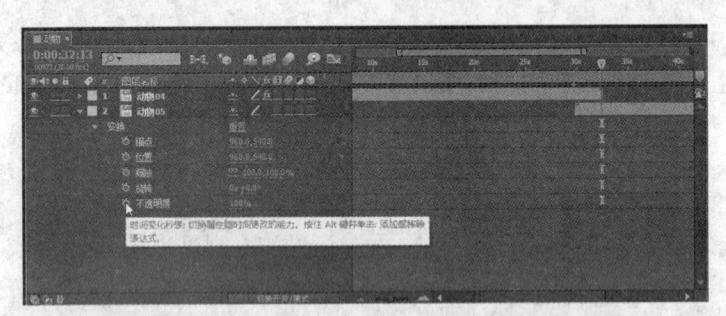

图 5-122 激活第二个图层【不透明度】属性秒表

5 将当前时间指示器移到第二个图层的入点处，然后在【不透明度】属性中添加关键帧并设置不透明度为 0%，如图 5-123 所示。

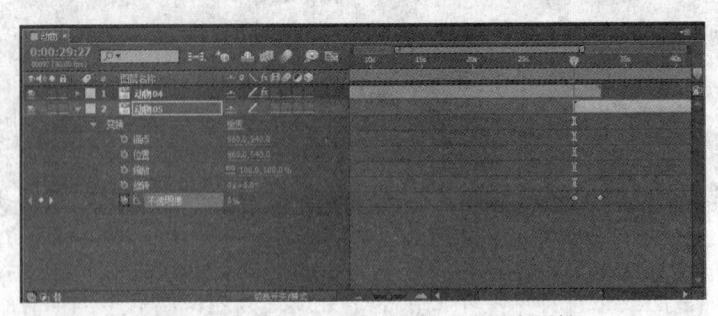

图 5-123 添加关键帧并设置不透明度属性

6 完成上述操作后，即可按空格键播放时间轴，查看第一个图层到第二个图层的过渡效果，如图 5-124 所示。

图 5-124　播放时间轴查看过渡效果

5.4.6　上机练习 6：为影片调色并添加镜头光晕效果

本例先为合成创建一个纯色图层，再为纯色图层应用【梯度渐变】生成效果，然后通过【效果控件】面板指定渐变颜色并设置纯色图层的混合模式，以调整影片颜色效果，接着应用【镜头光晕】效果并调整镜头光晕的位置和其他属性。

操作步骤

1 打开光盘中的 "..\Example\Ch05\5.4.6.aep" 练习文件，在【时间轴】面板中单击右键，再选择【新建】|【纯色】命令，然后在【纯色设置】对话框中设置图层的各项属性，再单击【确定】按钮，如图 5-125 所示。

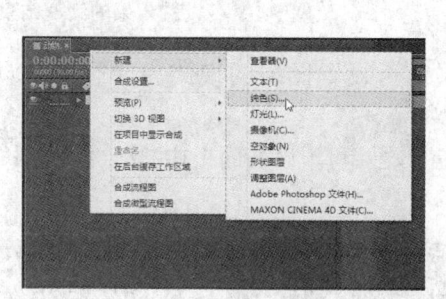

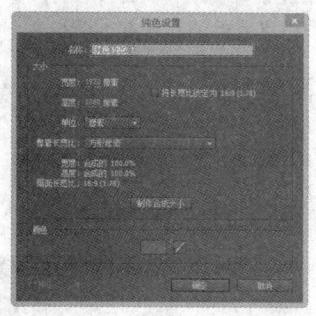

图 5-125　新建纯色图层

2 在【合成】面板中选择纯色图层，然后在【效果和预设】面板中打开【生成】列表，再双击【梯度渐变】项目，如图 5-126 所示。

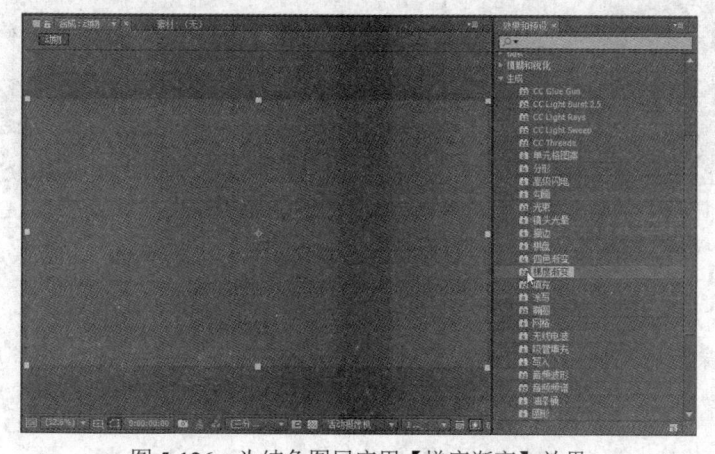

图 5-126　为纯色图层应用【梯度渐变】效果

179

3 打开【效果和控件】面板，再打开【梯度渐变】列表，然后单击【起始颜色】色块按钮，并通过【起始颜色】对话框选择一种颜色，接着单击【确定】按钮，如图5-127所示。

4 在【效果和控件】面板中单击【结束颜色】属性项目的色块按钮，再通过【结束颜色】对话框选择一种颜色，然后单击【确定】按钮，如图5-128所示。

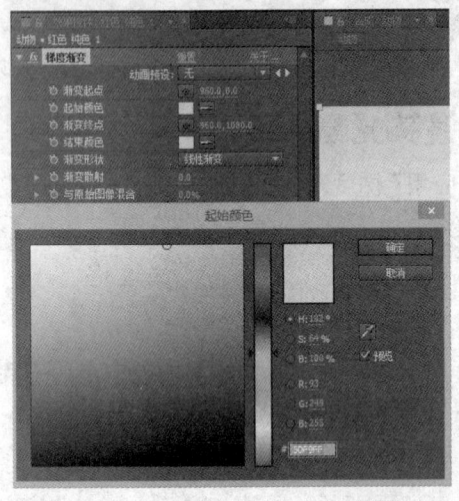

图5-127　设置效果的渐变起始颜色 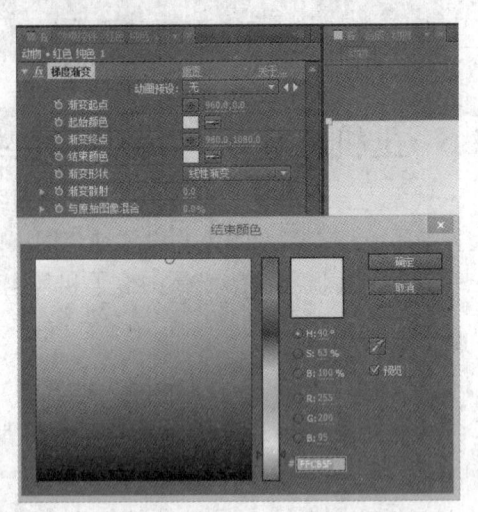　　　　图5-128　设置效果的渐变结束颜色

5 在【时间轴】面板中选择纯色图层，再设置图层的模式为【叠加】，如图5-129所示。

6 在【合成】面板中选择纯色图层，在【效果和预设】面板中打开【生成】列表，再双击【镜头光晕】项目，如图5-130所示。

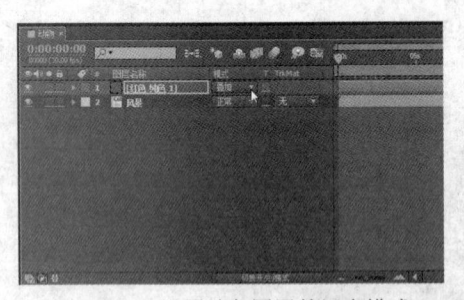

图5-129　设置纯色图层的混合模式 　　　　图5-130　为纯色图层应用【镜头光晕】效果

7 在【合成】面板中选择镜头光晕对象，然后将镜头光晕移到屏幕右上角，接着在【效果控件】面板中设置镜头类型，如图5-131所示。

8 完成上述操作后，即可按空格键播放时间轴，查看影片经过调色和添加镜头光晕的效果，如图5-132所示。

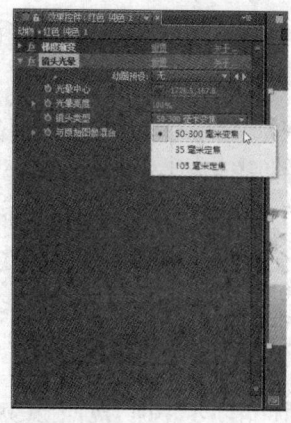

图 5-131 调整镜头光晕位置并设置镜头类型

图 5-132 播放时间轴查看效果

5.5 评测习题

一、填充题

（1）After Effects 包含各种效果，可将其应用于_____，以添加或修改静止图像、视频和音频的特性。

（2）当效果或动画预设应用到图层后，可以通过【时间轴】面板和【_____】面板修改效果属性，并制作动画效果。

（3）_____类效果主要是通过改变影像中的像素或者对影像的颜色进行处理，从而产生各种抽象派或者印象派的作品效果，也可以模仿其他门类的艺术作品。

二、选择题

（1）使用哪个面板可浏览应用效果和动画预设？　　　　　　　　　　　　　　　　（　　）
　　A.【时间轴】面板　　　　　　　　　B.【效果控件】面板
　　C.【效果和预设】面板　　　　　　　D.【合成】面板

（2）要将最近应用的动画预设应用到一个或多个图层，可以选择图层，然后按以下哪个快捷键？　　　　　　　　　　　　　　　　　　　　　　　　　　　　　　　　（　　）
　　A. Ctrl+Shift+F　　　　　　　　　　B. Ctrl+Alt+Shift+F
　　C. Ctrl+Alt+Shift+Z　　　　　　　　D. Ctrl+Alt+Shift+E

（3）以下哪个效果可以使用纯色矩形填充图层，以使原始图像像素化？　　　（　　）
　　A. 马赛克效果　　B. 彩色浮雕效果　　C. 笔刷描边效果　　D. 卡通效果

181

(4) 以下哪个扭曲效果可通过重新定位其四个边角的每一个来扭曲图像？（   ）
　　A．放大效果　　　B．网格变形效果　　C．液化效果　　　D．边角定位效果

三、判断题

(1) 效果控制点可确定效果影响图层的方式，所有效果都有效果控制点。（   ）
(2) 许多动画预设不包含动画，而是包含效果组合、变换属性等。（   ）
(3) 边缘斜面效果可为图像的边缘增添凿刻、明亮的3D外观。（   ）

四、操作题

为图层应用【曲线】效果，然后通过【效果控件】面板设置【曲线】效果的属性，以调整影片的颜色效果，结果如图5-133所示。

图5-133　为影片进行调色的结果

操作提示

(1) 打开光盘中的"..\Example\Ch05\5.5.aep"练习文件，在【效果和预设】面板中打开【颜色校正】列表。
(2) 在【合成】面板中选择【帆船】图层，再双击【效果和预设】面板的【曲线】项目。
(3) 在【效果控件】面板中设置通道为【红色】，然后拖动曲线调整红色效果，如图5-134所示。
(4) 在【效果控件】面板中设置通道为【蓝色】，然后拖动曲线调整蓝色效果，如图5-135所示。
(5) 在【效果控件】面板中设置通道为【绿色】，然后拖动曲线调整绿色效果，如图5-136所示。

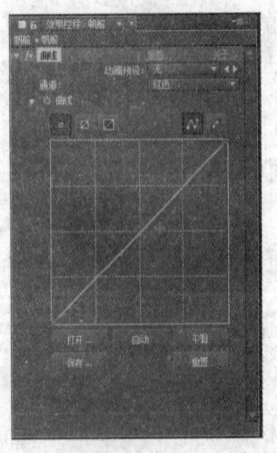

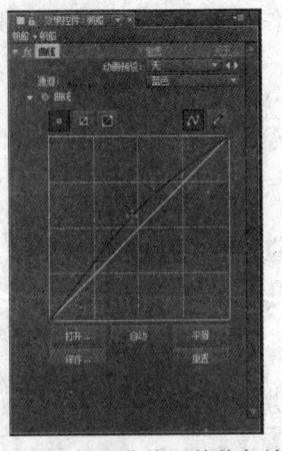

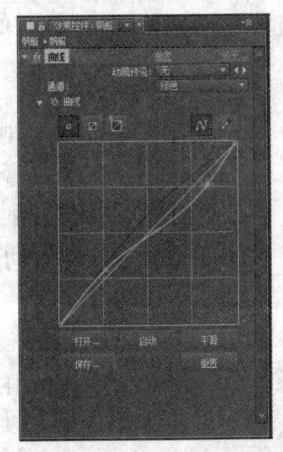

图5-134　拖动曲线调整红色效果　　图5-135　拖动曲线调整蓝色效果　　图5-236　拖动曲线调整绿色效果

第 6 章　管理颜色、绘画和蒙版

学习目标

本章将详细介绍在 After Effects 中选择和管理颜色、使用工具绘画、创建蒙版以及管理形状、路径和蒙版的各种方法。

学习重点

- ☑ 了解颜色深度和高动态范围颜色
- ☑ 选择颜色和编辑渐变
- ☑ 使用【效果控制】面板
- ☑ 颜色的校正和调整
- ☑ 管理颜色的基本方法
- ☑ 使用工具进行绘画和创建蒙版
- ☑ 应用形状和蒙版辅助影片处理

6.1 颜色管理和设置

颜色的管理和设置，包括颜色深度、选择颜色、颜色校正、设置颜色模型和色彩空间等。

6.1.1 颜色深度

1．关于颜色深度

颜色深度（或位深度）是用于表示像素颜色的每通道位数（bpc）。每个 RGB 通道（红色、绿色和蓝色）的位数越多，每个像素可以表示的颜色就越多。

在 After Effects 中，可以使用 8-bpc、16-bpc 或 32-bpc 颜色。除色位深度之外，用于表示像素值的数字的另外一个特性：数字是整数还是浮点数。浮点数可以表示具有相同位数的更大范围的数字。

在 After Effects 中，32-bpc 像素值是浮点值；8-bpc 像素的每个颜色通道可以具有 0（黑色）～255（纯饱和色）的值；16-bpc 像素的每个颜色通道可以具有 0（黑色）～32 768（纯饱和色）的值。

如果所有三个颜色通道都具有最大纯色值，则结果是白色。32-bpc 像素可以具有低于 0.0 的值和超过 1.0（纯饱和色）的值，因此 After Effects 中的 32-bpc 颜色也是高动态范围（HDR）颜色。

2．设置颜色深度并修改颜色显示设置

项目的颜色深度设置确定整个项目中颜色值的位深度。要为项目设置颜色深度，可以执行以下任一操作：

（1）在【项目】面板中，按住 Alt 键单击【项目设置】按钮，如图 6-1 所示。

（2）选择【文件】|【项目设置】命令，或单击【项目】面板中的【项目设置】按钮，然后从【深度】菜单中选择颜色深度，如图 6-2 所示。

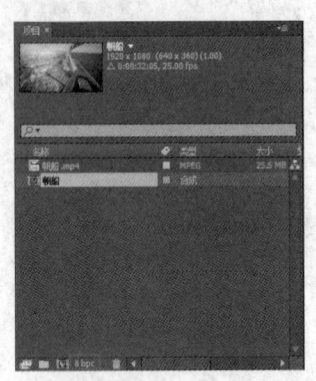

图 6-1　按住 Alt 键单击【项目设置】按钮

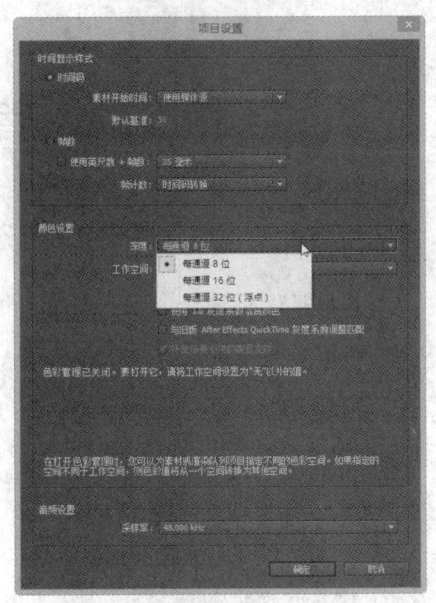

图 6-2　选择颜色深度

6.1.2　高动态范围颜色

1．高动态范围颜色优势

物理领域中的动态范围（暗区和亮区之间的比率）远远超过人类视觉可及的范围，以及纸上打印的图像或显示器上所显示图像的范围。低动态范围 8-bpc 和 16-bpc 颜色值只能表示从黑色到白色的 RGB 级别，这仅是现实世界中动态范围的一小部分。

高动态范围（HDR）32-bpc 浮点颜色值可以表示比白色高很多的亮度级别，其中包括与火焰或太阳一样明亮的对象。

将项目颜色深度设置为 32bpc 可使用 HDR 素材或使用超过范围的值，即 8-bpc 或 16-bpc 模式中不支持的高于 1.0（白色）的值。超过范围的值保持高光的强度，这对合成效果（如光照、模糊和发光）和对使用 HDR 素材同样有用。使用 32-bpc 时所提供的空间可防止在执行颜色校正和颜色配置文件转换等操作期间发生多种数据丢失情形。如图 6-3 所示为低动态范围和高动态范围影像应用发光效果的区别。

图 6-3　低动态范围和高动态范围影像应用发光效果的区别

2．使用高动态范围颜色须知

（1）即使正在使用 8-bpc 素材，并且正在创建 8-bpc 格式的影片，也可以通过将项目颜色深度设置为 16 bpc 或 32 bpc 来获得更好的结果。使用较高的位深度可提高计算精度，并可大大减少量化伪像，如渐变中的光带条纹。

（2）因为 16-bpc 帧使用 32-bpc 帧的一半内存，所以在 16-bpc 项目中渲染预览会更快，并且 RAM 预览比在 32-bpc 项目中的时间更长。8-bpc 帧使用更少内存，但在项目颜色深度为 8 bpc 的一些图像中，很明显需要在品质和性能之间进行权衡。

（3）可以使用 HDR 压缩扩展器效果将包含 HDR 素材项目的图层的动态范围压缩为源。通过这种方式，可以使用不支持 HDR 颜色的工具，如 8-bpc 和 16-bpc 效果。完成后，可使用 HDR 压缩扩展器还原动态范围压缩。HDR 高光压缩效果允许压缩 HDR 图像中的高光值，以便这些值处于低动态范围图像的值范围内。

（4）因为只能在显示器上的 HDR 图像中看到真实场景中明亮度值的子集，所以在使用 HDR 图像时，有时需要调整曝光度（在图像中捕获的光照量）。调整 HDR 图像的曝光度就像在真实世界中拍照时调整曝光度一样，它将允许从非常黑暗的区域或非常明亮的区域中提取细节。可以使用曝光度效果为最终输出更改图层的颜色值，也可以为进行预览而仅在特定查看器中调整曝光度。

6.1.3 选择颜色或编辑渐变

在许多选择颜色的操作中，可以单击【吸管】按钮来激活吸管工具，也可以单击色板来打开拾色器，通过拾色器选择颜色。如果使用 Adobe 拾色器，则还可以从【Adobe 拾色器】对话框激活吸管。

如果为笔触单击渐变色板或填充形状图层，或单击【时间轴】面板中的【编辑渐变】按钮，则 Adobe 拾色器将作为渐变编辑器打开，在该对话框的顶端包括用于编辑渐变的其他控件。

1. 选择拾色器

选择【编辑】|【首选项】|【常规】命令，然后执行下列操作之一：
（1）要使用操作系统提供的拾色器，可以选择【使用系统拾色器】复选框，如图 6-4 所示。
（2）要使用 Adobe 拾色器，可以取消选择【使用系统拾色器】复选框。

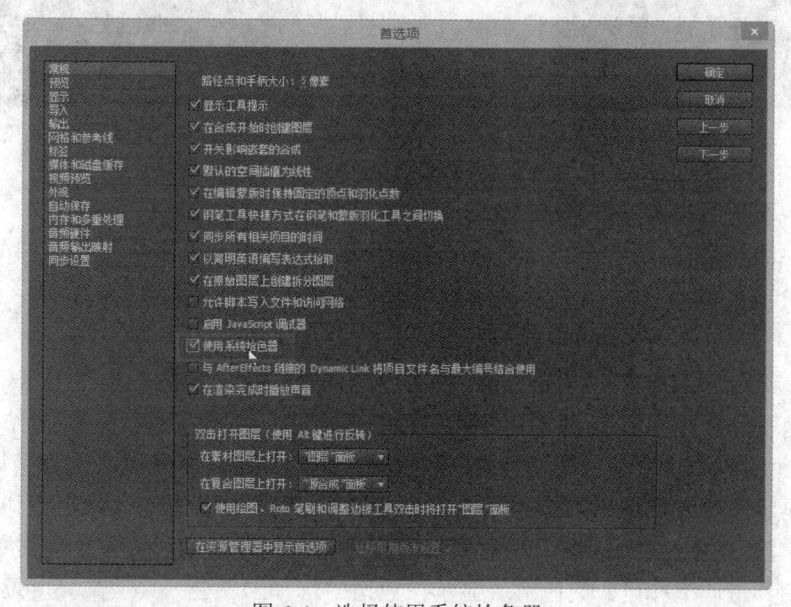

图 6-4　选择使用系统拾色器

2. 使用吸管工具选择颜色

单击【吸管】按钮，然后将指针移至要对其采样的像素。【吸管】按钮旁边的色板将动态更改为吸管下面的颜色。然后执行以下任一操作：

（1）要选择单个像素的颜色，可以单击该像素，如图 6-5 所示。

（2）要对 5×5 像素区域的颜色平均值进行采样，可以按住 Ctrl 键单击该区域，如图 6-6 所示。使用此方法选择颜色，可以看到【吸管】图标比选择单个像素颜色的【吸管】图标要大。按下 Esc 键可停用吸管。

> 在从【合成】面板的合成帧中采样时，吸管在默认情况下会忽略合成背景颜色并且仅对直接颜色通道进行采样。要对预乘了合成背景颜色的颜色通道进行采样，可以在使用吸管单击时，按住 Shift 键。当颜色显示在【合成】面板中的合成帧中时，按住 Shift 键并使用吸管单击可对这些颜色进行采样。

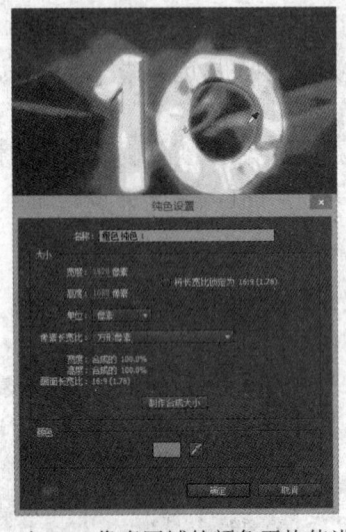

图 6-5　选择单个像素的颜色　　　　　　　图 6-6　对 5×5 像素区域的颜色平均值进行采样

3. 使用 Adobe 拾色器选择颜色

单击色板显示 Adobe 拾色器。要防止面板在单击【确定】按钮接受选定颜色之前使用此颜色选择结果进行更新，可以取消选择【拾色器】对话框中的【预览】复选框。

然后选择要用于显示色谱的组件：

- H：在颜色滑块中显示所有色相。在颜色滑块中选择一种色相会在色谱中显示所选色相的饱和度和亮度范围，其中饱和度从左向右增加，而亮度从下向上增加。
- S：在色谱中显示所有色相，其最高亮度位于色谱顶端，在底端减小到其最小值。颜色滑块显示在色谱中选择的颜色，其最大饱和度位于滑块顶端，其最小饱和度位于底端。
- B（在【HSB】部分）：在色谱中显示所有色相，其最高饱和度位于色谱顶端，在底端减小到其最低饱和度。颜色滑块显示在色谱中选择的颜色，其最高亮度位于滑块顶端，其最低亮度位于底端。

- R：在颜色滑块中显示红色组件，其最高亮度位于滑块顶端，其最低亮度位于底端。在颜色滑块设置为最高亮度时，色谱显示由绿色和蓝色组件创建的颜色。使用颜色滑块增加红色亮度会将更多红色混合到色谱所显示的颜色中。
- G：在颜色滑块中显示绿色组件，其最高亮度位于滑块顶端，其最低亮度位于底端。在颜色滑块设置为最高亮度时，色谱显示由红色和蓝色组件创建的颜色。使用颜色滑块增加绿色亮度会将更多绿色混合到色谱所显示的颜色中。
- B（在【RGB】部分）：在颜色滑块中显示蓝色组件，其最高亮度位于滑块顶端，其最低亮度位于底端。在颜色滑块设置为最低亮度时，色谱显示由绿色和红色组件创建的颜色。使用颜色滑块增加蓝色亮度会将更多蓝色混合到色谱所显示的颜色中。

接着执行以下任意一种操作，再单击【确定】按钮。

（1）沿颜色滑块拖动三角形，或在颜色滑块内单击可调整色谱中所显示的颜色，如图6-7所示。

（2）在大方形色谱内单击或拖动可选择颜色，圆形标记指示颜色在色谱中的位置，如图6-8所示。

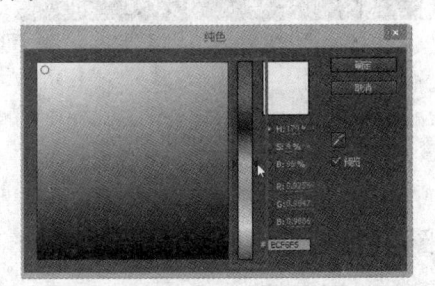

图6-7 调整色谱中所显示的颜色 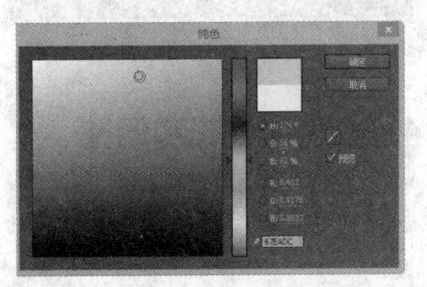　　　　图6-8 选择颜色

4. 编辑渐变

渐变由色标和不透明度色标定义。每个色标具有一个渐变位置以及颜色或不透明度值。在编辑渐变时，可以在色标之间插入值。默认情况下，插值是线性的，但可以拖动两个色标之间的不透明度中点或颜色中点来改变插值。

其方法如下：

（1）要添加色标或不透明度色标，可以单击【渐变编辑器】对话框中渐变栏的下方或上方，如图6-9和图6-10所示。

图6-9 在渐变栏下方单击添加色标 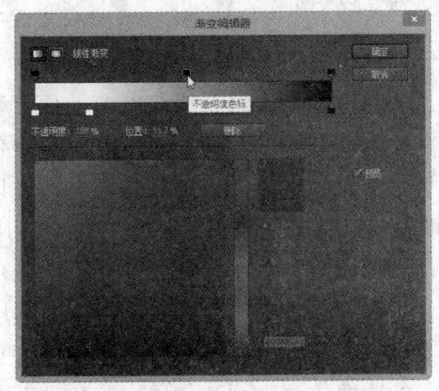　　　　图6-10 在渐变栏上方单击添加不透明色标

（2）要删除色标，可以从渐变栏中拖走它或选择该色标，然后单击【删除】按钮。

（3）要编辑色标的值，可以选择它然后调整不透明度值，或使用渐变编辑器控件下的Adobe 拾色器控件调整颜色，如图 6-11 所示。

（4）要选择渐变类型，可以单击【渐变编辑器】对话框左上角的【线性渐变】按钮■或【径向渐变】按钮■，如图 6-12 所示。

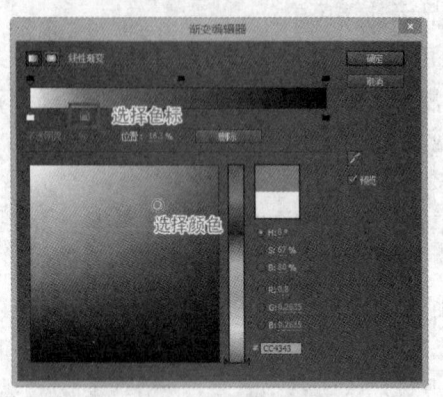

图 6-11　编辑色标的值　　　　　　　　　图 6-12　更改渐变类型

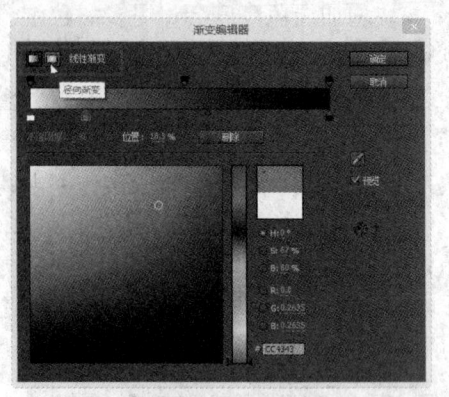

6.1.4　颜色的校正和调整

1．关于颜色校正

在组合合成时，通常需要调整或校正一个或多个图层的颜色。此类调整可能出于以下几种原因。

（1）需要使多个素材项目看起来好像是在相同条件下拍摄的，以便可以一起合成或编辑它们。

（2）需要调整镜头的颜色，以使其看起来像是在夜晚而非白天拍摄的。

（3）需要调整图像的曝光度，以从过度曝光的高光中恢复细节。

（4）需要增强镜头中的一种颜色，因为将合成其中具有该颜色的图形元素。

（5）需要将颜色限制到特定范围，如广播安全范围。

After Effects 包括颜色校正的许多内置效果，其中包括"曲线"效果、"颜色深度"效果和"颜色校正"效果类别中的其他效果，还可以使用"应用颜色 LUT"效果应用颜色查找表中的颜色映射，以进行颜色校正。

2．使用直方图调整颜色

直方图是图像中每个明亮度值的像素数量表示形式。每个明亮度值都不为零的直方图表示利用完整色调范围的图像。没有使用完整色调范围的直方图对应于缺少对比度的昏暗图像。

一种常见的颜色校正方式是调整图像以在直方图上从左向右更均匀地分布像素值，而不是将其集中在一端或另一端。在直方图中应用"色阶"效果并调整其"输入白色"和"输入黑色"属性是一种针对许多图像完成此任务的简单而有效的方法。

使用直方图调整颜色的方法为：为图层应用【色阶】效果，然后通过【效果控件】面板的直方图调整颜色。要使用完整色调范围，可以移动输入滑块。如图 6-13 所示为不使用完整色调范围的图像的直方图和使用完整色调范围的直方图。

图 6-13　不使用完整色调范围的图像的直方图和使用完整色调范围的直方图

6.1.5　颜色模型和色彩空间

1. 关于颜色模型和色彩空间

颜色模型是使用数字描述颜色以便计算机可以操作它们的方式。在 After Effects 中使用的颜色模型是 RGB 颜色模型，在这种模型中，根据共同组成每种颜色的红色、绿色和蓝色的光量描述该颜色。其他颜色模型包括 CMYK、HSB、YUV 和 XYZ。

色彩空间是颜色模型的变体。可通过色域（颜色范围）、一组基色（基色）、白场和色调响应来区分色彩空间。例如，RGB 颜色模型中具有多个色彩空间，包括 ProPhoto RGB、Adobe RGB、sRGB IEC61966-2.1 和 Apple RGB（按色域大小的降序顺序排列）。虽然其中每个色彩空间均使用相同的三个轴（R、G 和 B）定义颜色，但它们的色域和色调响应曲线却不相同。

2. 色彩管理的配置文件

虽然许多设备都使用红色、绿色和蓝色组件来记录或表达颜色，但这些组件具有不同特性，例如，一个摄像机的蓝色与另一个摄像机的蓝色不完全相同。记录或表达颜色的每台设备均具有自己的色彩空间。在将图像从一台设备移至另一台设备时，由于每台设备会按照自己的色彩空间解释 RGB 值，因此，图像颜色可能会看起来有所不同。

色彩管理使用颜色配置文件将颜色从一个色彩空间转换为另一个色彩空间，因此颜色在一台设备和另一台设备之间看起来相同。

6.1.6 色彩管理和颜色配置文件

1. 关于色彩管理

颜色信息是通过数字进行传递的。因为不同的设备使用不同的方法来记录并显示颜色，所以相同的数字可能会有不同的解释并且显示为不同的颜色。色彩管理系统跟踪所有这些解释颜色的不同方法并在它们之间进行转换，以便图像看起来是相同的，而不管用于显示它们的设备如何。

在 After Effects 中的特定工作案例中，ICC 颜色配置文件用于在以下常规工作流中转换为工作色彩空间以及从工作色彩空间转换：

（1）输入颜色配置文件用于将其色彩空间中的每个素材项目转换为工作色彩空间。素材项目可能包含嵌入的输入颜色配置文件，也可以在【解释素材】对话框或解释规则文件中指定输入颜色配置文件。

（2）After Effects 在工作色彩空间中执行其所有颜色操作。可在【项目设置】对话框中指定工作色彩空间（项目工作空间），如图 6-14 所示。

（3）通过显示器配置文件将颜色从工作色彩空间转换到计算机显示器的色彩空间。如果正确配置两台不同的显示器，则此转换将确保合成在这两个不同的显示器上看起来相同。

（4）After Effects 可以在计算机显示器上选择使用模拟配置文件来演示合成将如何在不同设备上显示其最终输出形式。方法是通过【视图】|【模拟输出】菜单来控制每种视图的输出模拟。

（5）每个输出模块的输出颜色配置文件用于将已渲染的合成从工作色彩空间转换到输出媒体的色彩空间。可在【输出模块设置】对话框中选择输出颜色配置文件。

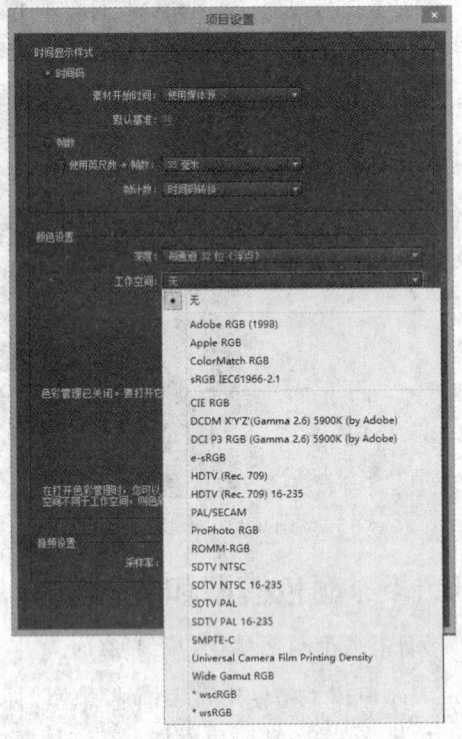

图 6-14 指定工作色彩空间

2. 关于颜色配置文件

颜色配置文件的文件格式由 ICC（国际色彩联盟）进行标准化，并且包含它们的文件通常以 .icc 文件扩展名结尾。After Effects 附带了常用（和一些不常用）输入和输出类型的色彩空间的大量颜色配置文件。

After Effects 从多个位置加载颜色配置文件，这些位置包括：

（1）Mac OS：Library/ColorSync/Profiles

（2）Mac OS：Library/Application Support/Adobe/Color/Profiles

（3）Windows：WINDOWS\system32\spool\drivers\color

（4）Windows：Program Files\Common Files\Adobe\Color\Profiles

项目中使用的所有颜色配置文件保存在该项目中，因此无须手动将颜色配置文件从一个系统传递到另一个系统，以在其他系统上打开项目。

3. 指定输出颜色配置文件

在项目输出时,可以通过【输出模块设置】对话框控制对每个输出项的色彩管理。
其方法为:

单击【渲染队列】面板中渲染项的【输出模块】标题旁边带下划线的文本,如图 6-15 所示。在【输出模块设置】对话框的【色彩管理】选项卡中,从【输出配置文件】菜单中选择一个选项,如图 6-16 所示。然后阅读【描述】区域中的信息,确认转换是所需的转换,最后单击【确定】按钮。

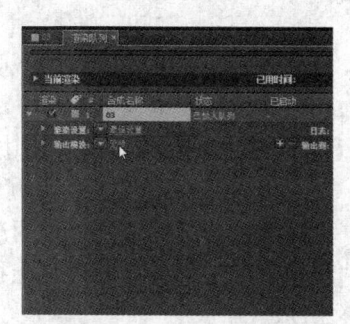

图 6-15　打开【输出模块设置】对话框　　　　图 6-16　指定输出配置文件

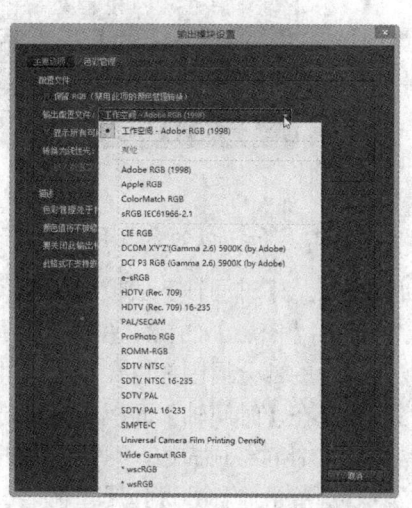

> 渲染项的输出颜色配置文件确定在将渲染合成的颜色从项目的工作色彩空间转换为输出媒体的色彩空间时执行哪些计算。如果尚未设置项目工作空间,那么如果没有对项目启用色彩管理,则无法指定输出颜色配置文件。

6.2　在图层中绘画

画笔工具、仿制图章工具和橡皮擦工具都是绘画工具,可以在【图层】面板中使用各个绘画工具将绘画描边应用于图层。每个绘画工具分别应用将修改图层区域的颜色或透明度而不修改图层源的画笔笔迹。

6.2.1　绘画基础知识

1. 关于绘画描边

对于 After Effects 来说,绘画的内容称为绘画描边。每个绘画描边都有各自的持续时间条、"描边选项"属性和"变换"属性,可以在"时间轴"面板中查看和修改这些属性,如图 6-17 所示。

默认情况下,每个绘画描边均根据创建它的工具命名,并包含一个表示其绘制顺序的数字。在绘制绘画描边后,可以随时修改和动态显示每个属性,所用方法与用来修改图层属性和持续

191

时间的方法相同。另外，可以将绘画描边路径属性复制到蒙版路径、形状图层路径和运动路径的属性中，或者从这些属性中复制绘画描边路径属性。为了增强功能和灵活性，可以使用表达式链接这些属性。

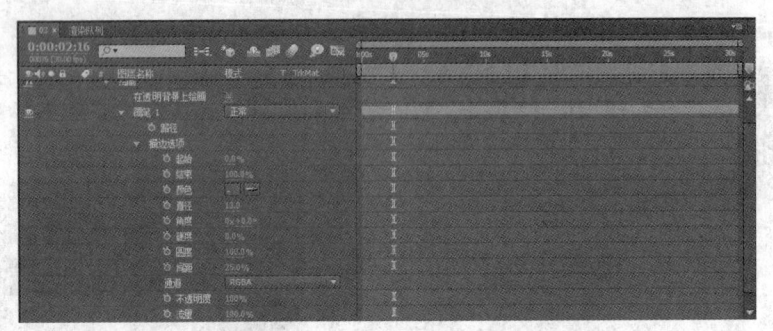

图 6-17　查看绘画描边的属性

2．绘画工具和描边的常见操作

（1）要显示【时间轴】面板中所选图层的绘画描边，可以连按两次 P 键。

（2）要在【图层】面板中选择绘画描边，可以使用【选取工具】单击绘画描边，或在多个绘画描边的部分周围拖出一个框。

（3）要仅在【时间轴】面板中显示选定的绘画描边，可以选择绘画描边并连按两次 S 键。

（4）要重命名绘画描边，可以在【时间轴】面板中选择绘画描边，并在主键盘上按 Enter 键，或者右键单击名称并选择【重命名】命令，如图 6-18 所示。

（5）要重排绘画描边在绘画效果实例中的顺序，可以将绘画描边拖到【时间轴】面板内的堆积顺序中的新位置。

（6）要对绘画效果实例重新排序使其与其他效果交织，可以将效果拖到【时间轴】面板内的堆积顺序中的新位置。

（7）要将绘画效果的特定实例确定为新增的绘画描边的目标，可以从【图层】面板底部的【视图】菜单选择，如图 6-19 所示。

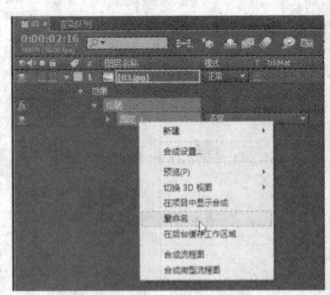

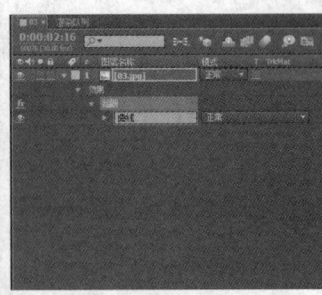

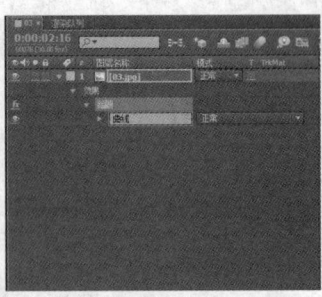

图 6-18　更改绘画描边的名称 　　　　图 6-19　指定绘画为目标图层控件

（8）要在视图（和渲染输出）中隐藏绘画描边，可以为绘画描边取消选择视频开关。

（9）要在已选择某绘画工具时打开或关闭【绘画】面板和【画笔】面板，可以单击【切换绘画面板】按钮，如图 6-20 所示。

图 6-20　单击【切换绘画面板】按钮

6.2.2 使用相关面板

1. 使用【绘画】面板

要使用【绘画】面板，首先要从【工具】面板中选择一个绘画工具。在【绘画】面板中，包含了绘画工具的设置和仿制选项，如图 6-21 所示。

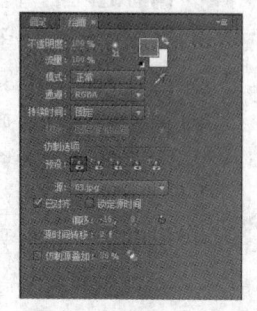

【绘画】面板中的常见绘画工具设置说明如下：

- 不透明度：对于画笔和仿制描边，是指已应用最大数量的颜料。对于橡皮擦描边，是指已移除最大数量的颜料和图层颜色。
- 流量：对于画笔和仿制描边，是指涂上颜料的速度。对于橡皮擦描边，是指去除颜料和图层颜色的速度。
- 模式：底层图像的像素与画笔或仿制描边所绘制的像素的混合方式。
- 通道：画笔描边或仿制描边影响的图层通道。在选择 Alpha 时，描边仅影响不透明度，因此色板是灰度模式。使用纯黑色绘制 Alpha 通道与使用橡皮擦工具的结果相同。
- 持续时间：绘画描边的持续时间。
  - ➢ 固定：将描边从当前帧应用到图层持续时间结束。
  - ➢ 单帧：仅将描边应用于当前帧。
  - ➢ 自定义：将描边应用于从当前帧到当前帧开始指定帧数的时间。
  - ➢ 写入：将描边从当前帧应用到图层持续时间结束，并动画显示描边的"结束"属性，以便匹配绘制描边时所用的运动。

图 6-21 【绘画】面板

2. 使用【画笔】面板

要使用【画笔】面板，需要先从【工具】面板中选择一个绘画工具。如图 6-22 所示为【画笔】面板。

【画笔】面板的选项说明如下：

- 画笔画廊：在此显示了 After Effects 预设画笔样式。可以从【画笔】面板菜单中选择显示模式，包括纯文本、小缩览图、大缩览图、小列表或大列表，如图 6-23 所示。

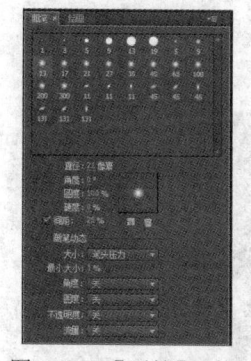

图 6-22 【画笔】面板

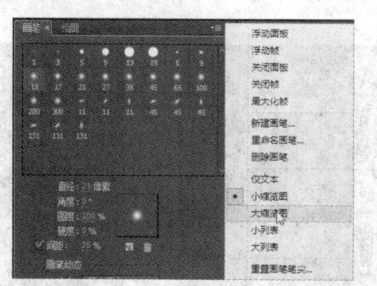

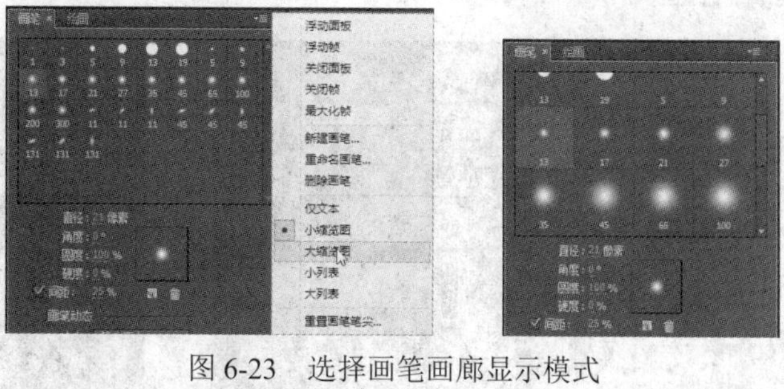

图 6-23 选择画笔画廊显示模式

- 直径：控制画笔大小。
- 角度：椭圆画笔的长轴在水平方向旋转的角度。画笔角度可以用正值或负值表示。例如，具有45°角的画笔与具有–135°角的画笔效果相同。
- 圆度：画笔的长轴和短轴之间的比例。100%表示圆形画笔，0%表示线性画笔，介于两者之间的值表示椭圆画笔。
- 硬度：控制画笔描边从中心的100%不透明到边缘的100%透明的过渡。即使使用高硬度设置，也只有中心是完全不透明的。
- 间距：描边中画笔笔迹之间的距离，以画笔直径的百分比量度。如果取消选择此选项，间距将由拖动以创建描边的速度确定。
- 画笔动态：这些设置确定压力敏感型数位板的功能如何控制并影响画笔笔迹。对于每个画笔，可以对"大小"选择"笔头压力"、"笔倾斜"或"笔尖转动"、"角度"、"圆度"、"不透明度"以及"流量"，以指示想使用哪些数位板功能来控制画笔笔迹。例如，可以通过将"大小"设置为"笔头压力"并在绘制描边的某些部分时更用力地按压，来改变画笔笔迹的粗细。如果"大小"没有设置为"关闭"，"最小大小"将指定最细的画笔笔迹。

动手操作　为图像图层绘制轮廓画

1 打开光盘中的"..\Example\Ch06\6.2.2.aep"练习文件，在【时间轴】面板中双击【鸟】图层，将该图层打开到【图层】面板，如图6-24所示。

2 在【工具】面板中选择【画笔工具】，然后在【绘画】面板中单击【设置前景色】按钮，在【前景颜色】对话框中选择白色，再单击【确定】按钮，如图6-25所示。

图6-24　将图层打开到【图层】面板中 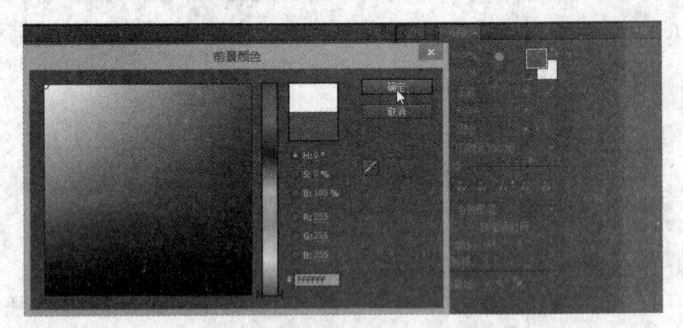　　图6-25　选择画笔工具并设置前景色

3 切换到【画笔】面板，选择【尖角13像素】画笔样式，然后切换回【绘画】面板并设置其他画笔选项，如图6-26所示。

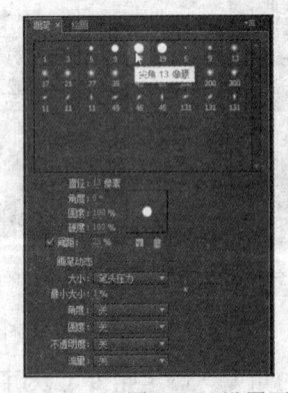

图6-26　设置画笔样式和画笔选项

4 在【图层】面板中,使用【画笔工具】 ✏ 在图层的小鸟图像边缘拖动鼠标,绘制出小鸟的轮廓描边,如图 6-27 所示。

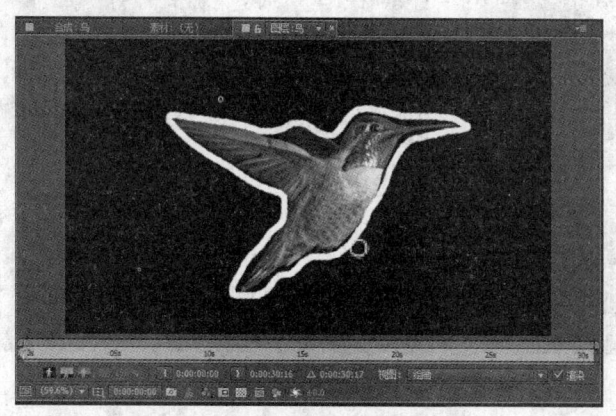

图 6-27 绘制小鸟的轮廓描边

5 返回【绘画】面板中,再次单击【设置前景色】按钮,然后在【前景颜色】对话框中选择黄色并单击【确定】按钮,如图 6-28 所示。

6 在【图层】面板中,使用【画笔工具】 ✏ 在图层右下方手绘出"鸟"字的草书文字,如图 6-29 所示。

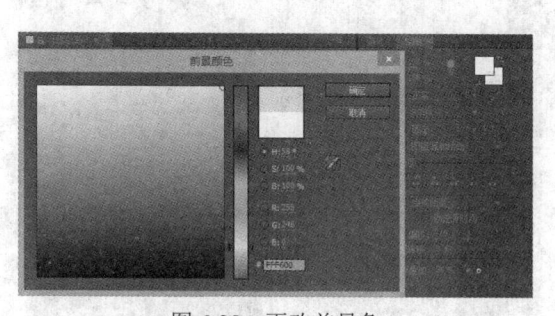

图 6-28 更改前景色

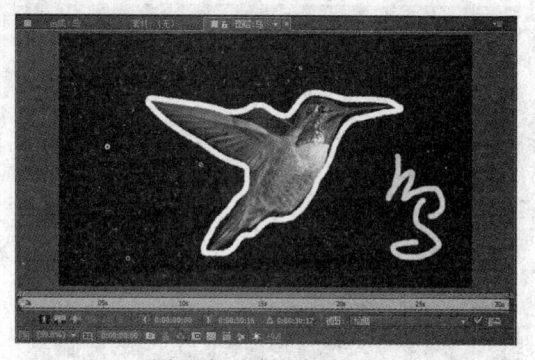

图 6-29 手绘草书文字

6.2.3 使用仿制图章工具

在 After Effects 中,可以使用【仿制图章工具】 🖈 从一个位置和时间复制像素值,并将其应用于另一个位置和时间。例如,可以使用仿制图章工具通过复制天空的空白区域来移除线框,或者从源素材中的一头奶牛创建一群奶牛,并使这些副本在时间上产生偏移。

其工具原理为:【仿制图章工具】 🖈 从源图层中对像素进行采样,然后将采样的像素值应用于目标图层;目标图层可以是同一合成中的同一图层或不同图层。如果源图层和目标图层是同一图层,除图层源图像之外,仿制图章工具还对源图层中的绘画描边和效果进行采样。

🎯 **动手操作 使用仿制图章工具**

1 打开包含源图层和目标图层的合成。

2 在【图层】面板中打开源图层,并将当前时间指示器移动到开始采样的帧。

3 选择【仿制图章工具】,在【画笔】面板中设置画笔选项,然后在【图层】面板中的源

195

图层上，使用【仿制图章工具】 并按住 Alt 键单击设置采样点，如图 6-30 所示。

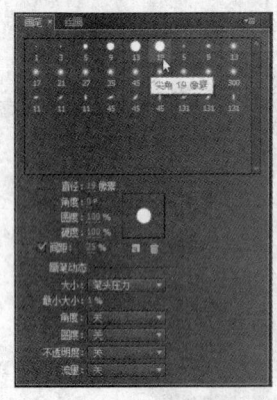

图 6-30 设置画笔选项并进行采样

4 在【图层】面板中打开目标图层，将当前时间指示器移动到开始绘制仿制描边的帧。

5 使用【仿制图章工具】 拖曳到目标图层以绘制从源图层仿制的像素值。为了帮助在应用仿制描边时识别仿制图章工具正在采样的内容，正被采样的点上会显示一个十字准线，如图 6-31 所示。每次释放鼠标按钮时，即停止绘制描边。再次拖动时，将创建新的描边。按住 Shift 键拖动将继续绘制之前的描边。

图 6-31 拖动鼠标进行仿制处理

6.2.4 使用橡皮擦工具

使用【橡皮擦工具】 可以擦除图层的像素内容或图层中的绘画描边。

如果在"图层源和绘画"或"仅绘画"模式中使用橡皮擦工具，它会创建可以修改和动画显示的橡皮擦描边。相比之下，在"仅最后描边"模式中使用橡皮擦工具只影响绘制的最后一个绘画描边，而不会创建橡皮擦描边。

动手操作　使用橡皮擦工具

1 从【工具】面板中选择【橡皮擦工具】 。

2 在【绘画】面板中选择设置。

3 在【画笔】面板中选择画笔，并设置画笔选项。

4 在【图层】面板中缓慢地拖过想要擦除的区域，如图 6-32 所示。每次释放鼠标按钮时，即停止绘制描边。再次拖动时，将创建新的描边。按住 Shift 键拖动将继续绘制之前的描边。

图 6-32　使用橡皮擦工具擦除区域

6.3　形状、路径和蒙版

在 After Effects 中，可以使用形状与蒙版辅助影片设计，如使用形状制作横标、Logo 及使用蒙版制作影片框架等。

6.3.1　矢量图形和栅格图像

1. 关于矢量图形和栅格图像

矢量图形由名为矢量的数学对象定义的直线和曲线组成，其根据图像的几何特征对图像进行描述。After Effects 中的矢量图形元素的示例包括蒙版路径、形状图层的形状和文本图层的文本。

栅格图像（有时称为位图图像）使用图片元素（像素）的矩形网格来代表图像。每个像素都分配有特定的位置和颜色值。视频素材、从胶片传递的图像序列，以及导入到 After Effects 中的许多其他类型的图像都是栅格图像。

2. 矢量图形和栅格图像特性

在编辑矢量图形时，可以修改描述图形形状的线条和曲线的属性，也可以对矢量图形进行移动、调整大小、改变形状以及更改颜色的操作而不更改其外观品质，如图 6-33 所示。另外，矢量图形与分辨率无关，也就是说，它们可以显示在各种分辨率的输出设备上，而丝毫不影响品质。这种与分辨率不相关的特性使得矢量图形成为视觉元素（如徽标）的良好选择。

图 6-33　树叶矢量图形在放大后不影响品质

栅格图像与矢量图形不同，每个栅格图像都包含固定数量的像素，因此依赖于分辨率。如果扩大栅格图像，可能会丢失细节，并看起来呈锯齿状（像素化），如图6-34所示。

图6-34　树叶栅格图像经过放大后出现失真

有些图像是在其他应用程序中作为矢量图形创建的，但在导入After Effects时被转换为像素（栅格化）。如果图层连续进行栅格化，After Effects将在调整图层大小时，将矢量图形恢复为像素并保留锐化边缘。SWF、PDF、EPS以及Illustrator文件的矢量图形可连续进行栅格化。

6.3.2　蒙版和路径

1．蒙版

After Effects中的蒙版是一个用作参数来修改图层属性、效果和属性的路径。蒙版的最常见用法是修改图层的Alpha通道，以确定每个像素的图层的不透明度。蒙版的另一常见用法是用作对文本设置动画的路径。

闭合路径蒙版可以为图层创建透明区域。开放路径无法为图层创建透明区域，但可用作效果参数。可以将开放或闭合蒙版路径用作输入的效果包括描边、路径文本、音频波形、音频频谱以及勾画。可以将闭合蒙版（而不是开放蒙版）用作输入的效果包括填充、涂抹、改变形状、粒子运动场以及内部键加外部键。如图6-35所示为绘制蒙版的默认行为（左图）和反转后的同一蒙版（右图）。

蒙版属于特定图层，每个图层可以包含多个蒙版。可以使用形状工具在常见几何形状（包括多边形、椭圆形和星形）中绘制蒙版，或者使用钢笔工具来绘制任意路径。

图6-35　绘制蒙版的默认行为和反转后的同一蒙版

2．路径

After Effects 的一些功能（其中包括蒙版、形状、绘画描边以及运动路径）依赖于路径的概念。用于创建和编辑各种路径重叠的工具和技术，但每种路径都有各自独特的方面。

路径包括段和顶点。段是连接顶点的直线或曲线。顶点定义路径的各段开始和结束的位置。一些 Adobe 应用程序使用术语"锚点"和"路径点"来引用顶点。

通过拖动路径顶点、每个顶点的方向线（或切线）末端的方向手柄或路径段自身，可以更改路径的形状，如图 6-36 所示。

图 6-36　拖动路径顶点来修改路径形状

路径可以是闭合的，没有起点或终点（如圆圈）；也可以是开放的，有明显的端点（如波浪线）。平滑曲线由称为平滑点的顶点连接，锐化曲线路径由称为角点的顶点连接，如图 6-37 所示。

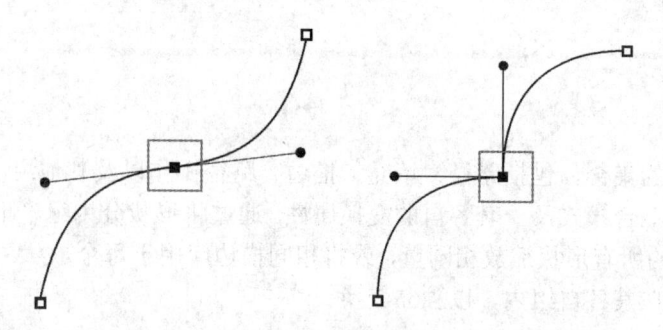

图 6-37　平滑曲线的平滑点与锐化曲线的角点

当在平滑点上移动方向线时，将同时调整平滑点两侧的曲线段；而在角点上移动方向线时，只调整与方向线同侧的曲线段，如图 6-38 所示。

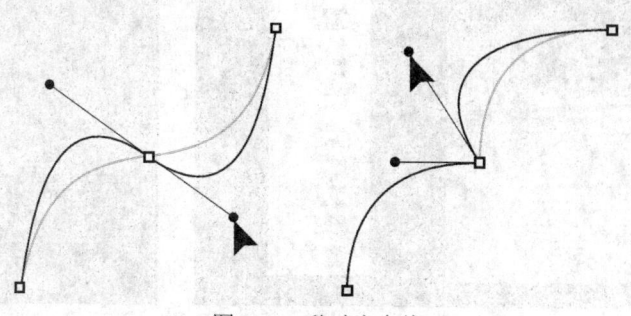

图 6-38　移动方向线

199

6.3.3 形状与形状图层

形状图层包含称为形状的矢量图形对象。默认情况下，形状由路径、描边和填充组成。用户可以通过使用形状工具或钢笔工具，在【合成】面板中绘制来创建形状图层。

1．形状路径的种类

形状路径有两种：参数形状路径和贝塞尔曲线形状路径。

- 参数形状路径：通过绘制后可以在【时间轴】面板中修改和进行动画制作的属性，用数值定义参数形状路径。
- 贝塞尔曲线形状路径：由在【合成】面板中修改的顶点（路径点）和段的集合定义贝塞尔曲线形状路径。按与使用蒙版路径相同的方式使用贝塞尔曲线形状路径（所有蒙版路径都是贝塞尔曲线路径）。

2．形状属性

形状的形状路径、绘画操作和路径操作统称为形状属性。使用【工具】面板或【时间轴】面板中的【添加】菜单添加形状属性，如图 6-39 所示。每个形状属性都表示为【时间轴】面板中的一个属性组，具有可以进行动画制作的属性。

> 形状图层不基于素材项目。不基于素材项目的图层有时称为合成图层。文本图层也是合成图层，并也由矢量图形对象组成，因此适用于文本图层的许多规则和指南也适用于形状图层。

3．形状的组

组是形状属性的集合，包括路径、填充、描边、路径操作以及其他组，如图 6-40 所示。每个组都有各自的混合模式及一套各自的变换属性。通过将形状分为组，可以同时处理多个形状。例如，将组中的所有形状缩放相同量，或将相同描边应用于每个形状。甚至可以将各个形状或形状属性放置在其各自组内，以独立变换。

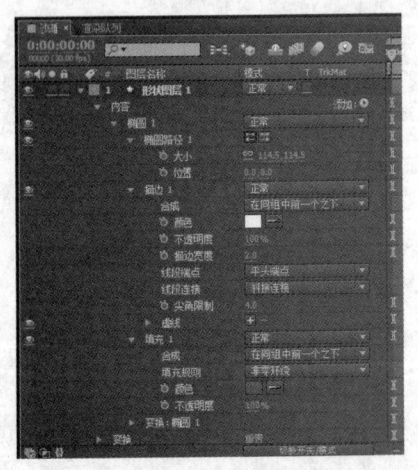

图 6-39　添加形状属性　　　　　图 6-40　形状属性的集合

6.3.4 创建形状图层和形状

在 After Effects 中，可以通过使用形状工具或钢笔工具在【合成】面板中进行绘制来创建形状图层。然后，可以向现有形状添加形状属性，或者在该形状图层内创建新形状。默认情况下，如果在选中了某个形状图层的情况下在【合成】面板中进行绘制，则会在该形状图层内创建一个新形状，它将位于选中的图层或图层组之上。

如果在选中了图像图层而非形状图层的情况下使用形状工具或钢笔工具在【合成】面板中进行绘制，则将创建一个蒙版。

1. 通过命令创建形状图层

其方法为：在【时间轴】面板上单击激活时间轴。选择【图层】|【新建】|【形状图层】命令，即可创建一个空白的形状图层。

2. 使用工具创建形状

其方法为：在【合成】面板中选择一个形状图层。在【工具】面板中选择形状工具，例如选择【星形工具】 。在【合成】面板或【图层】面板中单击并拖动鼠标，绘制出形状，如图 6-41 所示。在拖动绘制形状操作期间，在不同的时间按辅助键可获得不同的结果：

（1）要在绘制时重新放置某个形状或蒙版，可以在拖动的同时按空格键或鼠标中键。

（2）如果要在拖动期间围绕圆、椭圆、正方形、圆角正方形、矩形或圆角矩形的中心对其进行缩放，请在开始拖动后按住 Ctrl 键。

（3）要取消绘制操作，可以按下 Esc 键。

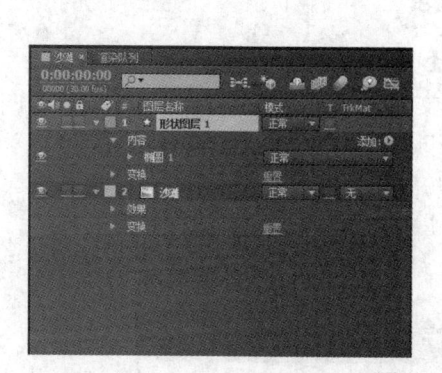

图 6-41 在形状图层中绘制形状

3. 使用钢笔工具创建贝塞尔曲线路径

其方法为：在【工具】面板中选择【钢笔工具】 ，并取消选择【旋转贝塞尔曲线】复选项。在【合成】面板中单击希望放置第一个顶点的位置，如图 6-42 所示。单击希望放置下一个顶点的位置，如图 6-43 所示。要创建弯曲的段，可以拖动方向线手柄以创建需要的曲线。要在单击以放置某个顶点后但在释放鼠标按键之前重新放置该顶点，可以在按住空格键的情况下拖动。重复该操作，直到绘图完成。

图6-42　单击确定路径第一个顶点 　　　　　　　图6-43　单击确定路径第二个顶点

然后通过执行以下任意一种操作完成路径：

（1）要闭合路径，可以将指针放置在第一个顶点上，并且在一个闭合的圆图标出现在指针旁边时，单击该顶点，如图6-44所示。

（2）可以通过双击最后一个顶点或者选择【图层】|【蒙版和形状路径】|【已关闭】命令来闭合路径。

图6-44　闭合路径完成绘图

动手操作　使用钢笔工具绘制弯曲的贝塞尔曲线路径

1 打开光盘中的"..\Example\Ch06\6.3.4.aep"练习文件，选择形状图层，在【工具】面板中选择【钢笔工具】，再单击【工具创建蒙版】按钮。

2 在【合成】面板中将【钢笔工具】放置在希望开始曲线的位置，然后按鼠标左键。此时将出现一个顶点，并且钢笔工具指针将变为一个箭头。

3 拖动以修改顶点的两条方向线的长度和方向，然后释放鼠标按钮，如图6-45所示。

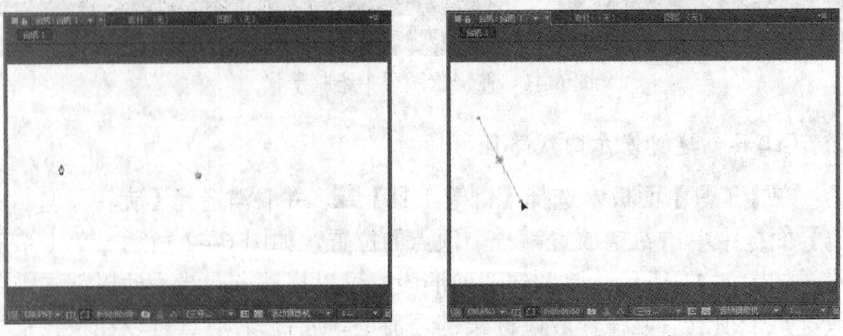

图6-45　确定顶点并修改顶点方向线的长度和方向

4 将【钢笔工具】定位到曲线段结束的位置，执行下列操作之一：

202

（1）若要创建 C 形曲线，以上一方向线相反方向拖动，然后松开鼠标按键，如图 6-46 所示。
（2）若要创建 S 形曲线，以上一方向线相同方向拖动，然后松开鼠标按键，如图 6-47 所示。

1.开始拖动第二个平滑点　　2.远离上一方向线方向拖动　　3.松开鼠标按键
图 6-46　绘制 C 形曲线

1.开始拖动新的平滑点　　2.往前一方向线的方向拖动　　3.松开鼠标按键
图 6-47　绘制 S 形曲线

5 要创建一系列平滑曲线，继续从不同位置拖动【钢笔工具】。将顶点置于每条曲线的开头和结尾，而不放在曲线的顶点（这样不会闭合曲线），如图 6-48 所示。

6.3.5　创建蒙版

在 After Effects 中，可以使用以下任意一种方法为合成中的每个图层创建一个或多个蒙版。

（1）使用形状工具或钢笔工具绘制一个路径，如图 6-49 所示。绘制蒙版路径类似于绘制形状路径。

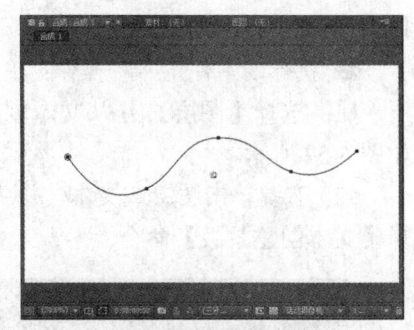

图 6-48　绘制平滑曲线路径的结果

图 6-49　使用矩形工具创建蒙版

（2）在【蒙版形状】对话框中，使用数值指定蒙版路径的尺寸，如图 6-50 所示。
（3）通过将形状的路径复制到【蒙版路径】属性将形状路径转换为蒙版路径。
（4）将运动路径转换为蒙版路径。
（5）使用【自动追踪】命令跟踪颜色或 Alpha 通道值来创建蒙版。
（6）粘贴从其他图层或者从 Adobe Illustrator、Photoshop 或 Fireworks 复制的路径。
（7）使用【从文字创建蒙版】命令将文本图层转换为纯色图层上的一个或多个可编辑蒙版。"从文本创建蒙版"命令提取每个字符的轮廓，基于轮廓创建蒙版，并将蒙版放置在一个新的纯色图层上。然后可以像使用任何其他蒙版一样使用这些蒙版。

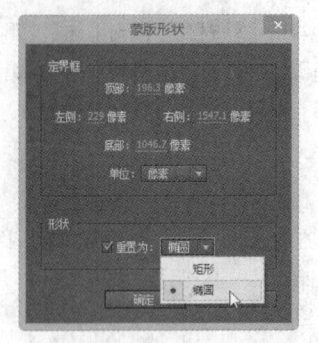

图 6-50　使用数值指定蒙版路径的尺寸

动手操作　基于文本字符创建蒙版

1 打开光盘中的"..\Example\Ch06\6.3.5.aep"练习文件，在【时间轴】面板或【合成】面板中选择该文本图层，如图 6-51 所示。如果要为特定的字符创建蒙版，可以在【合成】面板中选择字符。

2 执行以下任意一种操作：

（1）选择【图层】|【从文本创建蒙版】命令，如图 6-52 所示。

（2）右键单击图层或文本，并从快捷菜单中选择【文本创建蒙版】命令。

图 6-51　选择文本图层

图 6-52　选择【从文本创建蒙版】命令

3 此时文本图层的【视频开关】已关闭，新建的纯色图层位于图层堆积顺序的顶部，如图 6-53 所示。

图 6-53　通过文本创建蒙版的结果

6.4 技能训练

下面通过多个上机练习实例，巩固所学技能。

6.4.1 上机练习 1：在指定帧范围中绘画

本例将在合成的单个帧或指定帧范围上进行绘画，以创建类似 Flash 的逐帧动画，制作出倒计时的片头效果。

操作步骤

1 打开光盘中的 "..\Example\Ch06\6.4.1.aep" 练习文件，在【工具】面板中选择【画笔工具】，然后在【绘画】面板中打开【持续时间】列表框并选择【自定义】选项，设置持续时间为 25 帧，如图 6-54 所示。

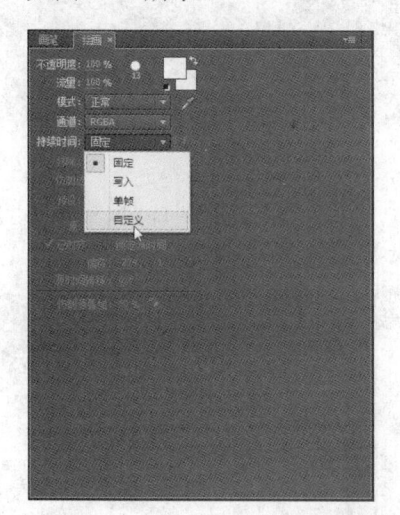

图 6-54 设置绘画的持续时间

2 在【绘画】面板中单击【前景颜色】按钮，在打开的【前景颜色】对话框中选择【红色】，然后单击【确定】按钮，如图 6-55 所示。

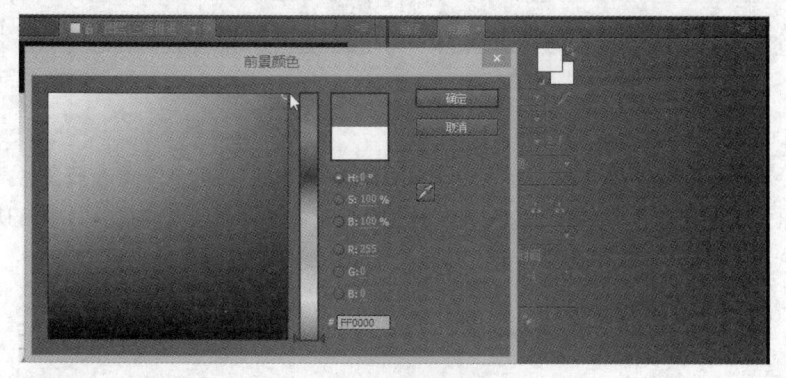

图 6-55 设置前景颜色

3 切换到【画笔】面板，再选择一种画笔样式，然后设置其他画笔选项，接着在【时间轴】面板中双击【三维推进】图层，将图层打开到【图层】面板中，如图 6-56 所示。

205

4 在时间轴中将当前时间指示器移到图层入点处，然后使用【画笔工具】 在【图层】面板中手绘出数字"1"，如图6-57所示。

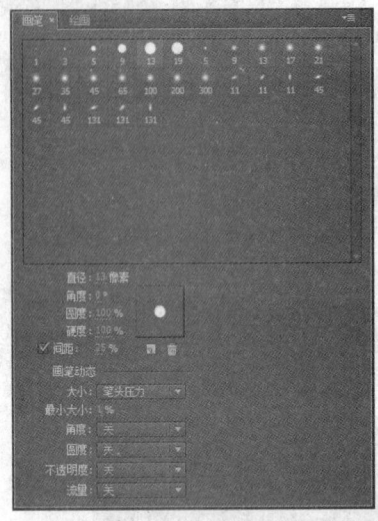

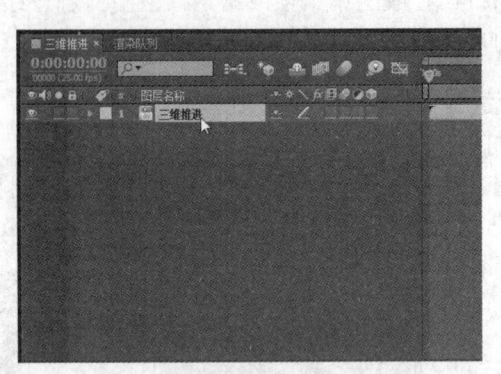

图6-56　设置画笔并打开图层到【图层】面板

5 绘图完成后，在主键盘上按2键，前进到"自定义"持续时间设置指定的帧数，然后手绘出数字"2"，如图6-58所示。

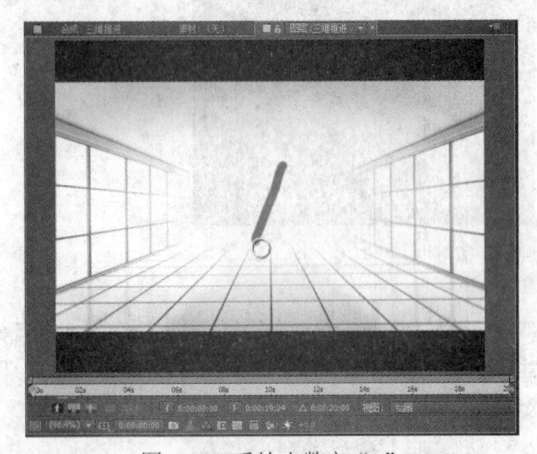

图6-57　手绘出数字"1"　　　　　　　　　图6-58　手绘出数字"2"

> 在步骤5的操作中，注意的是按主键盘的2键，而非数字键盘的2键。按2键会将当前时间指示器移到"自定义"持续时间设置指定的帧数。例如，本例设置持续时间为25帧，步骤4在第1帧上绘画后，按下2键即跳到第26帧，再次按下2键将跳到第51帧，如此类推。

6 使用步骤5的方法，绘图完成后即在主键盘中按2键，然后手绘出数字"3~10"。同时，通过【时间轴】面板可以看到当前时间指示器会根据按2键的次数对应移动，如图6-59所示。

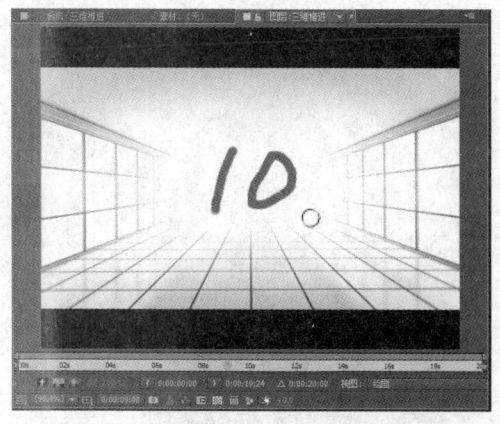

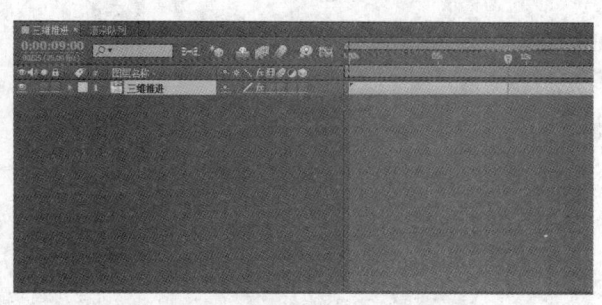

图 6-59 手绘其他数字并查看当前时间指示器

7 完成上述操作后，可以打开【预览】面板，再单击【播放/暂停】按钮，播放时间轴以查看在指定帧范围上绘画的结果，如图 6-60 所示。

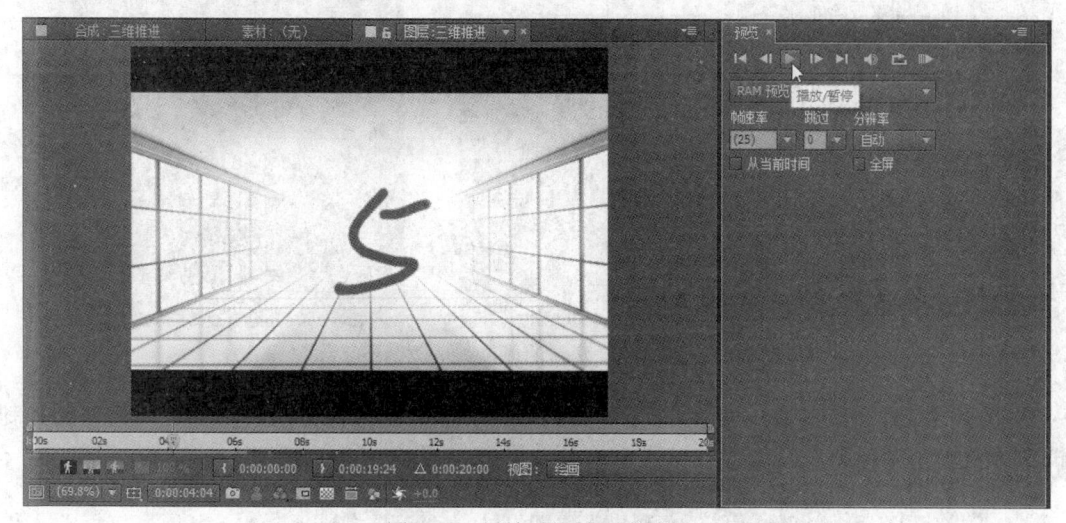

图 6-60 播放时间轴预览结果

6.4.2 上机练习 2：通过自动追踪创建蒙版

在 After Effects 中，可以使用"自动追踪"命令将图层的 Alpha、红色、绿色、蓝色或明亮度通道转换为一个或多个蒙版。本例将介绍使用"自动追踪"命令将显示器图像图层转换为蒙版的方法，制作出视频在显示器中播放的效果。

操作步骤

1 打开光盘中的"..\Example\Ch06\6.4.2.aep"练习文件，在【项目】面板中单击右键，选择【导入】|【文件】命令，打开【导入文件】对话框后，选择【显示器】图像文件，再单击【导入】按钮，然后在【显示器.psd】对话框中选择【合并的图层】单选项，接着单击【确定】按钮，如图 6-61 所示。

2 导入图像文件后，将【显示器.psd】素材拖到【时间轴】面板的【动物】图层上方，然后修改图像素材图层的名称，如图 6-62 所示。

207

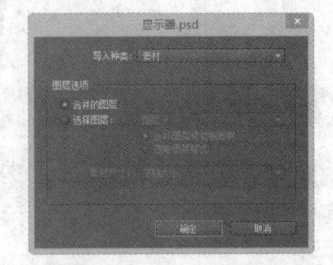

图 6-61　导入图像素材

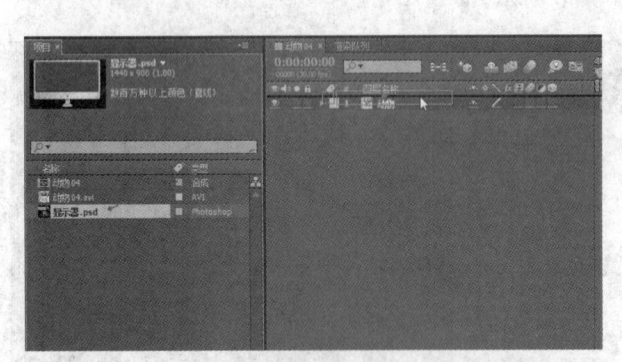

图 6-62　创建图像素材的图层并更改图层名称

3 选择【选取工具】，然后在【合成】面板中选择图像素材图层，并拖动素材的控制点调整素材大小，使整个图像素材填满面板的查看器，如图 6-63 所示。

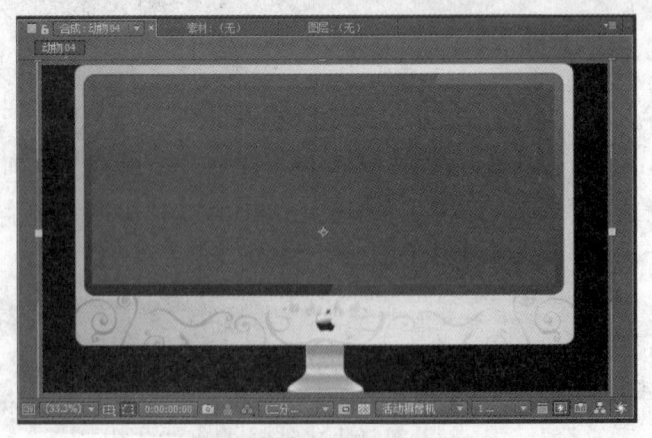

图 6-63　调整图像素材的大小

4 选择图像素材图层，再选择【图层】|【自动追踪】命令，如图 6-64 所示。

5 打开【自动追踪】对话框后，选择时间跨度为【工作区】，然后设置通道为【蓝色】，再设置其他选项，接着单击【确定】按钮，如图 6-65 所示。

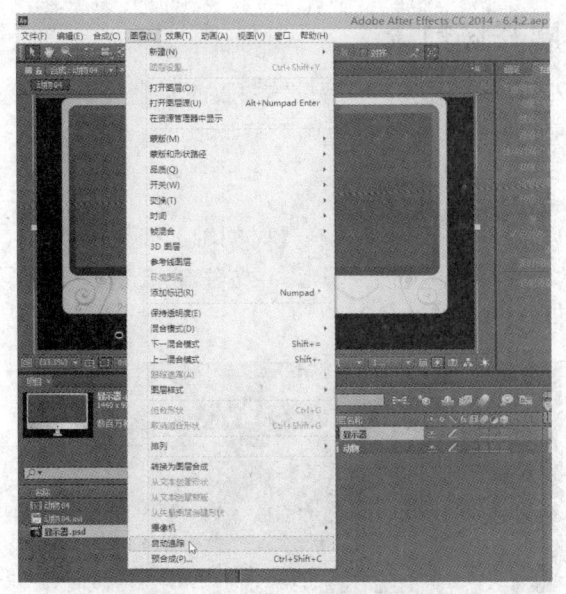

图 6-64　选择【自动追踪】命令　　　　　图 6-65　设置自动追踪选项

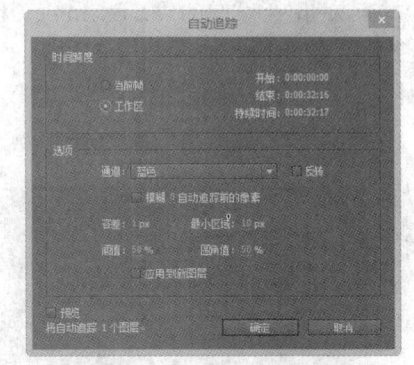

6 通过自动追踪功能为图层创建蒙版后，在【时间轴】面板中打开图层的【蒙版】列表，然后选择显示器图像屏幕区域所对应的蒙版，再设置蒙版模式为【相减】，以便视频图层的内容显示在显示区图像的屏幕区域，如图 6-66 所示。

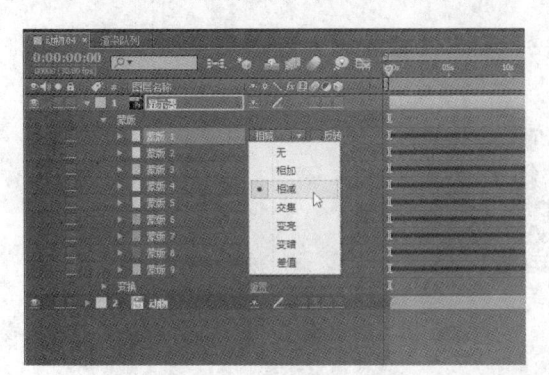

图 6-66　设置蒙版模式并查看显示效果

7 完成上述操作后，可以打开【预览】面板，再单击【播放/暂停】按钮，播放时间轴以查看视频在显示器屏幕播放的效果，如图 6-67 所示。

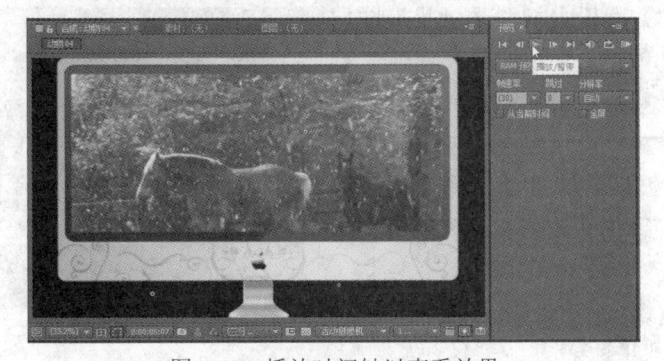

图 6-67　播放时间轴以查看效果

6.4.3 上机练习3：制作蒙版扩展开场效果

本例先通过【图层】面板为图层创建一个圆形的蒙版，然后设置蒙版的羽化效果，再通过【时间轴】面板创建【蒙版扩展】属性的动画，制作出影片通过圆形蒙版扩展开场的效果。

操作步骤

1 打开光盘中的"..\Example\Ch06\6.4.3.aep"练习文件，在【时间轴】面板中双击【风景】图层，将图层打开到【图层】面板，然后选择【椭圆工具】，并按住 Shift 键在【图层】面板的查看器中央绘制一个圆形蒙版，如图 6-68 所示。

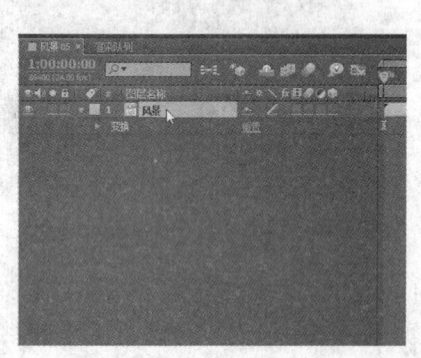

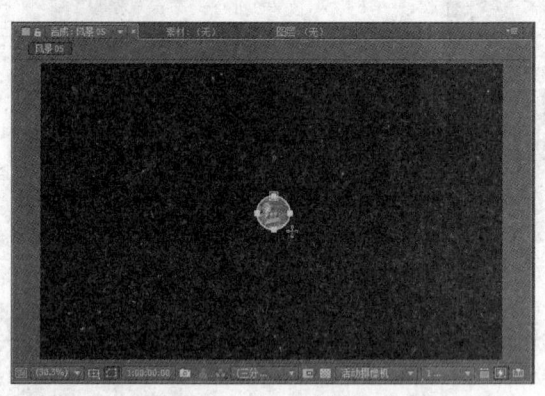

图 6-68　打开图层并绘制蒙版

2 选择【图层】|【蒙版】|【蒙版羽化】命令，打开【蒙版羽化】对话框后，输入蒙版羽化大小，再单击【确定】按钮，如图 6-69 所示。

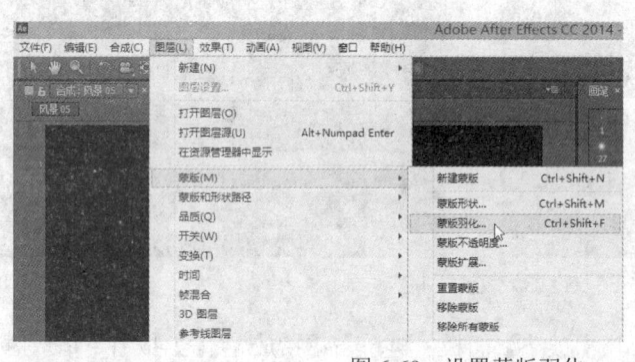

图 6-69　设置蒙版羽化

3 在【时间轴】面板中打开【风景】图层的蒙版列表，然后单击【蒙版扩展】属性名称左侧的【秒表】按钮，如图 6-70 所示。

4 将当前时间指示器向右移动到大概 5 秒处，然后在【蒙版扩展】属性项左侧单击【添加或移除关键帧】按钮，设置该关键帧的蒙版扩展属性值为 1100，如图 6-71 所示。

5 完成上述操作后，按空格键播放时间轴以查看蒙版扩展的效果，如图 6-72 所示。

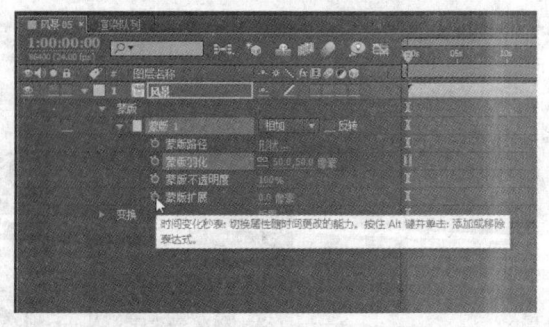

图 6-70　激活【蒙版扩展】属性秒表

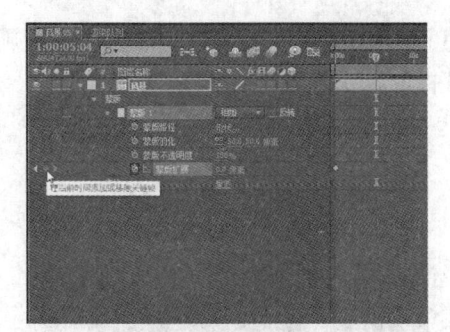

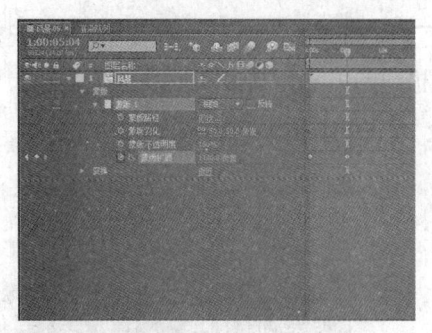

图 6-71 插入关键帧并设置蒙版扩展属性

图 6-72 播放时间轴查看蒙版扩展的效果

6.4.4 上机练习 4：绘制简易的台标 Logo

本例将使用【椭圆工具】在【合成】面板上绘制一个椭圆形状，再通过复制与粘贴的方法创建另一个椭圆形状，然后通过【时间轴】面板分别旋转这两个椭圆形状，并将形状放置在一起，接着绘制一个圆形形状并填充径向渐变颜色，制作出台标 Logo 形状。

操作步骤

1 打开光盘中的 "..\Example\Ch06\6.4.4.aep" 练习文件，在【工具】面板中选择【椭圆工具】，在【工具】面板中单击填充的色块按钮，然后设置形状填充颜色为【黄色】，如图 6-73 所示。

2 在不选择任何图层的情况下，使用【椭圆工具】在【合成】面板中拖动鼠标绘制出一个椭圆形状，然后通过复制并粘贴的方式创建另外一个椭圆形状，如图 6-74 所示。

图 6-73 选择椭圆工具并设置填充颜色

图 6-74 创建两个椭圆形状

211

3 在【时间轴】面板中打开【形状图层 1】图层的【变换】属性列表，再设置旋转为 45 度，使用相同的方法，为【形状图层 2】图层设置旋转 135 度，如图 6-75 所示。

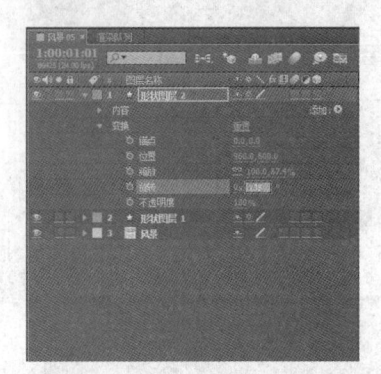

图 6-75 设置形状的旋转角度

4 选择【选择工具】，再将第二个形状移到第一个形状右侧，如图 6-76 所示。

5 选择【椭圆工具】，然后在两个椭圆形状上方绘制一个圆形形状，如图 6-77 所示。

图 6-76 调整其中一个形状的位置　　　　图 6-77 绘制一个圆形形状

6 在【工具】面板中单击【填充】文字，打开【填充选项】对话框后，单击【径向渐变】按钮，然后单击【确定】按钮，如图 6-78 所示。

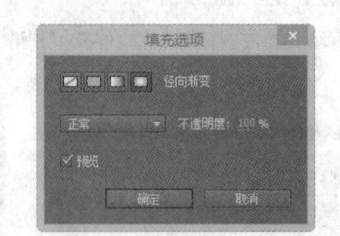

图 6-78 设置填充选项

7 设置填充选项后，再单击【工具】面板的填充色块按钮，接着设置黄色到红色的渐变颜色并单击【确定】按钮，如图 6-79 所示。

8 分别选择各个形状，然后调整它们的位置，从【合成】面板中查看最终的结果，如图 6-80 所示。

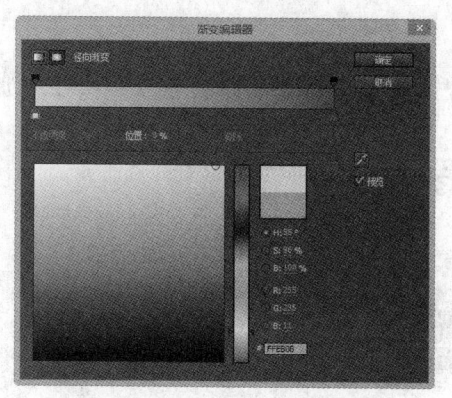

图 6-79 设置圆形的填充颜色　　　　　　　　图 6-80 调整形状位置并查看结果

6.5 评测习题

一、填空题

（1）_____是用于表示像素颜色的每通道位数（bpc），每个 RGB 通道的位数越多，每个像素可以表示的颜色就越多。

（2）使用_____可以擦除图层的像素内容或图层中的绘画描边。

（3）After Effects 中的_____是一个用作参数来修改图层属性、效果和属性的路径。它的最常见用法是修改图层的 Alpha 通道，以确定每个像素的图层的透明度。

二、选择题

（1）要显示【时间轴】面板中所选图层的绘画描边，可以连按两次哪个键？　　（　　）

    A．P 键　　　　　B．R 键　　　　　C．V 键　　　　　D．S 键

（2）要仅在【时间轴】面板中显示选定的绘画描边，可以选择绘画描边并连按两次哪个键？
　　　　　　　　　　　　　　　　　　　　　　　　　　　　　　　　　　（　　）

    A．P 键　　　　　B．F 键　　　　　C．F5 键　　　　　D．S 键

（3）在 After Effects 中，可以使用哪个工具从一个位置和时间复制像素值，并将其应用于另一个位置和时间？　　　　　　　　　　　　　　　　　　　　　　　　　（　　）

    A．画笔工具　　　B．橡皮擦工具　　C．仿制图章工具　　D．钢笔工具

三、判断题

（1）渐变由色标和不透明度色标定义，每个色标具有一个渐变位置以及颜色或不透明度值。
　　　　　　　　　　　　　　　　　　　　　　　　　　　　　　　　　　（　　）

（2）直方图是图像中每个明亮度值的像素数量表示形式，每个明亮度值都不为零的直方图表示利用完整色调范围的图像。　　　　　　　　　　　　　　　　　　　（　　）

（3）如果在选中了图像图层而非形状图层的情况下使用形状工具或钢笔工具在【合成】面板中进行绘制，会创建一个蒙版。　　　　　　　　　　　　　　　　　　（　　）

（4）项目中使用的所有颜色配置文件默认不会保存在该项目中，因此需要手动将颜色配置文件从一个系统传递到另一个系统，以在其他系统上打开项目。　　　　　（　　）

四、操作题

使用"自动追踪"命令将文本图层的文本创建为蒙版并设置蒙版混合模式，制作出如图 6-81 所示的效果。

图 6-81　使用文本蒙版制作的效果

操作提示

（1）打开光盘中的"..\Example\Ch06\6.5.aep"练习文件，在【合成】面板中选择文本图层。

（2）选择【图层】|【自动追踪】命令，打开【自动追踪】对话框后，选择时间跨度为【工作区】，然后设置通道为【红色】，接着单击【确定】按钮。

（3）在【时间轴】面板中单击【动物世界】图层的【视频开关】按钮，关闭该图层的视频显示。

（4）在【时间轴】面板中打开自动追踪产生的蒙版图层，然后设置所有蒙版的模式为【相减】。

第 7 章　应用文本与输出项目

学习目标

本章将详细介绍在 After Effects 中输入和编辑文本、使用动画预设和动画制作器制作文本动画、制作斜切和凸出文本效果，以及渲染和导出项目的方法和技巧。

学习重点

- ☑ 输入和编辑文本
- ☑ 设置字符格式和段落格式
- ☑ 应用文本动画预设
- ☑ 使用动画制作器和文本选择器
- ☑ 设置光线追踪 3D 渲染器
- ☑ 创建和设置斜切和凸出文本
- ☑ 使用【渲染队列】面板
- ☑ 渲染和导出整个项目或部分指定内容

7.1　创建和编辑文本图层

在 After Effects 中，可以使用文本图层向合成中添加文本。文本图层有许多用途，包括动画标题、下沿字幕、参与人员名单和动态排版等。

7.1.1　关于文本图层

文本图层是合成图层，这意味着文本图层不使用素材项目作为其来源，但可以将来自某些素材项目的信息转换为文本图层。文本图层也是矢量图层，与形状图层和其他矢量图层一样，文本图层也是始终连续地栅格化，因此在缩放图层或改变文本大小时，它会保持清晰、不依赖于分辨率的边缘。

1. 文本图层应用须知

（1）无法在文本图层自己的【图层】面板中将其打开，但是可以在【合成】面板中操作文本图层。

（2）可以为整个文本图层的属性或单个字符的属性（如颜色、大小和位置）设置动画。可以使用文本动画器属性和选择器创建文本动画，如图 7-1 所示。

（3）3D 文本图层还可以包含 3D 子图层，每个字符一个子图层。

（4）可以从其他应用程序（如 Adobe Photoshop、Adobe Illustrator、Adobe InDesign 或任何文本编辑器）复制文本，并将其粘贴到 After Effects 中的文本图层中。

（5）文本格式设置包含在【源文本】属性中。可以使用【源文本】属性为格式设置动画并更改字符本身（如将字母 B 更改为字母 C）。

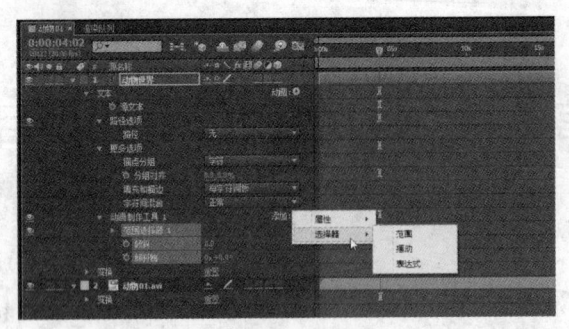

图 7-1　使用文本动画器属性和选择器创建文本动画

2．为视频创建文本的最佳做法

有时在计算机屏幕上看起来正常的文本在最终输出的影片中观看时却可能不正常。这些差异可能源于用来观看影片的设备或用于对影片编码的压缩方案。

在为视频创建和动画显示文本（甚至矢量图形）时，要注意以下事项：

（1）用于预览影片的设备应该始终与观众用来观看影片的设备属于同一种类（如 NTSC 视频监视器）。

（2）避免突然的颜色过渡，特别是从一种高度饱和的颜色过渡到其补色。突然的颜色过渡对于许多压缩方案（如 MPEG 和 JPEG 标准的压缩方案）而言都很难编码。这些压缩方案可能导致突然过渡的附近出现杂色。对于模拟电视，同样是突然过渡则可能导致尖峰信号出现在信号允许的范围外，这同样会导致杂色。

（3）当文本将位于移动的图像上方时，需要确保文本具有一个对比明显的边界（如发光或描边），以便与填充同颜色的对象在文本背后通过时文本仍然可以阅读。

（4）避免很细的横向元素，如果它们碰巧位于奇场中的偶数扫描线上（或者相反），则它们可能会从帧中消失。例如，大写字母 H 中横杠的高度应当是三个像素或更大。要实现这个目的，可以通过增大字体大小、使用粗体（或仿粗体）样式或者应用描边来加粗横向元素。

（5）在设置文本动画以便垂直移动时（如用于滚动显示参与人员名单），垂直移动文本的速率（每秒像素数）应该是隔行视频格式的场速率的偶数倍。这样的移动速率可防止因文本移动与扫描线不一致而产生的抖动。对于 NTSC，合适的值包括每秒 0、119.88 和 239.76 像素；对于 PAL，合适的值包括每秒 0、100 和 200 像素。

（6）要避免伴随垂直运动、细图形元素和场产生的抖动风险，可以考虑将参与人员名单作为由过渡（如不透明度淡化）分隔的文本块序列来呈现。

> 视频和压缩影片格式中的许多文本问题可以用一种简单的技术加以解决：向文本图层应用模糊。轻微的模糊可以柔化颜色过渡并导致细横向元素进行扩展。另外，应用"减少交错闪烁"效果，可以用于减少抖动，它进行垂直方向的模糊而非水平方向的模糊，因此与其他模糊相比，它对图像品质的降低程度较低。

7.1.2　输入和编辑文本

After Effects 使用两种类型的文本：点文本和段落文本。点文本适用于输入单个词或一行字符；段落文本适用于将文本输入和格式化为一个或多个段落。

1．输入点文本

在输入点文本时，每行文本都是独立的；在编辑文本时，行的长度会随之增加或减少，但它不会换到下一行。

在输入点文本时，使用【字符】面板中当前设置的属性创建该文本。之后，可以通过选择文本并在【字符】面板中修改设置来更改这些属性。

动手操作　输入点文本

1 执行以下任意一种操作来创建文本图层：

（1）选择【图层】|【新建】|【文本】命令，将创建一个新的文本图层，并且【横排文字工具】的插入点将出现在【合成】面板的中心，如图 7-2 所示。

（2）双击一个文字工具，将创建一个新的文本图层，并且相应文字工具的插入点将出现在【合成】面板的中心。

（3）选择【横排文字工具】或【直排文字工具】，然后在【合成】面板中单击以设置文本的插入点。

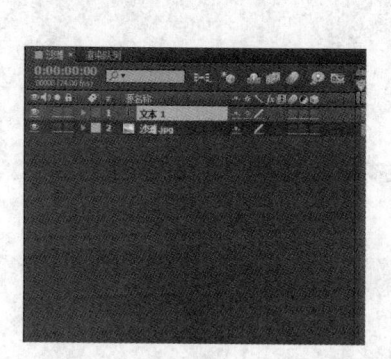

图 7-2　创建文本图层并在【合成】面板中显示插入点

2 通过键盘输入文本字符。按主键盘上的 Enter 键可开始一个新行，如图 7-3 所示。

3 除了直接输入文本，也可以选择【编辑】|【粘贴】命令，粘贴从使用 Unicode 字符的任何应用程序复制的文本。文本将采用它所粘贴到的文本图层中第一个字符的格式设置。

4 要结束文本编辑模式，可以按数字小键盘上的 Enter 键，或选择其他工具，或按 Ctrl+Enter 键。

图 7-3　输入文本字符并换行输入

2．输入段落文本

输入段落文本时，文本基于定界框的尺寸换行。可以随时调整定界框的大小，这会导致文本在调整后的矩形内重排。

在输入段落文本时，它将具有在【字符】面板和【段落】面板中设置的属性。之后，可以通过选择文本并在【字符】面板和【段落】面板中修改设置来更改这些属性。

动手操作　输入段落文本

1 选择【横排文字工具】■或【直排文字工具】■。

2 在【合成】面板中执行以下任意一种操作来创建文本图层：

（1）拖动以从角点定义定界框，如图 7-4 所示。

（2）按住 Alt 键拖动，围绕中心点定义一个定界框。

图 7-4　定义定界框

3 通过键盘输入文本，如图 7-5 所示。按主键盘上的 Enter 键可开始一个新段落，按主键盘上的 Shift+Enter 键可创建一个软回车（即断行），它将开始一个新行而不是开始一个新段落。

4 除了直接输入文本，也可以选择【编辑】|【粘贴】命令，粘贴从使用 Unicode 字符的任何应用程序复制的文本。文本将采用它所粘贴到的文本图层中第一个字符的格式设置。

5 要结束文本编辑模式，可以按数字小键盘上的 Enter 键，或选择其他工具，或按 Ctrl+Enter 键。

图 7-5　输入段落文本

3．调整文本定界框的大小

其方法为：当文字工具处于活动状态时，在【合成】面板中选择文本图层可显示定界框手柄。将指针放在手柄上，指针变成双向箭头，然后执行以下任意一种操作：

（1）拖动以沿一个方向调整大小，如图 7-6 所示。

（2）按住 Shift 键拖动可保持定界框的比例。

（3）按住 Ctrl 键拖动可从中心进行缩放。

图 7-6　拖动调整文本定界框大小

4．转换点文本或段落文本

在 After Effects 中，可以对点文本和段落文本进行互相转换。将段落文本转换为点文本时，所有位于定界框之外的字符都将被删除。要避免丢失文本，需要调整定界框的大小，使所有文字在转换前都可见。

转换点文本或段落文本的方法为：使用【选取工具】来选择文本图层。如果文本图层处于文本编辑模式下，则无法对其进行转换。使用文字工具，右键单击【合成】面板中的任意位置，然后选择【转换为段落文本】命令或【转换为点文本】命令，如图 7-7 所示。

5．更改文本的方向

横排文本从左到右排列；多行横排文本从上往下排列。直排文本从上到下排列；多行直排文本从右往左排列。在编辑文本过程中，可以根据需要更改文本的方向。

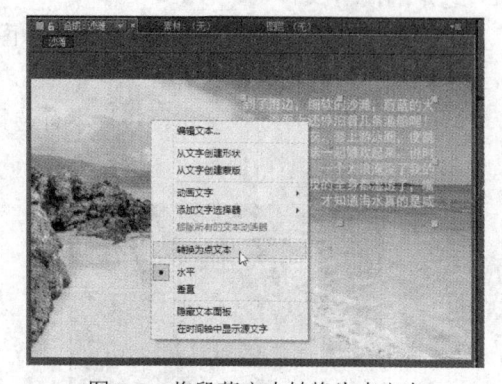

图 7-7　将段落文本转换为点文本

改文本方向的方法为：使用【选取工具】选择文本图层。无法在文本编辑模式下转换文本。使用文字工具，右键单击【合成】面板中的任意位置，然后选择【水平】命令或【垂直】命令，如图 7-8 所示。

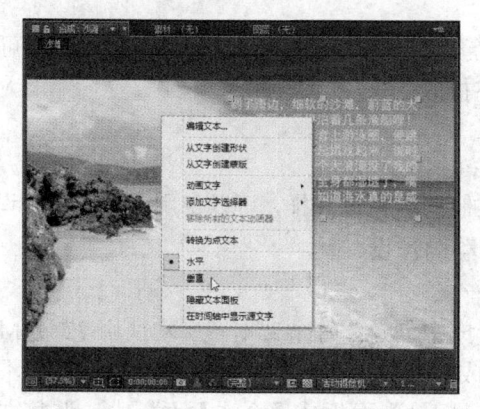

图 7-8　更改文本的方向

7.1.3 设置字符格式和段落格式

1．使用【字符】面板

在 After Effects 中，可以使用【字符】面板设置字符格式，如图 7-9 所示。

（1）如果选择了文本，在【字符】面板中所做的更改仅影响选定文本。

（2）如果没有选择文本，在【字符】面板中所做的更改将影响所选文本图层和文本图层的选定源文本关键帧（如果存在）。

（3）如果没有选择文本，并且没有选择文本图层，在【字符】面板中所做的更改将成为下一个文本项的新默认值。

2．使用【段落】面板

使用【段落】面板设置应用于整个段落的选项，如对齐方式、缩进和行距（行间距），如图 7-10 所示。对于点文本，每行都是一个单独的段落。对于段落文本，一段可能有多行，具体取决于定界框的尺寸。

（1）如果插入点位于段落中或者已选择文本，在【段落】面板中所做的更改只影响至少部分选定的段落。

（2）如果没有选择文本，在【段落】面板中所做的更改将影响所选文本图层和文本图层的选定源文本关键帧（如果存在）。

（3）如果没有选择文本，并且没有选择文本图层，在【段落】面板中所做的更改将成为下一个文本项的新默认值。

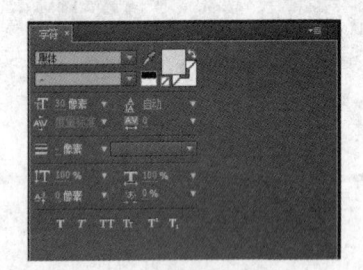

图 7-9　使用【字符】面板设置字符格式 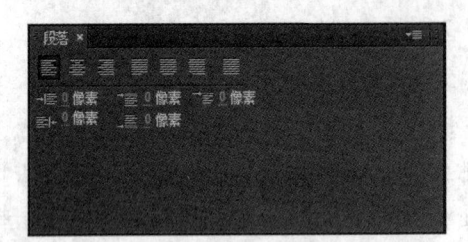　　　图 7-10　使用【段落】面板设置段落格式

7.2 为文本设置动画

与 After Effects 中的其他图层一样，可以为整个文本图层设置动画。动画文本图层可用于许多目的，包括动画标题、参与人员名单和动态排版等。

7.2.1 应用文本动画预设

浏览并应用文本动画预设，就像应用任何其他动画预设那样，可以使用【效果和预设】面板或 Adobe Bridge 在 After Effects 中浏览和应用动画预设。

在应用文本动画预设时需注意以下事项：

（1）文本动画预设在 NTSC DV 720×480 合成中创建，每个文本图层均使用 72 磅 Myriad Pro 字体。一些预设动画将文本移到合成上、合成外或穿过合成。动画预设位置值可能不适合远大于或远小于 720×480 的合成，此时可在【时间轴】面板或【合成】面板中，调整文本动画制作器的位置值。

（2）在应用 3D 文本动画预设之后，可能需要旋转图层，或添加围绕图层旋转的摄像机，以便查看 3D 动画的结果。

（3）"路径"类别中的文本动画预设会自动将源文本替换为动画预设的名称，并将字休颜色更改为白色。这些动画预设可能还会更改其他字符属性。

（4）动画预设的【填充和描边】类别包含的预设可能会更改应用预设的填充颜色和描边属性。如果动画预设需要描边或填充颜色，仅当已经为文本分配一种颜色时，动画才起作用。

动手操作　制作城市夜景视频标题动画

1 打开光盘中的 "..\Example\Ch07\7.2.1.aep" 练习文件，在【合成】面板或【时间轴】面板选择文本图层。

2 打开【效果和预设】面板，再打开【Presets】|【Text】|【Mechanical】列表，然后双击【缩放回弹】动画预设项，如图 7-11 所示。

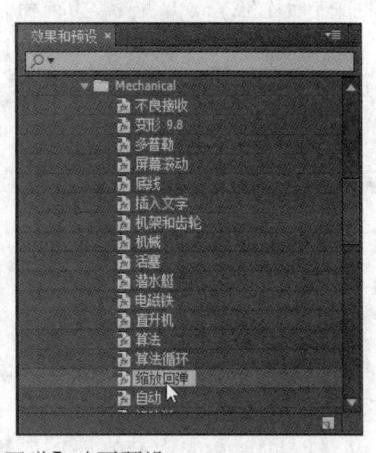

图 7-11　为文本图层应用【缩放回弹】动画预设

3 应用动画预设后，将文本向下拖动，调整其位置，然后在【字符】面板中设置【在填充上描边】选项，并设置描边颜色为【白色】，如图 7-12 所示。

图 7-12　调整文本位置并设置描边

4 完成上述操作后，即可按空格键播放时间轴，并通过【合成】面板查看文本的动画效果，如图 7-13 所示。

图 7-13　查看文本动画的效果

7.2.2　使用文本动画制作器

使用动画制作器为文本设置动画包括三个基本步骤：

（1）添加动画制作器以指定为哪些属性设置动画。
（2）使用选择器来指定每个字符受动画制作器影响的程度。
（3）调整动画制作器属性。

1. 使用文本动画制作器和方法

在【时间轴】面板中选择文本图层，或在【合成】面板中选择想要设置动画的特定字符。然后执行以下任意一种操作：

（1）选择【动画】|【动画文本】命令，然后从菜单中选择属性，如图 7-14 所示。【启用逐字 3D 化】菜单命令不添加动画制作器，它将 3D 属性添加到图层和单个字符中，然后可以为其添加动画制作器。

（2）从【时间轴】面板文本图层的【动画】菜单中选择属性，如图 7-15 所示。

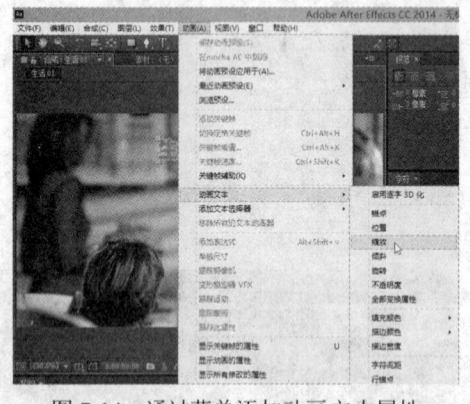

图 7-14　通过菜单添加动画文本属性 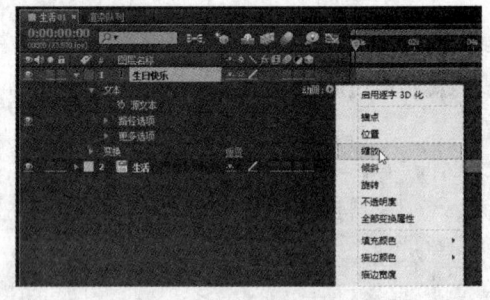　　　　图 7-15　通过动画制作器添加动画文本属性

在【时间轴】面板中调整动画制作器属性值，如图 7-16 所示。通常只需将想要设置动画的属性设置为其结束值，然后使用选择器控制任何其他事宜。

打开范围选择器属性组，并通过单击属性的秒表然后执行以下任意一种操作，为"开始"或"结束"属性设置关键帧：

（1）在【时间轴】面板中设置开始和结束值，如图 7-17 所示。

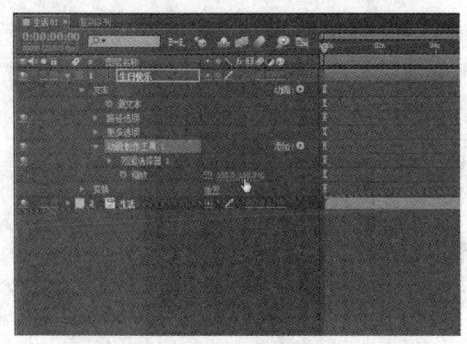

图 7-16　调整动画制作器属性值　　　　　图 7-17　设置开始和结束值

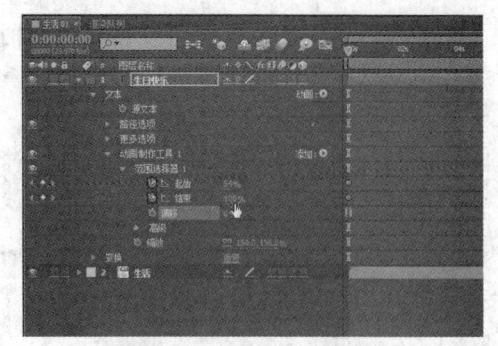

（2）在【合成】面板中拖动选择器条，如图 7-18 所示。当指针超过选择器条的中间时，将变成选择器移动指针。

图 7-18　在【合成】面板中拖动选择器条

如果要细化选择项，可以打开【高级】属性列表，并根据需要指定选项和值，如图 7-19 所示。

在 After Effects 中，还可以使用多个动画制作器和多个选择器创建精致的动画，其中每个动画制作器和选择器分别将其影响添加到文本动画中，如图 7-20 所示。

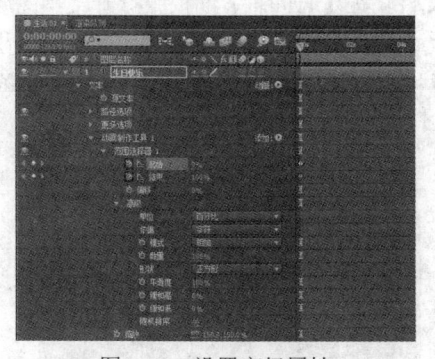

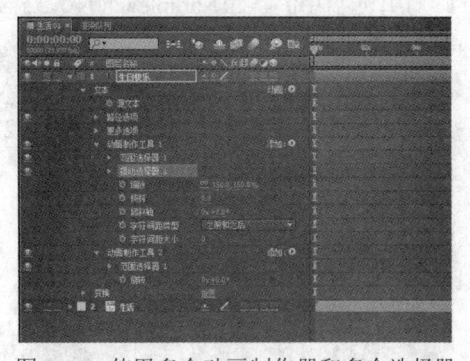

图 7-19　设置高级属性　　　　　图 7-20　使用多个动画制作器和多个选择器

2. 文本动画制作器属性

动画制作器属性的工作方式与其他图层属性非常类似，只是它们的值只影响由动画制作器组的选择器选择的字符。

动画制作器属性的说明如下：

- 锚点：字符的锚点，是指要执行哪些变换（如缩放和旋转）的点。

- 位置：字符的位置。可以在【时间轴】面板中指定此属性的值，也可以修改这些值，方法是在【时间轴】面板中选择此属性，然后使用选择工具在【合成】面板中拖动图层（当选择工具位于文本字符上时，它将变为移动工具）。
- 缩放：字符的比例。因为缩放是相对于锚点而言的，因此更改缩放的 Z 分量不会产生明显结果，除非文本也具有包含非零 Z 值的锚点动画制作器。
- 倾斜：字符的倾斜度。"倾斜轴"指定字符沿其倾斜的轴。
- 旋转、X 轴旋转、Y 轴旋转、Z 轴旋转：如果启用逐字 3D 化属性，可以单独设置每个轴的旋转。否则，只有"旋转"可用（它与"Z 轴旋转"相同）。
- 全部变换属性：所有的"变换"属性一次性添加到动画制作器组。
- 行锚点：每行文本的字符间距对齐方式。0%指定左对齐，50%指定居中对齐，100%指定右对齐。
- 行距：多行文本图层中文本行之间的间距。
- 字符位移：将选定字符偏移的 Unicode 值数。例如，值 5 按字母顺序将单词中的字符前进五步，因此单词 offset 将变成 tkkxjy。
- 字符值：选定字符的新 Unicode 值，将每个字符替换为由新值表示的一个字符。例如，值 65 会将单词中的所有字符替换为第 65 个 Unicode 字符（A），因此单词 value 将变为 AAAAA。
- 字符范围：指定对字符的限制。每次向图层中添加"字符位移"或"字符值"属性时，都会出现此属性。
  - 保留大小写及数位：可将字符保留在其各自的组中。组包括大写罗马字、小写罗马字、数字、符号、日语片假名等等。
  - 完整的 Unicode：以允许无限制的字符更改。
- 模糊：要添加到字符中的高斯模糊量。可以分别指定水平和垂直模糊量。

动手操作　使用动画制作器制作文本动画

1 打开光盘中的"..\Example\Ch07\7.2.2.aep"练习文件，在【时间轴】面板中打开文本图层列表，再单击【动画】文字右侧的三角形按钮，并从弹出菜单中选择【位置】命令，如图 7-21 所示。

2 将当前时间指示器移到文本图层的入点，然后打开【动画制作工具 1】列表，并单击【位置】属性名称左侧的秒表按钮，如图 7-22 所示。

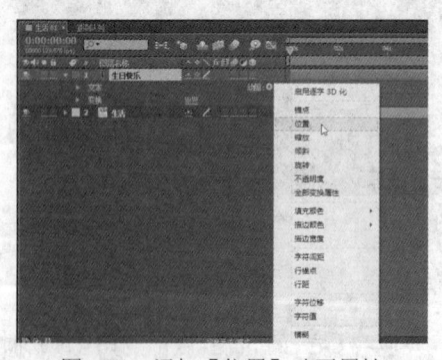

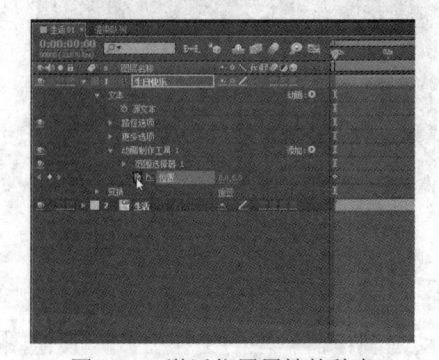

图 7-21　添加【位置】动画属性　　　　图 7-22　激活位置属性的秒表

3 将当前时间指示器移到 6 秒处，然后单击【添加或移除关键帧】按钮，添加【位置】属性的关键帧，接着在【合成】面板上调整文本的位置，如图 7-23 所示。

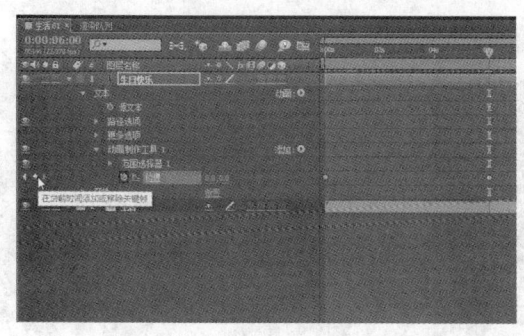

图 7-23　添加关键帧并调整文本位置

4 将当前时间指示器移到文本图层出点处，然后添加第二个关键帧，再通过【合成】面板调整文本的位置，如图 7-24 所示。

图 7-24　添加第二个关键帧并调整文本位置

5 单击文本图层中【动画】文字右侧的三角形按钮，并从弹出菜单中选择【缩放】命令，添加【缩放】动画属性，然后将当前时间指示器移到图层入点处，并激活【缩放】属性的秒表，接着设置缩放值为 150%，如图 7-25 所示。

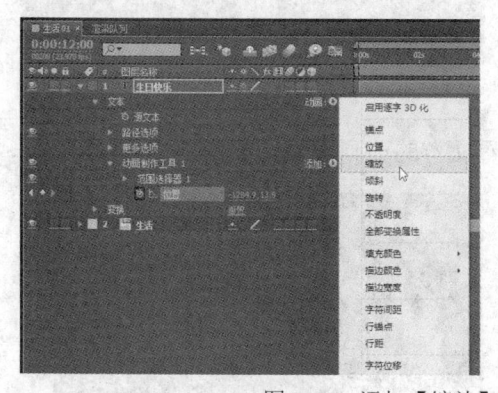

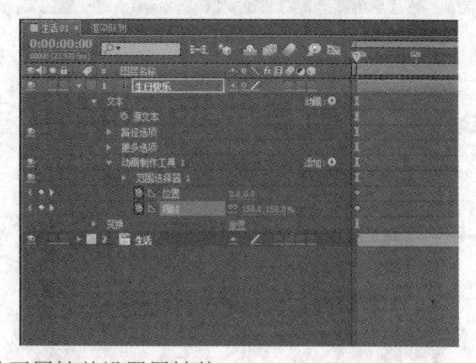

图 7-25　添加【缩放】动画属性并设置属性值

6 将当前时间指示器移到【位置】属性的第二个关键帧处，然后为【缩放】属性添加关键帧并设置属性值，接着将当前时间指示器移到图层出点处，再次添加【缩放】属性的关键帧并设置属性值，如图 7-26 所示。

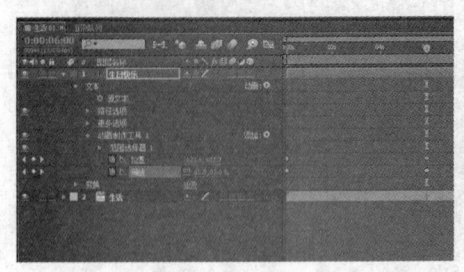

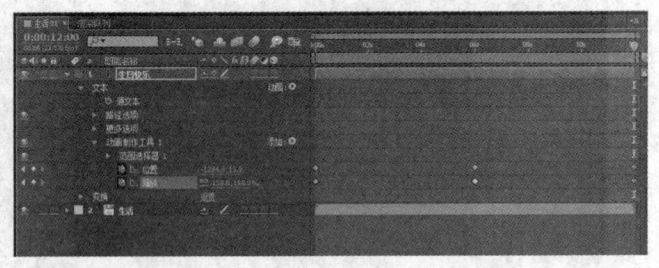

图 7-26　添加【缩放】关键帧并设置属性值

7 通过步骤 5 的方法，为文本图层添加【旋转】动画属性，在文本图层出点处添加【旋转】属性的关键帧，再设置旋转属性值，如图 7-27 所示。

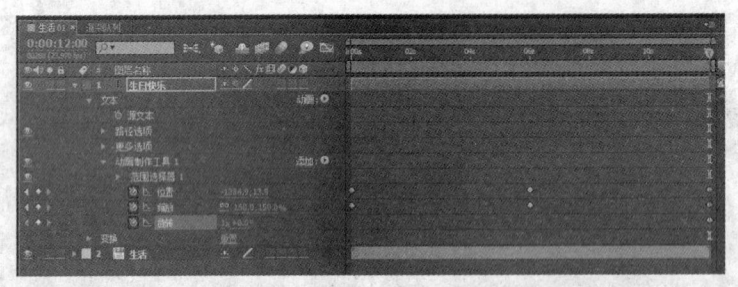

图 7-27　添加【旋转】动画属性并设置出点关键帧的属性值

8 分别在【缩放】属性前两个关键帧处为【旋转】属性添加关键帧，然后分别设置这两个【旋转】属性关键帧的属性值，如图 7-28 所示。

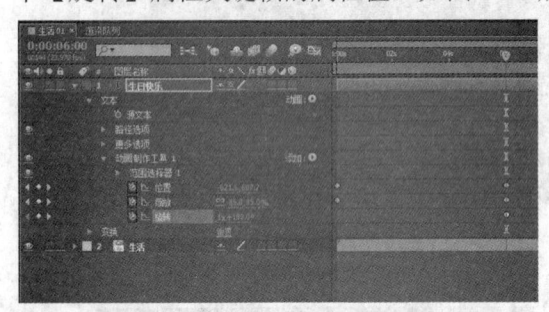

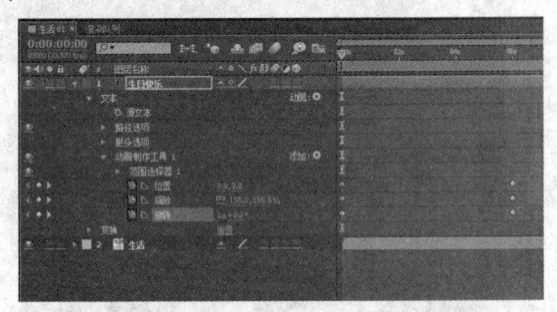

图 7-28　添加【旋转】属性的关键帧并设置属性值

9 完成上述操作后，即可播放时间轴，查看文本的动画效果，如图 7-29 所示。

图 7-29　播放时间轴查看文本动画（一）

图 7-29　播放时间轴查看文本动画（二）

7.2.3　添加与设置文本选择器

每个动画制作器组都包括一个默认范围选择器。在制作文本动画时，可以替换默认选择器，将其他选择器添加到动画制作器组中以及从组中移除选择器。

选择器与蒙版非常类似：可使用选择器来指定想影响文本范围的哪个部分以及影响程度。可以使用多个选择器，并为每个选择器指定一个"模式"，以确定它如何与文本以及同一动画制作器组中的其他选择器交互。如果只有一个选择器，"模式"指定选择器与文本之间的交互，其中"相加"是默认行为；"相减"会反转选择器的影响。

1. 文本选择器的基本操作

（1）要使用【时间轴】面板添加选择器，可以在【时间轴】面板中选择动画制作器组，然后从动画制作器组的【添加】菜单中选择【选择器】命令，或选择【动画】|【添加文本选择器】命令，再从子菜单中选择【范围】命令、【摆动】命令或【表达式】命令，如图 7-30 所示。

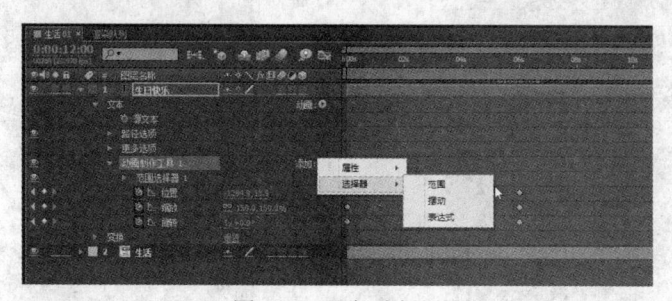

图 7-30　添加选择器

（2）要使用【合成】面板添加选择器，可以在【合成】面板中选择字符范围，右键单击文本，然后从快捷菜单中选择【添加文字选择器】命令，再从子菜单中选择【范围】命令、【摆动】命令或【表达式】命令，如图 7-31 所示。

（3）要删除选择器，可以在【时间轴】面板中将其选中，然后按 Delete 键。

（4）要重命名选择器，需先确保它是唯一选定的项，然后按 Enter 键，或者右键单击名称，然后选择【重命名】命令，如图 7-32 所示。

（5）要复制选择器，可以在【时间轴】面板中选择它，然后选择【编辑】|【复制】命令。要粘贴选择器，可以选择图层，然后选择【编辑】|【粘贴】命令。

2. 常见选择器属性

- **模式**：指定每个选择器如何与文本以及它上方的选择器进行组合，这类似于在应用蒙版模式时多个蒙版如何进行组合。例如，如果只想摆动某个特定单词，可对该单词使用范围选择器，然后添加摆动选择器并将它设置为"相交"模式，如图 7-33 所示。

227

图 7-31 通过【合成】面板添加文字选择器　　　　图 7-32 重命名选择器

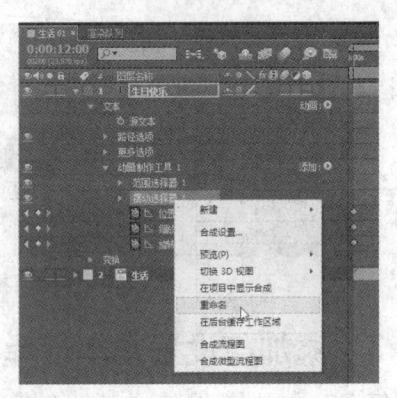

- 数量：指定字符范围受动画制作器属性影响的程度。值为 0%时，动画制作器属性不影响字符。值为 50%时，每个属性值的一半影响字符。此选项可用于随时间的推移为动画制作器属性的结果设置动画。借助表达式选择器，可以使用表达式来动态设置此选项。
- 单位和依据："开始"、"结束"和"位移"的单位。可以使用百分比或索引单位，并基于字符、不包含空格的字符、词或行进行选择，如图 7-34 所示。如果选择【字符】选项，After Effects 会将空格计算在内，并且在为单词之间的空格设置动画时，它实际上会暂停单词之间的动画。如图 7-35 所示为原来的文本与设置依据、形状和缩放属性的文本效果。

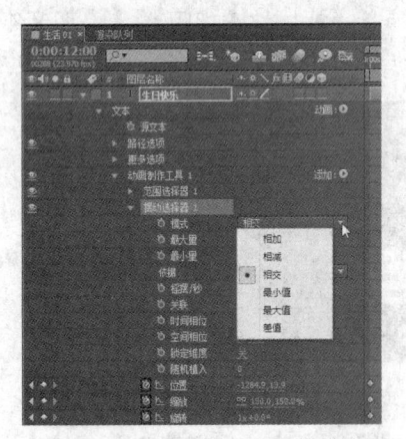

图 7-33 设置摆动选择器的模式　　　　图 7-34 设置单位和依据

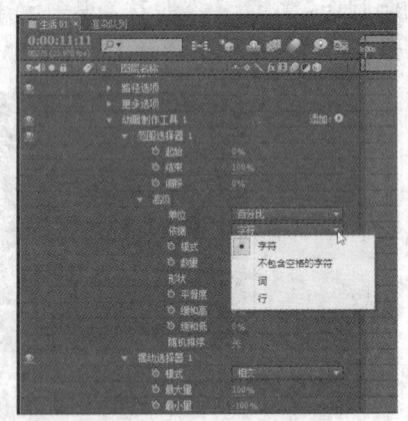

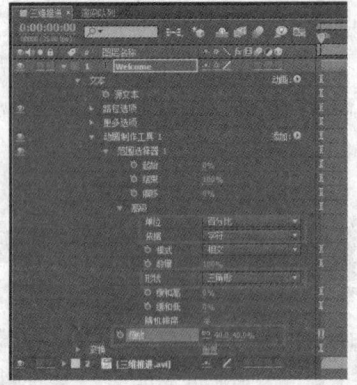

图 7-35 原来的文本与设置依据、形状和缩放属性的文本效果

3. 范围选择器属性

除了与其他选择器共有的属性外，范围选择器还包括以下属性：
- 开始和结束：选择项的开始和结束。可以修改"起始"和"结束"属性，方法是在【时间轴】面板中选择了选择器后，在【合成】面板中拖动选择器条。
- 偏移：从"起始"和"结束"属性指定的选择项偏移的量。要在编辑开始或结束值时在【合成】面板中设置偏移，可以按住 Shift 键使用选取工具单击"开始"或"结束"选择器条。
- 形状：控制如何在开始和结束范围内选择字符。每个选项均通过使用所选形状在选定字符之间创建过渡来修改选择项。例如，在使用"下斜坡"为文本字符的 Y 位置值设置动画时，字符按一定的角度逐渐从左下角移动到右上角。可以指定"正方形"、"上斜坡"、"下斜坡"、"三角形"、"圆形"和"平滑"选项。如图 7-36 所示为原来的文本与设置形状为【上斜坡】时调整 Y 轴位置的文本。
- 平滑度：确定在使用"正方形"时，动画从一个字符过渡到另一个字符所用的时间。
- "缓和高"和"缓和低"：确定在选择项的值从完全包含（高）更改为完全排除（低）时的变化速度。例如，在"缓和高"为 100%时，当字符从完全选定变为部分选定时，它以一种更为循序渐进的方式变化（缓和更改）。在"缓和高"为–100% 时，当字符从完全选定变为部分选定时，它迅速变化。在"缓和低"为 100% 时，当字符从部分选定变为未选定时，它以一种更为循序渐进的方式变化（缓和更改）。在"缓和低"为–100% 时，当字符从部分选定变为未选定时，它迅速变化。
- 随机排序：以随机顺序向范围选择器指定的字符应用属性。
- 随机植入：在"随机排序"选项设置为"打开"时，计算范围选择器的随机顺序。在"随机植入"为零时，植入将基于其动画制作器组。如果想复制动画制作器组并保持与最初的动画制作器组中相同的随机顺序，可以将"随机植入"设置为除零之外的值。

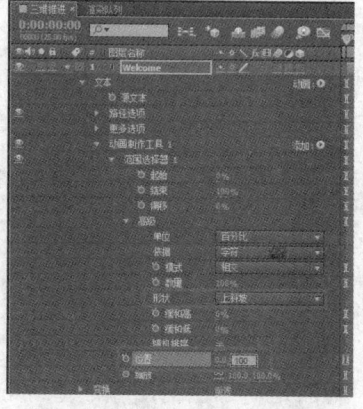

图 7-36　原来的文本与设置形状为【上斜坡】时调整 Y 轴位置的文本

4. 摆动选择器属性

除了与其他选择器共有的属性外，摆动选择器还包括以下属性：
- 最大量和最小量：指定与选择项相比变化的量。
- 摇摆/秒：设置的选择项每秒发生的变化量。

- 关联：每个字符的变化之间的关联。设置为100%时，所有字符同时摆动相同的量，设置为0%时，所有字符独立地摆动。
- 时间相位和空间相位（旋转次数+度数）：摆动的变化形态，以动画的时间相位为依据或以字符（空间）为依据。
- 锁定维度：将摆动选择项的每个维度缩放相同的值。当摆动"缩放"属性时，此选项非常有用。

5. 表达式选择器属性

添加表达式选择器后，可以打开"表达式选择器"属性组和"数量"属性组，以便在【时间轴】面板中显示表达式字段。默认情况下，"数量"属性以表达式 selectorValue*textIndex/textTotal 开头，如图7-37所示。

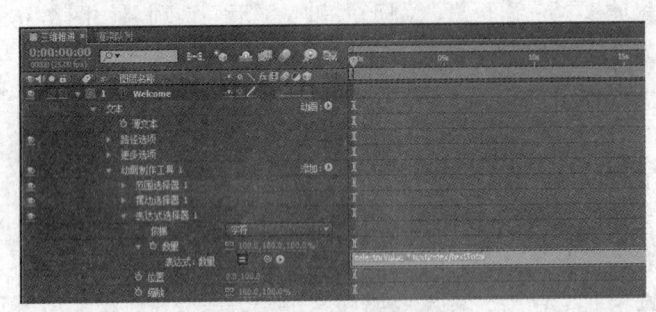

图7-37　使用表达式选择器

除了在别处使用的表达式元素之外，还可以使用以下属性为选择项设置动画：
- textIndex：返回字符、单词或行的索引。
- textTotal：返回字符、单词或行的总数。
- selectorValue：返回前一个选择器的值。将此值看成是来自堆积顺序中表达式选择器上方的选择器的输入。

> 属性 textIndex、textTotal 与 selectorValue 只能与表达式选择器一起使用。在别处使用会导致语法错误。

7.3　斜切和凸出文本

在计算机图形中，凸出的对象指的是以三维形式显示的对象。当移动对象时或者围绕对象移动摄像机时，3D外观最明显。斜面是对凸出的对象的边缘的控制。

通过在光线追踪3D合成中操作，可创建倾斜和拉伸的文本及形状图层。这种新的合成使用了全新的光线追踪渲染器。

7.3.1　光线追踪3D渲染器

在 After Effects CC 中，可提供新的光线追踪渲染器作为合成渲染器。它不同于在以前的版本中已用作默认渲染器的现有高级3D（现在称为经典3D）合成渲染器。

光线追踪 3D 渲染器与当前的扫描线渲染器截然不同。除了现有的材质选项外，它还可以处理反射、透明度、折射率和环境映射。现有的功能（如柔和阴影、运动模糊、景深模糊、字符内阴影、以任何光照类型将图像投影到表面上，以及插入图层）仍受支持。

1. 光线追踪 3D 渲染器的限制

光线追踪 3D 渲染器无法渲染以下特性：
（1）混合模式。
（2）跟踪遮罩。
（3）图层样式。
（4）持续栅格化图层上的蒙版和效果，包括文本和形状图层。
（5）带收缩变化的 3D 预合成图层上的蒙版和效果。
（6）保留基础透明度。

2. 创建光线追踪 3D 合成

如果需要凸出文本，必须在光线追踪 3D 合成中进行操作。在 After Effects 中，可创建光线追踪 3D 合成，也可将当前合成转为光线追踪 3D 合成。

其方法为：先创建一个新合成，打开该合成的【合成设置】对话框，单击【高级】选项卡，然后将【渲染器】设置为【光线追踪 3D】选项，如图 7-38 所示。

提示：在光线追踪 3D 合成中，摄像机图层不再包含"光圈衍射条纹"、"高亮增益"、"高光阈值"和"高光饱和度"属性。

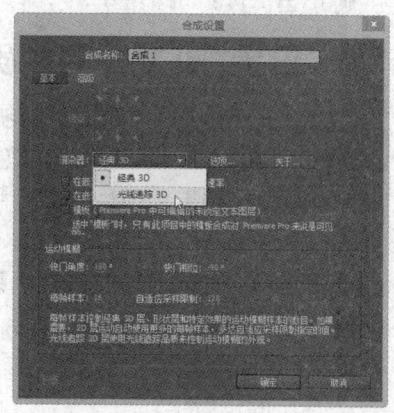

图 7-38　创建光线追踪 3D 合成

7.3.2　创建斜切和凸出的文本

在光线追踪渲染器中，3D 文本可以包含凸起或斜面。要获得斜切的和凸出的文本，可以执行以下操作：
（1）在合成中创建文本图层，并转换为 3D 图层。
（2）要控制它们的外观，可以在【时间轴】面板中使用图层的【几何选项】部分的属性，如图 7-39 所示。

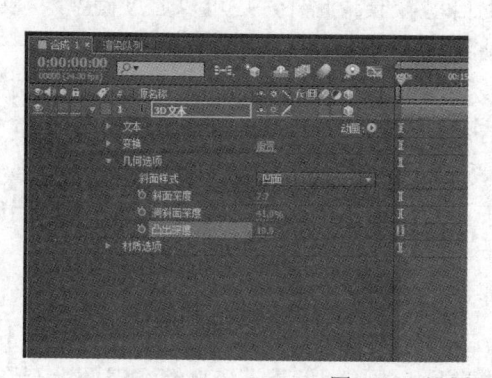

图 7-39　设置 3D 文本的几何选项

上述新的 3D 对象基于所扫描表面的几何形状，从根本上不同于"经典 3D"渲染器中基于像素的文本和形状。因此，当应用于几何图形时，蒙版、效果和轨道遮罩没有意义。文本和形状的几何属性将保留，因此字符样式（例如字符间距、字体大小和下标）受支持。

【几何选项】属性说明如下：
- 斜面样式：斜面的形式。选项包括无（默认值）、尖角、凹面、凸面。
- 斜面深度：斜面的大小（水平和垂直），以像素为单位。
- 洞斜面深度：文本字符的内层部分的斜面的大小 T，如"O"中的洞，它表示为斜面深度的百分比。
- 凸出深度：凸出的厚度，以像素为单位。侧（凸出的）表面垂直于前表面。

7.3.3 设置 3D 文本的材质

材质用于 3D 对象的表面，材质选项是用于这些表面的属性，用以指示对象如何与光照进行交互。After Effects 有几个材质选项属性，以及用于将材质应用于凸出的文本的方法。

【时间轴】面板中针对图层的【材质选项】部分现在包含一些新属性，如图 7-40 所示。

- 在反射中显示：指示图层是否显示在其他反射图层的反射中。
  - ➢【开】/【关】选项：控制是否显示反射，但图层本身是可见的。
  - ➢【仅】：类似于【开】选项，是反射的，但图层本身不可见。

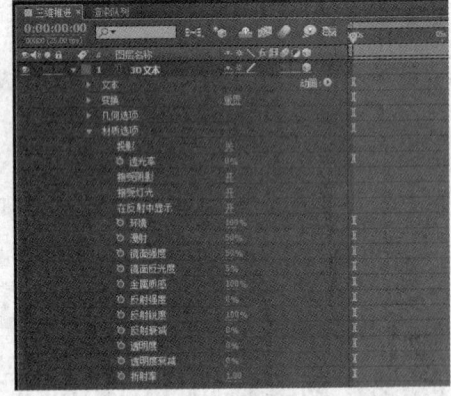

图 7-40 【材质选项】的属性列表

- 反射强度：控制其他反射的 3D 对象和环境映射在多大程度上显示在此对象上，如图 7-41 所示。根据视角和"反射衰减"属性值，反射将变得稍微明亮并且材质将变得更加像镜面。以某个掠射角查看表面时，反射比直接在表面上查看更为明亮。反射还更加节省能源，因为漫射会随掠射角的减小（从垂直于表面进行查看到水平贴近表面进行查看，掠射角逐渐减小）在每个像素上自动降低。此外，还可以通过调整"镜面反光度"属性来控制反射的光泽度（从模糊到几乎像镜面）。
- 反射锐度：控制反射的锐度或模糊度。较高的值会产生较锐利的反射，而较低的值会使反射较模糊。如果无法看到此设置的结果，可将"光线追踪品质"至少设置为 3。
- 反射衰减：针对反射面，控制"菲涅尔"效果的量（即处于各个掠射角时的反射强度）。
- 透明度：控制材质的透明度，并且不同于图层的"不透明度"设置（但是不透明度不影响对象的透明度）。可以具有完全透明的表面，但仍然会出现反射和镜面高光。如果降低了图层不透明度，它会降低整体的外观。另外，图层的 Alpha 具有优先权，因此如果 Alpha 为 0，则光线会完全忽略它。
- 透明度衰减：针对透明的表面，控制相对于视角的透明度量。当直接在表面上查看时，透明度将是该指定的值，当以某个掠射角查看时（如沿弯曲的对象的边缘直接查看它时）将更加不透明。
- 折射率：控制光如何弯曲通过 3D 图层，以及位于半透明图层后的对象如何显示。

图 7-41　反射强度为 0%与反射强度为 50%的效果对比

7.4　渲染与导出项目

完成项目设计后，可以对项目进行渲染和导出处理，以将项目应用到不同设备上。

7.4.1　渲染和导出概述

1．关于渲染

渲染是从合成到创建影片帧的过程。帧的渲染是从构成该图像模型的合成中的所有图层、设置和其他信息创建合成的二维图像的过程。影片的渲染是构成影片的每个帧的逐帧渲染。

尽管在谈到渲染时通常指最终输出，但创建在【素材】、【图层】和【合成】面板中显示的预览的过程也属于渲染。事实上，可以将 RAM 预览另存为影片，然后将其用作最终输出。

在渲染合成以生成最终输出之后，它由一个或多个输出模块处理，这些模块将渲染的帧编码到一个或多个输出文件中。将渲染的帧编码到输出文件中的过程是导出的一种。

2．支持的输出格式

（1）视频和动画格式

①3GPP（3GP）。

②H.264 和 H.264 蓝光。

③MPEG-2。

④MPEG-2 DVD。

⑤MPEG-2 蓝光。

⑥MPEG-4。

⑦MXF OP1a。

⑧QuickTime（MOV）。

⑨SWF。

⑩Video for Windows（AVI，仅限 Windows）。

⑪Windows Media（仅限 Windows）。

（2）视频项目格式

①Adobe Premiere Pro 项目（PRPROJ）。

②XFL for Flash Professional（XFL）。

（3）静止图像格式

①Adobe Photoshop（PSD；8、16 和 32 bpc）。

②位图（BMP、RLE）。

③Cineon（CIN、DPX；16 bpc 和 32 bpc 转换为 10 bpc）。

④Maya IFF（IFF；16 bpc）。

⑤JPEG（JPG、JPE）。

⑥OpenEXR（EXR）。

⑦PNG（PNG；16 bpc）。

⑧Radiance（HDR、RGBE、XYZE）。

⑨SGI（SGI、BW、RGB；16 bpc）。

⑩Targa（TGA、VBA、ICB、VST）。

⑪TIFF（TIF；8、16 和 32 bpc）。

（4）音频格式

①音频交换文件格式（AIFF）。

②MP3。

③WAV。

7.4.2 使用【渲染队列】面板

从 After Effects 渲染和导出影片的主要方式是使用【渲染队列】面板（可使用 Ctrl+Alt+0 键打开）。可以使用【渲染队列】面板来渲染合成、应用渲染设置和输出模块设置，并获得有关渲染进度的信息。

在使用【渲染队列】面板时，不需要多次渲染某个影片，即可使用同一渲染设置将它导出为多种格式。可以通过将输出模块添加到【渲染队列】面板中的渲染项，导出同一渲染影片的多个版本。

1．渲染特征

在【渲染队列】面板中，可以同时管理多个渲染项，每个渲染项都有它自己的渲染设置和输出模块设置。渲染设置确定以下特征：

（1）输出帧速率。

（2）持续时间。

（3）分辨率。

（4）图层品质。

在渲染设置之后应用的输出模块可以设置确定以下渲染后特征：

（1）输出格式。

（2）压缩选项。

（3）裁剪。

（4）是否在输出文件中嵌入项目链接。

2. 使用渲染队列渲染和导出影片

动手操作 使用渲染队列渲染和导出影片

1 在【项目】面板中选择要制成影片的合成,然后执行以下操作之一,将合成添加到渲染队列中:

(1) 选择【合成】|【添加到渲染队列】命令。
(2) 将合成拖到【渲染队列】面板中,如图 7-42 所示。

2 要从素材项目创建新合成并立即将该合成添加到渲染队列中,可以将素材项目从【项目】面板拖到【渲染队列】面板。

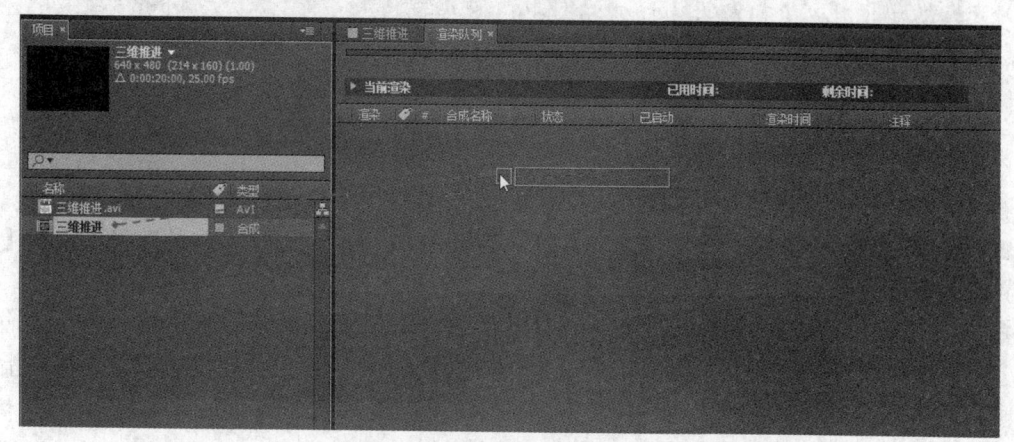

图 7-42 将合成添加到渲染队列中

3 单击【渲染队列】面板中【输出到】标题旁边的三角形按钮,以便基于命名惯例选择输出文件的名称,如图 7-43 所示;或者单击【输出到】标题旁边的文本以输入任何名称,然后选择位置,如图 7-44 所示。

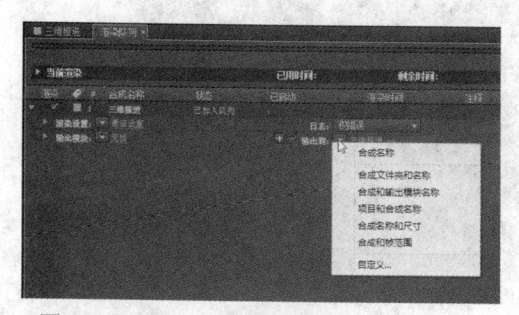

图 7-43 基于命名惯例选择输出文件的名称　　图 7-44 选择输出的位置

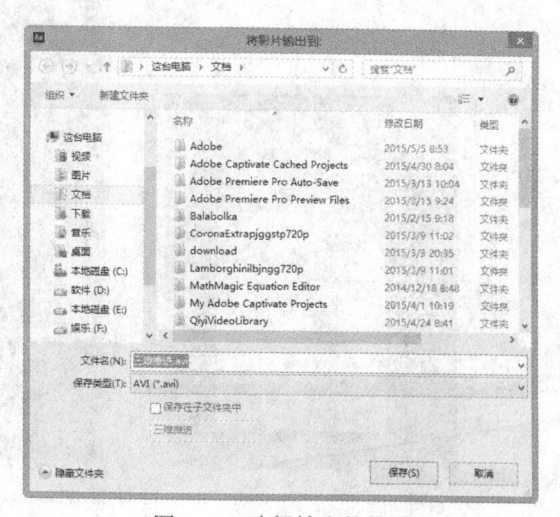

4 单击【渲染设置】标题右侧的三角形按钮,选择渲染设置模板,或者单击【渲染设置】标题右侧带下划线的文本以自定义设置,如图 7-45 所示。

235

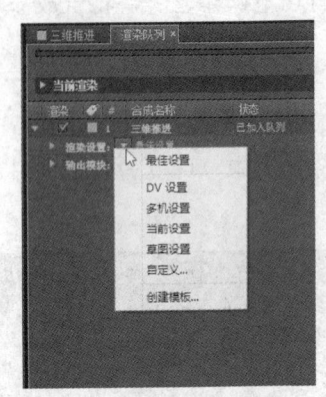

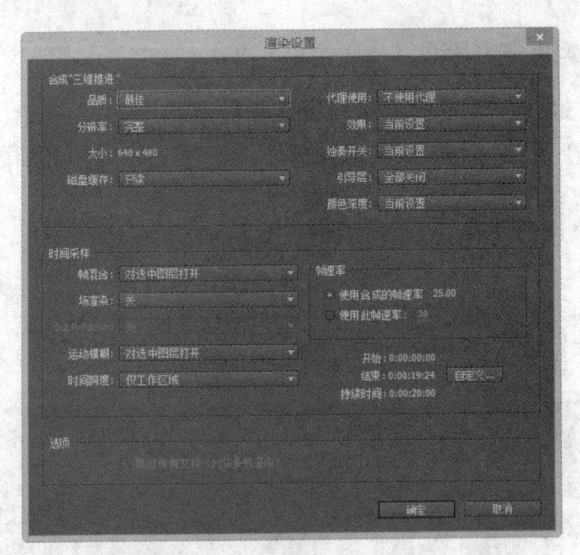

图 7-45　选择渲染设置模板或自定义设置

5 从【日志】菜单中选择日志类型。在已写入日志文件时,日志文件的路径出现在【渲染设置】标题和【日志】菜单下。

6 单击【输出模块】标题右侧的三角形按钮,选择输出模块设置模板,或者单击【输出模块】标题右侧带下划线的文本以自定义设置,如图 7-46 所示。可使用输出模块设置来指定输出影片的文件格式。

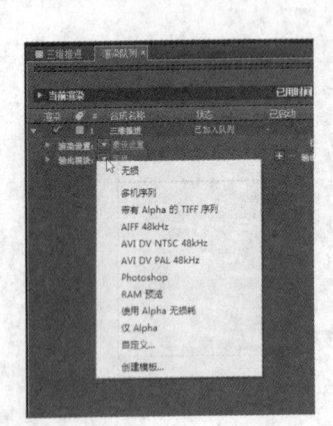

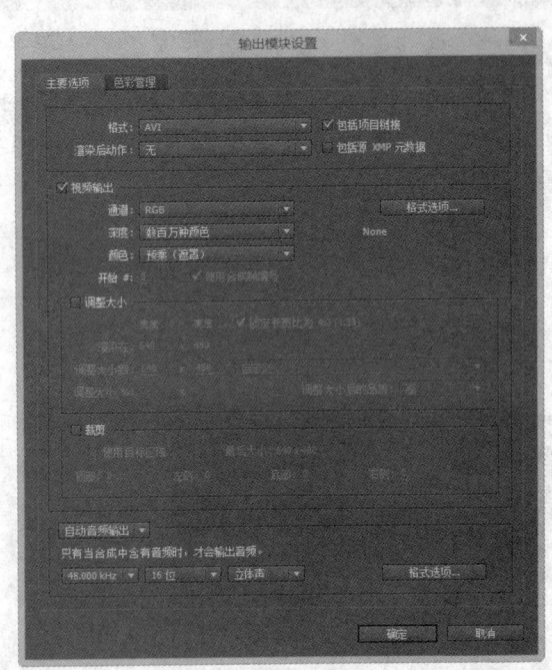

图 7-46　选择输出模块设置模板或自定义设置

7 单击【渲染队列】面板右上角的【渲染】按钮执行渲染,如图 7-47 所示。将合成渲染到影片可能需要几秒钟或数小时,具体取决于合成的帧大小、品质、复杂性以及压缩方法。当 After Effects 渲染时,无法在程序中工作。渲染完成时,会响起一声提示音。

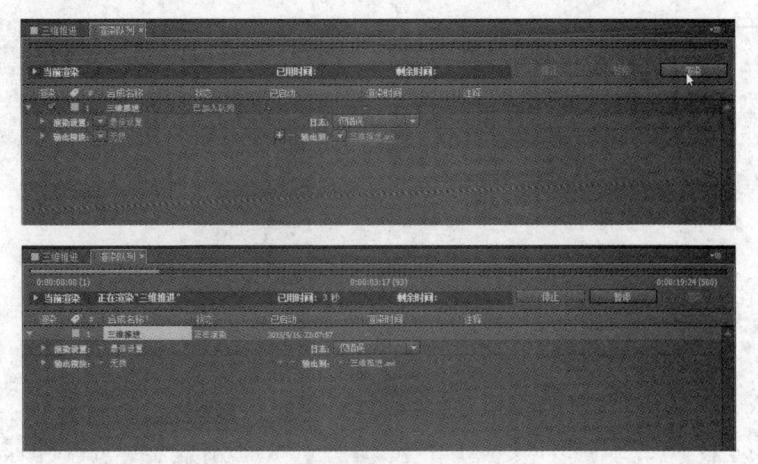

图 7-47　执行渲染

> 在某个项完成渲染之后，可以导入完成的影片作为素材项目，方法是将其输出模块从【渲染队列】面板拖动到【项目】面板。

7.4.3　在视频格式之间转换素材

可以使用 After Effects 将一种视频转换为另一种视频。转换视频时需要注意以下事项：

（1）分辨率的更改可能导致图片清晰度的损失，特别是在从标清格式向上转换为高清格式时。

（2）帧速率的更改可能需要使用帧混合来平滑插补的帧。对于较长的素材项目，使用帧混合可能导致非常长的渲染时间。

动手操作　在视频格式之间转换素材

1 使用正在转换为的格式的预设，将正在转换的素材导入合成。例如，如果正在将 NTSC 转换为 PAL，可使用适当的 PAL 合成设置预设，将 NTSC 素材项目添加到合成中。

2 选择包含要转换的素材的图层，然后选择【图层】|【变换】|【适合复合宽度】命令或【适合复合高度】命令，如图 7-48 所示。对于在使用相同帧长宽比的两种格式之间的转换，这两个"适合"命令的效果相同；如果帧长宽比不同（如从 4∶3 转换为 16∶9），适合宽度或适合高度会在裁剪或以宽银幕显示生成的图像之间做出选择。

3 执行以下任意一种操作：

（1）如果素材没有场景剪切，可以选择【图层】|【帧混合】|【像素运动】命令，如图 7-49 所示。"像素运动"提供最佳帧插补结果，但是可能需要较长渲染时间。

（2）如果素材有场景剪切，或者想牺牲质量以换取更短的渲染时间，可以选择【图层】|【帧混合】|【帧混合】命令。

4 选择【合成】|【添加到渲染队列】命令。

5 在【渲染队列】面板中单击【渲染设置】旁的三角形按钮，再从列表框中选择适当的预设。例如，如果正在转换为 DV 素材，可以从列表框中选择【DV 设置】选项，如图 7-50 所示。

237

图 7-48　选择变换命令　　　　　　　　　图 7-49　选择帧混合命令

6 在【渲染队列】面板中单击【输出模块】旁的三角形按钮，再从列表框中选择适当的输出模块预设（如图 7-51 所示），或选择【自定义】选项以输入自定义设置。

7 单击在步骤 6 中选择的输出模块预设的名称，以选择其他格式选项。

8 使用【渲染队列】面板中【输出到】标题右侧的控件指定输出文件的名称和目标位置，接着单击【渲染】按钮以渲染影片即可。

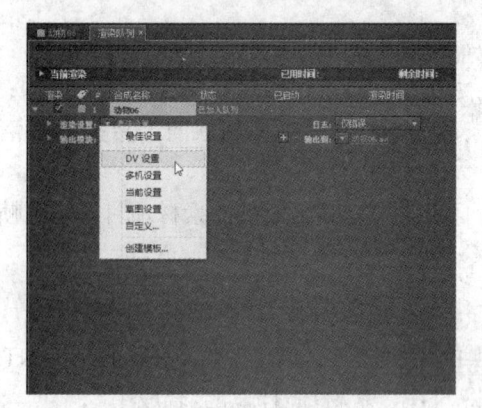

图 7-50　选择渲染设置预设　　　　　　　　图 7-51　选择输出模块预设

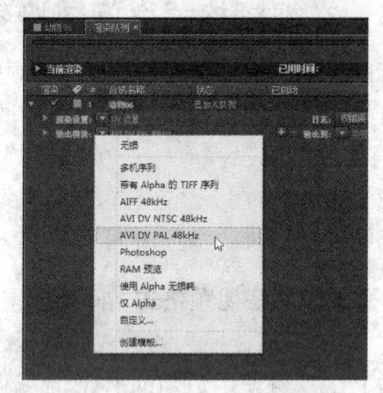

7.4.4　导出为 Adobe Premiere Pro 项目

在 After Effects 中，可以在不进行渲染的情况下将 After Effects 项目导出为 Adobe Premiere Pro 项目。

（1）在将 After Effects 项目导出为 Adobe Premiere Pro 项目时，Adobe Premiere Pro 会在所有后续序列中使用 After Effects 项目中第一个合成的设置。

（2）关键帧、效果和其他属性将以用户将 After Effects 图层粘贴到 Adobe Premiere Pro 序列时相同的方式进行转换。

（3）并非所有版本的 Adobe Premiere Pro 均可打开保存为 Adobe Premiere Pro 项目的 After Effects 项目，建议使用与 After Effects 相同版本的 Adobe Premiere Pro 打开项目。

导出为 Adobe Premiere Pro 项目的方法为：选择【文件】|【导出】|【Adobe Premiere Pro 项目】命令，如图 7-52 所示。指定项目的文件名和位置并单击【保存】按钮即可，如图 7-53 所示。

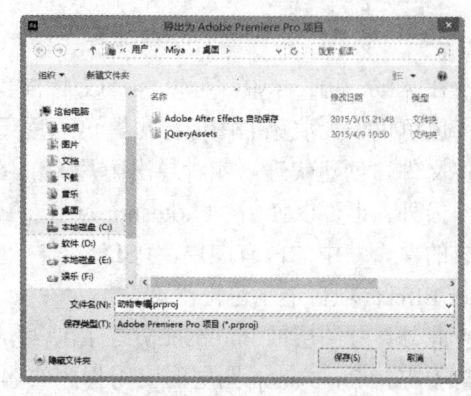

图 7-52　选择命令　　　　　　　　　图 7-53　保存导出的项目

7.4.5　渲染和导出图像及图像序列

1．渲染和导出静止图像序列

在 After Effects 中，可以将渲染的影片作为静止图像序列导出，在这种情况下，影片的每个帧将分别作为单独的静止图像文件输出。在使用网络上的多个计算机渲染一个影片时，该影片始终作为一个静止图像序列输出。

在为静止图像序列指定输出文件名时，实际上是指定文件命名模板。指定的名称必须包含用方括号括起来的英镑符号（[#####]）。在渲染每个帧并为其创建文件名时，After Effects 会将名称的[#####]部分替换成一个数字，以表示帧在序列中的顺序。例如，指定 mymovie_[#####].tga 会使得系统将输出文件命名为 mymovie_00001.tga、filmout_00002.tga 等。静止图像序列的最大帧数是 32766。

渲染和导出静止图像序列的方法为：将合成添加到【渲染队列】面板中，然后单击【输出模块】旁边的三角形按钮，在列表框中选择以下任一预设：【多机序列】、【带 Alpha 的 TIFF 序列】、【Photoshop】。

如果想要设置其他序列格式，可以打开【输出模块设置】对话框，再通过【格式】列表框选择序列选项，如图 7-54 所示。单击【渲染队列】面板中【输出到】标题右侧的控件，通过对话框指定输出文件的名称和目标位置，如图 7-55 所示。设置完成后，单击【渲染】按钮以渲染影片即可。

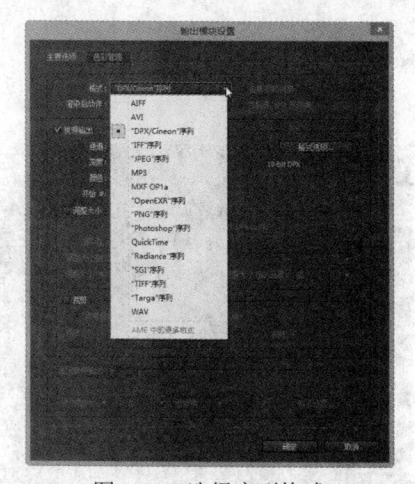

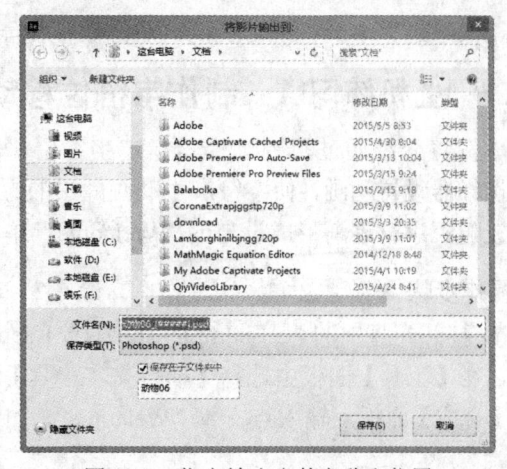

图 7-54　选择序列格式　　　　　　　图 7-55　指定输出文件名称和位置

2. 将单个帧渲染和导出为图像

在 After Effects 中，可以将合成中的单个帧作为 Adobe Photoshop 文件导出并保持图层不变，也可以作为渲染的图像导出。这可用于在 Adobe Photoshop 中编辑文件，为 Adobe Encore 准备文件，创建代理，或者导出影片中的图像以用于海报或情节提要。

另外，也可以使用"Photoshop 图层"命令生成 Photoshop 文件，此文件保留 After Effects 合成的单个帧中的所有图层。PSD 文件中会将最深五级的嵌套合成作为图层组保留，同时从 After Effects 项目继承色位深度。

此外，分图层的 Photoshop 文件包含所有图层的嵌入的合成（拼合）图像。此功能确保文件与不支持 Photoshop 图层的应用程序兼容。

将单个帧渲染和导出为图像的方法为：转到想要导出的帧，以便它显示在【合成】面板中。然后执行以下任意一种操作：

（1）要渲染单个帧，可以选择【合成】|【帧另存为】|【文件】命令。必要时调整【渲染队列】面板中的设置，然后单击【渲染】按钮。

（2）要导出单个帧作为包含图层的 Adobe Photoshop 文件，可以选择【合成】|【帧另存为】|【Photoshop 图层】命令，如图 7-56 所示。

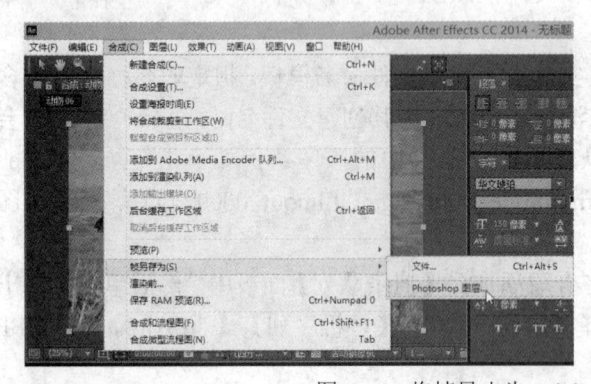

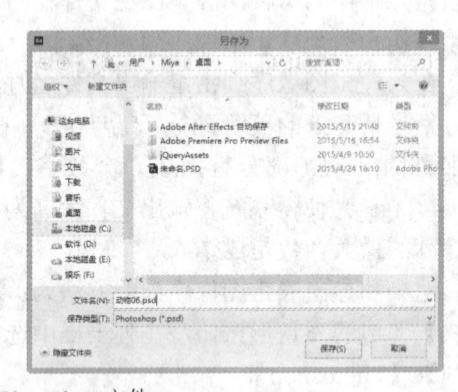

图 7-56　将帧导出为 Adobe Photoshop 文件

7.5　技能训练

下面通过多个上机练习实例，巩固所学技能。

7.5.1　上机练习 1：制作字符位移动画

本例将介绍通过范围选择器指定字符位移值并为范围选择器设置动画，使字符产生动画效果的方法，制作出让随机字符逐渐形成设定的"Welcome"单词。

操作步骤

1 打开光盘中的"..\Example\Ch07\7.5.1.aep"练习文件，在【工具】面板中选择【横排文字工具】，然后在【合成】面板上输入点文本"Welcome"，如图 7-57 所示。

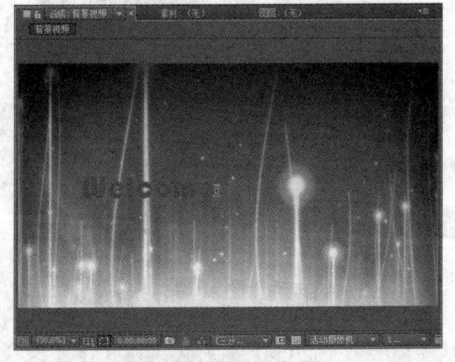

图 7-57　输入点文本

2 使用【横排文字工具】选择所有点文本，然后在【字符】面板设置文本的字体、大小和颜色等格式（颜色为【黄色】），接着使用【选取工具】将文本移到【合成】面板查看器的中央位置，如图 7-58 所示。

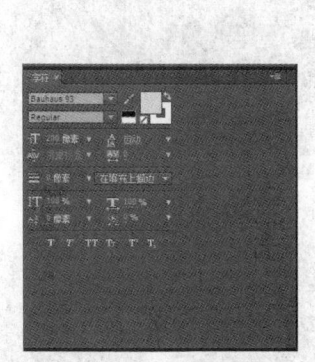

图 7-58 设置文本字符格式并调整位置

3 在【时间轴】面板中打开文本图层列表，然后单击【动画】旁边的三角形按钮，并从打开的菜单中选择【字符位移】命令，如图 7-59 所示。

4 打开动画制作器中的属性列表，再设置【字符位移】的属性值为 6，如图 7-60 所示。

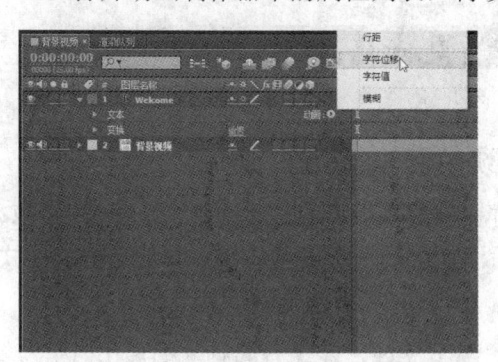

图 7-59 添加【字符位移】动画属性　　　　　图 7-60 设置字符位移属性

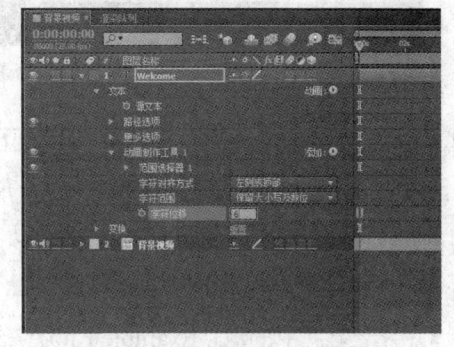

5 打开【范围选择器 1】的列表，将当前时间指示器移到图层入点处，再单击【起始】属性左侧的秒表按钮，接着将当前时间指示器移到第 6 秒处，然后设置【起始】属性值为 100%，如图 7-61 所示。

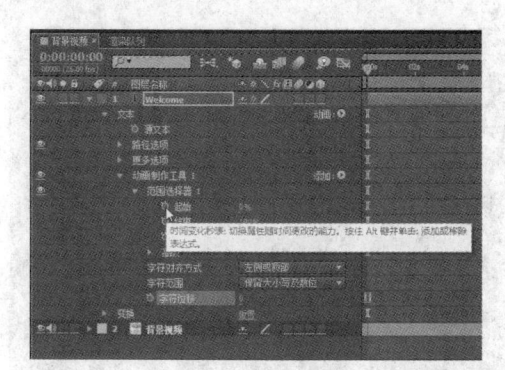

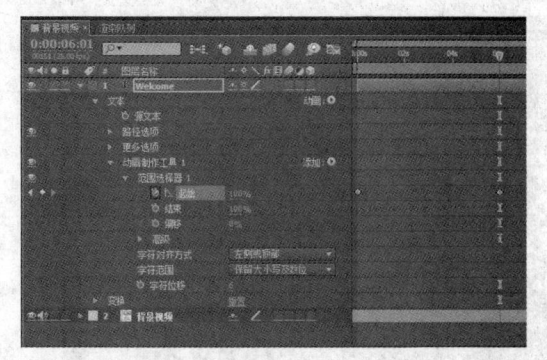

图 7-61 添加【起始】属性的关键帧并设置属性值

6 打开【字符对齐方式】列表框,再选择【中心】选项,设置字符中心对齐方式,如图 7-62 所示。

7 将当前时间指示器移到图层入点处,然后按空格键播放时间轴,查看字符位移动画的效果,如图 7-63 所示。

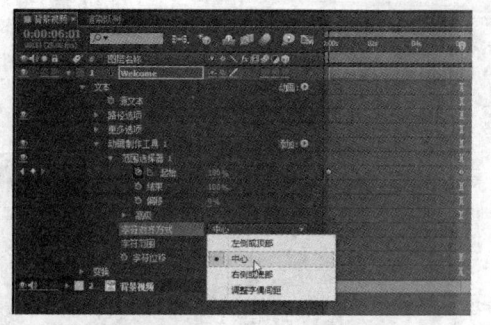

图 7-62　设置字符对齐方式

图 7-63　查看字符位移动画的效果

7.5.2　上机练习 2：制作字符位置与颜色变化动画

本例将先为文本图层添加制作字符从屏幕上方移到屏幕中央的位置动画,然后添加【填充色相】动画属性,并设置填充颜色变化的动画,最后添加摆动选择器并设置摆动选择器的模式。

操作步骤

1 打开光盘中的 "..\Example\Ch07\7.5.2.aep" 练习文件,在【时间轴】面板中打开文本图层列表,然后单击【动画】旁边的三角形按钮,并从打开的菜单中选择【位置】命令,如图 7-64 所示。

2 打开动画制作器列表,再设置【位置】属性的 Y 值为 –580,以便让所有字符均位于屏幕上方以外,如图 7-65 所示。

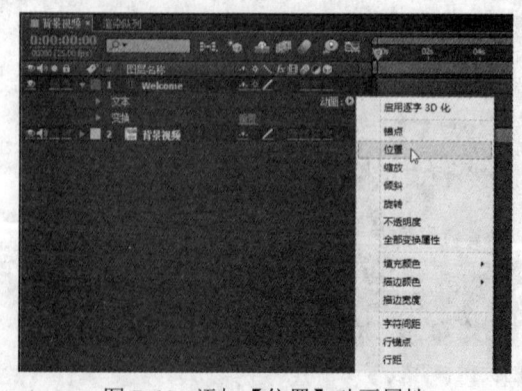

图 7-64　添加【位置】动画属性

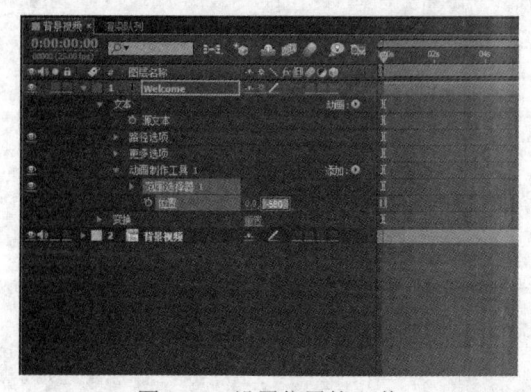

图 7-65　设置位置的 Y 值

3 打开【范围选择器 1】列表，将当前时间指示器移到图层入点处，再单击【起始】属性左侧的秒表按钮，将当前时间指示器移到第 6 秒处，然后设置【起始】属性值为 100%，如图 7-66 所示。

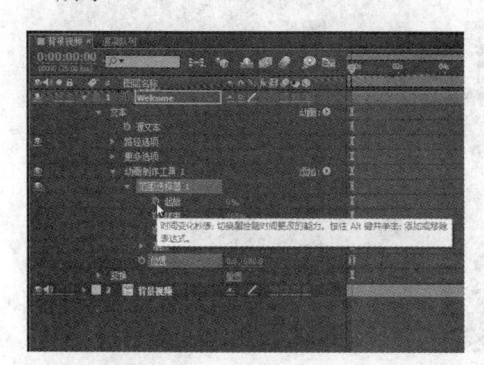

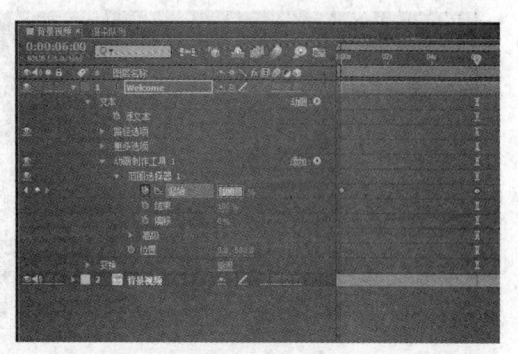

图 7-66　添加【起始】属性的关键帧并设置属性值

4 单击【动画】旁边的三角形按钮，并从打开的菜单中选择【填充颜色】|【色相】命令，然后设置【填充色相】的属性，如图 7-67 所示。

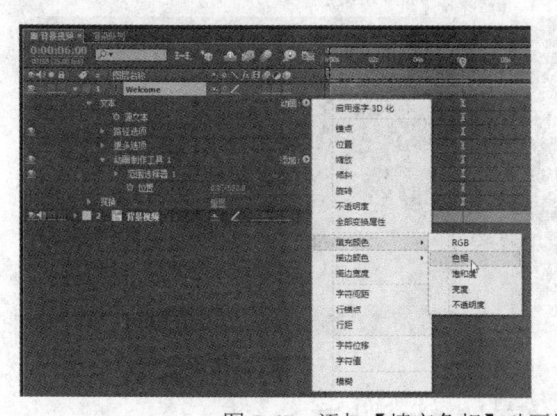

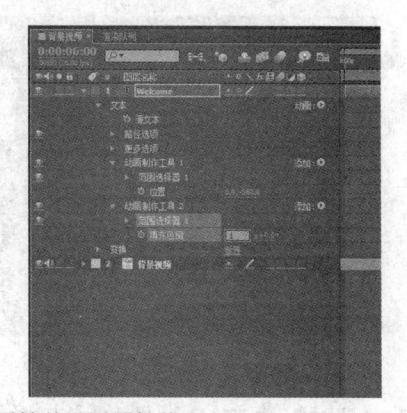

图 7-67　添加【填充色相】动画属性并设置属性值

5 打开【动画制作工具 2】列表中的【范围选择器 1】列表，将当前时间指示器移到图层入点处，再单击【起始】属性左侧的秒表按钮，将当前时间指示器移到第 6 秒处，并设置【起始】属性值为 100%，如图 7-68 所示。

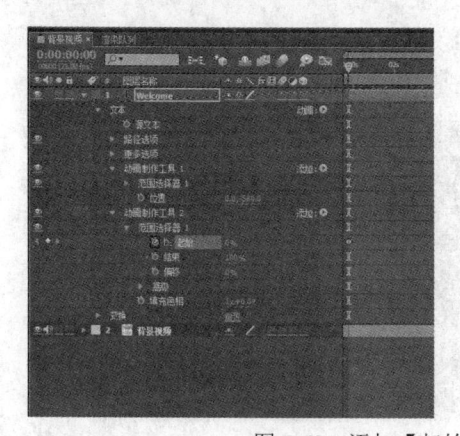

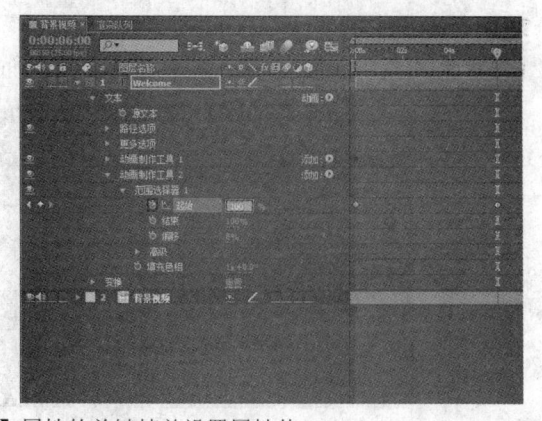

图 7-68　添加【起始】属性的关键帧并设置属性值

6 选择【动作制作工具 2】列表的【填充色相】属性项，然后打开【添加】菜单并选择【选择器】|【摆动】命令，设置摆动选择器的模式为【相加】，如图 7-69 所示。

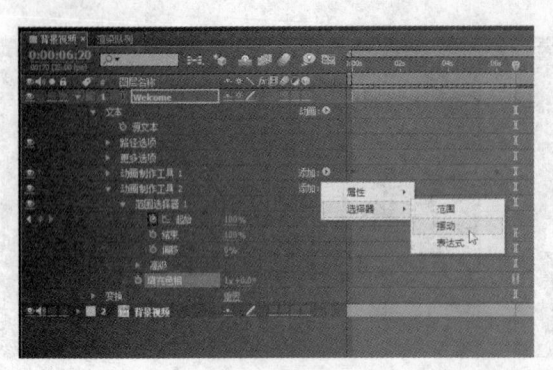

图 7-69　添加摆动选择器并设置模式

7 完成上述操作后，即可将当前时间指示器移到图层入点处，然后按空格键播放时间轴，查看字符从上移到屏幕中央并出现颜色变化的动画效果，如图 7-70 所示。

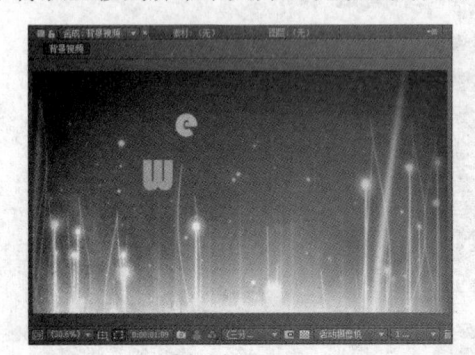

图 7-70　查看动画效果

7.5.3　上机练习 3：制作逐字书写的文本动画

本例先在【合成】面板上输入"环球金龙集团"点文本，然后通过【时间轴】面板创建字符的不透明度动画，制作出逐字书写的动画效果。

操作步骤

1 打开光盘中的"..\Example\Ch07\7.5.3.aep"练习文件，选择【横排文字工具】，然后在【字符】面板中设置字符格式，在【合成】面板中输入点文本，如图 7-71 所示。

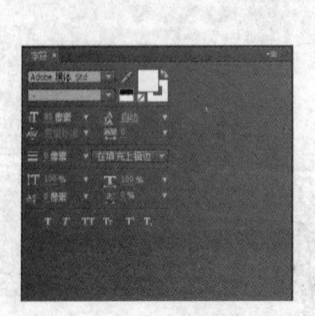

图 7-71　设置字符格式并输入点文本

2 在【时间轴】面板中打开文本图层列表,然后单击【动画】旁边的三角形按钮,从打开的菜单中选择【不透明度】命令,如图 7-72 所示。

3 打开【动画制作工具 1】列表,再设置不透明度为 0%,如图 7-73 所示。

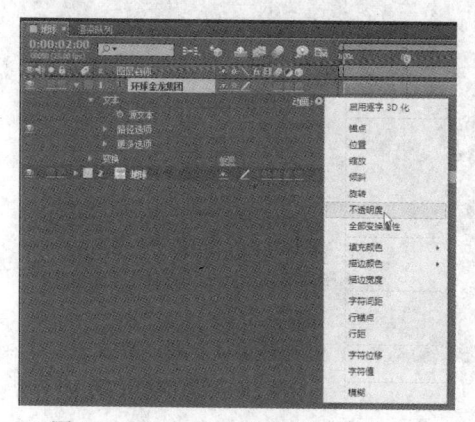

图 7-72　添加【不透明度】动画属性

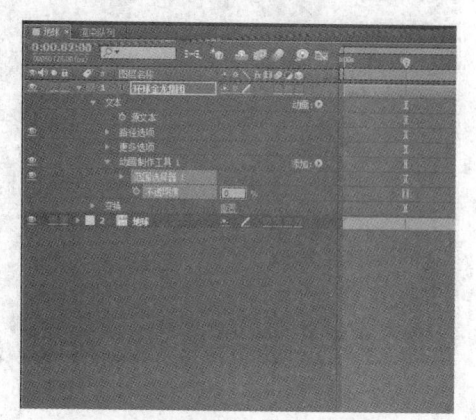

图 7-73　设置不透明度属性值

4 打开【范围选择器 1】列表,将当前时间指示器移到 2 秒处,再单击【起始】属性左侧的秒表按钮并设置【起始】属性值为 0%,如图 7-74 所示。

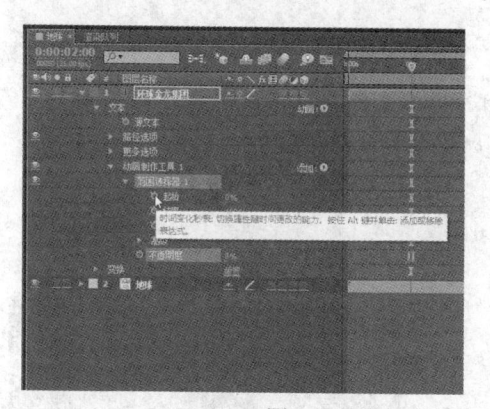

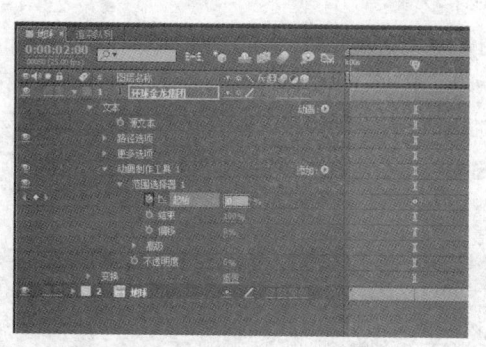

图 7-74　激活【起始】属性秒表并设置属性值

5 将当前时间指示器移到 8 秒处,然后将【合成】面板中的起始选择器拖到文本的右边缘,此时【起始】属性值为 100%,如图 7-75 所示。

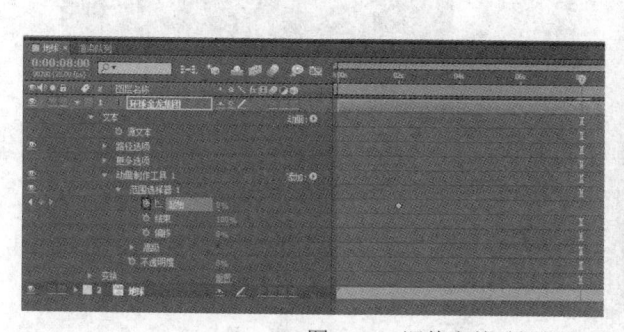

图 7-75　调整当前时间指示器并编辑起始选择器

6 完成上述操作后，即可将当前时间指示器移到图层入点处，再按空格键播放时间轴以查看动画效果，如图 7-76 所示。

图 7-76　查看动画效果

7.5.4　上机练习 4：制作文本字符随机闪烁的动画

本例通过表达式选择器中的 selectorValue 参数与摆动选择器一起使用，制作出一个字符串可以随机闪烁的动画效果。

操作步骤

1 打开光盘中的 "..\Example\Ch07\7.5.4.aep" 练习文件，在【时间轴】面板中打开文本图层列表，然后单击【动画】旁边的三角形按钮，从打开的菜单中选择【不透明度】命令，如图 7-77 所示。

2 打开【动画制作工具 1】列表，选择【范围选择器 1】属性项并按 Delete 键，将范围选择器删除，如图 7-78 所示。

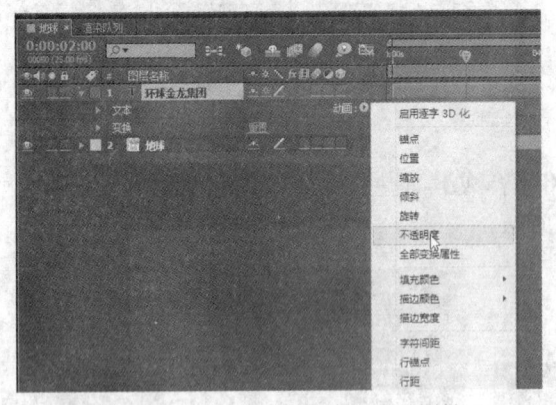

图 7-77　添加【不透明度】动画属性　　　　图 7-78　删除范围选择器

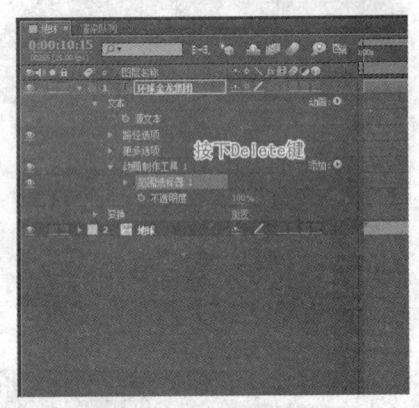

3 单击【动作制作工具 1】属性项中【添加】文本旁边的三角形按钮，打开【添加】菜单后选择【选择器】|【摆动】命令，如图 7-79 所示。

4 选择摆动选择器，单击【动作制作工具 1】属性项中【添加】文本旁边的三角形按钮，然后选择【选择器】|【表达式】命令，如图 7-80 所示。

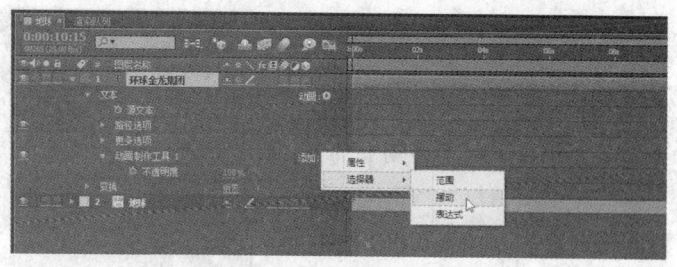

图 7-79 添加摆动选择器

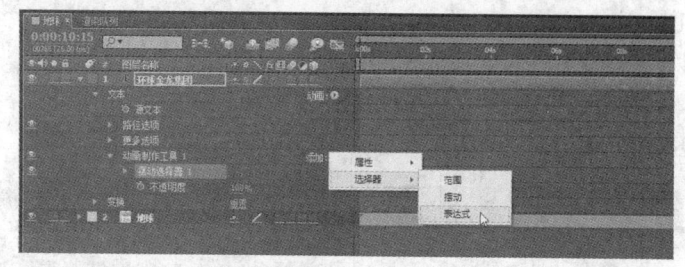

图 7-80 添加表达式选择器

5 将表达式选择器中的默认表达式文本替换为以下表达式,如图 7-81 所示。

r_val=selectorValue[0];

if(r_val < 50)r_val=0;

if(r_val > 50)r_val=100;

r_val

6 选择【不透明度】属性项,然后设置不透明度的属性值为 0%,如图 7-82 所示。完成上述操作后播放时间轴,可以看到文本产生随机闪烁的动画效果。

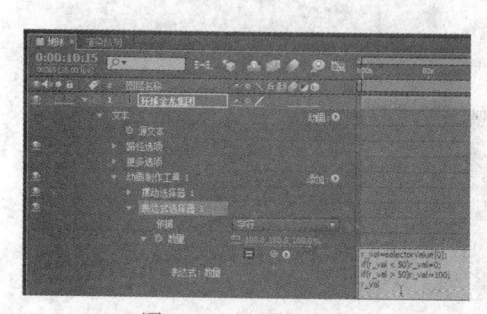

图 7-81 设置表达式

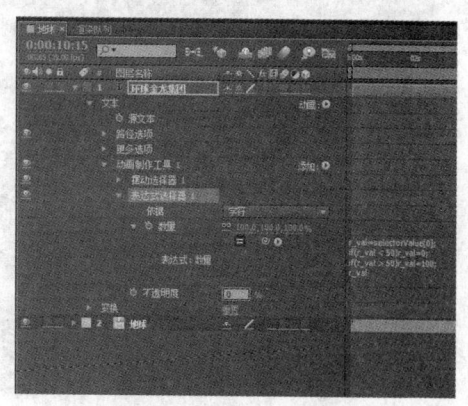

图 7-82 设置不透明度属性

7.5.5 上机练习 5:制作逐字 3D 化的文本动画

本例通过启用逐字 3D 化属性并为单个 3D 字符设置位置和旋转属性的动画,制作出每个 3D 字符偏移和变换角度的动画。

操作步骤

1 打开光盘中的 "..\Example\Ch07\7.5.5.aep" 练习文件,在【时间轴】面板中打开文本图层列表,然后单击【动画】旁边的三角形按钮,从打开的菜单中选择【启用逐字 3D 化】命令，如图 7-83 所示。

2 单击【动画】旁边的三角形按钮，从打开的菜单中选择【位置】命令，继续单击【动画】旁边的三角形按钮，然后从打开的菜单中选择【旋转】命令，如图 7-84 所示。

3 在【时间轴】面板的【动画制作工具 1】组中，将【X 轴旋转】属性设置为 45 度，再将【位置】值设置为【0.0, 0.0, -100.0】，如图 7-85 所示。

4 打开【范围选择器 1】列表，将当前时间指示器移到图层入点处，再单击【偏移】属性左侧的秒表按钮，以便在 0 秒处设置一个具有值的初始关键帧，如图 7-86 所示。

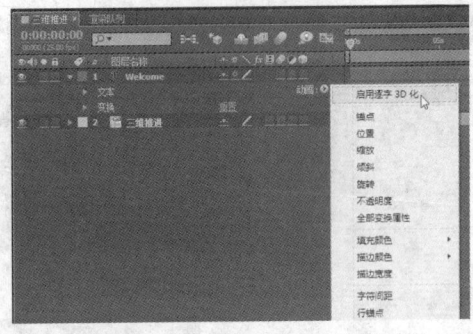

图 7-83　启用逐字 3D 化属性

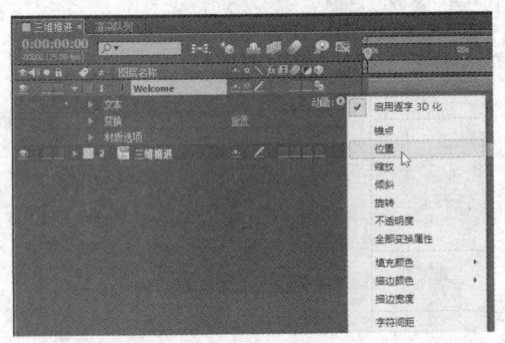

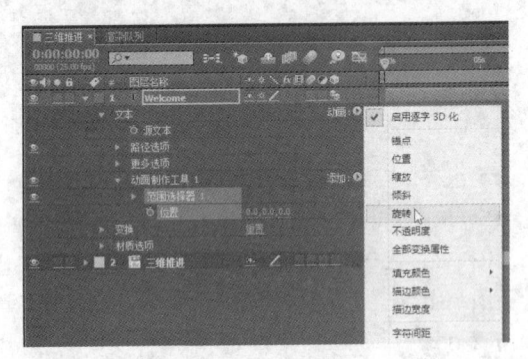

图 7-84　添加【位置】和【旋转】动画属性

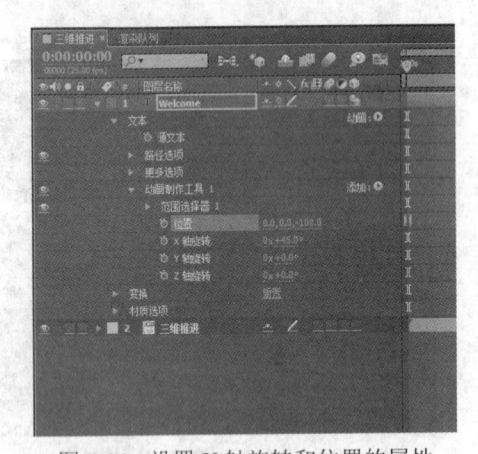

图 7-85　设置 X 轴旋转和位置的属性

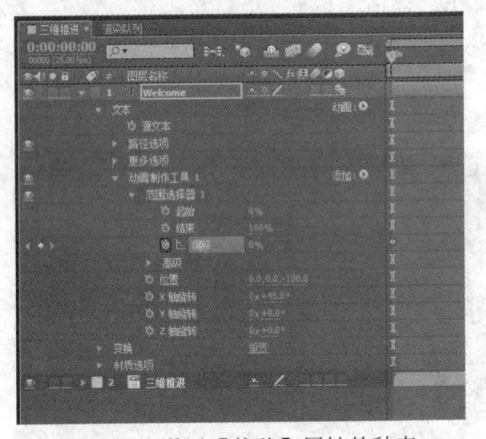

图 7-86　激活【偏移】属性的秒表

5 设置【偏移】属性的属性值为 –15%，然后修改【结束】属性的属性值为 15%，如图 7-87 所示。

6 将当前时间指示器移到 6 秒处，然后设置【偏移】属性的属性值为 100%，如图 7-88 所示。

7 按 R 键以显示整个图层的【旋转】属性，然后设置【Y 轴旋转】的属性为 –45°，如图 7-89 所示。

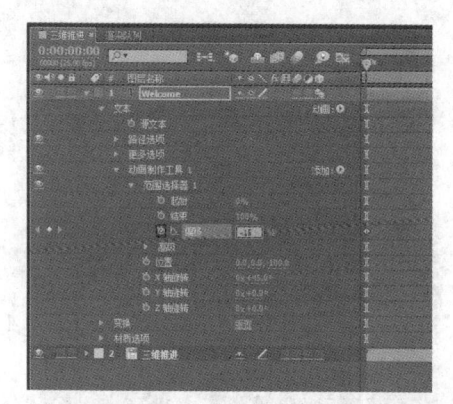

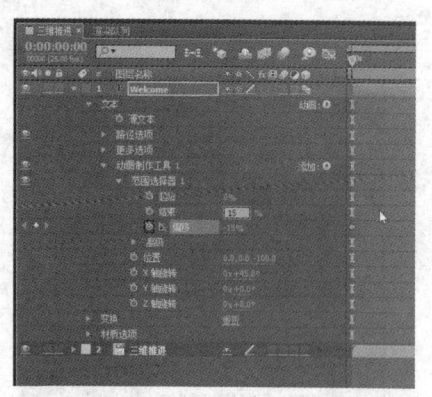

图 7-87 设置偏移属性和结束属性

8 完成上述操作后,即可按空格键播放时间轴,以查看文本逐字 3D 化的偏移动画效果,如图 7-90 所示。

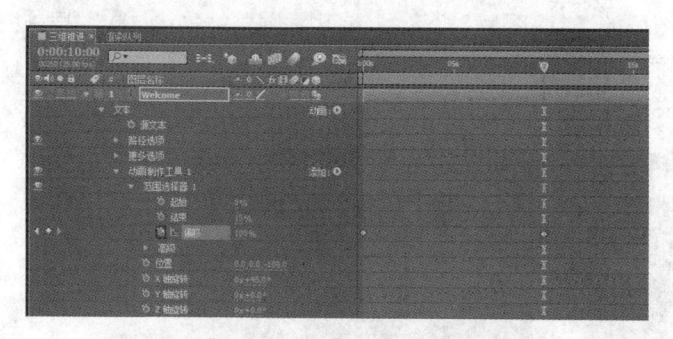

图 7-88 调整当前指示器并设置偏移属性 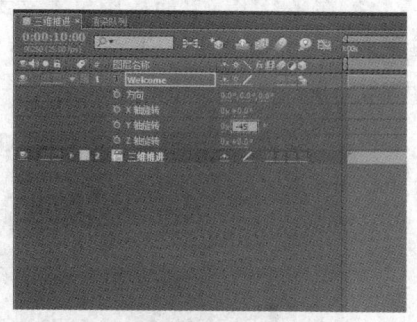　　图 7-89 设置文本图层的 Y 轴旋转属性

图 7-90 查看动画效果

7.5.6 上机练习 6:制作 3D 凸面文本反射变化动画

本例先通过【合成设置】对话框设置合成渲染器为【光线追踪 3D】,并将文本图层转换为 3D 图层,然后设置文本几何选项,制作出文本 3D 凸面效果,最后制作【反射强度】材质属性的动画。

操作步骤

1 打开光盘中的 "..\Example\Ch07\7.5.6.aep" 练习文件,在【时间轴】面板上单击右键并选择【合成设置】命令,打开【合成设置】对话框后,设置渲染器为【光线追踪 3D】,如

图 7-91 所示。

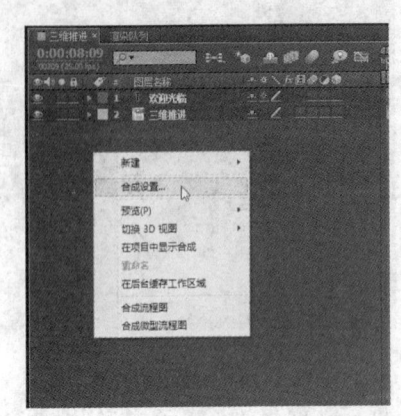

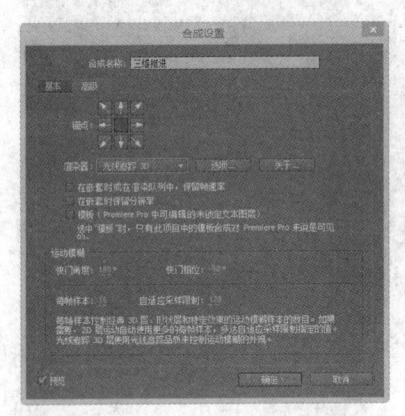

图 7-91 设置合成的渲染器

2 在【时间轴】面板中单击文本图层的【3D 图层】开关，将文本图层转换为 3D 图层，然后打开【几何选项】列表，并设置斜面样式、斜面深度、洞斜面深度、凸出深度等属性，如图 7-92 所示。

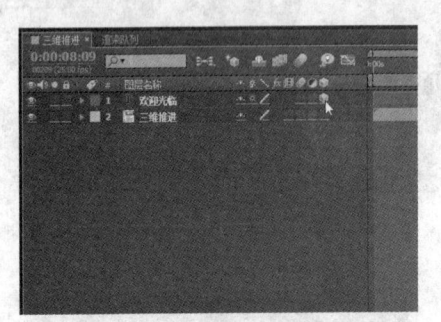

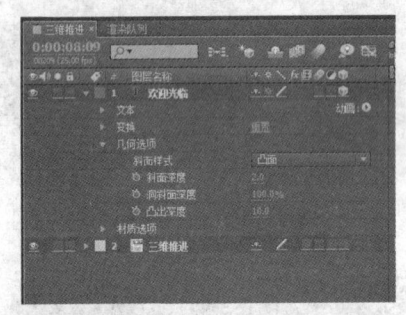

图 7-92 转换 3D 图层并设置几何选项

3 打开【变换】属性列表，然后设置方向的属性，以调整 3D 文本的方向，如图 7-93 所示。

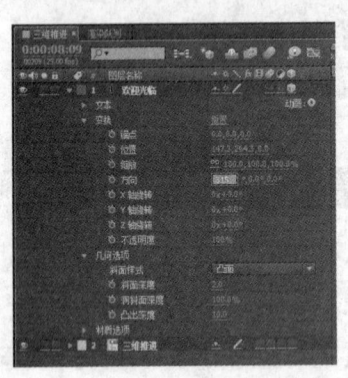

图 7-93 修改 3D 文本的方向属性

4 打开【材质选项】列表，将当前时间指示器移到图层入点处，然后单击【反射强度】属性的秒表并设置反射强度为 50%，接着将当前时间指示器移到 5 秒处，再设置反射强度为 0%，如图 7-94 所示。

5 完成上述操作后，即可播放时间轴，查看 3D 文本的动画效果，如图 7-95 所示。

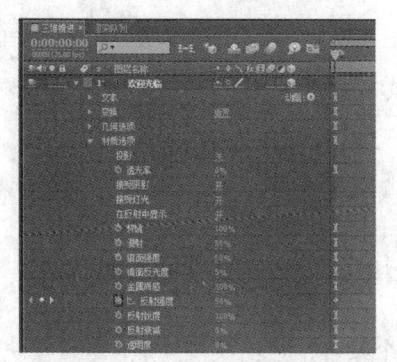

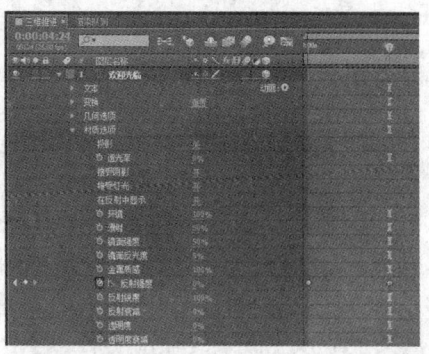

图 7-94 创建反射强度属性的动画

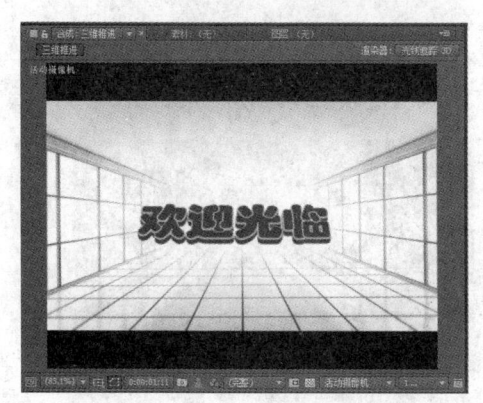

图 7-95 播放时间轴，查看 3D 文本的效果

7.6 评测习题

一、填充题

（1）文本图层是_____图层，这意味着文本图层不使用素材项目作为其来源，但可以将来自某些素材项目的信息转换为文本图层。

（2）文本图层也是_____图层，与形状图层一样，文本图层也是始终连续地栅格化。

（3）每个动画制作器组都包括一个默认_____，在制作文本动画时，可以替换默认选择器。

（4）帧的_____是从构成该图像模型的合成中的所有图层、设置和其他信息，创建合成的二维图像的过程。

二、选择题

（1）After Effects 使用两种类型的文本，分别是以下哪项？　　　　　　　　　　（　　）

    A．点文本和路径文本　　　　　　　　B．路径文本和段落文本

    C．点文本和区域文本　　　　　　　　D．点文本和段落文本

（2）使用动画制作器设置文本动画包括三个基本步骤，以下哪个不是步骤之一？（　　）

    A．添加动画制作器以指定为哪些属性设置动画

    B．使用选择器来指定每个字符受动画制作器影响的程度

    C．调整动画制作器属性

251

D．为选择器应用表达式

（3）打开【渲染队列】面板的快捷键是什么？ （ ）
    A．Ctrl+Alt+1   B．Ctrl+Alt+0   C．Ctrl+0   D．Ctrl+T

三、判断题

（1）如需凸出文本，必须在光线追踪 3D 合成中进行操作。 （ ）

（2）每个动画制作器组都包括一个默认范围选择器。在制作文本动画时，不可以替换默认选择器。 （ ）

（3）在渲染合成以生成最终输出之后，它由一个或多个输出模块处理，这些模块将渲染的帧编码到一个或多个输出文件中。 （ ）

四、操作题

使用选择器为练习文件中的"HAPPY"特定单词设置倾斜动画，结果如图 7-96 所示。

图 7-96　制作"HAPPY"单词倾斜动画的结果

操作提示

（1）打开光盘中的"..\Example\Ch07\7.6.aep"练习文件。

（2）打开文本图层列表，然后单击【动画】旁边的三角形按钮，从打开的菜单中选择【倾斜】命令。

（3）在【时间轴】面板中设置【倾斜】属性的属性值为 45。

（4）打开【范围选择器 1】列表，将当前时间指示器移到入点处（即 0 秒处），然后单击【结束】属性的秒表。

（5）在【合成】面板中，将两个选择器条拖到 HAPPY 中 H 的左侧，如图 7-97 所示。

（6）将当前时间指示器移到 4 秒处，然后将右侧选择器条拖到 HAPPY 中 Y 的右侧，如图 7-98 所示。

图 7-97　设置第一个关键帧的选择器 　　　　图 7-98　设置第二个关键帧的选择器

第8章　After Effects 高级应用技能

学习目标

本章将介绍在 After Effects 中应用跟踪与稳定运动、时间重映射、图层抠像等高级技能的详细基础知识和精彩的应用实例。

学习重点

- ☑ 应用跟踪与稳定运动功能
- ☑ 设置与编辑时间重映射
- ☑ 图层抠像的方式和技巧

8.1　跟踪与稳定运动

通过运动跟踪，可以跟踪对象的运动，然后将该运动的跟踪数据应用于另一个对象（如另一个图层或效果控制点）来创建图像和效果在其中跟随运动的合成。此外，还可以稳定运动，在这种情况下，跟踪数据用来使被跟踪的图层动态化以针对该图层中对象的运动进行补偿。可以使用表达式将属性链接到跟踪数据，这开拓了广泛的用途。

After Effects 通过将来自某个帧中的选定区域的图像数据与每个后续帧中的图像数据进行匹配来跟踪运动。可以将同一跟踪数据应用于不同的图层或效果，还可以跟踪同一图层中的多个对象。

8.1.1　跟踪与稳定运动基础

1. 跟踪和稳定运动的用途

运动跟踪有许多用途，说明如下：

（1）组合单独拍摄的元素。如将视频添加到移动的城市巴士一侧或在天使头顶添加一个光环。

（2）为静止图像添加动画以匹配动态素材的运动。如使卡通大黄蜂停在摇摆的花朵上。

（3）使效果动态化以跟随运动的元素。如使移动的球发光。

（4）将跟踪对象的位置链接到其他属性。如在汽车赛跑时，使立体声音频在屏幕上从左向右平移。

（5）稳定素材使帧中的运动对象保持固定，以便检查运动中的对象如何随着时间的推移而变化，这在科学成像工作中可能比较有用。

（6）稳定素材以便移除手持式摄像机的摇晃（摄像头摇动）。

（7）稳定运动素材能够缩小最终输出文件的大小，具体取决于使用的编码器。随机运动（如由手持式摄像机的推撞引起的运动）可能会使得许多压缩算法难以压缩视频。

2. 运动跟踪用户界面和术语概述

在 After Effects 中，可以通过【跟踪器】面板设置、启动和应用运动跟踪，可以在【时间轴】面板中修改、动态化、管理和链接跟踪属性。还可以通过在【图层】面板中设置跟踪点来指定要跟踪的区域。每个跟踪点包含一个特性区域、一个搜索区域和一个附加点，如图 8-1 所示。一个跟踪点集就是一个跟踪器。

- 特性区域：定义图层中要跟踪的元素。特性区域应当围绕一个与众不同的可视元素，最好是现实世界中的一个对象。不管光照、背景和角度如何变化，After Effects 在整个跟踪持续期间都必须能够清晰地识别被跟踪的特性。
- 搜索区域：定义 After Effects 为查找跟踪特性而要搜索的区域。被跟踪特性只需要在搜索区域内与众不同，不需要在整个帧内与众不同。将搜索限制到较小的搜索区域可以节省搜索时间并使搜索过程更为轻松，但存在的风险是所跟踪的特性可能完全不在帧之间的搜索区域内。
- 附加点：指定目标的附加位置（图层或效果控制点），以便与跟踪图层中的运动特性进行同步。

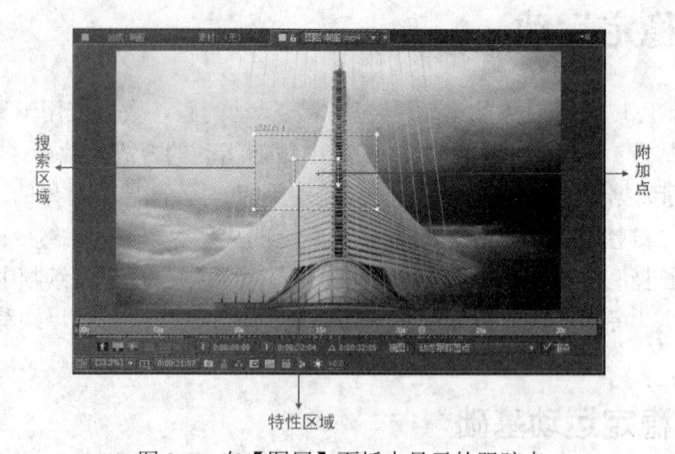

图 8-1 在【图层】面板中显示的跟踪点

3. 运动跟踪工作流程

在实际处理中，可以重复下述运动跟踪工作流程中的某些步骤，也可以根据需要跟踪某个图层任意次数，并可以应用跟踪结果的任何组合。

（1）设置拍摄

为使运动跟踪平滑运行，必须有一个良好的特性进行跟踪，最好是一个与众不同的对象或区域。

为获得最佳结果，在开始拍摄之前，可以准备要跟踪的对象或区域。因为 After Effects 将一个帧的图像数据与下一个帧的图像数据进行比较来生成准确的跟踪，所以向对象或区域附加高对比度的标记可以使 After Effects 能够更容易地逐个帧跟随运动。

（2）添加合适数目的跟踪点

当从【跟踪器】面板中的【跟踪类型】菜单中选择某个模式时，After Effects 会在【图层】面板中为该模式放置合适数目的跟踪点，如图 8-2 所示。可以添加更多的跟踪点以通过一个跟踪器来跟踪更多的特性。

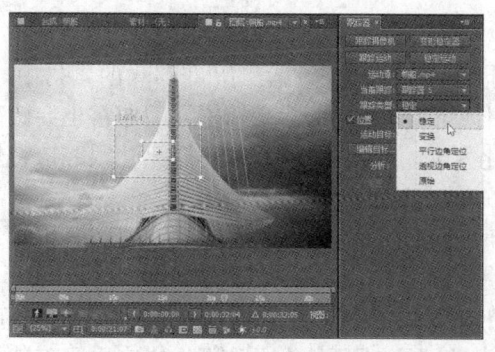

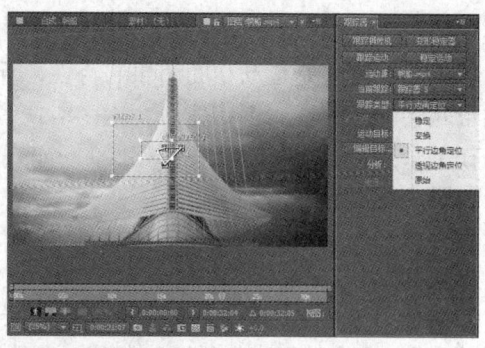

图 8-2　不同的跟踪类型有不同的跟踪点数目

（3）选择要跟踪的特性并放置特性区域

在开始跟踪之前，可以查看拍摄的整个持续时间以确定要跟踪的最佳特性。在第一个帧中可清晰识别的对象在以后可能会因为角度、光照和周围的元素变化而混合到背景中。被跟踪的特性可能会消失在帧的边缘或者因为其他元素而在场景中的某个点变模糊。虽然 After Effects 可以推测某个特性的运动，但是如果逐步通过整个拍摄来选择用于跟踪的最佳候选对象，则成功跟踪的概率最高。

良好的被跟踪特性具有以下特征：

- 在整个拍摄中可见。
- 具有与搜索区域中的周围区域明显不同的颜色。
- 搜索区域内的一个与众不同的形状。
- 在整个拍摄中一致的形状和颜色。

（4）设置附加点位移

附加点是放置目标图层或效果控制点的位置。默认的附加点位置是特性区域的中心。在跟踪之前，可以通过在【图层】面板中拖动附加点来移动附加点以相对于被跟踪特性的位置偏移目标的位置，如图 8-3 所示。

（5）调整特性区域、搜索区域和跟踪选项

在放置每个特性区域控件时要紧紧围绕它的被跟踪特性进行放置，使其完全包围被跟踪特性，但是要尽可能少地包含周边图像。

（6）分析

通过单击【跟踪器】面板中的【分析】按钮之一来执行实际的运动跟踪步骤，如图 8-4 所示。当跟踪一组复杂的特性时，可能希望一次分析一个帧。

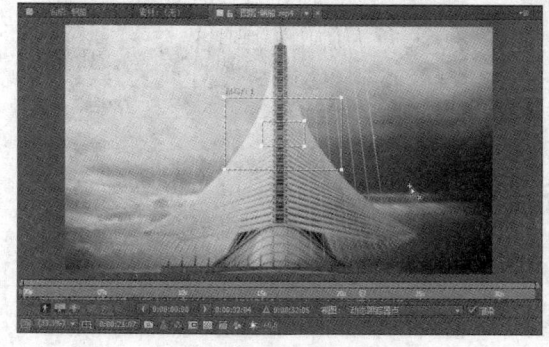

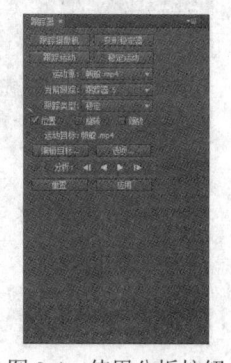

图 8-3　移动附加点　　　　　　　　图 8-4　使用分析按钮

（7）根据需要重复执行流程步骤

因为不断变化是运动中的图像的特性，所以自动跟踪极少是完美的。在移动的素材中，特性的形状会随光照和周围物体而变化。即使经过仔细的准备，特性在拍摄期间通常也会改变，并且在某个点上不再与原始特性相匹配。如果变化太大，则 After Effects 可能无法跟踪该特性，并且跟踪点将漂移。

当分析开始失败时，可以返回到跟踪还正确时的帧，然后重复其他步骤调整和分析。

（8）应用跟踪数据

如果使用了【原始】之外的任何【跟踪类型】设置，在确保为【运动目标】显示的目标正确后单击【应用】按钮来应用跟踪数据。另外，也可以通过【原始】跟踪操作来应用跟踪数据：通过将关键帧从跟踪器复制到其他属性或者通过将属性与表达式相链接。

8.1.2 上机练习 1：制作文本跟踪运动效果

本例先通过【跟踪器】面板为视频素材设置运动跟踪，并通过分析记录跟踪信息，然后将跟踪信息应用到文本图层上，制作出文本跟随视频素材中的割草机运动的效果。

操作步骤

1 打开光盘中的"..\Example\Ch08\8.1.2.aep"练习文件，在【时间轴】面板中将当前时间指示器移到入点处，然后选择【生活】图层，打开【跟踪器】面板并单击【跟踪运动】按钮，添加跟踪点，如图 8-5 所示。

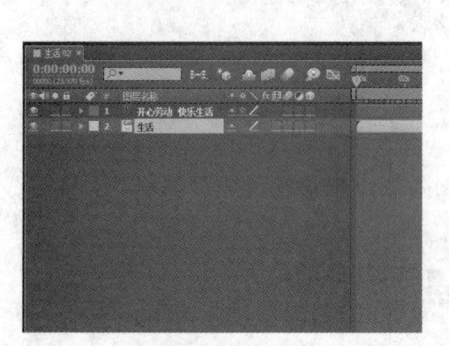

图 8-5　设置指示器并为图层添加运动跟踪点

2 在【图层】面板中扩大跟踪点的搜索区域和特性区域，然后将跟踪点移到视频素材的割草机影像上，如图 8-6 所示。

图 8-6　设置跟踪区域和跟踪点位置

3 在【跟踪器】面板中单击【编辑目标】按钮，打开【运动目标】对话框后，选择文本图层为目标图层，再单击【确定】按钮，如图 8-7 所示。

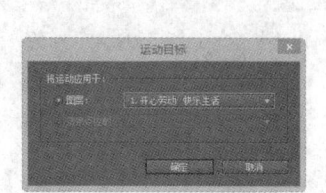

图 8-7　编辑运动目标图层

4 在【跟踪器】面板中单击【向前分析】按钮，此时会播放时间轴，跟踪点会自动分析与跟踪割草机的运动路径并记录运动信息，如图 8-8 所示。

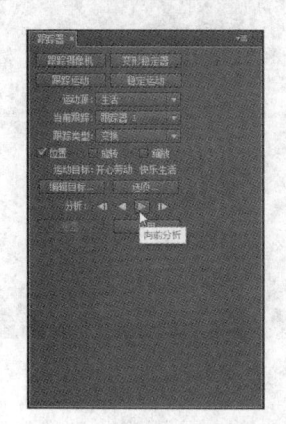

图 8-8　执行跟踪分析

5 完成分析后，在【跟踪器】面板中单击【应用】按钮，然后在打开的对话框中设置应用维度选项并单击【确定】按钮，如图 8-9 所示。

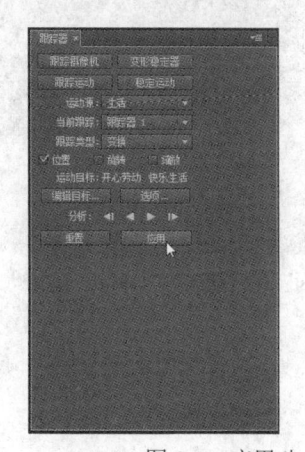

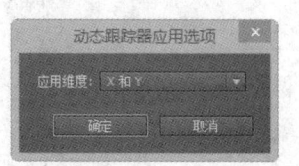

图 8-9　应用动态跟踪到目标图层

6 通过【时间轴】面板看到动态跟踪器的相关属性，并查看到跟踪器为跟踪点创建的关键帧，如图 8-10 所示。

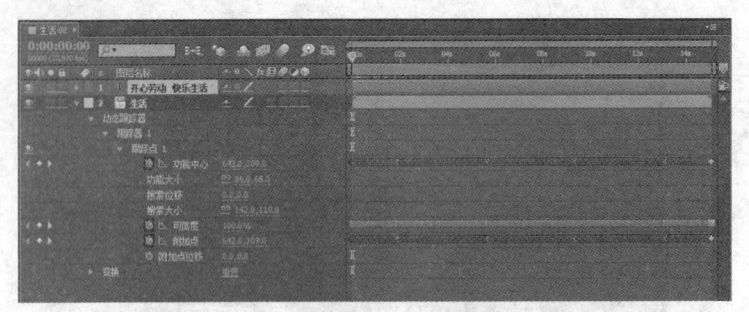

图 8-10　通过时间轴查看动态跟踪属性

7 选择【生活】图层，然后选择【动画】|【变形稳定器 VFX】命令。此时图层将被应用【变形稳定器 VFX】效果，并在【效果控件】面板中分析图层，然后对跟踪运动进行稳定处理，如图 8-11 所示。

图 8-11　应用【变形稳定器 VFX】效果

8 按下空格键播放时间轴，可以通过【合成】面板查看到文本跟踪割草机运动的效果，如图 8-12 所示。

图 8-12　播放时间轴查看结果

"变形稳定器"效果可以用来稳定运动。它可以消除因为摄像机移动导致的抖动，将抖动的手持式素材转换为稳定的平滑的拍摄。

8.1.3 上机练习 2：跟踪 3D 摄像机运动

3D 摄像机跟踪器效果对视频序列进行分析以提取摄像机运动和 3D 场景数据。3D 摄像机运动允许基于 2D 素材正确合成 3D 元素。本例通过使用【跟踪摄像机】功能分析出影片的摄像机运动和场景数据，然后将文本图层包含到已分析的摄像机场景中，制作出跟随摄像机场景变化而对应运动的文本效果。

操作步骤

1 打开光盘中的 "..\Example\Ch08\8.1.3.aep" 练习文件，在【合成】面板中选择图层，再打开【跟踪器】面板并单击【跟踪摄像机】按钮，如图 8-13 所示。

图 8-13 执行跟踪摄像机功能

2 此时程序将为图层添加【3D 摄像机跟踪器】效果，并对图层进行分析并记录摄像机视角运动信息，同时解析摄像机并自动添加跟踪点，如图 8-14 所示。

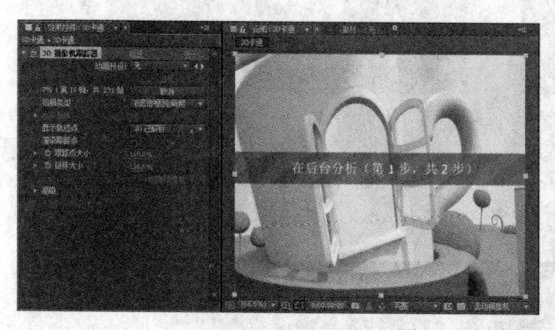

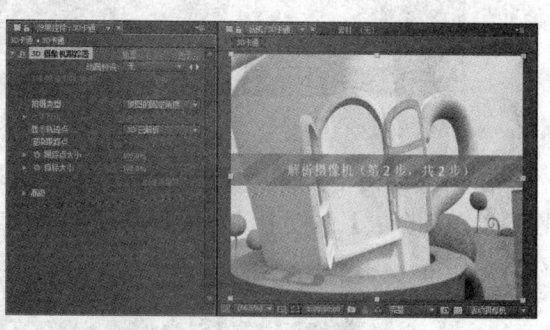

图 8-14 分析图层并解析摄像机

3 成功解析摄像机后，3D 解析的跟踪点显示为着色的 x 图标。此时将当前时间指示器移到图层入点，然后在【合成】面板上移动鼠标，选择用作附加点的一个或多个跟踪点（目的是定义最合适的平面），接着单击右键并选择【创建文本和摄像机】命令，以便将文本附加到包含已解析的摄像机场景中，如图 8-15 所示。

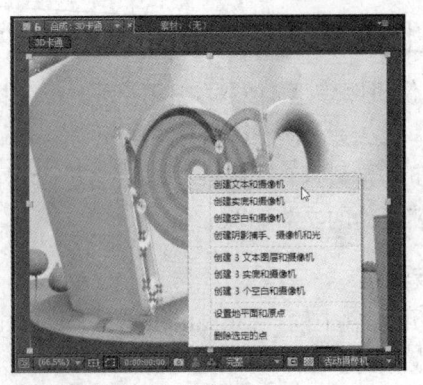

图 8-15　选择跟踪点构成的平面并创建文本和摄像机图层

> 将鼠标指针在可以定义一个平面的三个相邻的未选定跟踪点之间徘徊，在这些点之间会出现一个半透明的三角形。将出现一个红色的目标，以在 3D 空间中显示平面的方向。
> 另外，如果没有出现跟踪点，可以在【时间轴】面板中选择【3D 摄像机跟踪器】项。

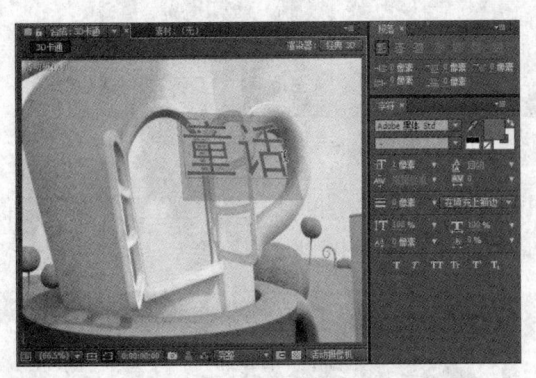

4 在【工具】面板中选择【横排文字工具】，然后在【合成】面板中选择"文本"二字并修改文本为"童话"，在【字符】面板中设置字符格式，使用【选取工具】适当调整文本的位置，如图 8-16 所示。

图 8-16　修改文本内容和位置

5 在【时间轴】面板中将当前时间指示器移到 6 秒处，然后单击【3D 摄像机跟踪器】属性项以在【合成】面板中显示跟踪点，如图 8-17 所示。

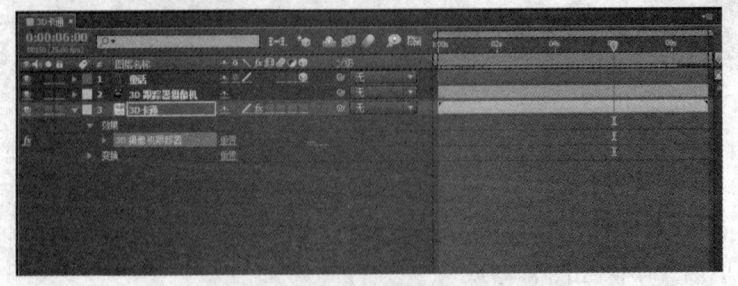

图 8-17　调整当前时间指示器位置

260

6 在【合成】面板上移动鼠标，选择用作附加点的一个或多个跟踪点（目的是定义最合适的平面），然后单击右键并选择【创建文本】命令，将文本附加到包含已解析的摄像机场景中，如图 8-18 所示。

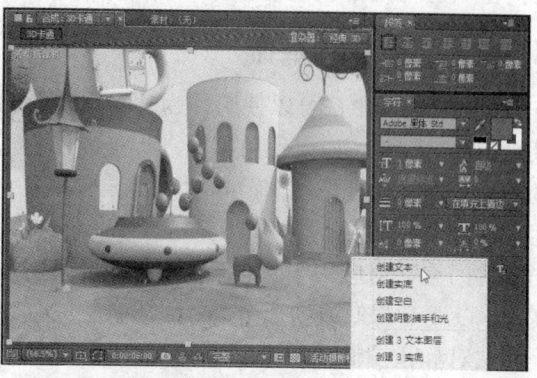

图 8-18 选择跟踪点构成的平面并创建文本图层

7 为了更好地修改文本内容，将当前时间指示器向右移动，然后使用【横排文字工具】修改文本内容，并通过【字符】面板设置文本格式，如图 8-19 所示。

图 8-19 修改文本内容并设置格式

8 完成上述操作后，即可播放时间轴，查看文本随摄像机视角变化而变化的动画效果，如图 8-20 所示。

图 8-20 播放时间轴查看结果

8.2 应用时间重映射

时间重映射可用于创建慢动作、快动作、冻结帧或其他时间调整结果。

8.2.1 时间重映射基础

在 After Effects 中,可以使用称为时间重映射的过程延长、压缩、回放或冻结图层持续时间的某个部分。例如,如果使用某匹马行走的素材,则可以播放该素材使马向前走,然后向后播放几帧使马向后退,再次向前播放使得该马恢复向前走。时间重映射对于慢动作、快动作和反向运动组合很有用。

当将时间重映射应用于包含音频和视频的图层时,音频与视频仍然保持同步。可以重映射音频文件,以逐渐降低或增加音高、回放音频或创建经过调频的声音或凌乱的声音。另外需要注意,无法对静止图像图层进行时间重映射。

可以在【图层】面板或图表编辑器中重映射时间。在一个面板中重映射视频可以在两个面板中显示结果。两个面板各自提供图层持续时间的不同视图:

(1)【图层】面板提供所更改的帧的直观参考以及帧编号。该面板显示当前时间指示器和重映射时间标记,移动这些对象可选择要在当前时间播放的帧,如图 8-21 所示。

(2)图表编辑器提供变化视图,这些变化随时间由用户通过关键帧和曲线(例如,针对其他图层属性所显示的曲线)进行更改而指定,如图 8-22 所示。

图 8-21　时间重映射的【图层】面板　　　　图 8-22　时间重映射图表

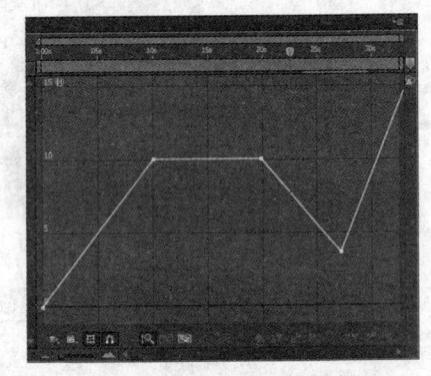

在图表编辑器中重映射时间时,使用"时间重映射"图表中显示的值可确定和控制影片的哪个帧在哪个时间点播放。每个时间重映射关键帧都有一个与其关联的时间值,并对应于图层中的某个特定帧;该值在"时间重映射"值图表中垂直显示。当对某个图层启用时间重映射时,After Effects 会在该图层的开始点和结束点添加一个时间重映射关键帧。这些初始时间重映射关键帧的垂直时间值等于其在时间轴上的水平位置。

8.2.2 上机练习 3:制作视频回放再播放的效果

本例将先为图层启用时间重映射功能,然后设置冻结的帧,再通过【图层】面板设置回放效果,接着使视频重新向前播放,制作出视频回放再播放的效果。

第 8 章　After Effects 高级应用技能

操作步骤

1 打开光盘中的"..\Example\Ch08\8.2.2.aep"练习文件,在【合成】面板中选择视频图层,再选择【图层】|【时间】|【启用时间重映射】命令,如图 8-23 所示。此命令默认情况下会为图层添加两个时间重映射关键帧,一个在图层的开始处,一个在图层的结尾处。

图 8-23　为图层启用时间重映射功能

2 将当前时间指示器移到 10 秒处,然后单击【添加/移除关键帧】按钮,将当前时间设置要冻结的帧,并在当前时间设置一个时间重映射关键帧,如图 8-24 所示。

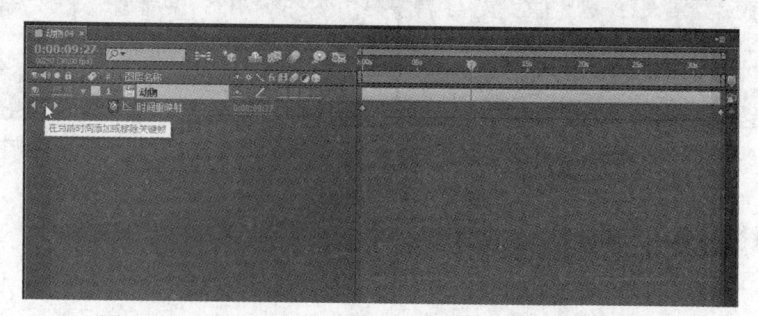

图 8-24　调整当前时间指示器并添加时间重映射关键帧

3 选择最后两个时间重映射关键帧(即第二个和第三个关键帧),然后将它们拖向右侧,使第二个时间重映射关键帧位于 15 秒处,如图 8-25 所示。

4 按 F2 键取消选择关键帧,然后单击第二个关键帧将其选中,再按 Ctrl+C 键复制关键帧,接着按 Ctrl+V 键粘贴关键帧,此关键帧会粘贴到当前时间指示器所处的位置上(即 10 秒处),如图 8-26 所示。

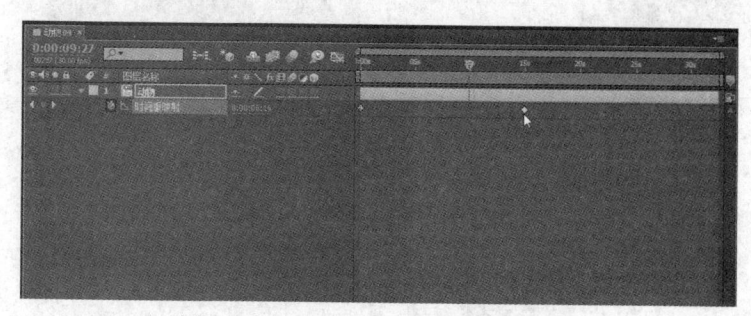

图 8-25　移动选定的时间重映射关键帧

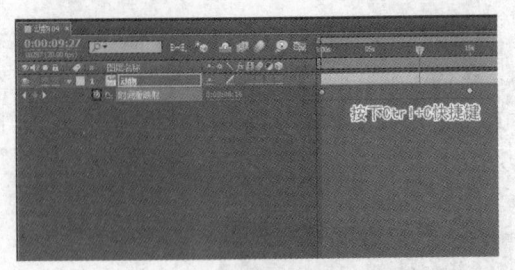

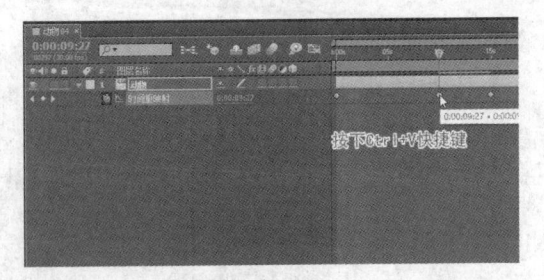

图 8-26　复制并粘贴时间重映射关键帧

5 双击图层将图层打开到【图层】面板，然后选择时间重映射标记并将它移到第 15 秒处，以设置视频从第 10 秒起开始回放到第 15 秒，如图 8-27 所示。

6 打开【预览】面板，再单击【播放/暂停】按钮，如图 8-28 所示。在播放过程中，可以看到当播放到第 10 秒时，画面出现回放效果；播放到第 15 秒时，画面重新向前播放。

图 8-27　设置视频回放　　　　　　　　图 8-28　播放时间轴查看结果

8.2.3　上机练习 4：制作视频快播与回放的效果

本例先为图层启用时间重映射功能，然后通过图表编辑器添加时间重映射关键帧，再设置视频快播的效果，最后通过编辑图表设置视频在快播后回放并再次快播的效果。

操作步骤

1 打开光盘中的 "..\Example\Ch08\8.2.3.aep" 练习文件，在【合成】面板中选择视频图层，再选择【图层】|【时间】|【启用时间重映射】命令，如图 8-29 所示。

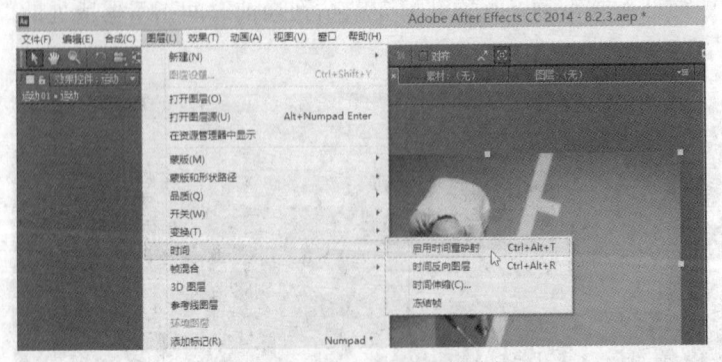

图 8-29　启用时间重映射功能

2 在【时间轴】面板中单击【图表编辑器】按钮,然后按住 Ctrl 键在图表线的第 10 秒处单击添加时间重映射关键帧,如图 8-30 所示。

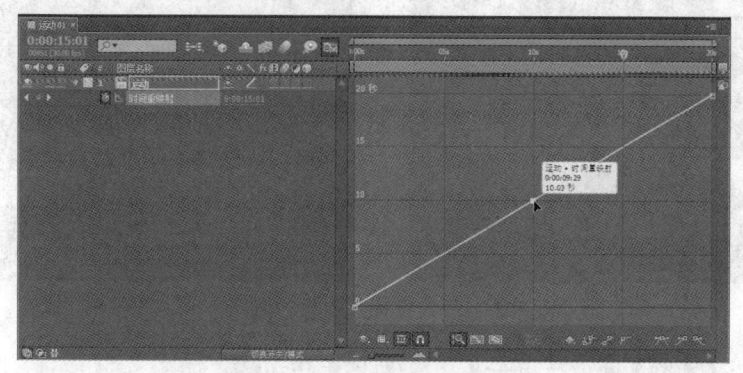

图 8-30 添加时间重映射关键帧

3 使用步骤 2 相同的方法,按住 Ctrl 键在图表线的第 15 秒处单击添加时间重映射关键帧,如图 8-31 所示。

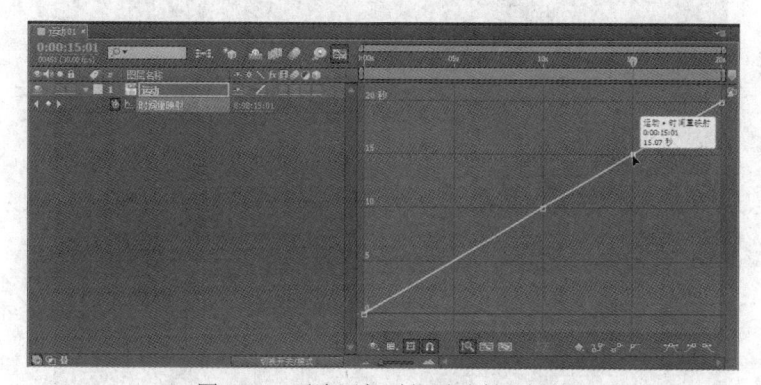

图 8-31 再次添加时间重映射关键帧

4 选择步骤 3 添加的时间重映射关键帧,然后按住关键帧并向上移动,加快图层的速度,使视频产生快播效果,如图 8-32 所示。

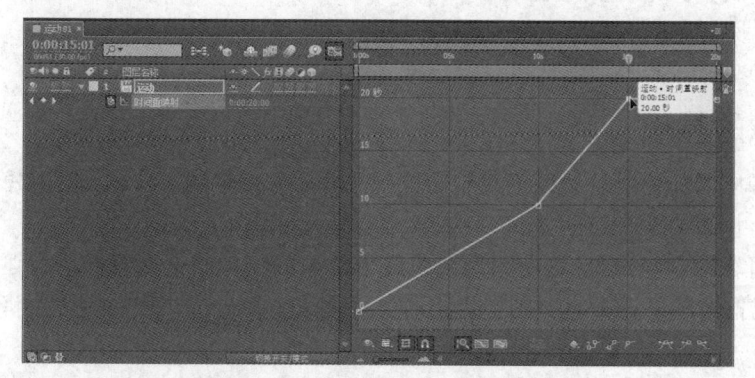

图 8-32 调整关键帧以加快图层的速度

5 按住 Ctrl 键在图表线的大概第 17 秒处单击,添加时间重映射关键帧,然后将该关键帧向下移动到大概 5 秒的位置,使视频回放到第 5 秒处,如图 8-33 所示。

265

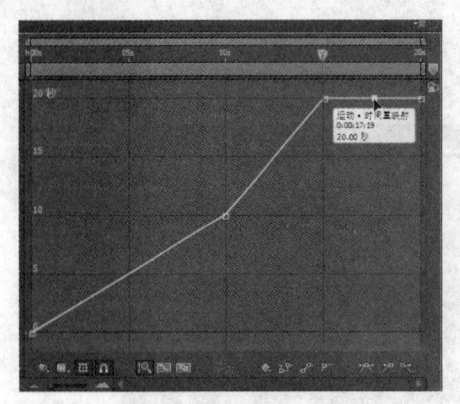

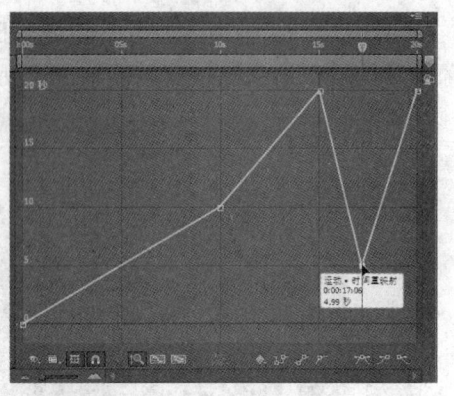

图 8-33　设置视频回放的效果

❻ 此时打开【预览】面板，单击【播放/暂停】按钮，如图 8-34 所示。在播放过程中，可以看到当播放到第 10 秒时，画面出现加速播放的效果；播放到第 17 秒时，画面即出现回放至第 5 秒画面，最后从第 5 秒画面快播至结束。

图 8-34　播放时间轴以查看结果

8.3　对图层内容进行抠像

在 After Effects 中，可以对图层进行抠像处理，以便可以提取指定内容或者移除视频的背景。

8.3.1　抠像的基础

抠像按图像中的特定颜色值或亮度值定义透明度。如果抠出某个值，则颜色或明亮度值与该值类似的所有像素将变为透明。

通过抠像可轻松替换背景，这在因为使用过于复杂的物体而无法轻松进行遮蔽时将非常有用。当将某个已抠像图层置于另一图层之上时，将生成一个合成，其中的背景将在该抠像图层透明时显示。

我们经常能够在影片中看到采用抠像技术制作的合成。例如，当演员悬挂在直升机外面或者飘浮在太空中时。为创建此效果，演员在影片拍摄中应位于纯色背景屏幕前的适当位置，然后会抠出背景色，再将包含该演员的场景将合成到新背景上。

对于抠像来说，可以通过抠色、亮度抠像与差值抠像等方式来实现。

（1）抠出颜色一致的背景的技术通常称为蓝屏或绿屏，但是并非一定使用蓝色或绿色屏幕，也可以对背景使用任何纯色。红色屏幕通常用于拍摄非人类对象，如汽车和宇宙飞船的微型模型。在一些因视觉特效出众而闻名的电影中，就使用了洋红屏幕进行抠像。这种抠像的其他常用术语包括抠色和色度抠像。

（2）亮度抠像基于选择的图像亮度范围对图像或片段进行抠像。亮度抠像一般用于抠除前景主体背后的白色背景，还可以通过改变图像亮度透明度的狭窄范围来生成富有创意的效果。

（3）差值抠像的工作方式与抠色不同。差值抠像定义于特定基础背景图像相关的透明度。通过差值抠像，可以抠出任意背景，而不是抠出单色屏幕。要使用差值抠像，必须至少具有一个只包含背景的帧；其他帧将与此帧进行比较并且背景像素将设置为透明，以保留前景对象。杂色、颗粒和其他微妙的变化可能使差值抠像在实践中很难得到应用。

After Effects 的抠像技巧的说明如下：

（1）杂色和压缩失真可能导致抠像（特别是差值抠像）问题。通常，在抠像之前应用轻微模糊可以最大程度减少杂色和压缩失真，从而改善抠像效果。例如，对 DV 素材的蓝色通道进行模糊处理可消除蓝屏中的杂色。

（2）使用无用遮罩大致勾勒出主体的轮廓，这样就不必在抠出远离前景主体的背景部分时浪费时间。

（3）使用保持遮罩可稍许保护与背景具有类似颜色的区域免遭抠出。

（4）为帮助查看透明度，可暂时更改合成的背景色，或者在要抠出的图层后面包括一个背景图层。在对前景中的图层应用抠像效果时，合成背景（或背景图层）将显示出来，以便轻松查看透明区域。

（5）要使素材的光照均匀，可调整对单独一个帧的抠像控制。选择场景中最复杂的帧，即包含丰富细节（如头发以及透明的烟或玻璃等半透明物体）的一个帧。如果光照不变，则应用于第一个帧的相同设置将应用于后续所有帧。如果光照发生变化，可能需要调整对其他帧的抠像控制。将第一组抠像属性的关键帧置于场景开头处。如果仅为一个属性设置关键帧可使用线性插值。对于需要为多个相互作用的属性设置关键帧的素材可使用定格插值。如果为抠像属性设置关键帧，则可能需要逐帧检查结果。

（6）要抠取在彩色屏幕前拍摄的光照均匀的素材，可首先使用【颜色差值键】效果，如图 8-35 所示。通过添加溢出抑制器（或高级溢出抑制器效果）移除主色的痕迹，然后使用一个或更多其他遮罩效果（如果需要）。

（7）要抠取在多种颜色前拍摄的光照均匀的素材，或者在绿屏或蓝屏前拍摄的光照不均匀的素材，可从颜色范围抠像开始。添加溢出抑制器（或高级溢出抑制器效果）和其他效果优化遮罩。

（8）要抠取黑暗区域或阴影，可对明亮度通道使用提取抠像。

（9）要使静态背景场景透明，可使用差值遮罩抠像。在需要优化遮罩时，可添加【简单阻塞工具】效果和其他效果，如图 8-36 所示。

（10）在已使用抠像效果创建透明度后，可使用遮罩效果消除抠色痕迹并制作干净的边缘。

（11）在抠像可以柔化遮罩边缘后对 Alpha 通道进行模糊处理，可以改善合成结果。

图 8-35　应用【颜色差值键】效果 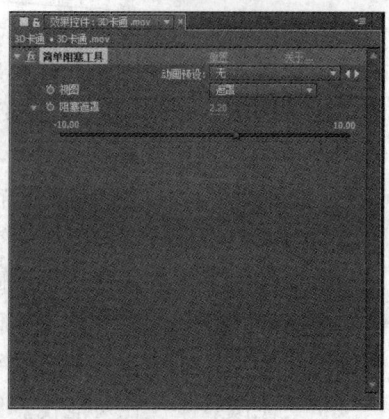　　　　　　图 8-36　应用【简单阻塞工具】效果

8.3.2　上机练习 5：通过抠图合成人像到影片

本例先将人像图像素材导入项目，再将图像拖到【时间轴】面板中以创建图层，然后使用【钢笔工具】沿着人像边缘绘制路径以创建人像蒙版，再应用【颜色范围】效果并通过效果对人像进行抠图处理，通过复制方式创建第二个图像图层并修改图层的蒙版扩展属性，以补充因抠图后丢失的颜色范围，最后为图层设置父级关系，并适当调整人像的位置和大小。

操作步骤

1 打开光盘中的"..\Example\Ch08\8.3.2.aep"练习文件，在【项目】面板中单击右键，选择【导入】|【文件】命令，打开【导入文件】对话框后，选择【静态素材】文件夹内的【背影.jpg】文件并单击【导入】按钮，如图 8-37 所示。

图 8-37　导入图像文件

2 选择导入的图像素材项目，然后将该素材拖到【时间轴】面板的视频图层上方，接着修改图层名称为【背影】，如图 8-38 所示。

3 在【工具】面板中选择【钢笔工具】，然后在图像素材的人像边缘中单击创建蒙版路径的顶点，如图 8-39 所示。

4 使用【钢笔工具】沿着人像边缘创建蒙版路径，并回到起点处单击闭合路径，创建出包含人像的蒙版，如图 8-40 所示。

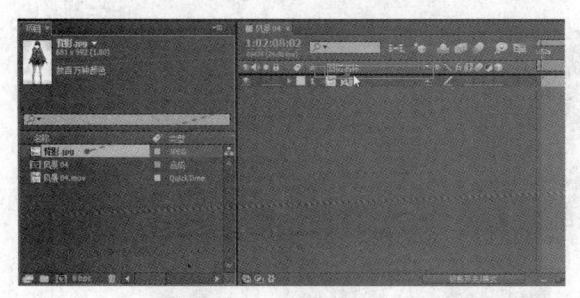

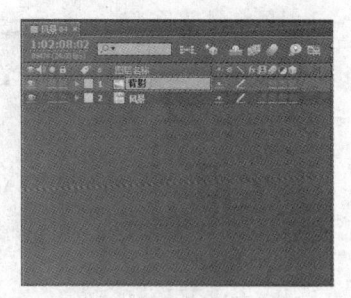

图 8-38 基础图像素材创建图层

在步骤3和步骤4中，创建蒙版路径时不需要太紧贴人像，因为后续会使用效果对人像进行抠图处理，会将非人像的颜色范围去掉。其实，步骤3和步骤4创建蒙版的目的是减少图像除人像外的颜色范围，以便更准确地抠图。

图 8-39 使用钢笔工具创建路径顶点

图 8-40 闭合路径创建出蒙版

5 选择图像图层，然后打开【效果和预设】面板中的【键控】列表，双击【颜色范围】效果，接着在【效果控件】面板中单击【取色】按钮 ，并在人像边缘白色区域上单击对该区域颜色进行采样，如图 8-41 所示。

图 8-41 应用【颜色范围】效果并进行取色

6 在【效果控件】面板中单击【添加取色】按钮 ，然后在人像的脚部边缘上单击，添加脚部边缘的颜色范围，如图 8-42 所示。

图 8-42　添加采样的颜色范围

7 在【时间轴】面板中选择【背影】图层并按 Ctrl+C 键，再按 Ctrl+V 快捷键粘贴图层，然后选择【背影 2】图层，通过【效果控件】面板删除该图层的【颜色范围】效果，如图 8-43 所示。

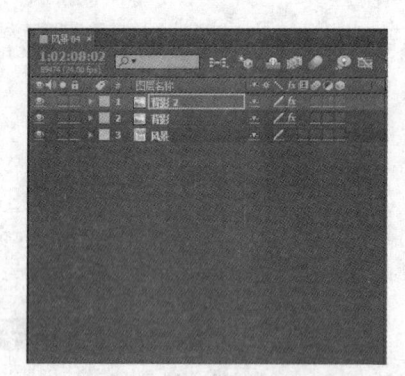

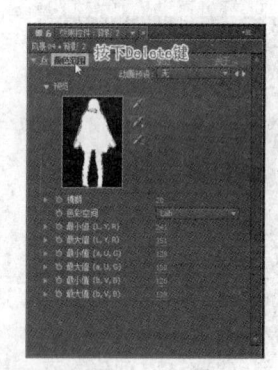

图 8-43　复制并粘贴图层后删除效果

8 打开【背影 2】图层，再打开该图层的蒙版属性列表，然后设置蒙版扩展为–35，接着为【背影 2】图层设置父级为【背影】图层，如图 8-44 所示。

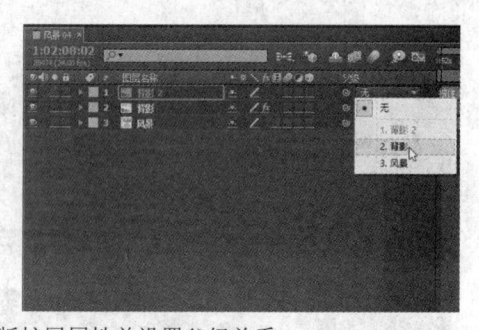

图 8-44　修改蒙版扩展属性并设置父级关系

> 步骤 7 和步骤 8 的目的是使用保持遮罩（又称还原遮罩）的处理方式，保持遮罩可修补应用了抠像效果的内容。在步骤 5 的抠图中，人像围巾部分的颜色被去掉，通过粘贴后的【背景 2】图层，即可恢复这些丢失的内容。

9 在【时间轴】面板中选择【背影】图层,然后在【合成】面板中调整图层的位置和大小,如图 8-45 所示。由于【背影】图层与【背影 2】图层设置了父级关系,因此调整【背影】图层的大小和位置时,【背影 2】图层的属性一并被改变。

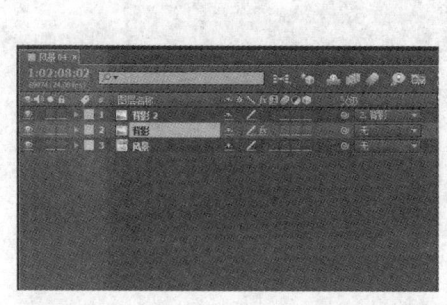

图 8-45 调整图层的位置和大小

10 完成上述操作后,即可播放时间轴,查看人像与风景视频合成的效果,如图 8-46 所示。

图 8-46 播放时间轴查看结果

8.3.3 上机练习 6:制作蒙太奇式的视频过渡

本例将为一个用作过渡的视频素材图层应用【颜色差值键】效果并设置效果属性,使之与覆叠的视频产生蒙太奇画面效果,然后分别为用于过渡的图层和过渡后的图层创建淡入和淡出的动画,使视频播放时产生蒙太奇式的过渡效果。

操作步骤

1 打开光盘中的"..\Example\Ch08\8.3.3.aep"练习文件,在【项目】面板中选择【生活 01.avi】素材,并将此素材拖到【生活 02】图层上方,然后修改图层的名称,如图 8-47 所示。

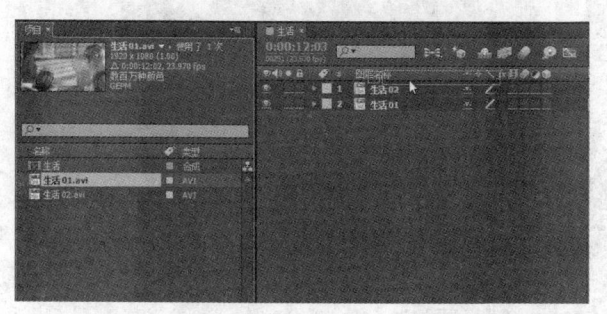

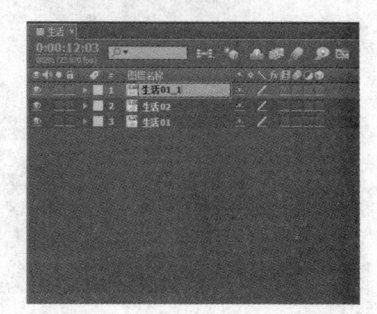

图 8-47 基于素材创建图层并修改名称

271

2 将鼠标移到最上方图层的入点处，然后按住鼠标将入点移到【生活 02】图层的入点处，如图 8-48 所示。

图 8-48 调整图层的入点

3 打开【效果与预设】面板的【键控】列表，然后双击【颜色差值键】效果，接着在【效果控件】面板上单击【取色】按钮，并在【合成】面板的人像衣服上单击进行取色，如图 8-49 所示。

图 8-49 应用【颜色差值键】效果并进行取色

4 取色后，在【效果控件】面板上修改如图 8-50 所示的效果属性，以修改应用效果后的画面效果。

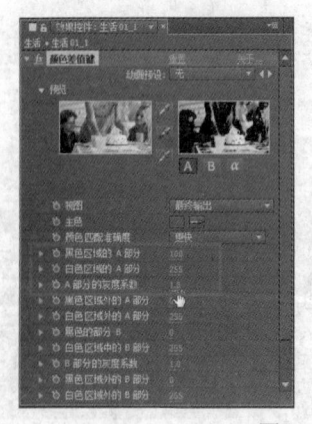

图 8-50 修改效果属性

5 将当前时间指示器移到【生活 02】图层入点处，然后在【时间轴】面板中打开该图层的属性列表，再激活【不透明度】属性的秒表，设置不透明度为 0%，接着将当前时间指示器移到 10 秒处，最后设置不透明度为 100%，如图 8-51 所示。

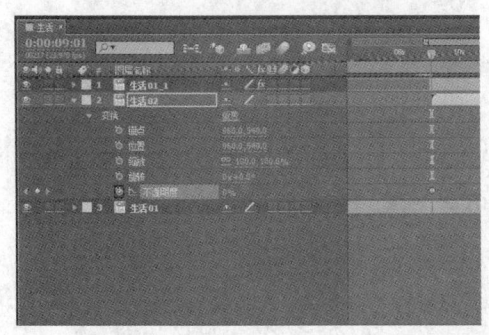

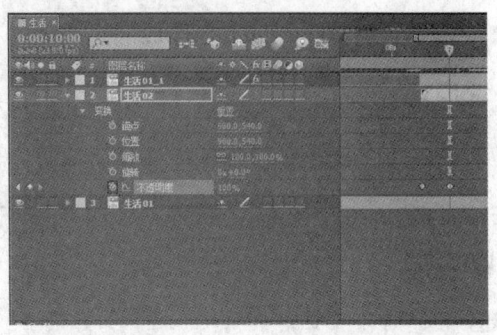

图 8-51 创建图层的淡入动画

6 将当前时间指示器移到【生活 01_1】图层的右侧，然后打开该图层的属性列表并激活【不透明度】秒表，再设置不透明度为 100%，接着将当前时间指示器移到【生活 01_1】图层出点处，最后设置不透明度为 0%，如图 8-52 所示。

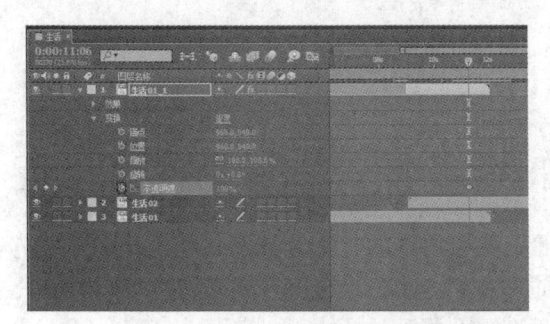

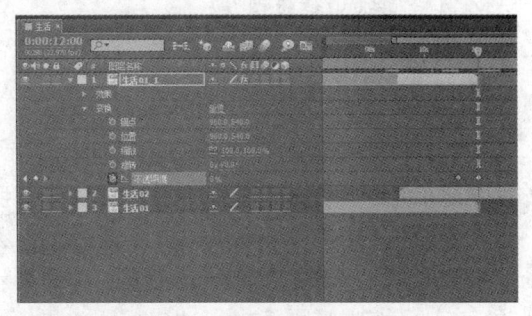

图 8-52 创建图层的淡出动画

7 完成上述操作后，即可播放时间轴，查看视频过渡期间的蒙太奇画面效果，如图 8-53 所示。

图 8-53 播放时间轴查看结果

第 9 章　动感影册项目设计——城市之夜

学习目标

本章通过一个动感影册项目设计，综合介绍 After Effects CC 在项目管理、合成管理、效果应用、创建蒙版、动画制作、时间轴编辑、3D 图层处理、项目渲染等方面的应用。

学习重点

- ☑ 管理项目和合成
- ☑ 为合成创建图层
- ☑ 为图层应用效果
- ☑ 制作图层属性和效果属性动画
- ☑ 创建与编辑蒙版
- ☑ 在时间轴中编辑图层
- ☑ 制作 3D 图层的动画
- ☑ 渲染与输出项目

本项目以多个城市夜景延时拍摄的视频作为素材，制作出一个包含标题、背景特效、3D 场景变化、光晕效果和伴音的 After Effects 项目，并渲染输出为 AVI 格式的成果影片。

在本项目中，首先设计出 3D 摄像机视角场景，然后出场的是影片标题，再通过炫目的光晕效果和闪光逐一展示城市夜景视频，并在展示过程中以 3D 场景转换方式来切换不同的夜景视频，在展示完成后再次出现动态标题效果，最后在整个影片过程中播放音乐，使整个影册具有强烈的动感和音效。项目影片展示如图 9-1 所示。

图 9-1　动感影册项目设计成果展示

9.1 上机练习1：制作影册视频框架合成

本例将在项目中新建一个【方框】合成并在合成中绘制一个矩形方框，然后分别应用【发光】、【CC Light Sweep】效果，再创建【CC Light Sweep】效果中心位置移动动画，制作出用于包装影册视频素材的动态框架。

操作步骤

1 启动 After Effects 应用程序，此时程序会自动新建一个项目，按 Ctrl+Shift+S 键，打开【另存为】对话框后，指定文件保存位置和文件名称，再单击【保存】按钮保存项目文件，如图 9-2 所示。

2 在【项目】面板中单击右键并选择【新建合成】命令，打开【合成设置】对话框后，设置合成名称和其他选项，然后单击【确定】按钮，如图 9-3 所示。

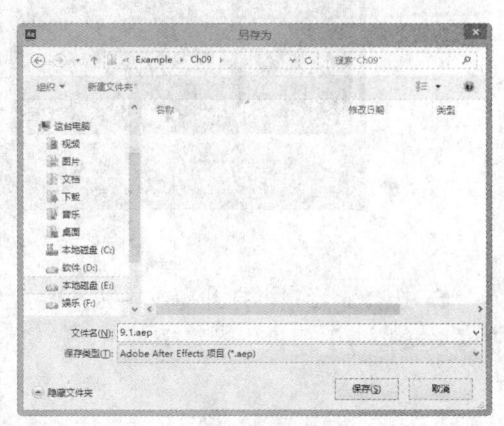

图 9-2　保存项目文件

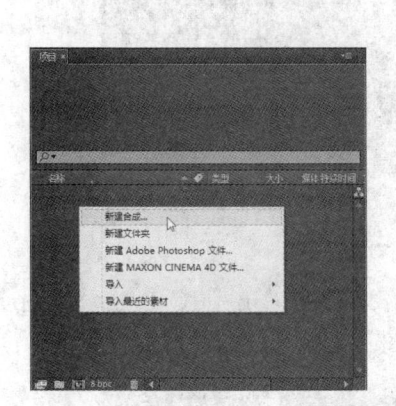

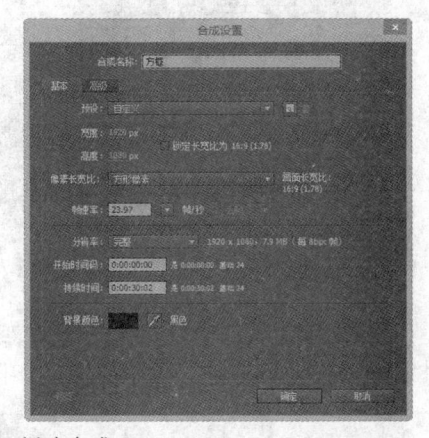

图 9-3　新建合成

3 在【工具】面板中选择【矩形工具】，然后设置描边为 75 像素，再单击【填充】文字，打开【填充选项】对话框后，单击【无】按钮，接着单击【确定】按钮，如图 9-4 所示。

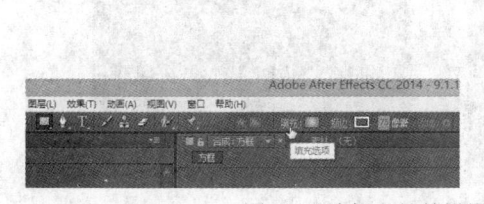

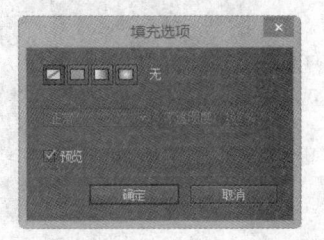

图 9-4　选择工具并设置填充选项

4 在【合成】面板中绘制一个填满查看器的矩形，然后在【工具】面板中单击【描边】文字，打开【形状描边颜色】对话框后，选择颜色，再单击【确定】按钮，如图 9-5 所示。

275

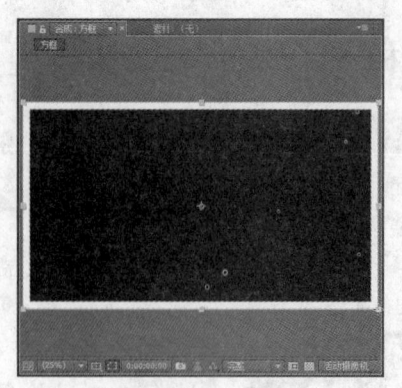

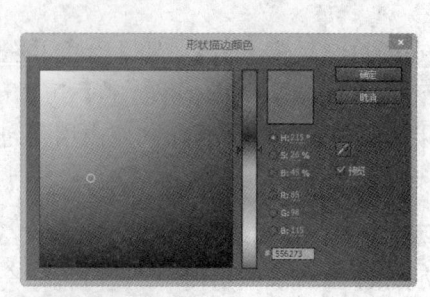

图 9-5　绘制矩形并设置描边颜色

5 选择矩形，再打开【效果和预设】面板，然后打开【风格化】列表并双击【发光】项，在【效果控件】面板中设置【发光】效果的各项属性，如图 9-6 所示。

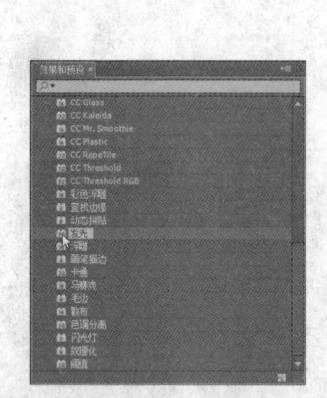

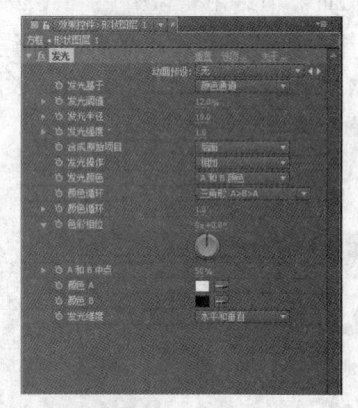

图 9-6　应用【发光】效果

6 在【效果和预设】面板中打开【生成】列表，然后双击【CC Light Sweep】效果项，在【效果控件】面板中设置效果的各项属性，如图 9-7 所示。

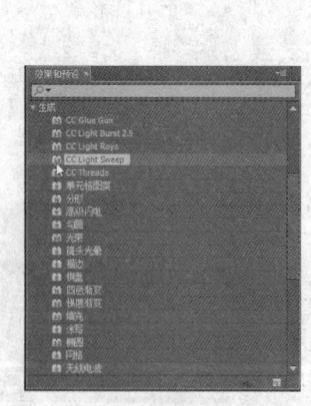

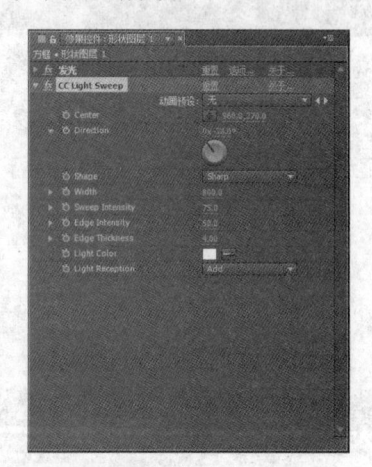

图 9-7　应用【CC Light Sweep】效果

7 使用步骤 6 的方法，再次为形状图层应用【CC Light Sweep】效果并通过【效果控件】面板设置效果的属性，如图 9-8 所示。

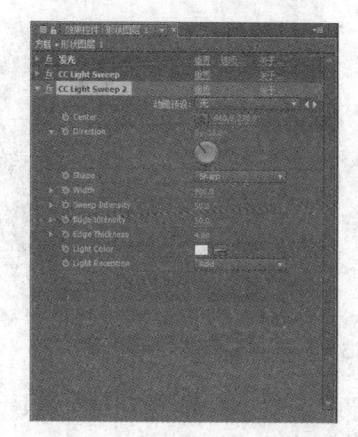

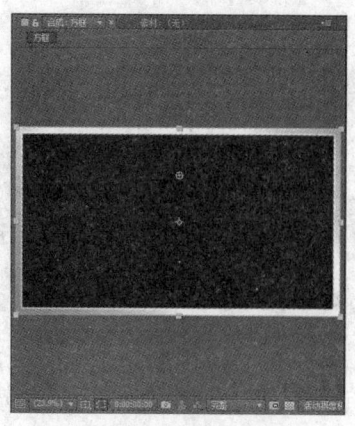

图 9-8 再次应用【CC Light Sweep】效果

8 在【时间轴】面板中打开第一个【CC Light Sweep】效果属性列表，然后将当前播放指示器移到【01:05】时间处，并添加一个【Center】属性关键帧，接着在【合成】面板中调整效果中心点的位置，如图 9-9 所示。

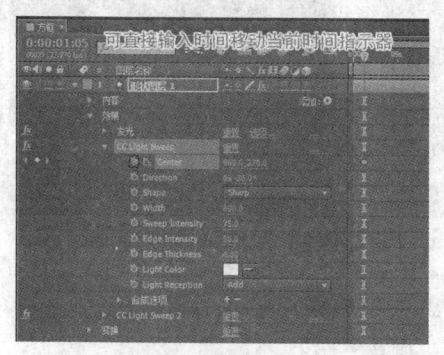

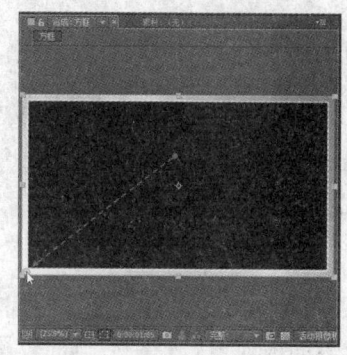

图 9-9 添加第一个效果中心属性关键帧并设置中心点位置

9 在【时间轴】面板中再次移动当前时间指示器并添加【Center】属性的关键帧，然后在【合成】面板中调整效果中心点的位置，如图 9-10 所示。

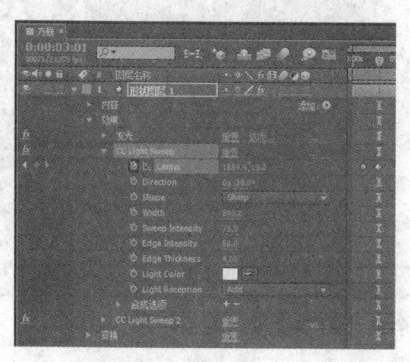

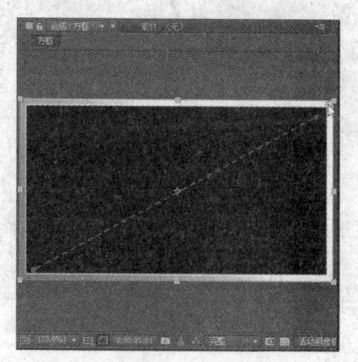

图 9-10 添加第二个效果中心属性关键帧并设置中心点位置

10 在【时间轴】面板中移动当前时间指示器并添加【Center】属性的关键帧，在【合成】面板中调整效果中心点的位置，如图 9-11 所示。

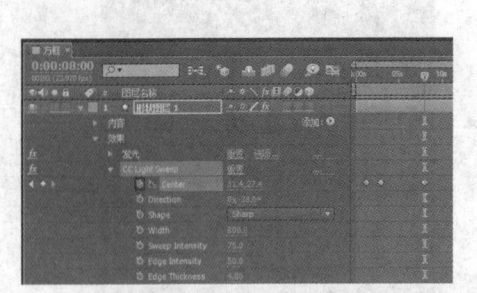

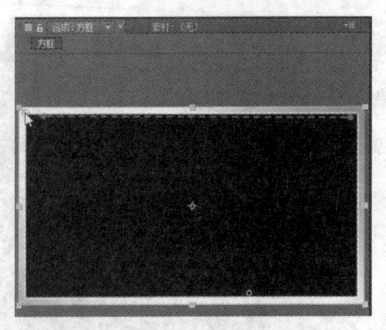

图 9-11　添加第三个效果中心属性关键帧并设置中心点位置

11 在【时间轴】面板中移动当前时间指示器并添加【Center】属性的关键帧，在【合成】面板中调整效果中心点的位置，如图 9-12 所示。

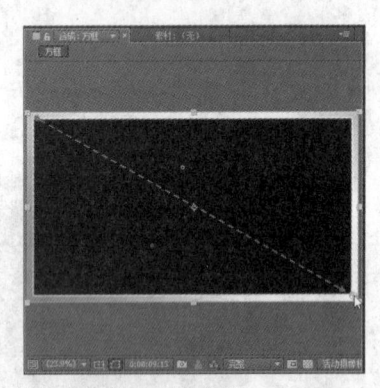

图 9-12　添加第四个效果中心属性关键帧并设置中心点位置

12 使用相同的方法，分别在【时间轴】面板中添加第五个和第六个中心属性关键帧，并通过【合成】面板调整效果中心点的位置，如图 9-13 所示。

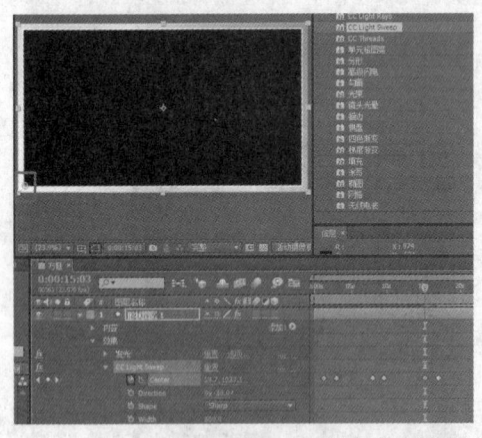

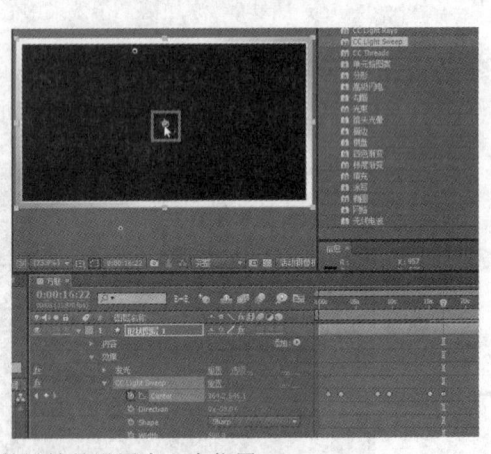

图 9-13　添加第五和第六个关键帧并设置中心点位置

9.2　上机练习 2：制作影册的标题合成

　　本例将新建一个名为【标题】的合成，并在合成上绘制一条宽度很窄的矩形将合成屏幕分成上下两半，然后在矩形上方输入大标题，在矩形下方输入小标题，接着为大标题应用【梯度渐变】和【斜面 Alpha】效果，再为小标题应用【梯度渐变】效果。

操作步骤

1 打开光盘中的"..\Example\Ch09\9.2.aep"练习文件，在【项目】面板中单击右键，并从菜单中选择【新建合成】命令，打开【合成设置】对话框后设置合成名称和其他属性，接着单击【确定】按钮，如图 9-14 所示。

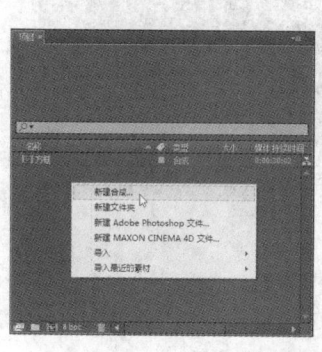

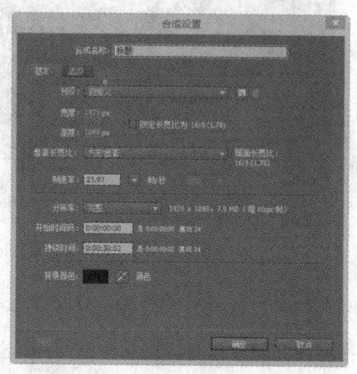

图 9-14　新建标题合成

2 在【工具】面板中选择【矩形工具】，然后设置描边为【无】、填充颜色为灰色，在【合成】面板中央处绘制一个水平矩形，如图 9-15 所示。

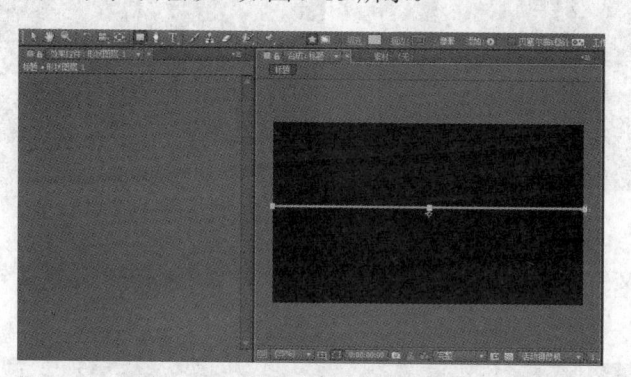

图 9-15　在合成上绘制矩形形状

3 选择【横排文字工具】，然后在【字符】面板中输入字符格式，并在矩形上方输入大标题文字，如图 9-16 所示。

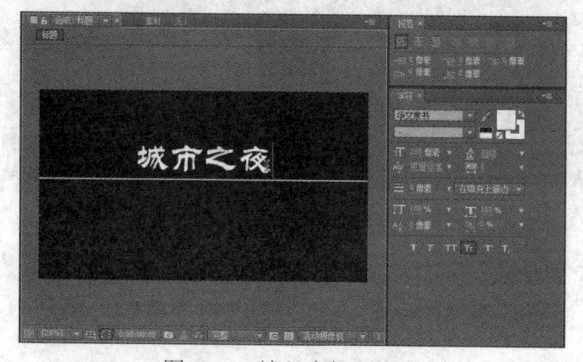

图 9-16　输入大标题文字

4 在【字符】面板中更改字符格式，然后在矩形下方输入小标题文字，如图 9-17 所示。

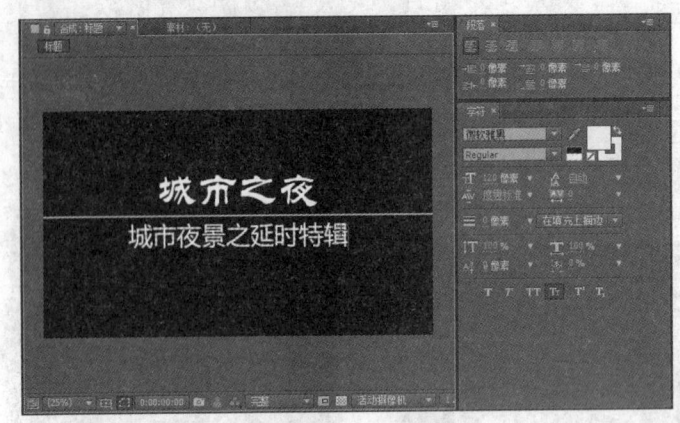

图 9-17　输入小标题文字

5 选择大标题文字，为文字应用【梯度渐变】效果，然后通过【效果控件】面板设置效果属性，并在【合成】面板中调整渐变起点和渐变终点的位置，如图 9-18 所示。

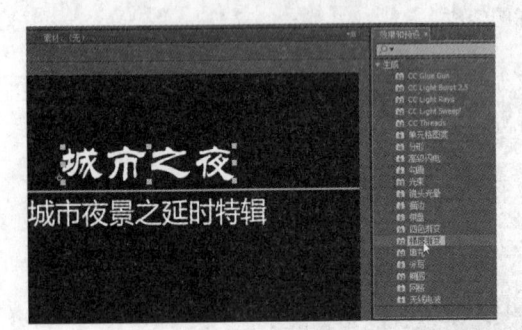

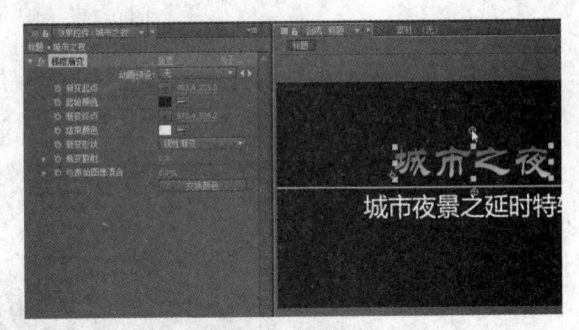

图 9-18　为大标题文字应用【梯度渐变】效果

6 选择大标题文字，为文字应用【斜面 Alpha】效果，然后通过【效果控件】面板设置效果属性，如图 9-19 所示。

图 9-19　为大标题文字应用【斜面 Alpha】效果

7 选择小标题文字，为文字应用【梯度渐变】效果，然后通过【效果控件】面板设置效果属性，并在【合成】面板中调整渐变起点和渐变终点的位置，如图 9-20 所示。

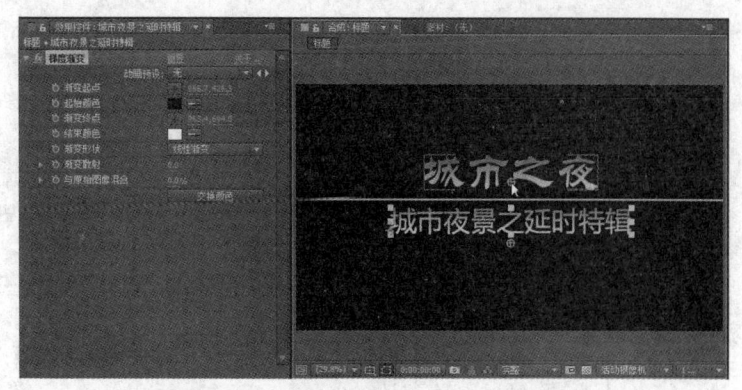

图 9-20　为小标题应用【梯度渐变】效果

9.3　上机练习 3：制作光线动画的合成

本例将新建一个名为【光线】的合成，并在合成上绘制曲线路径蒙版，再应用【勾画】效果制作勾画效果的动画；然后应用【发光】效果，通过复制和粘贴的方式制作另外一个勾画动画，接着创建一个纯色图层并应用【镜头光晕】效果，再制作光晕亮度的动画效果，最后为纯色图层应用【色相/饱和度】效果。

操作步骤

1 打开光盘中的"..\Example\Ch09\9.3.aep"练习文件，在【项目】面板中单击右键，并从菜单中选择【新建合成】命令，打开【合成设置】对话框后，设置合成名称和其他属性，接着单击【确定】按钮，如图 9-21 所示。

2 在【时间轴】面板中单击右键，选择【新建】|【纯色】命令，打开【纯色设置】对话框后，设置名称和其他选项，接着单击【确定】按钮，如图 9-22 所示。

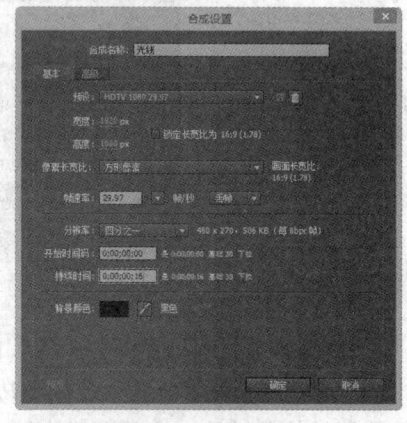

图 9-21　新建合成

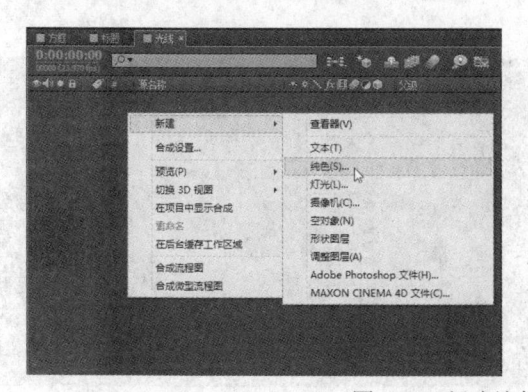

图 9-22　新建纯色图层

3 在【工具】面板中选择【钢笔工具】，然后在【合成】面板中创建一个曲线路径的蒙版，如图 9-23 所示。

281

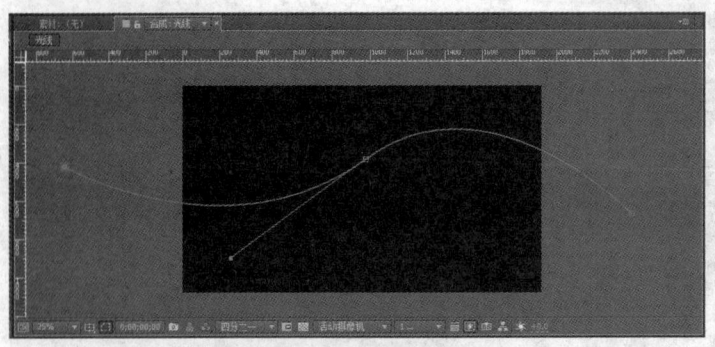

图 9-23 创建曲线路径的蒙版

4 选择纯色图层，再通过【效果和预设】面板为图层应用【勾画】效果，然后在【效果控件】面板中设置效果的各项属性，如图 9-24 所示。

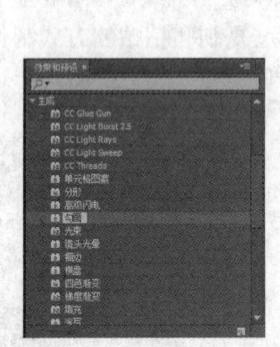

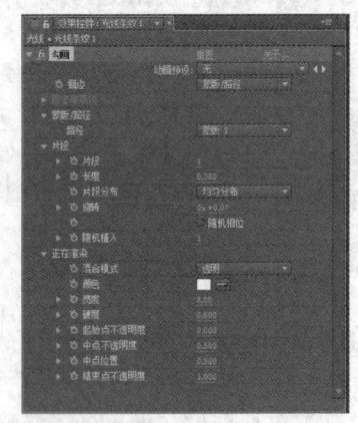

图 9-24 应用【勾画】效果并设置属性

5 打开【时间轴】面板中【勾画】效果的【片段】列表，将当前播放指示器移到入点处，再激活【旋转】属性秒表并设置旋转的角度，然后将当前时间指示器移到 15 秒处，并添加【旋转】属性的关键帧，接着设置旋转的角度，如图 9-25 所示。

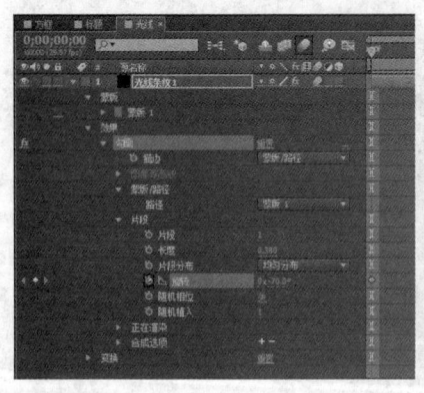

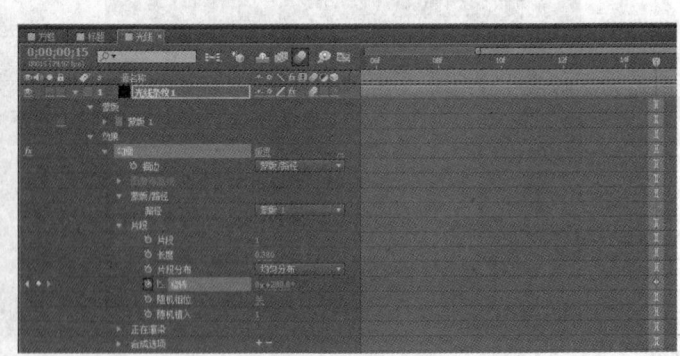

图 9-25 创建效果【旋转】属性的动画

6 选择纯色图层，然后通过【效果和预设】面板为图层应用【发光】效果，接着在【效果控件】面板中设置效果的各项属性，如图 9-26 所示。

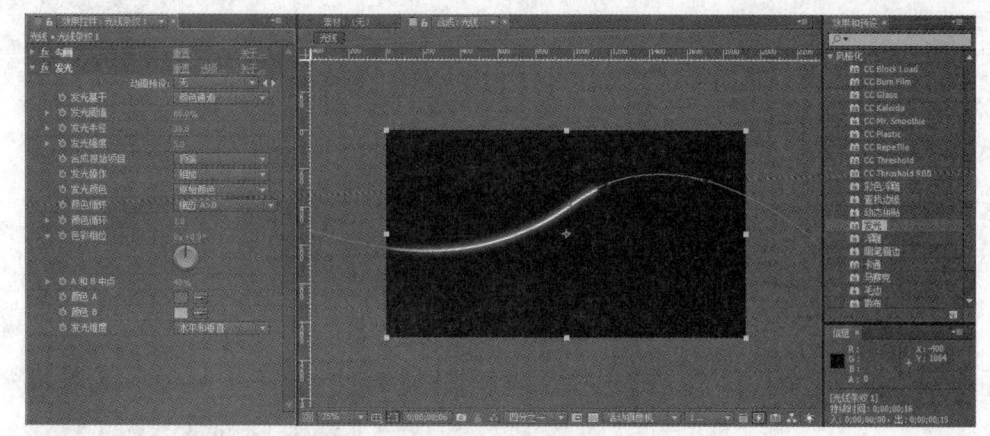

图 9-26 应用【发光】效果并设置属性

7 选择【光线条纹 1】图层并复制该图层,然后按 Ctrl+V 键粘贴图层,接着在【合成】面板中修改蒙版路径,如图 9-27 所示。

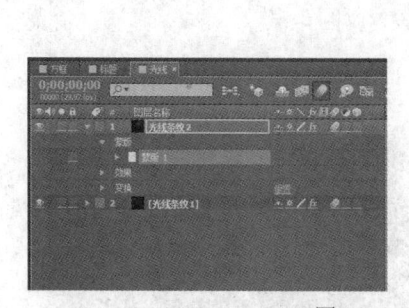

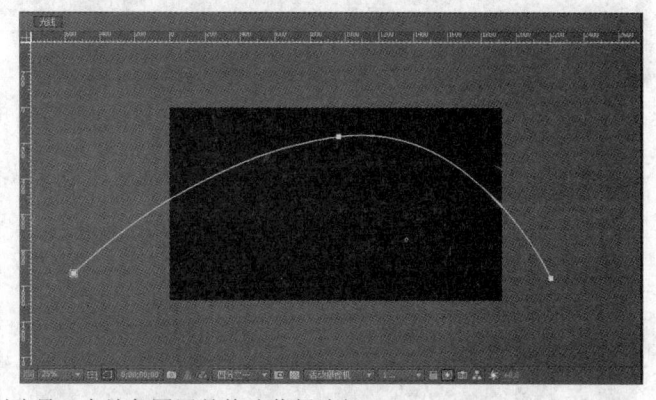

图 9-27 创建另一个纯色图层并修改蒙版路径

8 在【时间轴】面板中单击右键,选择【新建】|【纯色】命令,打开【纯色设置】对话框后,设置名称和其他选项,单击【确定】按钮,接着设置图层的混合模式为【屏幕】,再为纯色图层应用【镜头光晕】效果并设置效果的各项属性和位置,如图 9-28 所示。

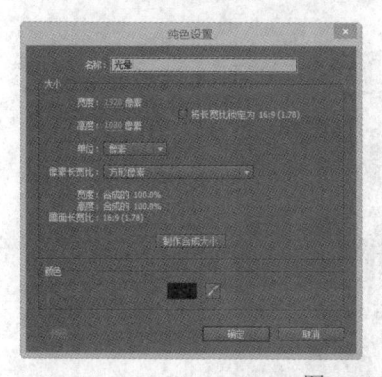

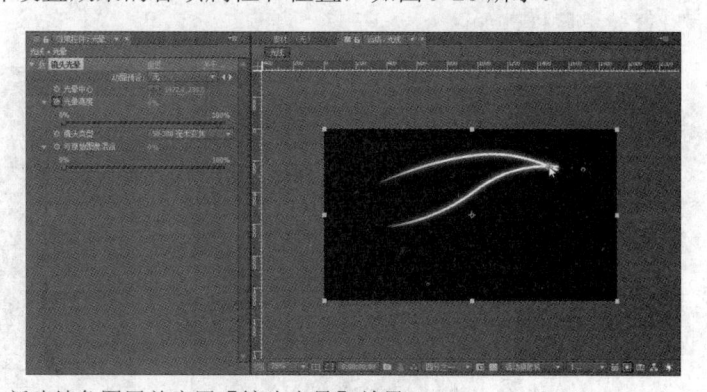

图 9-28 新建纯色图层并应用【镜头光晕】效果

9 在【时间轴】面板中打开【镜头光晕】效果的列表,再将当前时间指示器移到入点处,然后激活【光晕亮度】属性的秒表并设置光晕亮度为 0%,如图 9-29 所示。

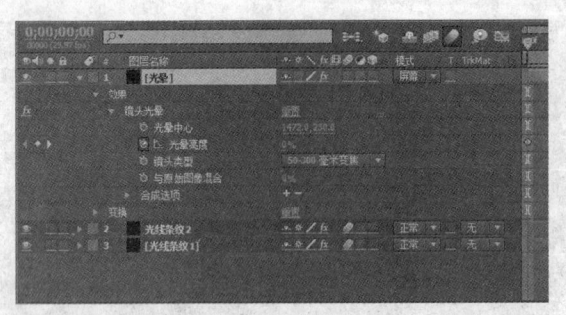

图 9-29　激活【光晕亮度】属性秒表并设置属性值

10 将当前时间指示器移到 8 秒处，然后更改【光晕亮度】的属性为 80%，如图 9-30 所示。

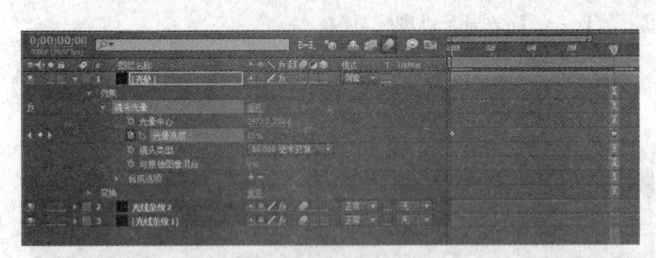

图 9-30　添加第二个光晕亮度关键帧并设置属性值

11 将当前时间指示器移到 13 秒处，然后更改【光晕亮度】的属性为 0%，如图 9-31 所示。

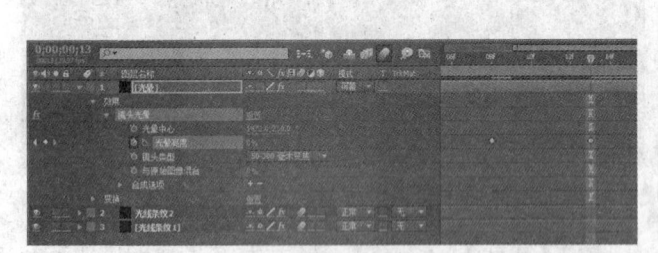

图 9-31　添加第三个光晕亮度关键帧并设置属性值

12 选择【光晕】图层，再为图层应用【色相/饱和度】效果，接着在【效果控件】面板中设置效果属性，如图 9-32 所示。

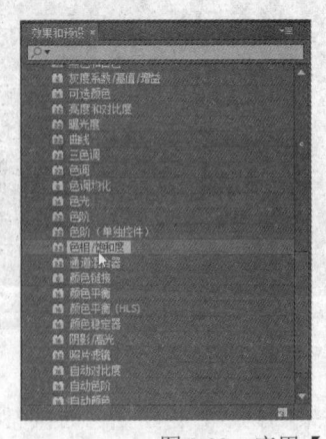

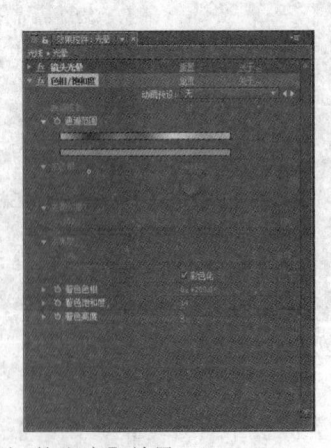

图 9-32　应用【色相/饱和度】效果

9.4　上机练习 4：制作星光动画的合成

本例将新建一个名为【星光】的合成并在合成上创建纯色图层，再为图层应用【CC Star Burst】效果和【线性擦除】效果，制作星光流动的动画效果。

操作步骤

1 打开光盘中的"..\Example\Ch09\9.4.aep"练习文件，在【项目】面板中单击右键，并从菜单中选择【新建合成】命令，打开【合成设置】对话框后，设置合成名称和其他属性，接着单击【确定】按钮，如图 9-33 所示。

2 在【时间轴】面板中单击右键，选择【新建】|【纯色】命令，打开【纯色设置】对话框后，设置名称和其他选项，然后单击【确定】按钮，如图 9-34 所示。

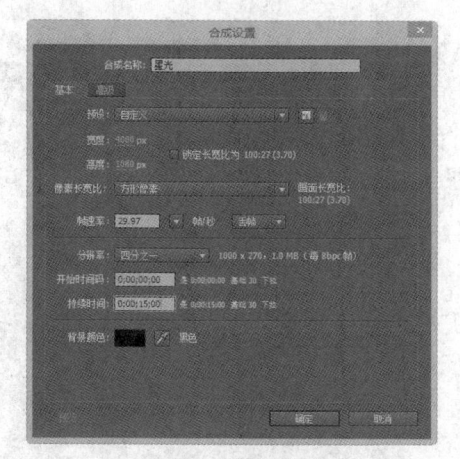

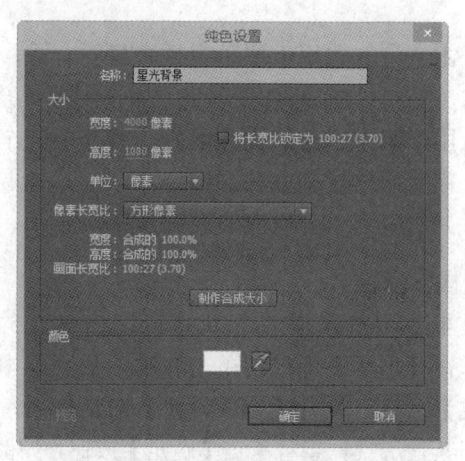

图 9-33　新建合成　　　　　　　　图 9-34　新建纯色图层

3 选择纯色图层，再通过【效果和预设】面板为图层应用【CC Star Burst】效果，然后在【效果控件】面板中设置效果的属性，如图 9-35 所示。

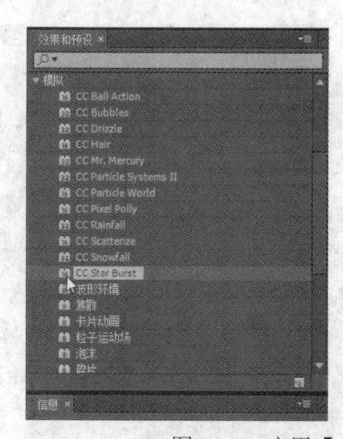

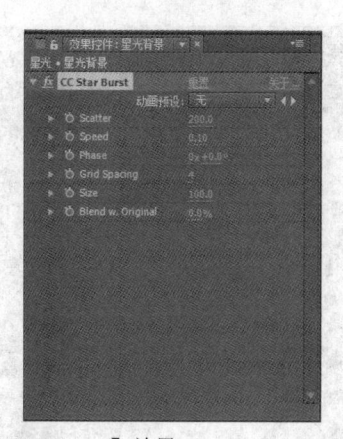

图 9-35　应用【CC Star Burst】效果

4 选择纯色图层，为图层应用【线性擦除】效果，然后在【效果控件】面板中设置效果的属性，如图 9-36 所示。

285

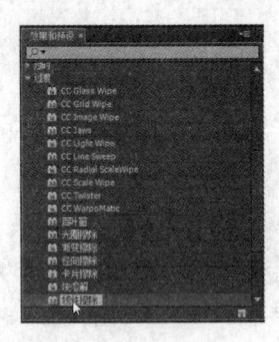

图 9-36　应用【线性擦除】效果

9.5　上机练习 5：制作展示视频素材合成

本例将创建用于展示视频素材的合成，将【方框】合成（9.1 节制作的合成项目）加入到视频合成中，然后导入用于制作影册的视频素材，将其中一个视频加入合成，接着通过复制并粘贴的方法创建其他展示视频的合成，并对应修改合成内的视频素材。

操作步骤

1 打开光盘中的"..\Example\Ch09\9.5.aep"练习文件，在【项目】面板中单击右键，从菜单中选择【新建合成】命令，打开【合成设置】对话框后，设置合成名称和其他属性，接着单击【确定】按钮，如图 9-37 所示。

2 在【项目】面板中选择【方框】合成，再单击右键并选择【合成设置】命令，打开【合成设置】对话框后，修改持续时间为 10，接着单击【确定】按钮，如图 9-38 所示。

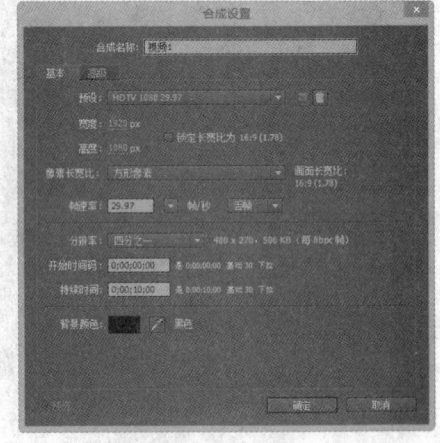

图 9-37　新建合成

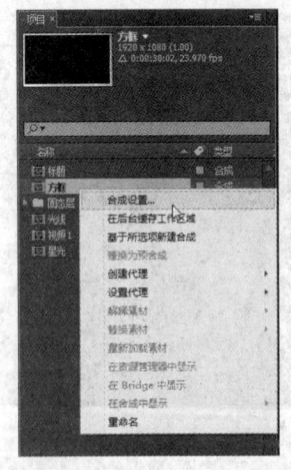

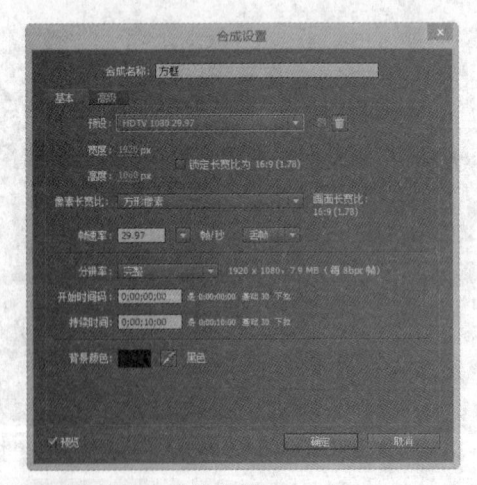

图 9-38　更改【方框】合成的设置

3 选择【方框】合成项目，然后将该合成拖到【视频 1】合成上，如图 9-39 所示。

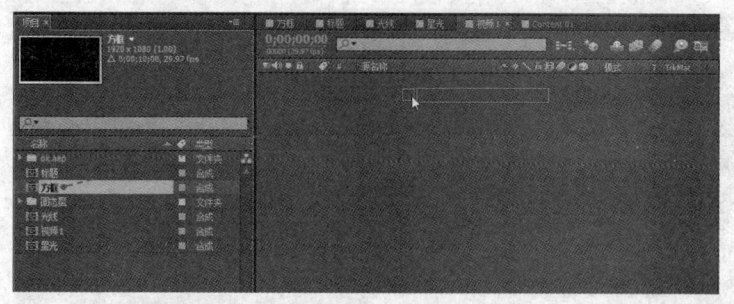

图 9-39　将【方框】合成加入到【视频 1】合成

4 在【项目】面板中单击右键，选择【导入】|【多个文件】命令，然后在【video】文件夹中选择全部视频素材，单击【导入】按钮，再单击【完成】按钮，如图 9-40 所示。

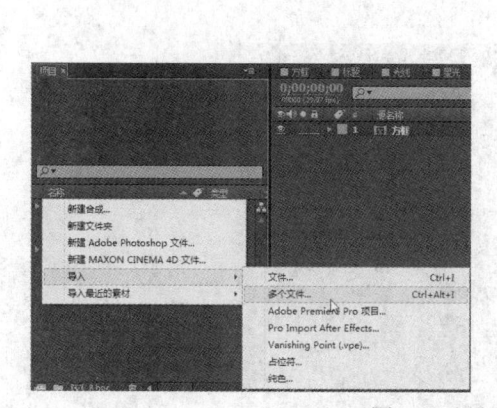

图 9-40　导入视频素材文件

5 在【项目】面板中单击右键，选择【新建文件夹】命令，然后设置文件夹名称为【视频素材】，将所有视频素材拖到文件夹内，如图 9-41 所示。

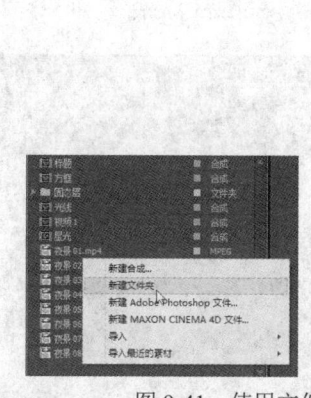

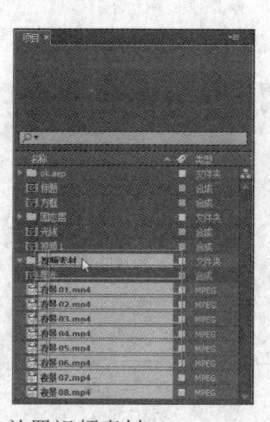

图 9-41　使用文件夹放置视频素材

6 选择【夜景 01.mp4】视频素材，将该视频拖到【视频 1】合成中，并放置在【方框】图层的下方，如图 9-42 所示。

287

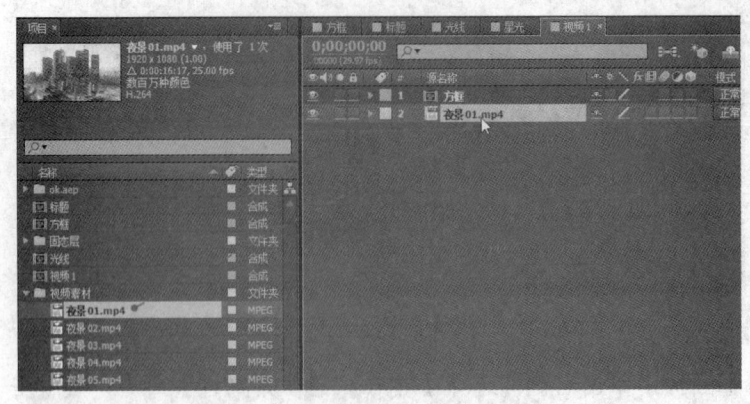

图 9-42　将第一个视频加入合成中

7 在【项目】面板中选择【视频1】合成，然后分别按 Ctrl+C 键和 Ctrl+V 键创建【视频2】合成，如图 9-43 所示。

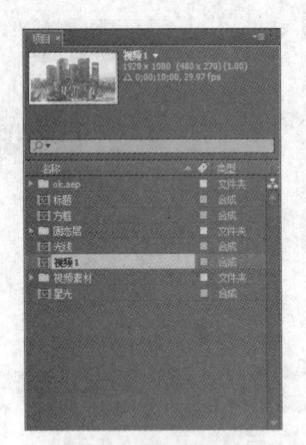

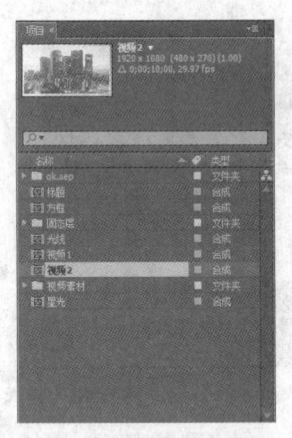

图 9-43　通过复制并粘贴创建另一个视频展示合成

8 在时间轴中打开【视频2】合成，然后删除该合成中原来的【夜景01.mp4】图层，接着将【夜景02.mp4】视频加入【视频2】合成，如图 9-44 所示。

图 9-44　更换【视频2】合成的视频素材

9 使用步骤 7 和步骤 8 的方法，创建用于展示其他视频的合成，然后更换对应合成中的视频素材，如图 9-45 所示。

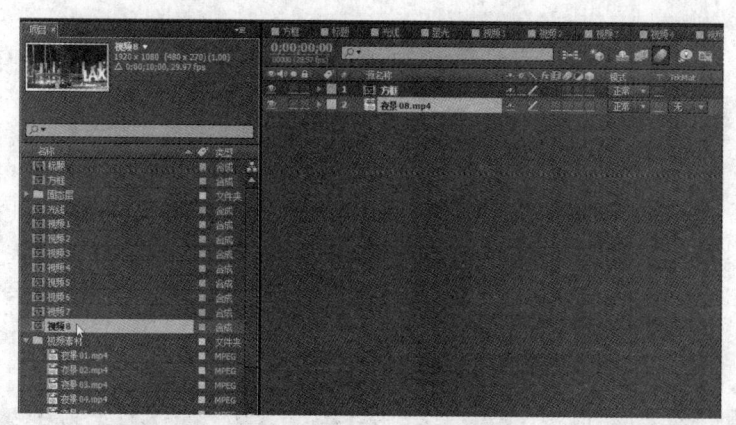

第 9 章　动感影册项目设计——城市之夜

图 9-45　创建其他合成并更换视频素材

9.6　上机练习 6：制作影册主合成的光晕动画

　　本例先创建一个主合成项目，再创建纯色图层，然后为图层应用【镜头光晕】效果并使用表达式设置光晕亮度；接着为图层的【光晕中心】属性添加多个关键帧，通过调整关键帧中光晕中心的位置，制作出光晕运动动画；最后为图层应用【色相/饱和度】效果，修改光晕的颜色效果。

操作步骤

　　1 打开光盘中的"..\Example\Ch09\9.6.aep"练习文件，在【项目】面板中单击右键，从菜单中选择【新建合成】命令，打开【合成设置】对话框后，设置合成名称和其他属性，接着单击【确定】按钮，如图 9-46 所示。

　　2 在【时间轴】面板中单击右键，选择【新建】|【纯色】命令，打开【纯色设置】对话框后，设置名称和其他选项，然后单击【确定】按钮，如图 9-47 所示。

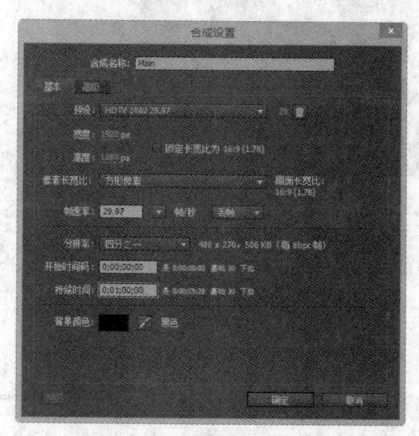

图 9-46　创建项目的主合成　　　　　　　　图 9-47　创建纯色图层

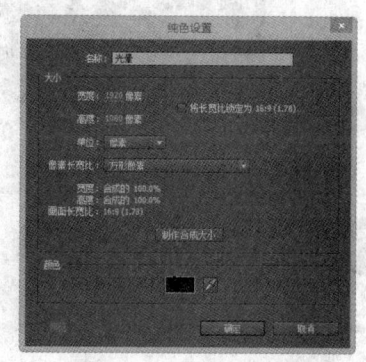

　　3 创建纯色图层后，修改图层的入点在大概 18 秒处，再修改图层出点大概在 51 秒处，如图 9-48 所示。

　　4 选择图层并为图层应用【镜头光晕】效果，然后在【效果控件】面板中设置属性，再通过【合成】面板确定光晕中心的位置，如图 9-49 所示。

289

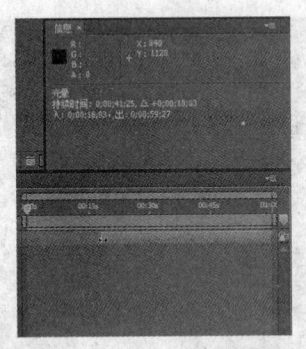

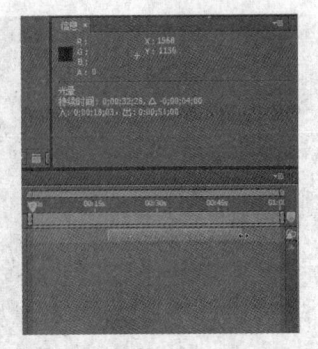

图 9-48 修改图层的入点和出点

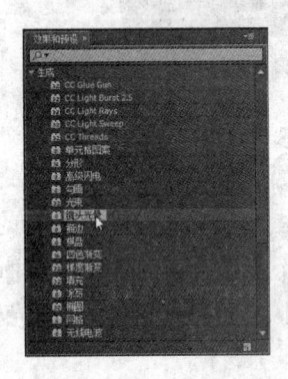

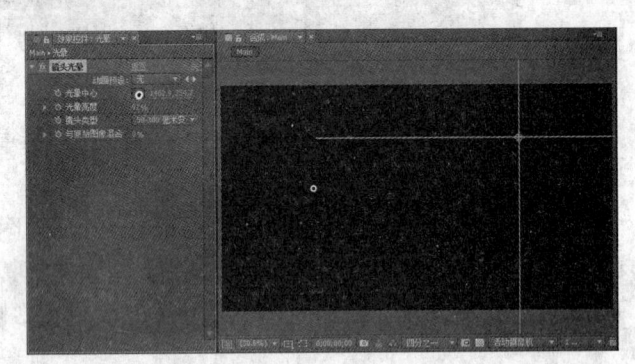

图 9-49 应用【镜头光晕】效果

5 在【时间轴】面板中打开效果的【光晕亮度】列表，然后输入该属性的表达式，如图 9-50 所示。

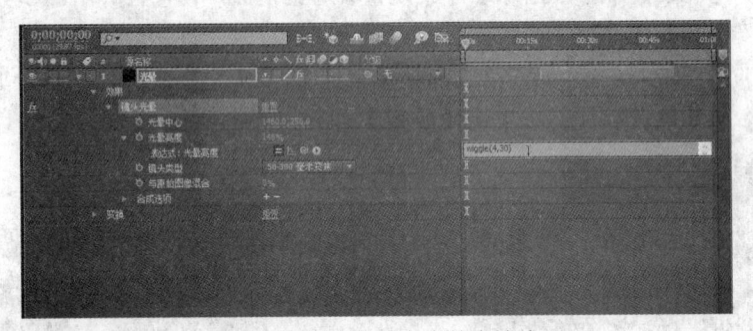

图 9-50 设置光晕亮度的表达式

> 表达式 wiggle(4,30)的含义是：每秒光晕震动（扩大）次数为 4，每次震动（扩大）的幅度为 30 像素。

6 将当前播放指示器移到图层的入点处，然后激活【光晕中心】属性的秒表，接着在该属性中分别添加 8 个关键帧（每个关键帧的位置可通过成果文件查看），如图 9-51 所示。

7 在【时间轴】面板中单击【图表编辑器】按钮，然后选择所有关键帧，再单击【将选定的关键帧转换为自动贝塞尔曲线】按钮，按住 Ctrl 键单击属性线，分别在现在的关键帧之间添加关键帧，如图 9-52 所示。

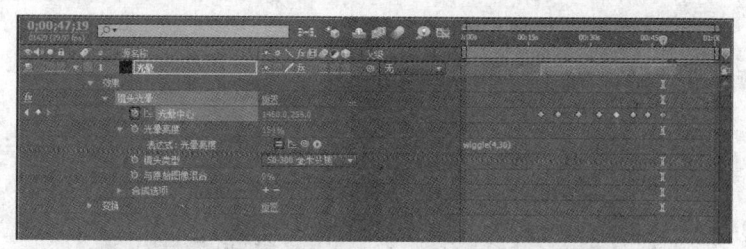

第 9 章　动感影册项目设计——城市之夜

图 9-51　激活【光晕中心】属性秒表并添加关键帧

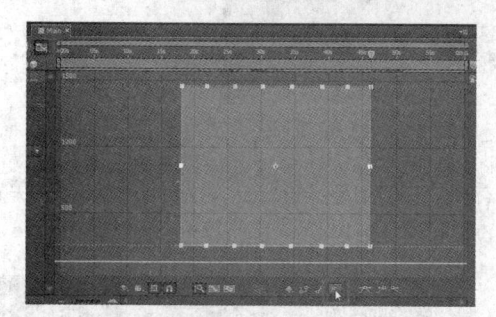

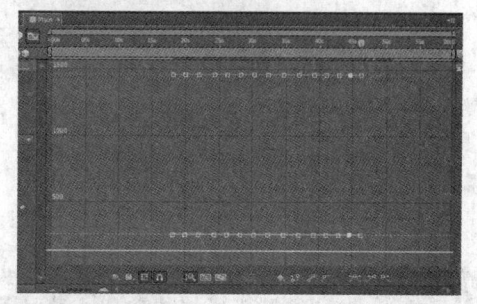

图 9-52　通过图表编辑器添加关键帧

8 将当前时间指示器移到第二个关键帧中，然后在【合成】面板中调整光晕中心的位置，此时关键帧所在的属性线产生变化，如图 9-53 所示。

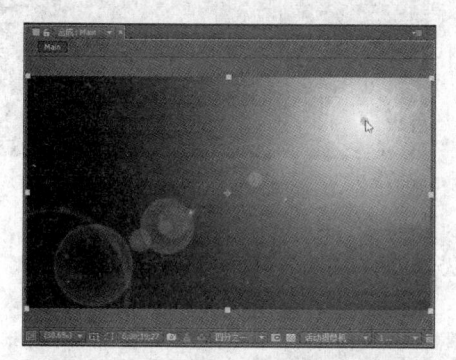

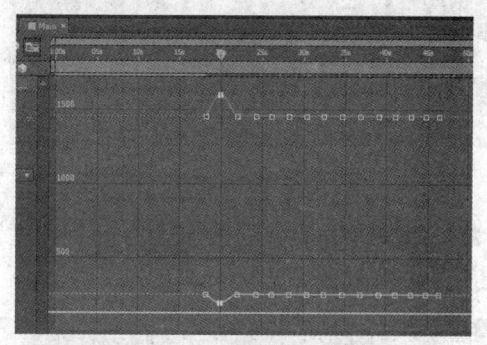

图 9-53　调整第二个关键帧的光晕中心位置

9 将当前时间指示器移到第三个关键帧中，然后在【合成】面板中移动光晕中心的位置，如图 9-54 所示。

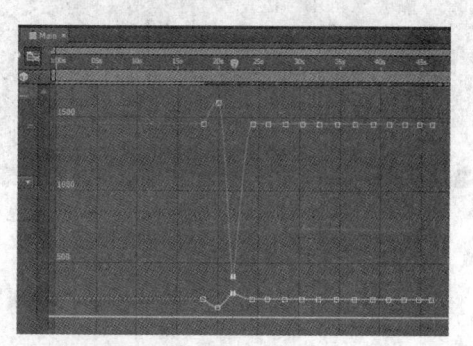

图 9-54　调整第三个关键帧的光晕中心位置

10 使用步骤 8 和步骤 9 的方法，分别调整其他关键帧的光晕中心的位置，其图表结果

291

如图9-55所示。

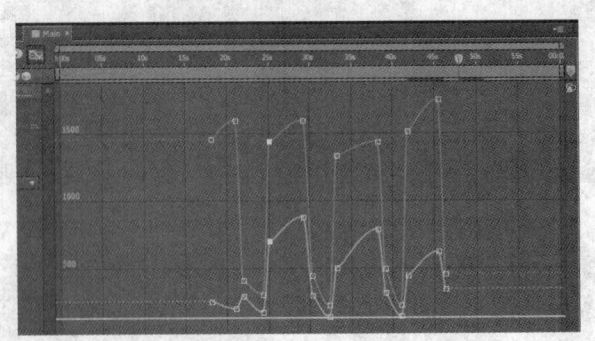

图9-55 调整其他关键帧的光晕中心位置

11 关闭图表编辑器，返回时间轴中可以看到关键帧的位置，此时将相近的两个关键帧移动使之紧贴在一起，如图9-56所示。本步骤的目的是加快光晕中心移动的速度。

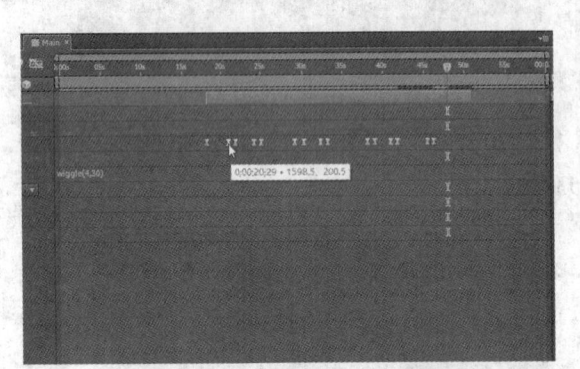

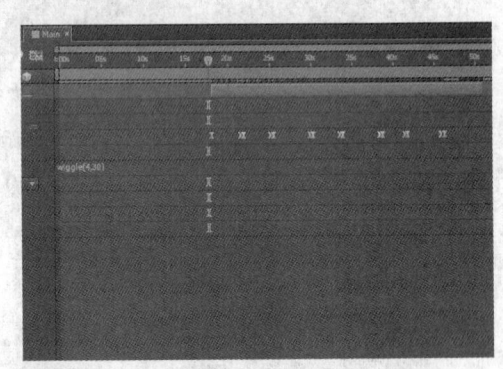

图9-56 调整关键帧的位置

12 选择图层，为图层应用【色相/饱和度】效果，然后在【效果控件】面板中设置效果的各项属性，如图9-57所示。

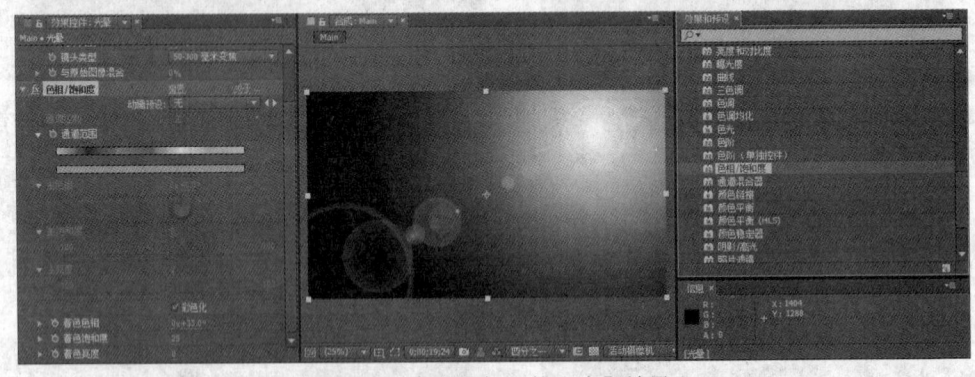

图9-57 应用【色相/饱和度】效果

9.7 上机练习7：制作影册地面3D变换动画

本例先创建一个纯色图层并设置为3D图层，然后为图层应用【网格】效果并创建不透明度动画，再为图层应用【CC RepeTile】效果和【梯度渐变】效果，接着创建【梯度渐变】的渐变起点和渐变终点动画；最后为图层创建不透明度和位置动画，并设置 X 轴旋转和 Z 轴旋转属性，制作出地面在 3D 场景中的变换动画。

操作步骤

1 打开光盘中的"..\Example\Ch09\9.7.aep"练习文件，在【时间轴】面板中单击右键，选择【新建】|【纯色】命令，打开【纯色设置】对话框后，设置名称和其他选项，然后单击【确定】按钮，如图 9-58 所示。

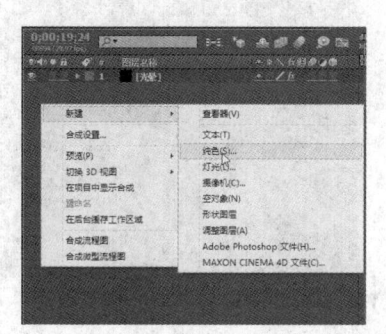

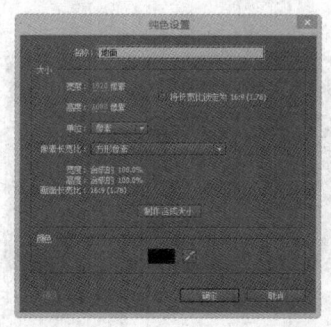

图 9-58　新建纯色图层

2 创建【地面】纯色图层后，打开【3D 图层】开关，然后为图层应用【网格】效果并设置效果的各项属性，如图 9-59 所示。

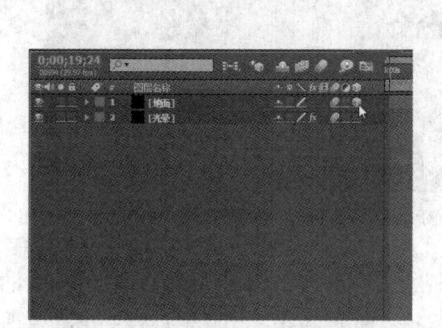

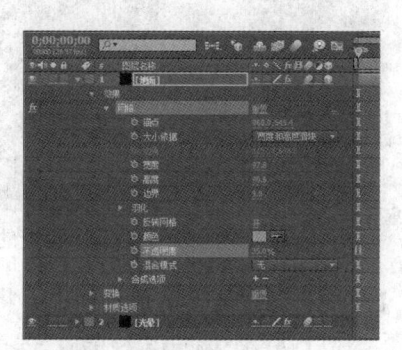

图 9-59　打开 3D 图层开关并应用【网格】效果

3 将当前时间移到 8.20 秒处，然后激活【网格】效果的【不透明度】属性描边，并为该属性添加多个关键帧（各关键帧的时间点可以通过成果文件查看），接着分别为各个关键帧设置不透明度属性，如图 9-60 所示。

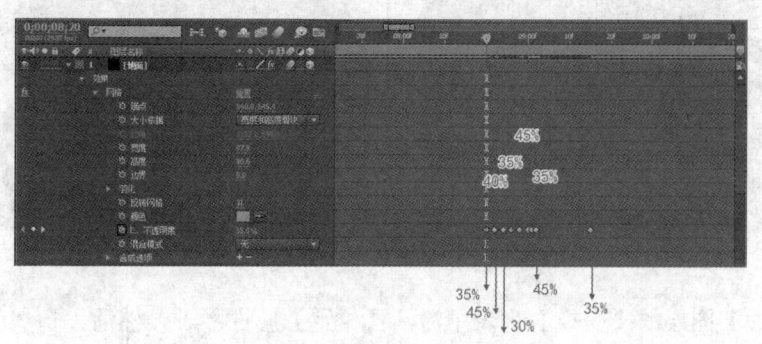

图 9-60　创建【网格】效果的不透明度动画

4 选择【地面】图层，为图层应用【CC RepeTile】效果，然后设置效果的各项属性，接着为图层应用【梯度渐变】效果并设置该效果的各项属性，如图 9-61 所示。

5 打开【梯度渐变】效果的列表，然后激活【渐变起点】属性和【渐变终点】属性的秒表，分别为两个属性添加多个关键帧，再分别为关键帧设置对应的渐变起点和渐变终点属性（关键帧的具体位置和属性可通过成果文件查看），如图 9-62 所示。

图 9-61　应用【CC RepeTile】效果和【梯度渐变】效果

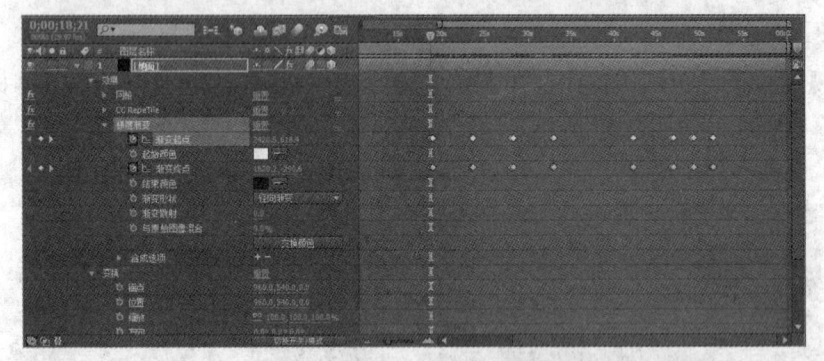

图 9-62　创建梯度渐变的渐变起点和渐变终点动画

6 打开【地面】图层的【变换】列表，将当前时间指示器移到入点处，再激活【不透明度】属性秒表，然后设置不透明度为 0%，接着将当前时间指示器移到 5 秒处，更改不透明度为 100%，如图 9-63 所示。

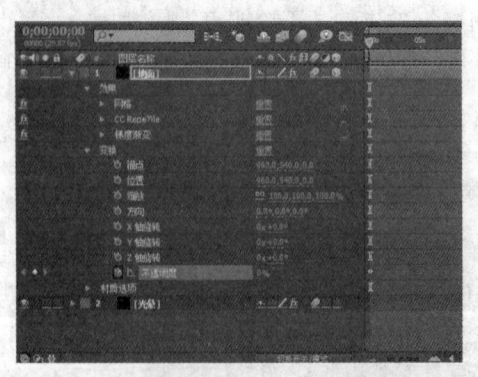

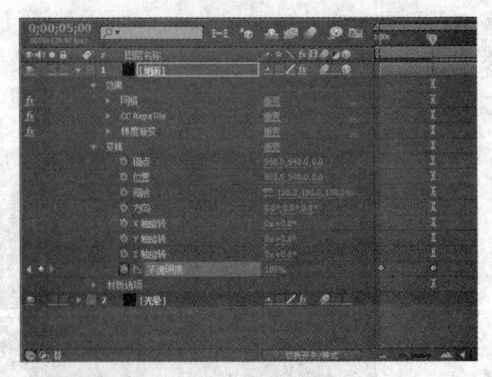

图 9-63　创建图层不透明度动画

7 在【地面】图层的【变换】列表中激活【位置】属性秒表，然后为该属性添加多个关键帧，并为各个关键帧设置对应的位置属性，如图 9-64 所示。

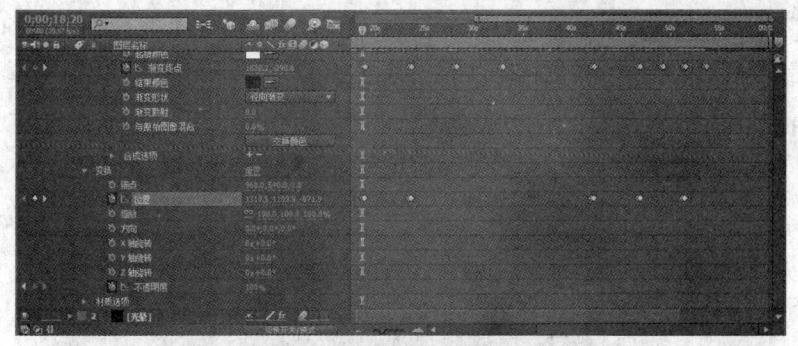

图 9-64 创建图层位置动画

8 在【地面】图层的【变换】列表中设置【X 轴旋转】和【Z 轴旋转】属性，如图 9-65 所示。

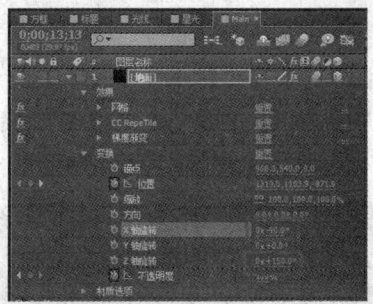

图 9-65 设置【X 轴旋转】和【Z 轴旋转】属性

9.8 上机练习 8：制作用于摄像机控制的图层

本例将创建一个名为【摄像机控制】的纯色图层并设置为 3D 图层，然后创建【摄像机控制】图层的【位置】、【方向】和【Y 轴旋转】属性的动画；接着创建一个摄像机图层并设置【变换】属性和摄像机选项；最后为摄像机图层设置与【摄像机控制】图层的父级关系。

操作步骤

1 打开光盘中的"..\Example\Ch09\9.8.aep"练习文件，在【时间轴】面板中单击右键，并选择【新建】|【纯色】命令，打开【纯色设置】对话框后，设置名称和其他选项，然后单击【确定】按钮，接着为图层打开【3D 图层】开关，如图 9-66 所示。

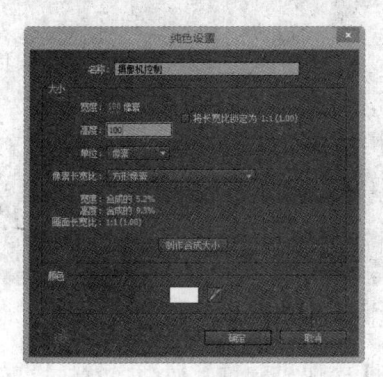

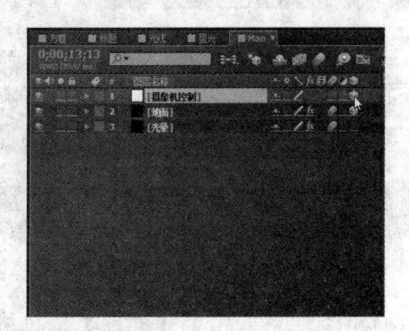

图 9-66 新建图层并设置为 3D 图层

2 打开【摄像机控制】图层的【变换】列表,再激活【位置】属性秒表,然后为该属性添加 18 个关键帧,并设置各个关键帧的位置属性(各个关键帧的时间点和位置属性可通过成果文件查看),如图 9-67 所示。

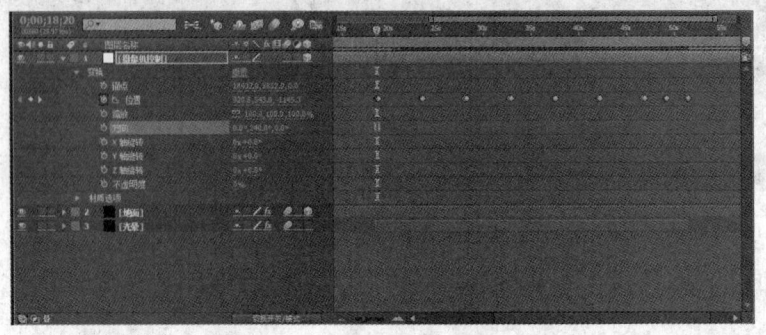

图 9-67　创建图层的位置动画

3 使用步骤 2 的方法,分别激活【方向】属性和【Y 轴旋转】属性的秒表,并在与【位置】属性各关键帧的相同时间点中添加【方向】属性和【Y 轴旋转】属性的关键帧,接着设置对应关键帧的【方向】属性和【Y 轴旋转】属性,如图 9-68 所示。

图 9-68　创建图层方向和 Y 轴旋转动画

4 在【时间轴】面板中单击右键,并从打开菜单中选择【新建】|【摄像机】命令,打开【摄像机设置】对话框后,设置名称及其他选项,然后单击【确定】按钮,如图 9-69 所示。

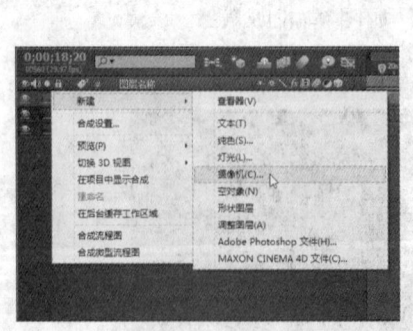

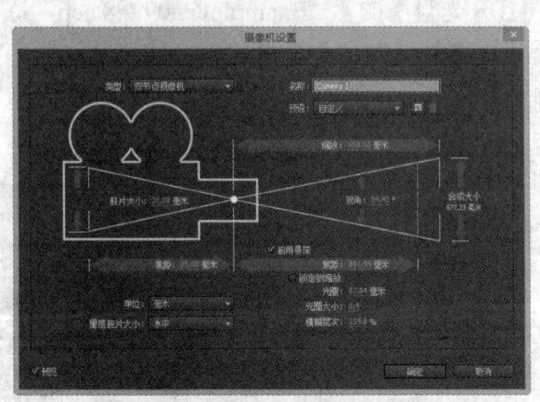

图 9-69　新建摄像机图层

5 打开摄像机图层,并设置【变换】属性和【摄像机选项】属性,然后设置摄像机图层的父级图层为【摄像机控制】，如图 9-70 所示。

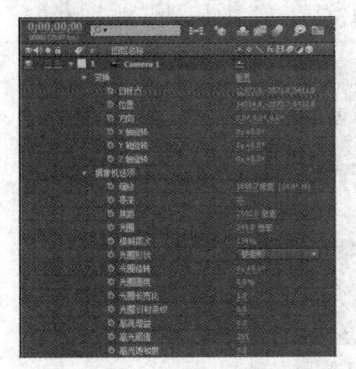

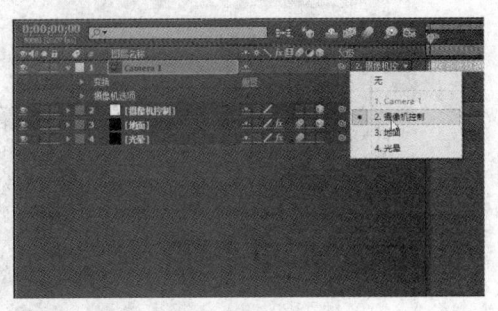

图 9-70 设置摄像机图层属性和父级图层

9.9 上机练习 9：制作影册标题和星光动画

本例先将【标题】合成加入项目的主合成内并设置图层的不透明度属性；然后分别创建图层的【位置】和【缩放】属性的动画，再修改【标题】图层的出点；最后将【星光】合成加入主合成内并制作【星光】图层的【位置】动画。

操作步骤

1 打开光盘中的 "..\Example\Ch09\9.9.aep" 练习文件，将【项目】面板中的【标题】合成加入到主合成中并放置在【地面】图层之上，然后移动【标题】图层的入点处于 8.21 秒处，接着设置【标题】图层的变换属性，如图 9-71 所示。

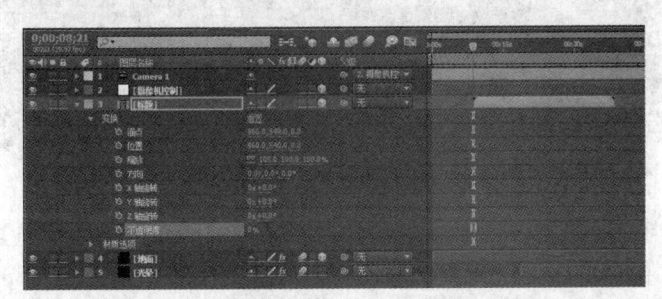

图 9-71 将【标题】合成加入至主合成中

2 将当前时间指示器移到【标题】图层入点处，再激活【不透明度】属性秒表，然后设置不透明度为 100%，如图 9-72 所示。

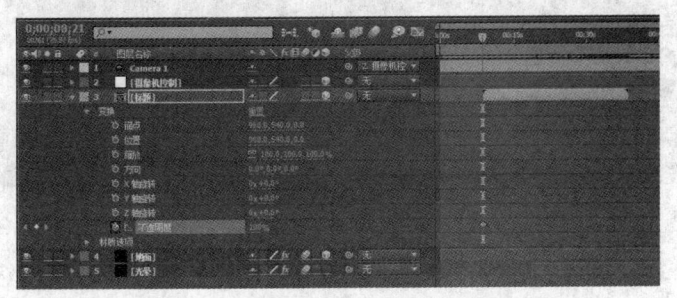

图 9-72 添加不透明度的关键帧并设置属性

3 维持当前时间指示器的位置，分别激活【标题】图层的【位置】属性和【缩放】属性的秒表并分别插入两个关键帧，然后设置各个关键帧的位置和缩放属性，如图 9-73 所示。

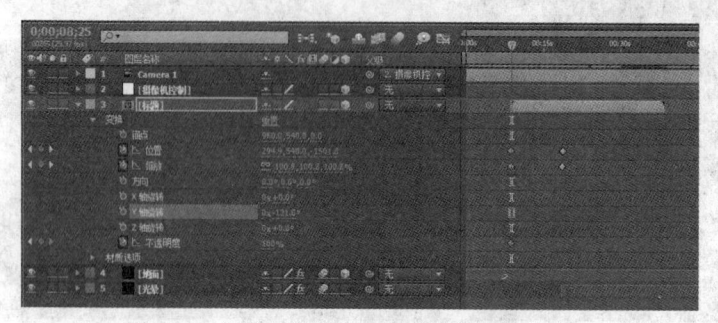

图 9-73　创建【位置】和【缩放】属性的动画

4 按住【标题】图层的出点并向左移动，修改【标题】图层的出点，其中出点的时间信息可以通过【信息】面板查看，如图 9-74 所示。

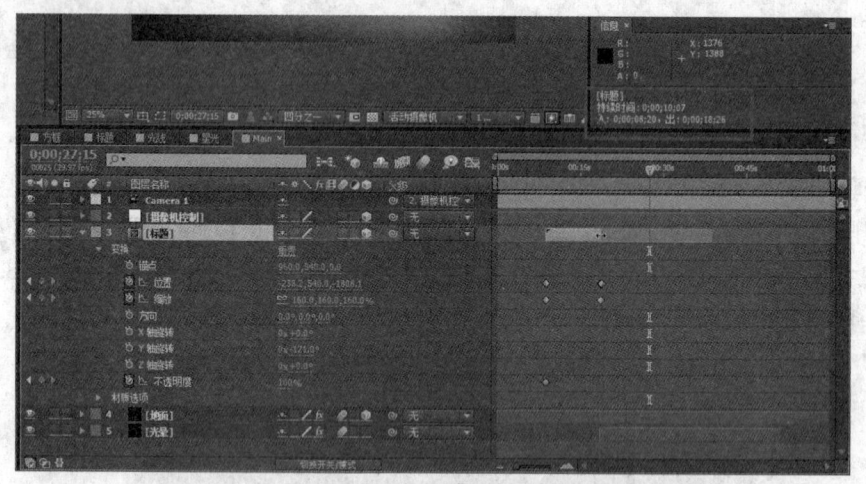

图 9-74　修改【标题】图层的出点

5 将当前时间指示器移到 32.21 秒处，然后将【项目】面板的【星光】合成加入到主合成中，并使【星光】图层的入点位于当前时间指示器中，如图 9-75 所示。

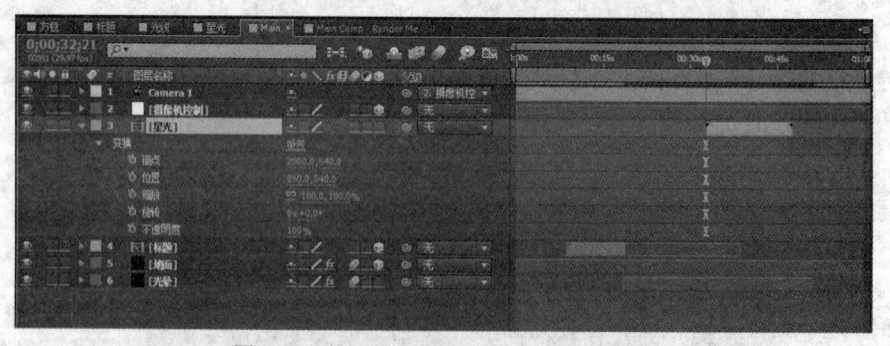

图 9-75　将【星光】合成加入到主合成中

6 打开【星光】图层的【变换】列表，再激活【位置】属性的秒表，然后为【位置】属性添加 6 个关键帧，接着为各个关键帧设置【位置】属性，如图 9-76 所示。

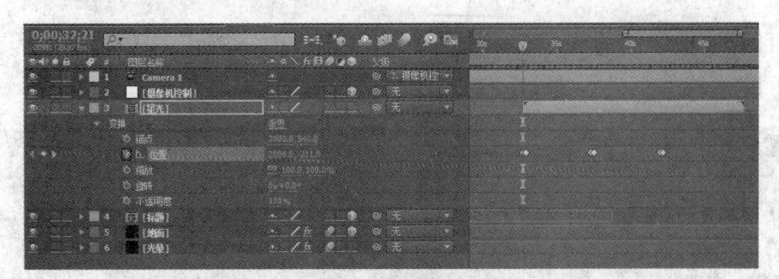

图 9-76 创建【星光】图层的位置动画

9.10 上机练习 10：制作视频展示并渲染项目

本例将所有的视频展示合成加入到主合成中并在适当的时间中排序，再为每个视频展示合成上方都加入一个【光线】合成，然后再次加入【标题】合成并制作该合成图层的缩放动画；接着导入音频素材并用作影册的背景音乐；最后将项目进行渲染处理，输出为最终的 AVI 格式的影片。

操作步骤

1 打开光盘中的 "..\Example\Ch09\9.10.aep" 练习文件，将【项目】面板中的【视频 1】合成加入到主合成中并放置在【星光】图层之上，然后移动【标题】图层的入点处于 18.20 秒处，如图 9-77 所示。

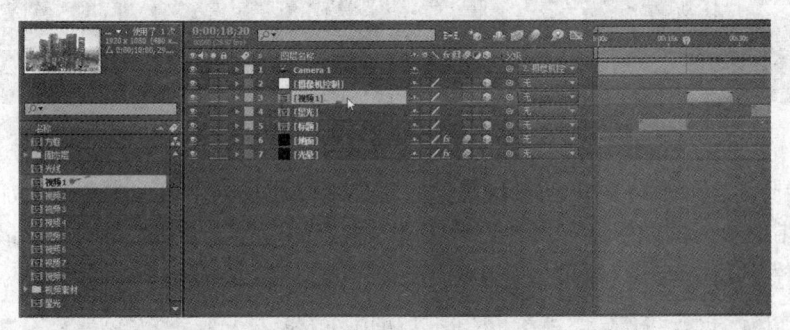

图 9-77 加入第一个视频展示合成

2 设置【视频 1】图层为 3D 图层，打开该图层属性列表，再设置该图层的【变换】属性，然后修改图层的出点，如图 9-78 所示。

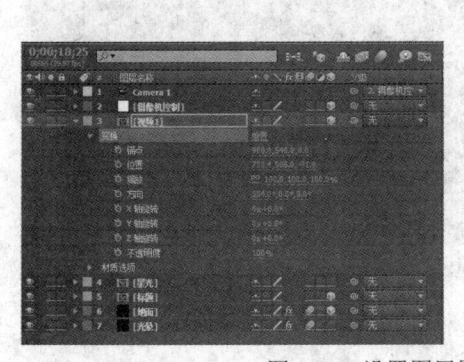

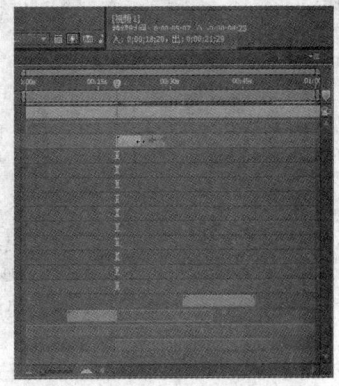

图 9-78 设置图层属性和出点

299

3 将【项目】面板中的【光线】合成加入到主合成中并放置在【视频 1】图层之上，然后移动【光线】图层的入点处于 18.25 秒处，如图 9-79 所示。

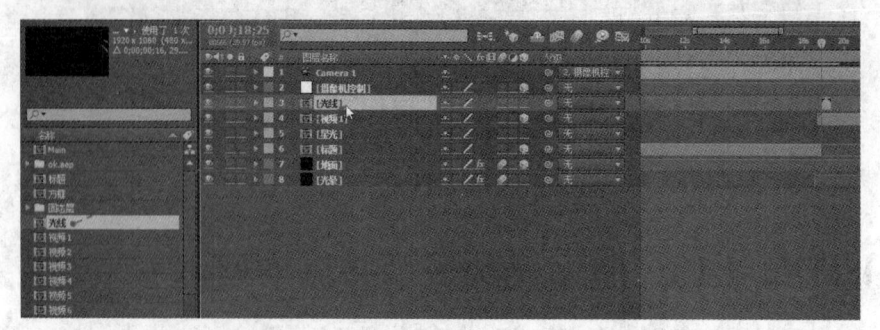

图 9-79　将【光线】合成加入到主合成中

4 打开【光线】图层的属性列表，再设置图层的【变换】属性，然后设置【光线】图层的混合模式为【相加】，如图 9-80 所示。

图 9-80　设置【光线】图层属性和混合模式

5 使用步骤 1 到步骤 4 的方法，将其他视频展示合成加入主合成中并对应加入【光线】合成，然后对相关合成的图层进行属性设置、修改出点和设置混合模式的处理，最后为相关图层启用【运动模糊】功能，结果如图 9-81 所示。

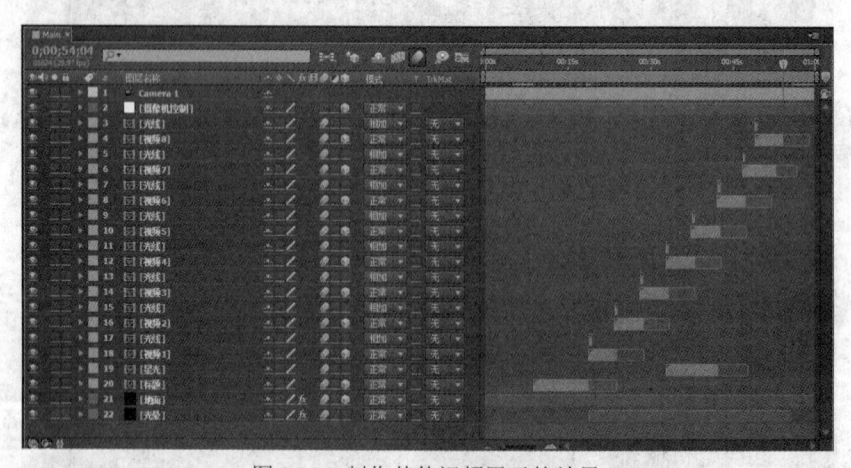

图 9-81　制作其他视频展示的效果

6 将【标题】合成再次加入主合成中并放置在【摄像机控制】图层下方，接着设置【标题】合成对应图层在时间轴的位置，再创建该图层的【缩放】属性动画，如图 9-82 所示。

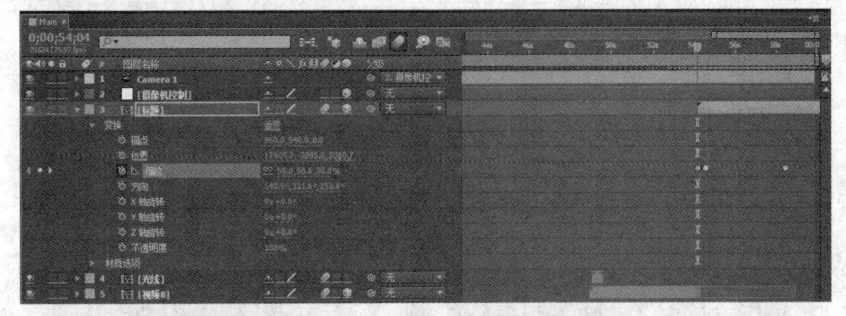

图 9-82　加入【标题】合成并创建缩放动画

7 在【项目】面板中单击右键并选择【导入】|【文件】命令，然后在练习文件的文件夹中选择音频素材文件，再单击【导入】按钮，接着将音频素材加入主合成并设置在最底层，如图 9-83 所示。

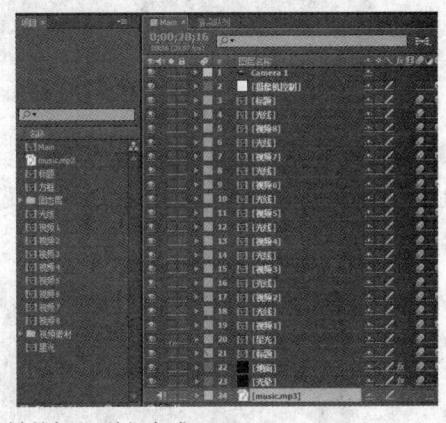

图 9-83　导入音频素材并加入到主合成

8 打开【渲染队列】面板，然后将【Main】合成拖到【渲染队列】面板，再单击【渲染设置】右侧的三角形按钮并选择【自定义】命令，打开【渲染设置】对话框后，设置渲染选项，接着单击【确定】按钮，如图 9-84 所示。

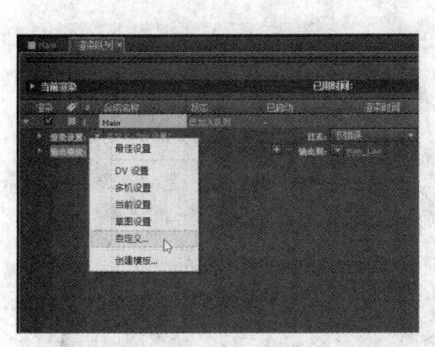

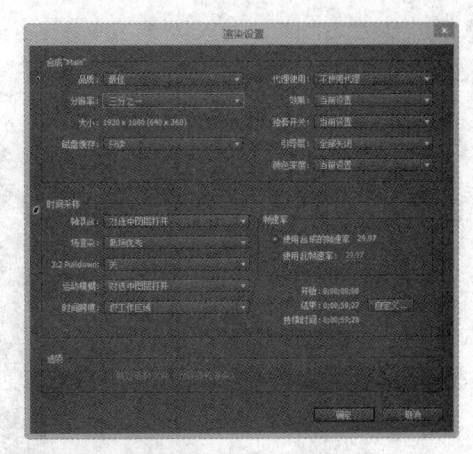

图 9-84　将主合成加入渲染队列并设置渲染选项

9 单击【输出模块】右侧的三角形按钮并选择【自定义】命令，打开【输出模块设置】对话框后设置输出模块选项，接着单击【格式选项】按钮，打开【AVI 选项】对话框后设置格式选项，最后单击【确定】按钮，如图 9-85 所示。

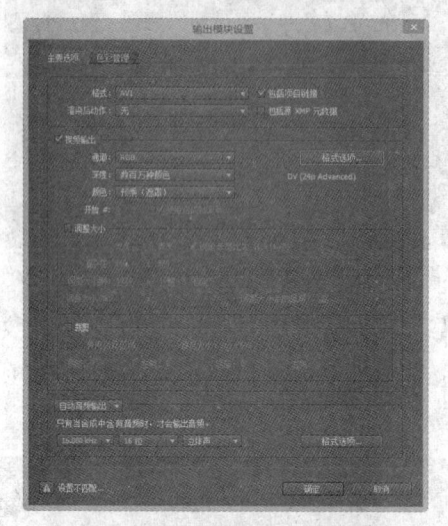

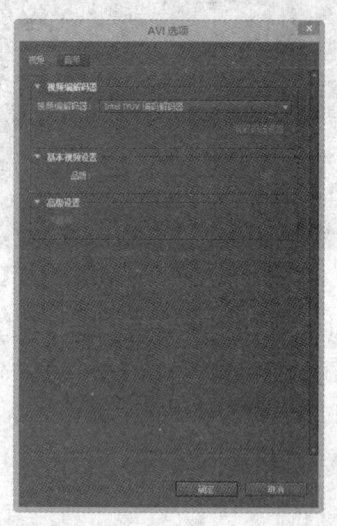

图 9-85　设置输出模块选项和格式选项

10 完成上述设置后，可以单击【输出到】选项右侧的下底线文件，然后在打开的对话框中设置输出影片的位置和名称，接着单击【渲染】按钮，对项目进行渲染并输出为 AVI 格式的影片，如图 9-86 所示。

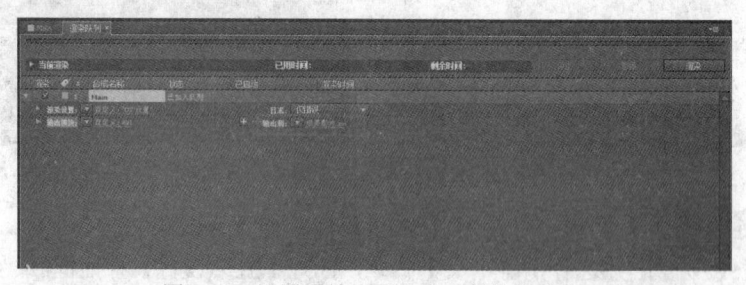

图 9-86　设置【输出到】选项并执行渲染

11 输出影片后，可以进入保存影片的位置，然后双击影片文件，通过视频播放器查看影册影片的最终效果（由于视频编码的问题，建议使用暴风影音播放器播放影片），如图 9-87 所示。

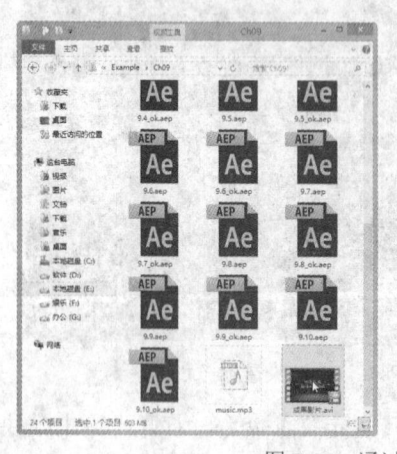

图 9-87　通过播放器播放影片查看效果

参考答案

第 1 章
一、填充题
(1) 64 位 (2) 欢迎屏幕
(3) 查看器
二、选择题
(1) D (2) A
(3) C (4) B
三、判断题
(1) √ (2) ×
(3) √

第 2 章
一、填充题
(1) 项目 (2) 合成
(3) 代理
二、选择题
(1) A (2) C
(3) D (4) C
三、判断题
(1) √ (2) ×
(3) √

第 3 章
一、填充题
(1) 图层
(2) 摄像机图层
(3) 灯光图层
(4) 混合模式
二、选择题
(1) B (2) B
(3) C (4) D
三、判断题
(1) √ (2) ×

第 4 章
一、填充题
(1) 关键帧
(2) 图表编辑器
(3) 插值
(4) 平滑器

二、选择题
(1) B (2) C
(3) A (4) C
三、判断题
(1) √ (2) ×

第 5 章
一、填充题
(1) 图层 (2) 效果控件
(3) 风格化
二、选择题
(1) C (2) B
(3) A (4) D
三、判断题
(1) × (2) √
(3) √

第 6 章
一、填充题
(1) 颜色深度
(2) 橡皮擦工具
(3) 蒙版
二、选择题
(1) A (2) D
(3) C
三、判断题
(1) √ (2) √
(3) √ (4) ×

第 7 章
一、填充题
(1) 合成 (2) 矢量
(3) 范围选择器 (4) 渲染
二、选择题
(1) D (2) D
(3) B
三、判断题
(1) √ (2) ×
(3) √